高 等 学 校 教 学 用 书

炼 钢 机 械

（修 订 版）

东北工学院　罗振才　主编

北 京
冶 金 工 业 出 版 社
2018

图书在版编目(CIP)数据

炼钢机械/罗振才主编.—2版.—北京：冶金工业出版社，2008.1（2018.3重印）
高等学校教学用书
ISBN 978-7-5024-0471-0

Ⅰ.炼… Ⅱ.罗… Ⅲ.炼钢—机械—高等学校—教材
Ⅳ.TF34

中国版本图书馆CIP数据核字(2007)第188654号

出 版 人 谭学余
地　　址 北京市东城区嵩祝院北巷39号 邮编 100009 电话 (010)64027926
网　　址 www.cnmip.com.cn 电子信箱 yjcbs@cnmip.com.cn
责任编辑 宋 良 美术编辑 李 新 责任印制 李玉山
ISBN 978-7-5024-0471-0
冶金工业出版社出版发行；各地新华书店经销；三河市双峰印刷装订有限公司印刷
1982年11月第1版，1989年5月第2版，2018年3月第11次印刷
787mm×1092mm 1/16；18印张；432千字；282页
40.00元

冶金工业出版社 投稿电话 (010)64027932 投稿信箱 tougao@cnmip.com.cn
冶金工业出版社营销中心 电话 (010)64044283 传真 (010)64027893
冶金书店 地址 北京市东四西大街46号(100010) 电话 (010)65289081(兼传真)
冶金工业出版社天猫旗舰店 yjgycbs.tmall.com

再版前言

本教材第一版于1982年由冶金工业出版社出版，此次再版，根据本课程的要求和几年来各院校对本教材的使用情况进行了修订。本教材内容包括：氧气顶吹转炉设备、电弧炉及炉外处理设备、连续铸钢设备和炼钢起重机等四篇。教材中阐述了炼钢机械设备的用途、工作原理、结构分析、运转分析及设计计算方法；反映了当前国内外炼钢机械设备发展的基本情况和前景。

参加本教材修订工作的有：东北工学院罗振才（绪论、第七章）、李纯忠（第八、九、十、十一、十二、十三章）；武汉钢铁学院吕秀屏（第一、二、三、四章）；江西冶金学院郑自求（第五章）、朱正暘（第六章）；北京科技大学李庆鸿（第十四、第十五章）。罗振才任主编。

教材修订稿完成后，曾邀请有关高等院校冶金机械专业的教师进行了审稿；在修订过程中得到了许多单位和同志的帮助，谨此一并表示感谢。

本教材为高等院校冶金机械专业教学用书，也可供有关设计和生产技术人员参考。

由于编者水平所限，书中存在的缺点和错误，诚恳地欢迎批评指正。

编　者

一九八八年十月

前　言

本教材是根据1977年冶金工业部高等院校教材会议制订的教学计划和《炼钢机械》教学大纲编写的，内容包括：氧气顶吹转炉设备、电弧炉及炉外处理设备、连续铸钢设备和炼钢起重机等四篇。教材中阐述了炼钢机械设备的用途、工作原理、结构分析、运转分析及设计计算方法。此教材反映了当前国内外炼钢机械设备发展的基本情况和前景。

参加本教材编写工作的有：东北工学院崔广椿（绪论、第二章第二节二、第九章）、罗振才(第十章)、李纯忠（第十一、十二、十三、十四、十五、十六章）；武汉钢铁学院吕秀屏（第一、第三、第八章及第二章第一节、第二节一、三、四、第四章第一、二、三、四、五节、第六章第一节）；北京钢铁学院陈先霖(第四章第六节)、李庆鸿(第十七、十八章)；江西冶金学院郑自求(第五章、第六章第二节)、朱正暘(第七章)。本教材由罗振才任主编。

本教材在初稿完成后，曾邀请有关高等院校冶金机械专业的同志进行了审稿；在编写过程中也得到了许多单位和同志的帮助，谨此一并表示感谢。

教材中有*的内容，如时间较紧可不讲授。

本教材为高等院校冶金机械专业教学用书，也可供有关设计和生产技术人员参考。

由于编者水平所限，经验不足，时间又仓促，书中难免存在一些缺点和错误，诚恳地欢迎批评指正。

编　者

一九八一年六月

目　录

绪　论

钢铁工业是整个工业发展的基础，钢铁生产对于国民经济各部门都有重大意义。随着工业的迅猛发展和现代科学技术的进步，对高质量钢的需求量日益增长，炼钢新技术和新工艺的不断涌现，与此相适应的炼钢设备也得到了很大的发展。

近四十年来，钢的生产迅速增长，世界上钢的年产量已从一亿吨增加到八亿多吨。

过去炼钢工业在一个很长的时期内，以平炉炼钢为主，六十年代初期，平炉钢在世界钢产量中占72%。自1952年氧气顶吹转炉问世以后，使炼钢工业发生了变革。使得世界钢产量得到了迅速的增长，氧气顶吹转炉钢占世界钢产量的比例逐年增加，六十年代是一个转折点，转炉钢又一次超过平炉钢到1974年转炉钢占世界钢产量的60%左右，1985年已达70%左右。在氧气顶吹转炉继续发展的同时，1967年第一座氧气底吹转炉在西德投产，并得到了很快的发展。氧气复合吹炼转炉也开始用于工业生产。

电弧炼钢炉主要炼制高级优质钢及合金，也用于炼普通钢，从五十年代起电炉钢在世界钢产量中占的比重在不断增长，1979年电炉钢占世界钢产量的20.9%，1985年上升到近30%。近年来又出现了高功率和超高功率电炉，同样吨位的电弧炉用高功率电炉比用普通功率电炉炼钢其产量可增加50%，用超高功率电炉可增产130%，这使电炉钢产量又得到了进一步增长。在用电比较便宜和有大量废钢的工业国家，电炉钢的比例将更高。

为提高钢材质量，扩大优质钢生产，从五十年代起钢水的真空处理法得到应用，在六十年代后期炉外精炼得到开发利用。世界现在投产使用的精炼方法有：真空提升除气法（DH法）、真空循环除气法（RH法）、真空吹氧脱碳法（VOD法）、钢包精炼法（ASEA-SKF法）、真空电弧加热法（VAD法）、氩氧混吹法（AOD法）和真空加热、吹氧脱碳法（VHD/VOD法）等。

连续铸钢是五十年代迅速发展起来的一项新技术，连铸比在逐年增加，主要产钢国家连铸比，1969年为6.0%，1979年为32.4%，1985年上升到49.4%。

这些新技术和新工艺的开发利用就构成了当前炼钢设备发展的趋势。

由于钢产量的增长，炼钢设备日趋大型化，随着设备大型化的同时，炼钢厂的规模也越来越大。目前在国外已建成许多年产钢能力在500万吨以上的钢铁厂。

炼钢生产过程是在高温下连续进行的，因此实现全自动化是非常重要的。在国外，钢铁工业是使用电子计算机最多的工业部门之一。

钢铁工业的发展，公害已成为重大的社会问题，氧气转炉烟气是良好的燃料和化工原料。早期采用燃烧处理，自六十年代开始出现未燃法受到世界各国的重视。

我国钢铁工业在解放后有了很大的发展，1949年钢产量为15.8万吨，而1987年为5601万吨，并建成了独立的钢铁工业体系。目前，我国已具有较大规模的冶金设备制造能力，已能制造各种中型和大型的炼钢设备，还建造了真空感应炉、真空自耗电极炉等真空炼钢设备以及建成多台弧形连续铸钢机和炉外精炼设备。可以说，我国冶金设备已形成技术先进的产品系列。我国冶金设备将要步入世界先进水平行列。但是，我国目前工业生产和科学技术与工业发达国的国家相比还有不小的差距，我们还要作很大努力才能适应把我国建设成为社会主义四个现代化强国的需要。

第一篇　氧气顶吹转炉机械设备

第一章　概　　述

第一节　氧气转炉炼钢方法简介

氧气转炉炼钢是近三十年发展起来的新的炼钢方法。根据氧气吹入转炉的方式，可分为顶吹、底吹、“顶、底”复合吹、斜吹和侧吹等几种方法。下面简单介绍这几种炼钢方法的特点及其发展概况。

一、氧气顶吹转炉（又称LD转炉）炼钢法

所谓氧气顶吹转炉炼钢，即是通过双层水冷吹氧管自炉顶口处向炉内金属熔池喷入氧气进行冶炼。生产实践证明，这种炼钢法与平炉炼钢相比具有显著的优越性：

1）冶炼时间短，生产率高。一座吹氧气的转炉只需 20～40min左右就可炼一炉钢，而平炉则要5～6 h（吹氧）才能炼一炉钢，故一座30 t 氧气顶吹转炉的年产量可以相当于一座500 t 平炉的年产量。

2）投资少、成本低、建设速度快。在相同的生产能力下，氧气顶吹转炉车间的基建投资只需要平炉车间的70％左右。而它所冶炼钢的品种和质量并不亚于平炉炼钢。

因此，氧气顶吹转炉炼钢在很多国家中已取代平炉炼钢，成为当前主要的炼钢方法。但这种炼钢方法也存有一定的缺点：

1）冶炼高磷生铁有一定困难；

2）氧气从上部吹入对熔池的搅拌能力不够强烈，使钢、渣不能充分混合；

3）不能大量采用低廉的废钢作原料；

4）吹氧设备和除尘系统需要较高的厂房。

二、氧气底吹转炉炼钢法

氧气底吹转炉炉体及其支承系统结构与顶吹转炉相似，其最大差异是装有喷嘴的可卸炉底，而且耳轴是空心的。氧气、冷却介质及粉状熔剂通过转炉的空心耳轴引至炉底环管，再分配给各个喷嘴，其示意图见图 1-1。氧气底吹转炉的炉底和喷嘴在高温下容易被烧损和侵蚀，因此，其关键问题是如何提高它们的寿命。目前研制成功的喷嘴是一种双层同心套管。其中心管是铜管，用于通氧气和熔剂，外管是普通碳素钢，内外管之间的环形间隙则通冷却介质。冷却介质有气体或液体的碳氢化合物（如丙烷、天然气或柴油、煤油等）。当冷却介质吹入转炉时，喷嘴管端的碳氢化合物还会受热分解吸收大量

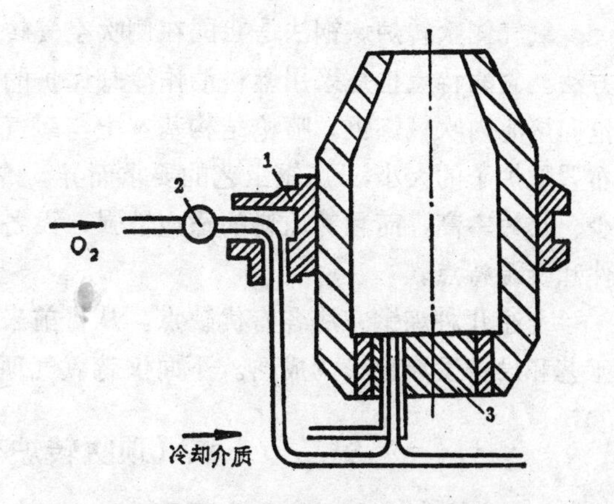

图 1-1　氧化底吹转炉示意图

1—空心耳轴；2—铰接点；3—活动炉底

热量，从而有效地保护了炉底及喷嘴。活动炉底可用焦油白云石整体振动成型，喷嘴外管可预先在炉底耐火材料中打结。安装活动炉底时，把整个炉底钢板与炉壳环型接板用螺栓联接在一起。喷嘴的大小、数目和布置取决于转炉容量大小。喷嘴数目一般不少于5个。当炉底和喷嘴寿命得到解决后，氧气底吹转炉炼钢法就显示出了它的可取之处：

1）吹炼过程平稳、喷溅少、烟尘少$\left(\text{烟尘量只有顶吹的}\frac{1}{2}\sim\frac{1}{3}\right)$，因而金属收得率高，可达91%～93%，而顶吹法为90%。

2）冶炼速度快，在相同条件下吹炼时间比顶吹法短（为12～14min)。热效率高(比顶吹法可多使用20%左右的废钢）。

3）由于氧气从炉底吹入，不需要象顶吹转炉车间那样高大的厂房，因而建设投资可节省10～20%。如利用原有平炉车间改建，投资比改建为氧气顶吹转炉车间节省一半左右。

4）底吹法吹炼的各种钢材质量与顶吹钢或平炉钢的质量基本相同。因此氧气底吹转炉炼钢法已得到各国普遍重视。

三、转炉“顶、底”复合吹炼法

目前有些大转炉在采用顶吹炼钢法的同时，亦从炉底向炼钢熔池内吹入一定数量的气体（可为氧、氮或氩等气体），这样可以有效地改善熔池的搅拌力，以促进金属和炉渣的再平衡，更有利于渣的脱氧和金属的脱碳，从而减少喷溅，提高金属的收得率。这既可保持顶吹的优点，又可消除底吹转炉前期去磷的困难。氧气主要从炉口吹入，可以减少炉底的喷嘴数，简化炉底结构和提高炉底寿命。这种复合吹炼法已引起各国重视，并在进行试验和研究。

四、氧气侧吹转炉炼钢法

氧气侧吹转炉炼钢法是我国在侧吹空气转炉炼钢法的基础上研制成功的新的氧气炼钢方法。它的特点也是采用燃料油作冷却保护的双层喷枪代替空气侧吹转炉的风眼，利用喷枪向熔池内吹氧炼钢。喷枪结构基本上与氧气底吹转炉的喷嘴相同。喷枪的管径、数目和布置随炉子的大小，炼钢工艺的要求而异。氧气侧吹转炉吹炼过程平稳、喷溅少、烟尘少、热效率高，而且对原料的适应性强，设备简单、投资少，比较适合我国现有的设备条件和资源特点。

上述几种炼钢方法各有优缺点。从目前来看，氧气顶吹转炉炼钢法仍占主导地位，其工艺和设备发展也较为成熟。下面仅就氧气顶吹转炉车间设备作一介绍。

第二节　氧气顶吹转炉车间布置形式及其设备

一、氧气顶吹转炉车间布置形式

氧气顶吹转炉炼钢车间的布置和设备特点，主要决定于车间的产量水平和生产特点。氧气顶吹转炉的生产特点是吹炼周期短，生产率和设备运转率高，周转频繁。因此，其车间布置必须与这些特点相适应，以保证转炉供料、吹炼、出钢、出渣、浇铸等工艺操作顺利进行，不致发生互相干扰而影响生产。图1-2为我国某厂300t转炉车间平面图，图1-3为我国某厂300 t转炉车间断面布置图。通过车间的布置可以了解炼钢机械的总体概貌及其在车间生产中所处的地位以及它们之间的相互联系。

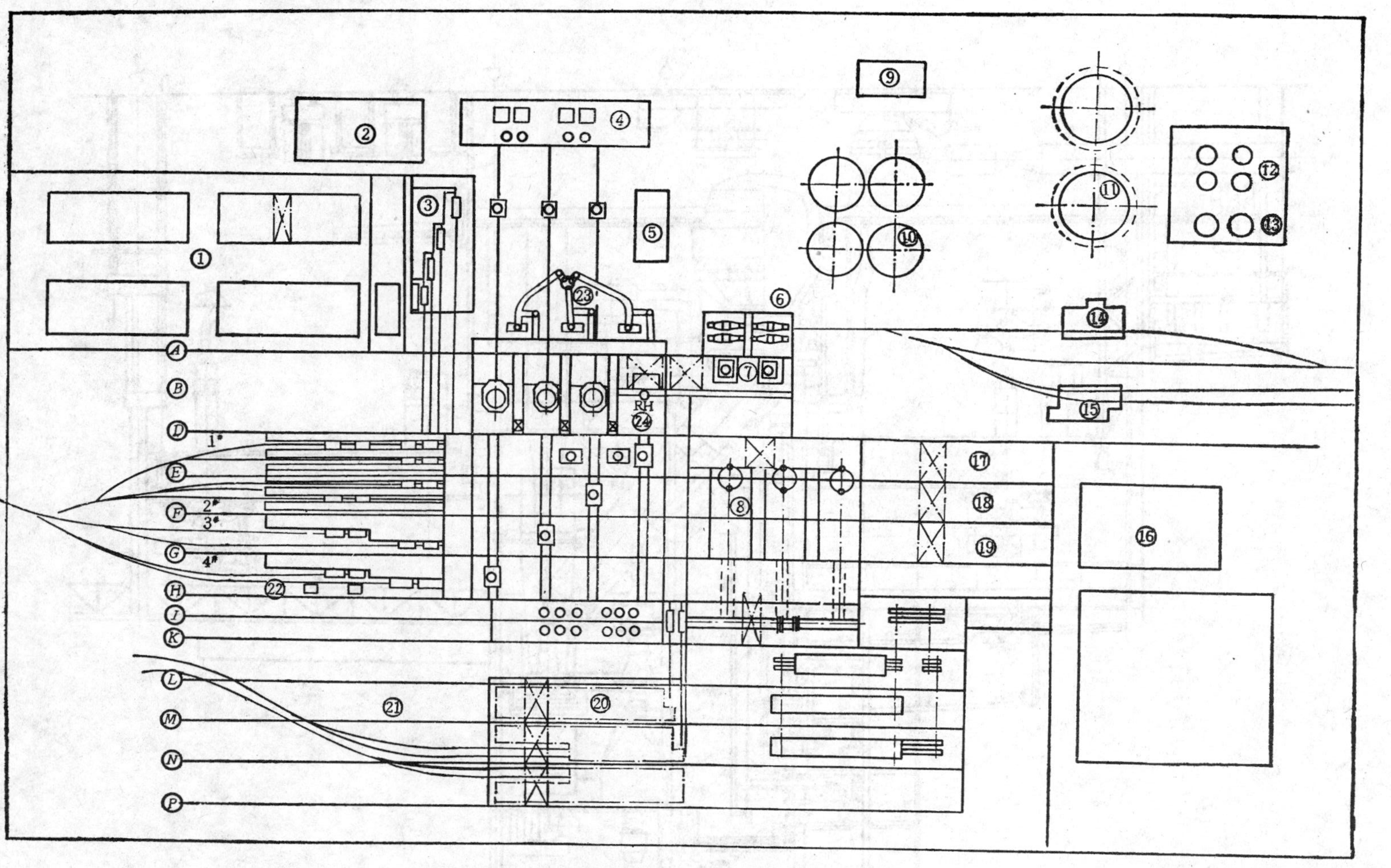

图 1-2 我国某厂300 t 转炉车间平面图

A—*B*加料跨；*B*—*D*转炉跨；*D*—*E*1#浇铸跨；*E*—*F*2#浇铸跨；*F*—*G*3#浇铸跨；*G*—*H*4#浇铸跨；*H*—*K* 钢罐修砌跨；1—废钢堆场；2—磁选间；3—废钢装料跨；4—渣场；5—电气室；6—混铁车；7—铁水罐修理场；8—连铸跨；9—泵房；10—除尘系统沉淀池；11—煤气柜；12—贮氧罐；13—贮氮罐；14—混铁车除渣场；15—混铁车脱硫场(铁水预处理)；16—萤石堆场；17—中间罐修理间；18—二次冷却辊道修理间；19—结晶器辊道修理间；20—冷却场；21—堆料场；22—钢水罐干燥场；23—除尘烟囱；24—RH真空处理

图 1-3 我国某厂300 t 转炉车间断面图

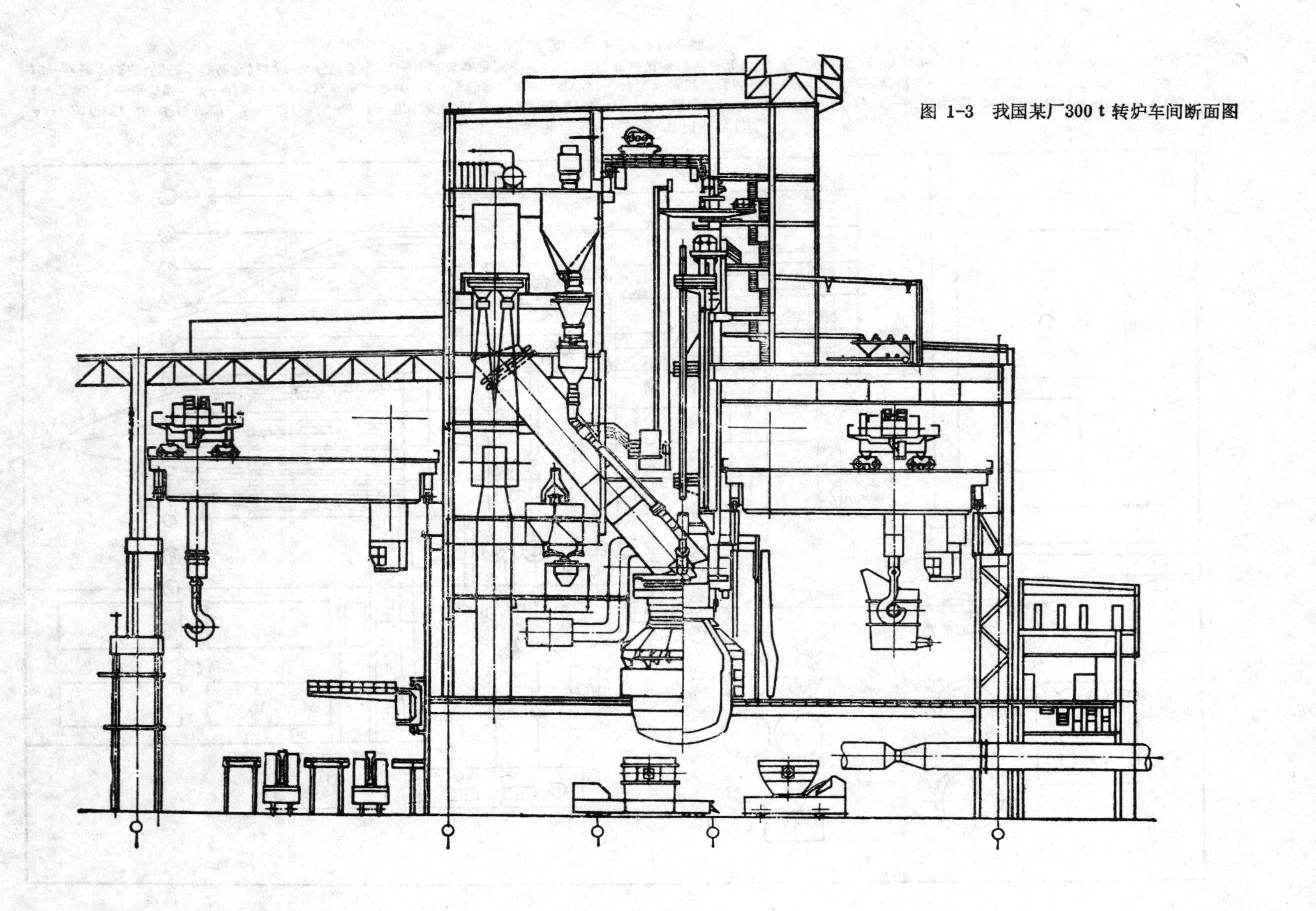

一般大、中型转炉车间由主厂房、辅助跨间（脱模、整模等跨间）和附属车间（包括制氧、动力、供水、炉衬材料准备等）组成。主厂房是转炉车间的主体，炼钢的主要工艺操作在主厂房内进行。我国某厂300 t 转炉车间是一种较为典型的布置形式，它由炉子跨，原料跨和四个铸锭跨组成。炉子跨布置在原料跨和铸锭跨中间。在炉子跨内安装着转炉炉座和主体设备。转炉的左边和右边分别是铁水和废钢处理平台，正面是操作平台，平台下面敷设盛钢桶车和渣罐车的运行轨道。转炉上方的各层平台则布置着氧枪设备、散状原料供料设备和烟气处理设备。原料跨主要配置着向转炉供应铁水和废钢的设备。铸锭跨内则设有模铸和连铸的设备。

二、氧气顶吹转炉车间的设备

现代氧气顶吹转炉车间是以转炉设备为主体，同时配备供氧、供料、出钢、出渣、铸锭、烟气处理及修炉等作业系统，而这些作业系统是通过各种运输和起重设备把它们互相联系起来的。其各作业系统的设备组成如下：

1．转炉主体设备　转炉主体设备是实现炼钢工艺操作的主要设备，它由炉体、炉体支承装置和炉体倾动机构等组成。

2．供氧系统设备　氧气转炉炼钢时用氧量大，要求供氧及时、氧压稳定，安全可靠。因此必须有一套完善的设备来保证向转炉供氧。供氧系统由输氧管道、阀门和向转炉吹氧的吹氧管装置等设备组成。

3．铁水供应系统设备　铁水是氧气转炉炼钢的主要原料，一般占转炉装入量70%～100%，即炼一吨钢就需要一吨左右的铁水。为了确保转炉正常生产，必须做到铁水供应充足、及时；铁水成分均匀、温度稳定；称量准确。铁水供应设备由铁水贮存，铁水预处理，运输及称量等设备组成。

铁水贮存设备主要有混铁炉和混铁车两种方式。采用混铁炉的优点是：其容量大，能满足转炉生产对铁水批量大、供应及时的要求；铁水成分和温度稳定；并能在炉内进行除铁水中部分杂质元素的工作。其缺点是：设备重量大、投资高；要设置兑铁水起重机、铁水罐和运输车等设备。过去转炉车间多采用混铁炉贮存铁水，但随着高炉和转炉容量的大型化，势必要同时加大混铁炉和为它服务的一系列设备的容量。而铁水罐和铁水罐车尺寸的增加是受到运输轨距及车辆尺寸界限等限制的。因此，新设计的转炉车间为了节省投资、简化流程倾向采用混铁车来贮存和运输铁水。这样可取消混铁炉车间和高炉至混铁炉之间的铁水罐车，以及为混铁炉服务的辅属设备。如我国新设计的300 t 大型转炉车间就是采用混铁车来贮存和运输铁水的。

4．散状原料供应系统设备　散状原料主要是指炼钢过程中使用的造渣材料和冷却剂，通常有石灰、萤石、矿石、石灰石、氧化铁皮和烘炉用的焦炭等。这些散状料品种繁多、用量大。转炉生产对散状料供应设备的要求是：及时运料、快速加料、称量准确、运转可靠、维修方便、能改善劳动条件。整个系统设备包括将散状料由地下料仓运至高位料仓的上料机械设备和将散状料自高位料仓加入转炉内的加料设备。

大、中型转炉车间散状料一般是由两个以上倾斜配置的大中心距皮带运输机运至高位料仓以上的高度，然后卸入水平布置的管式振动运输机（或可逆皮带卸料小车）。按不同种类的散状料分别卸入相应的高位料仓。当转炉需要散状料时，通过高位料仓给料口的电磁振动给料机输入带电子秤的称量漏斗内，称量后经漏斗下口的闸板阀输入汇总漏斗经过氮封管和叉形管分别由转炉左右两侧加入。

5. 废钢供应设备　废钢在原料场由电磁起重机装入废钢料箱，料箱用机车或起重机运至转炉平台，然后由炉前起重机或废钢加料机加入转炉。

6. 铁合金供应设备　铁合金用于钢水的脱氧和合金化。在转炉侧面平台设有铁合金料仓、铁合金烘烤炉和称量设备。出钢时把铁合金从料仓或烘烤炉卸出，称量后运至炉后通过溜槽加入盛钢桶中。

7. 出渣、出钢和铸锭系统设备　转炉炉下设有电动盛钢桶车和渣车等设备。转炉钢水倒入盛钢桶由盛钢桶车运至铸锭车间进行浇铸。渣则由渣罐车送至附近渣场进行处理。铸锭系统包括模铸设备（铸锭起重机、浇铸平台、盛钢桶修理设备和脱模、整模设备）和连铸设备。

8. 修炉机械设备　转炉炉衬在吹炼过程中，由于受到机械、化学和热力作用，而逐渐被浸蚀变薄，故应进行补炉。当炉衬被浸蚀比较严重而无法修补时，就必须停止吹炼，进行拆炉和修炉。修炉机械设备包括补炉机、拆炉机和修炉机等。

9. 烟气净化和回收设备　由于氧气顶吹转炉在吹炼过程中产生大量棕红色高温的烟气（烟气含有大量的CO和铁粉，是一种很好的气体燃料和化工原料），因此必须对转炉排出的烟气进行净化和回收。

烟气处理有燃烧法和未燃法两种。燃烧法是将含有大量CO的烟气逸出炉口后即与空气混合燃烧，其废气进入净化系统进行降温除尘后再排入大气。未燃法是使烟气逸出炉口时尽量不与外界接触，而把烟气直接通入除尘设备进行降温、除尘。净化后含大量CO的烟气通过抽风机送至煤气站加以贮存利用。由于未燃法综合利用性能好，故已被广泛采用。

烟气净化设备通常包括：活动烟罩、固定烟道、溢流文氏管、可调喉口文氏管、弯头脱水器和抽风机等。泥浆处理设备包括浓缩池、泥浆泵及压滤机等。泥浆压滤成泥饼送至烧结厂作原料用。

活动烟罩（裙罩）是未燃法的关键设备之一。在煤气回收期依靠裙罩的升降和调整可调文氏管的喉口来控制炉口的微压差，以适应吹炼中烟气量的变化和确保安全回收并提高煤气的质量。活动裙罩的升降可采用液压或电力驱动。当炉子采用上修法时，烟罩还需装在可移动的台车上，借液压或电力驱动从炉子上方向侧面开出。

第二章 氧气顶吹转炉炉体及其支承装置

氧气顶吹转炉炉体及其倾动机械的总体结构如图 2-1 所示。它由炉体 1 、支承装置 2 及倾动机构 3 组成。本章主要介绍炉体及其支承装置。

第一节 转炉炉体

一、炉体结构

转炉炉体包括炉壳和炉衬。炉壳用钢板焊成。由耐火材料组成的炉衬包括工作层、永久层和填充层三部分。工作层直接与炉内液体金属、炉渣和炉气接触，容易受浸蚀，国内

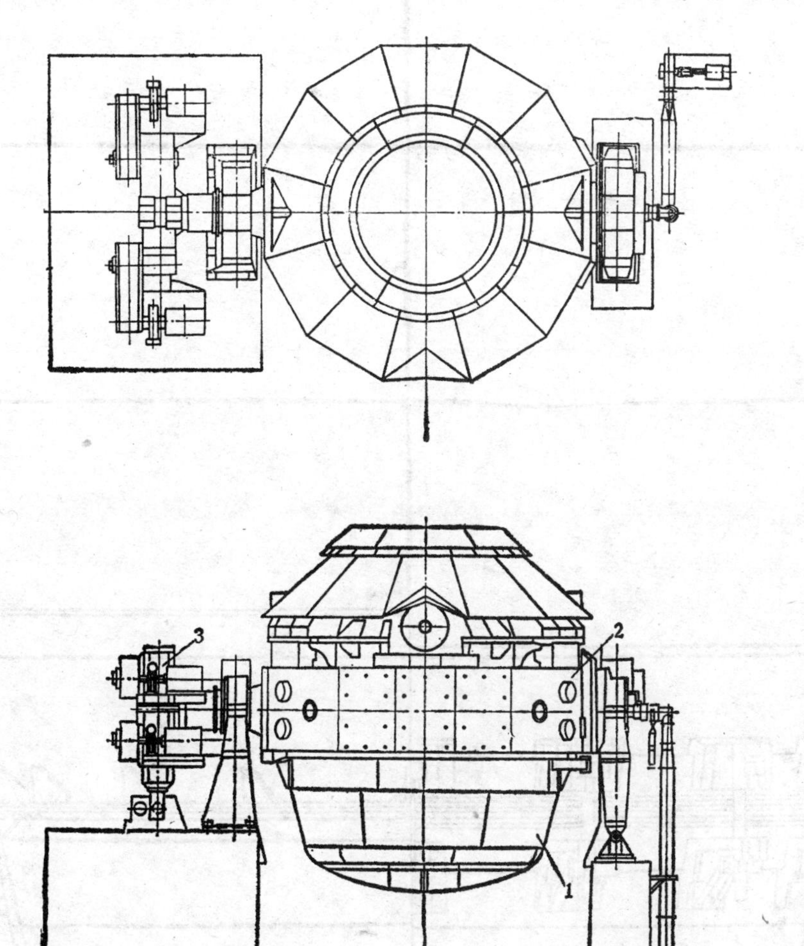

图 2-1 我国某厂300t转炉总体结构

1—炉体；2—支承装置；3—倾动机构

通常用沥青白云石砖或沥青镁砖砌筑。永久层紧贴炉壳，用于保护炉壳钢板。一般采用一层侧砌镁砖，或在镁砖与钢板间加一层石棉板。修炉时永久层可以不拆除。在永久层和工

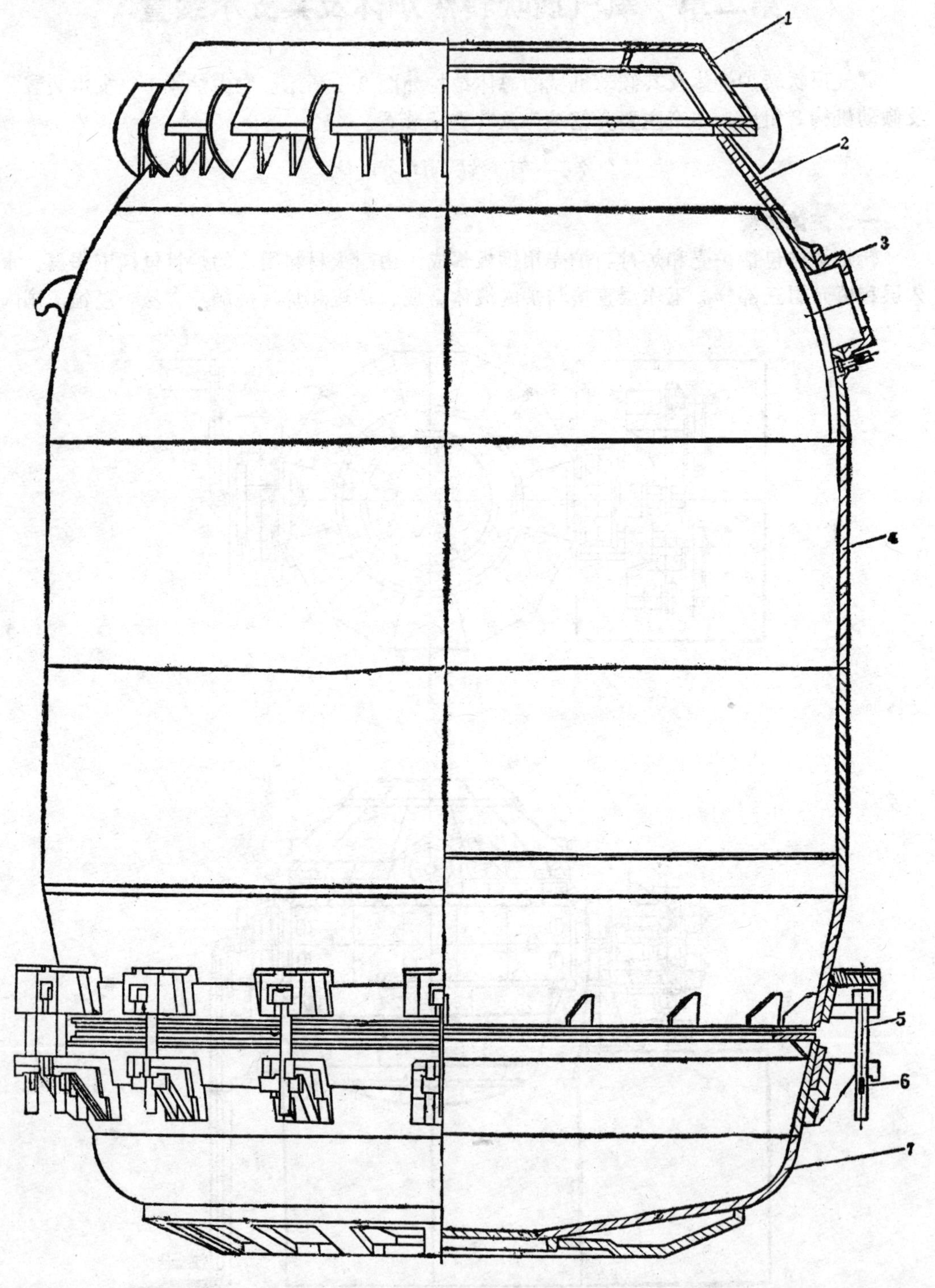

图 2-2　某厂50t转炉炉壳简图

1—水冷炉口；2—炉帽；3—出钢口；4—炉身；5—丁字形销钉；6—斜楔；7—活动炉底

作层之间设填充层，由焦油镁砂或焦油白云石砂组成。其作用是减轻工作层热膨胀对炉壳的压力，并便于拆炉。

炉壳通常由炉帽、炉身、炉底三部分组成（见图2-2）。

1．炉帽　做成截圆锥形或球缺截圆锥形，目的是减少吹炼时的喷溅和热量损失，并有利于炉气的排出。氧气顶吹转炉炉口均为正炉口，用来加料，插入吹氧管，排出炉气和倒渣。由于炉帽接近高温的炉气，直接受喷溅物烧损，并受烟罩辐射热的作用，其温度经常高达300～400℃。在高温作用下的炉帽、炉口产生严重变形。为了保护炉口，目前普遍采用通入循环水强制冷却的水冷炉口。这样既可以减少炉口变形，提高炉帽寿命，又能减少炉口上的粘结物。其缺点是一旦水冷炉口烧坏，大量冷却水外溢，若接触灼热的钢水，便会引起爆炸。因此应特别注意水冷炉口的制造质量和维护。

水冷炉口有水箱式和埋管式两种结构。水箱式水冷炉口用钢板焊成（见图2-3）。在水箱内焊有若干块隔水板，使进入的冷却水在水箱中形成一个回路。隔水板还可起加强筋的作用，增强水冷炉口的刚度。这种结构冷却强度大，工作效率高，制造容易，但比埋管式结构易于烧穿。因此，设计时应注意使回水管的进水口接近水箱顶部，避免水箱上部积聚蒸气而引起爆炸。

埋管式水冷炉口（图 2-4）是把通冷却水用的蛇形钢管埋铸于灰铸铁、球墨铸铁或耐热铸铁的炉口中，这种结构的安全性和寿命均比水箱式炉口高，但制造困难。

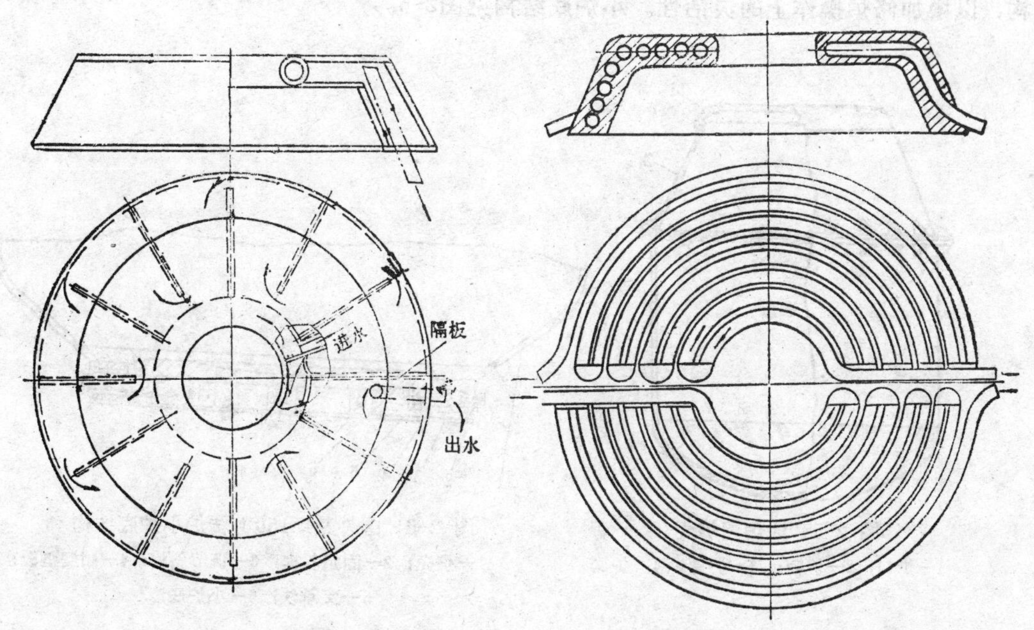

图 2-3　水箱式水冷炉口结构简图　　图 2-4　埋管式水冷炉口结构简图

水冷炉口可用销钉——斜楔与炉帽连接，但由于喷溅物的粘结，往往在更换损坏了的炉口时不得不用火焰切割。因此我国中、小型转炉采用卡板焊接方法将炉口固定在炉帽上。

炉帽通常还焊有环形伞状挡渣板（裙板），用于防止喷溅物烧损炉体及其支承装置。

2．炉身　是整个炉子的承载部分，一般为圆柱型。出钢口通常是设置在炉帽和炉身耐火炉衬的交界处。其位置、角度和长度的设计，应考虑出钢过程中炉内钢水液面；炉口和盛钢桶间的相互位置及其移动关系；堵出钢口方便否；能否保证炉内钢水全部顺利倒完；出钢时钢流对盛钢桶内的铁合金应有一定的冲击搅拌能力等。在生产过程中，出钢口烧损较严重，为了便于修砌、维护和更换，出钢口可设计短些，并采用可拆联接。

3．炉底　炉底有截锥型和球型两种。截锥型炉底制造和砌砖都较为简便，但其强度不如球型好，故只适用于中、小型转炉。虽然球型炉底的制造和砌筑内衬较为复杂，但球型壳体受载情况较好，故为大型转炉采用。

炉帽、炉身和炉底三段间的联接决定于修炉和炉壳修理的方式，有所谓死炉帽活炉底和活炉帽死炉底等结构型式。

死炉帽活炉底结构参看图2-2。炉帽与炉身是焊死的，而炉底和炉身是采用可拆联接式的，这种结构适用于下修法。即修炉时可将炉底拆去，新的衬砖自炉身下口运进炉内进行修砌。炉底和炉身多采用吊架丁字形销钉和斜楔联接。这种联接结构简单、装拆方便能保证安全生产。实践表明，销钉和斜楔的材料不宜采用碳素钢，最好用低合金钢，这样可避免在装拆时把斜楔打弯或把销钉端部楔口打毛。

活炉帽死炉底结构参看图2-5。死炉底具有重量轻、制造简便、安全可靠等优点。故大型转炉多采用死炉底。用这种结构修炉时，要采用上修方式，即新的炉衬砖要从上部炉口运进炉内进行砌筑。有的大容量转炉，在采用上修法的情况下也采用可拆卸的小炉底结构，以增加修炉操作上的灵活性。小炉底结构见图2-6。

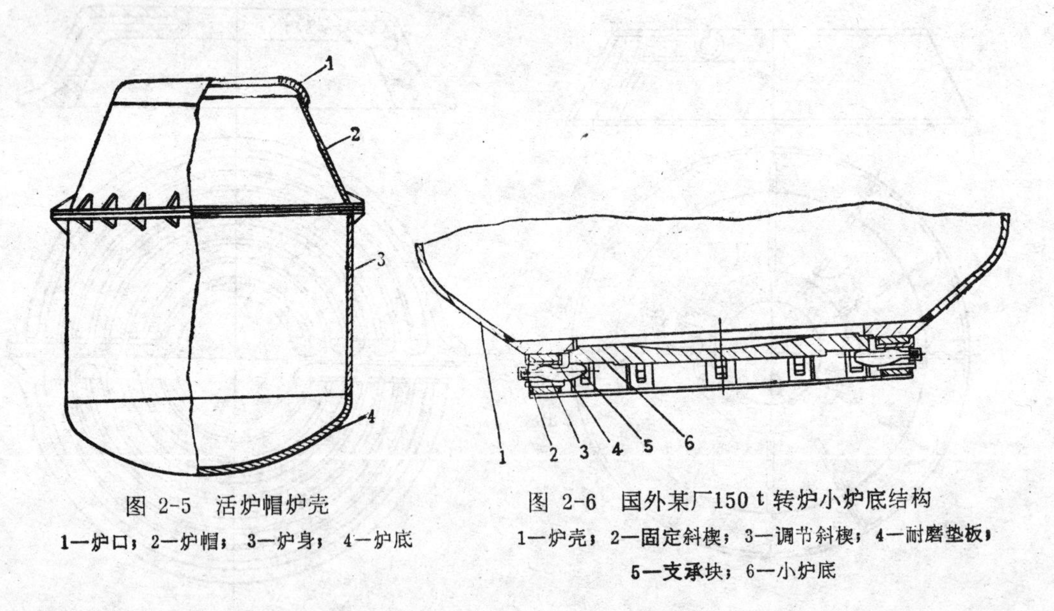

图 2-5　活炉帽炉壳

1—炉口；2—炉帽；3—炉身；4—炉底

图 2-6　国外某厂150 t 转炉小炉底结构

1—炉壳；2—固定斜楔；3—调节斜楔；4—耐磨垫板；5—支承块；6—小炉底

目前国外有些大型转炉为了减少停炉时间，提高钢产量，以达到二吹二或一吹一的目的，修炉时采用更换炉体的方式，将不能继续吹炼的待修炉体从托圈中取出移至炉座外进行修理，而将事先准备好的炉体装入炉座（称为活炉座）内继续吹炼。在使用活炉座时，为了不增加车间起重运输设备能力，并便于修理损坏了的炉帽，可将炉帽和炉身做成如图2-5所示的可拆联接。

二、炉壳的负荷特点和炉壳钢板厚度的确定

转炉炉壳是一个可倾转的容器，属于薄壳结构。由于高温、重载和生产操作等因素影响，炉壳工作时不仅承受静、动机械负荷，而且还承受着热负荷。转炉炉壳所承受的负荷基本上有如下几个方面：

1．静负荷　静负荷包括炉壳、炉衬、炉料重量等引起的负荷。在静负荷作用下，于炉壳的相应部位上产生薄壁应力。而在炉壳与其支承装置相联结的部位——所谓力传导区域则产生较大的局部应力。其局部应力的大小决定于炉壳的支承方式与支承装置的结构。不难看出，在转炉倾动时，外力对炉壳的作用，使炉壳产生的局部应力出现复杂的情况。

2．动负荷　动负荷包括装入废钢和刮渣时引起的冲击，以及炉壳在旋转时由于加速度和减速度所产生的动力，它会在炉壳相应部位产生机械应力。

3．炉壳温度分布不均匀而引起的负荷　图2-7为炉壳在工作时温度分布的实测结果。炉帽上部接近高温炉气，受喷溅物和烟罩反射回来的辐射热作用，故此处温度最高。炉身部分由于托圈的屏蔽作用，使热不能直接散发到大气中，加之这部分炉衬的严重蚀损，故其温度也比较高。上述情况说明，炉壳是在较高的温度条件下工作，则不仅在其高度方向，而且在其圆周方向及半径方向都会存在温度梯度。由上述原因使炉壳各部分产生不同程度的热膨胀，进而使炉壳产生热应力。

4．炉壳受炉衬热膨胀影响产生的负荷　转炉炉衬材料的热膨胀系数与炉壳钢板的热膨胀系数相近，炉衬的温度远比炉壳的温度高，所以炉衬的径向热膨胀也远比炉壳的径向热膨胀大。这样，在炉衬与炉壳间产生内压力，炉壳在这个内压力作用下产生热膨胀应力。

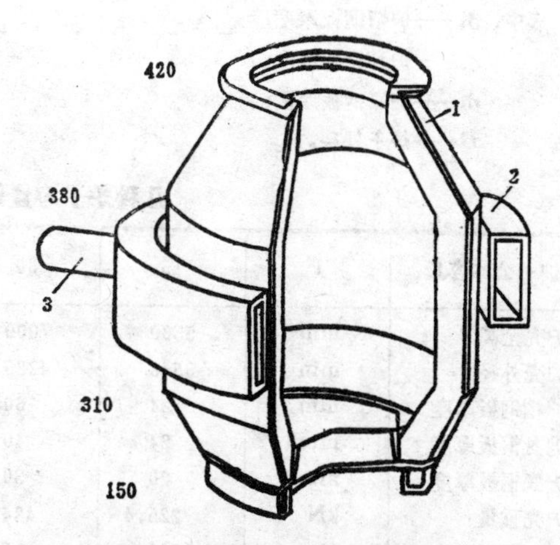

图 2-7　炉体温度(°C)分布情况

1—炉壳；2—托圈；3—耳轴

此外，还有因炉壳断面改变、加固、焊接等原因而引起炉壳局部应力的提高。不难看出，炉壳存在各种应力的大小和相互作用，是随炉子的不同结构、容量和使用时间而变化的。实践证明，作用在炉壳上的机械静、动应力和热应力当中，热应力起主导作用。因此在进行炉壳的强度计算时，首先要进行热计算，确定其温度及温度梯度，然后算出各种应力的大小。但是，目前还缺乏炉衬的有关特性数值，如强度与温度的关系、热膨胀系数、传热系数、弹性模数等。特别是炉衬材料的特性随其使用过程有着强烈的变化。因此，计算由于热负荷引起的应力还有困难。目前也有用薄壳理论来计算外力作用下引起的炉壳应力，其计算相当复杂，而且实用性不大。因此对炉壳钢板的确定，大多数采用类比法，由经验公式选定（如表2-1所示）。

炉壳的基本参数除钢板厚度外，其余的基本尺寸参数决定于炉型及炉衬的厚度，即决定于生产工艺要求。因此，基本尺寸参数属于工艺尺寸。表 2-2 给出几种不同容量炉壳的基本尺寸参数。

三、炉壳变形与减少变形的措施

转炉在工作过程中，炉壳将不同程度地产生歪扭变形。通常变形较大的部分在炉口，向下逐渐减弱。常见的炉壳变形有鼓胀和椭圆变形，如图2-8所示。

有人认为，炉壳变形的主要原因是由于炉衬热膨胀而产生的内压力所造成。因为炉壳径向热膨胀远小于炉衬的径向热膨胀，可使炉壳钢板的应力大大超过设计所允许的应力，从而产生超过弹性变形许多倍的高温蠕变变形。对于大型转炉，其直径的残余变形可达200～300mm以上。转炉炉衬经常会出现局部严重蚀损，使部分炉壳局部过热，其热膨胀又受到周围较冷部分的炉壳限制，从而使局部过热的炉壳产生鼓包变形（图2-8*a*），严重时还会引起炉壳烧穿。如果炉壳是大面积过热，则整个炉壳将发生膨胀及大变形（如图2-8*c*、*d*所示）。这种情况在设计和生产上应该予以重视，力求避免。

确定炉壳钢板厚度的经验公式(mm)　　**表 2-1**

炉子吨位	δ_1	δ_2	δ_3
<30t	$(0.8\sim1)\delta_2$	$\delta_2=(0.0065\sim0.008)D$	$0.8\delta_2$
>30t	$(0.8\sim0.9)\delta_2$	$\delta_2=(0.008\sim0.011)D$	$(0.8\sim1)\delta_2$

表中：δ_1——炉帽钢板厚度；
δ_2——炉身钢板厚度；
δ_3——炉底钢板厚度；
D——炉子外径。

几种炉子容量炉壳的基本参数　　**表 2-2**

炉子公称容量	t	15	30	50	120	国外某厂 150	300
炉壳全高	mm	5530	7000	7470	9750	8992	11575
炉壳外径	mm	3548	4220	5110	6670	7090	8670
炉帽钢板厚度	mm	24	30	55	55	58	75
炉身钢板厚度	mm	24	40	55	70	80	85
炉底钢板厚度	mm	20	30	45	70	62	80
炉壳重量	kN	225.4	424.34	694.33	1717.744	1943.4	
材　质		16Mn	A3	14MnNb		AST41	

如果炉壳的残余变形能使炉壳均匀地膨胀，那么这种变形影响不大，但当热膨胀受到某种阻碍时，就会产生局部应力。图2-9中，*a*为炉壳热变形后均匀膨胀，*b*表示炉壳热变形受到圆盘阻碍，炉壳在变形受阻的地方产生弯曲应力，这种应力随着远离圆盘而很快衰减，但由于炉衬压力的作用较大，将使炉壳应力很大的地方产生较大的残余变形。特别值得注意的是：在热应力高的地方，如果存在着某种阻碍其热变形的结构时（例如在炉壳高度方向上焊有短的加强件），就可能引起炉壳脆性破裂（见图2-8*e*）。因此，生产操作时要防止炉壳的温度过高。设计时要防止由于结构设计不当而引起炉壳温度和刚度的突然变化，并要尽量消除结构对炉壳热膨胀的限制，使热应力降低到最低程度，这是炉壳设计中的一个重要原则。

图2-8*b*为炉壳沿圆周歪扭变形的形状。其椭圆长轴在出钢-装料方向，而短轴在托圈耳轴方向。椭圆变化程度随炉壳不同部位而异。如转炉炉口区域变成椭圆的过程是：收缩

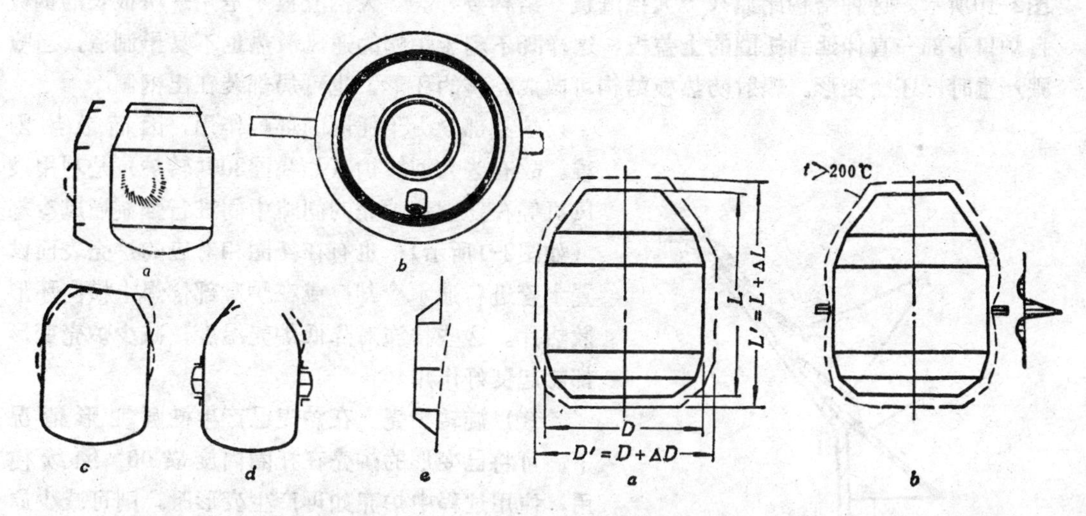

图 2-8 炉壳的变形与裂损　　图 2-9 炉壳均匀受热的无变形阻碍和有变形阻碍情况示意图

发生在托圈耳轴轴线方向，增长发生在出钢－装料方向。炉身部分通常在两个方向的直径都有所增长，而在出钢-加料方向增长程度较大。如某厂 30 t 转炉实测结果是：炉帽部分长、短直径差为240mm，炉身中部为190mm，炉身与炉底交界处为80mm。这说明了炉壳椭圆变形程度与炉壳高度上温度分布的规律。炉壳产生椭圆变形的原因是：

1）转炉在出钢、倒渣时，受到盛钢桶和渣罐反射回来的大量辐射热的作用，使这个方向的炉壳温度更高，其热膨胀变形更严重；

2）出钢或测温取样时，钢水的重量集中在炉子一侧；

3）与炉体的支承方式有关：如一般三支点支承系统中，炉体的全部重量主要由两个位于耳轴部位的支点支承（第三点主要传递倾动力矩），这势必引起炉壳的椭圆变形。

炉壳变形产生的影响是：

1）缩短炉壳及托圈寿命。由于炉壳温度高，其椭圆变形大于托圈变形，而引起两者之间的工作间隙减少，甚至产生局部消失。炉壳及其相接触的托圈部分热应力进一步增大，往往造成炉壳或托圈的裂损；

2）增加炉衬砌修困难。由于炉壳椭圆变形而导致炉壳侧面产生的变平倾向，将影响炉衬砖相互间楔紧的作用，从而增加了炉衬崩落的危险。

为了延长炉壳寿命，减少炉壳的变形，可从以下几个方面改进：

1）研究、选择抗蠕变强度高而焊接性能又好的材料来制造炉壳。对于30吨以上的转炉炉壳，各国多采用耐高压的锅炉钢板制造。近年来也有改用合金钢板的，因其在高温下有较好的抗蠕变性能和焊接性能。我国目前用于制造炉壳的低合金高强度钢有16Mn和14MnNb等。大多数抗蠕变高强度的材料在空气中焊接时产生淬硬。因此其全部焊接面应进行热处理。

2）降低炉壳温度。由于炉帽受高温辐射热和喷溅物烧损，所以它的变形最严重。如前所述，可采用水冷炉口降低其温度，另外增加炉口刚度对抵抗炉口变形亦很有效。此外，还可在炉帽部分加焊防热板，以便减少从盛钢桶、渣罐传来的辐射热。防热板结构如图2-10所示。这种结构比原来"大挡渣板"结构要好。"大挡渣板"是用一块很长的钢板自炉口下部一直伸延到托圈的上盖板，这样既不利于炉帽的通风散热也不易于制造，当喷溅严重时，还会变形。辐射防热板结构可做成完整的环形，也可局部装在出钢侧。

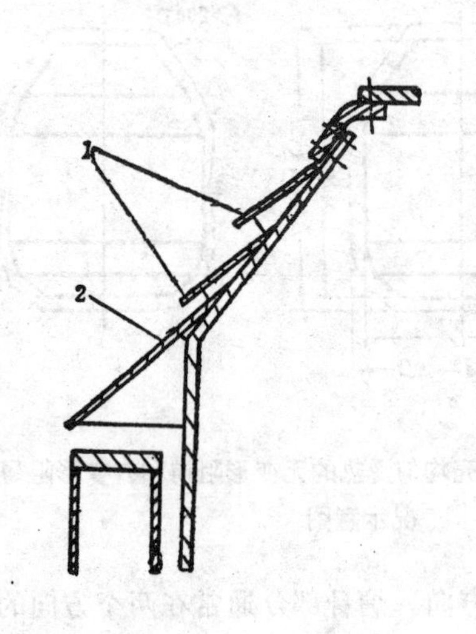

图 2-10 防热板结构示意图
1—防热板；2—挡渣板

炉身部分由于托圈的屏蔽作用，因而散热困难。故有些大型转炉（如我国300t转炉）是利用鼓风机等在托圈和炉壳的间隙中间进行强制通风冷却（如图2-1所示），也有在托圈相对应的炉壳表面设置水管进行通水冷却；或在炉身部位焊上横向环形散热片。这些措施对降低炉壳温度，减少炉壳变形都能起良好作用。

3）旋转炉壳。在炉壳已产生椭圆变形情况下，可将已变形的炉壳在托圈内旋转90°继续使用，使用过程中炉壳如再产生变形时，则可减少原炉壳的椭圆度。

4）设计椭圆形托圈。为适应炉壳变形的要求，新设计的托圈应采用椭圆形结构。如在耳轴处使它与炉壳的间隙为152mm，而在装料-出钢方向间隙为229mm，使炉壳在最热区域有较强的空气流通，并允许炉壳的变形量较原来增加50%。

第二节　转炉炉体支承系统

炉体支承系统包括：托圈部件；炉体和托圈的联接装置；支承托圈部件的轴承和轴承座。转炉炉体的全部重量通过支承系统传递到基础上。而托圈又把倾动机构传来的倾动力矩传给炉体，并使其倾动。因此，它们都是转炉机械设备的重要组成部分。

一、托圈部件

现代转炉炉体的支承均通过托圈部件，只有早期容量较小的转炉曾采用过无托圈结构。即通过焊接在炉壳的耳轴板或加强圈来支承炉体。耳轴板结构虽然简单，但炉壳的强度和刚度较差，容易变形，甚至使两耳轴轴线严重偏斜，耳轴轴承在工作中容易被卡住，而造成传动件等损坏事故。以后又采用加强圈结构，虽然加强了炉壳刚度，并使炉壳受力进一步均匀，但由于炉壳和加强圈的温度不一致，受热后这种死托圈结构限制了炉壳的热膨胀，使炉壳产生很大的压应力。若其压应力值超过屈服极限就会增加炉壳的变形，甚至引起裂纹。因此，目前转炉基本采用炉体与托圈分开的支承结构。这样即使在炉体发生变形的情况下，也不会影响整个倾动机构的正常工作。而且托圈两侧耳轴的同心度和平行度在制造中也容易得到保证。

1．托圈基本结构　托圈是转炉的重要承载和传动部件。它在工作中除承受炉壳、炉衬、钢水和自重等全部静负荷外，还要承受由于频繁启、制动所产生的动负荷和操作过程所引起的冲击负荷，以及来自炉体、盛钢桶等辐射作用而引起托圈在径向、圆周和轴向存在温度梯度而产生的热负荷。故托圈结构同样需要具有足够的强度和刚度才能保证转炉正常生产。图2-11为某厂50 t 转炉托圈结构图。它是由钢板焊成的箱形断面的环形结构，两侧焊有铸钢的耳轴座，耳轴装在耳轴座内。为了适应运输条件，一般将托圈剖分成四段在现场进行装配。各段矩形法兰采用高强度螺栓联接。为了保证法兰联接牢固，在安装时先把螺栓拧紧，再用电将螺栓加热至120℃左右，然后继续拧紧螺母（约旋45°）。再经过冷却后每个螺栓约产生588kN左右的预紧力。每个矩形法兰四边中点各有一个方形定位销，用它来承受法兰结合面上的剪力。托圈材质一般与炉壳相同，也趋向采用低合金结构钢。

2. 托圈结构的几个问题

（1）托圈断面形状　托圈断面形状有箱形、开式［形和］形。一般中等容量以上的

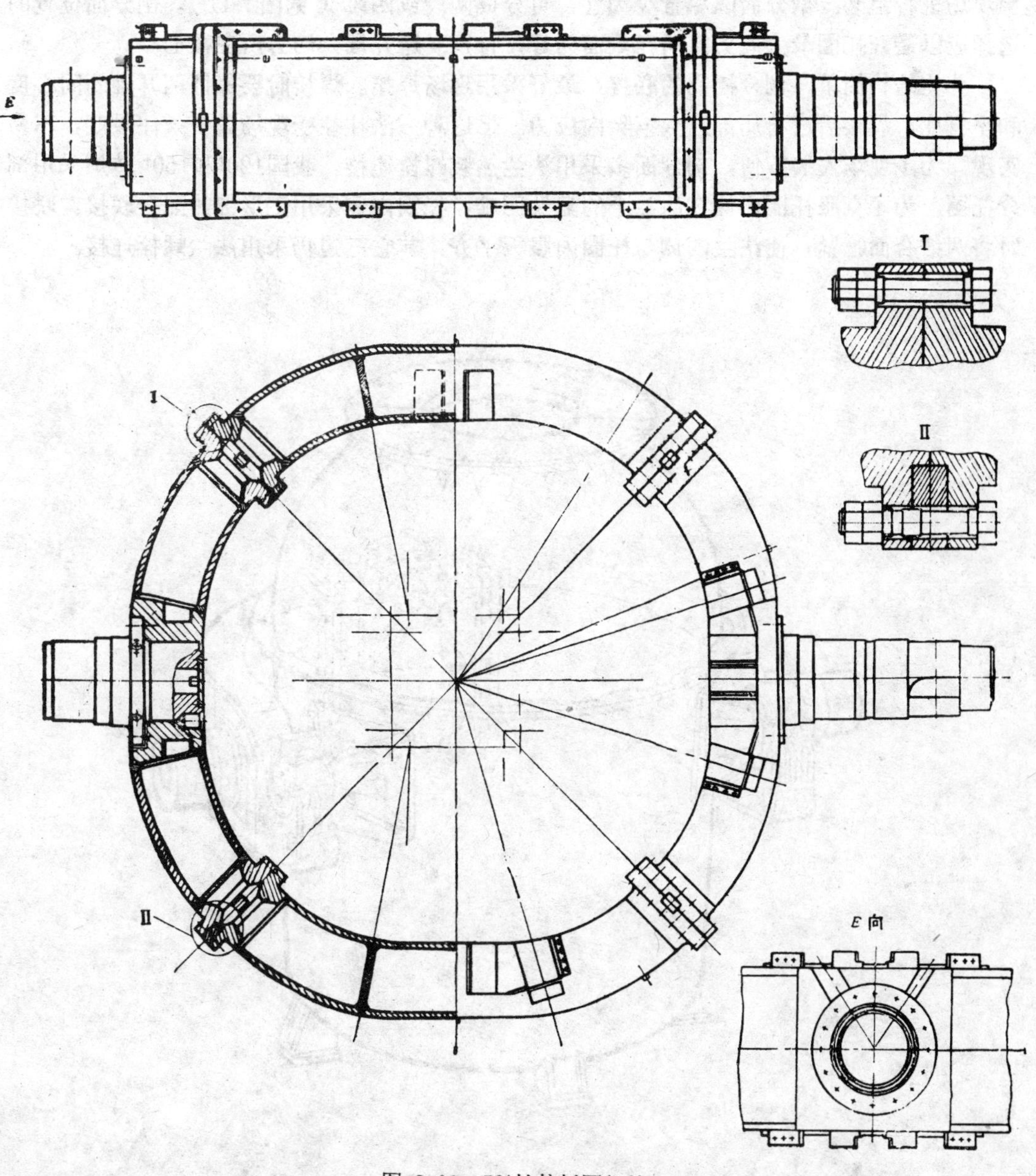

图 2-11　50t转炉托圈部件

转炉托圈都采用重量较轻的钢板焊接结构。其断面为箱形框架，因为封闭的箱形断面受力好，托圈中切应力均匀。其断面的抗扭刚度比开口断面的抗扭刚度要大好几倍。封闭断面还可直接通入冷却水冷却托圈，加工制造也方便。对于容量较小的转炉，如30 t 以下的转炉，由于托圈尺寸小，不便用自动电渣焊，才考虑采用 [形或箱形断面的铸造托圈。

（2）整体托圈和剖分托圈　托圈是整体还是剖分，以及如何剖分，主要取决于托圈受力、加工、制造及运输条件等情况。从加工时耳轴容易对中、结构受力等情况来考虑最好采用整体托圈。但大、中型转炉托圈的重量和外形尺寸都很大。以 50t 转炉为例，其托圈平面的外形尺寸就为 6800 × 9990（mm），重达 100t 左右。这样大的托圈整体运输是有困难的，因此大托圈多数做成剖分式。剖分托圈可先在制造厂加工并进行预装配，分块运至现场进行组装。剖分面以尽量少为宜，可分成两段或四段（见图2-11）。剖分面位置的选择应以避开托圈最大应力值所在截面为好，特别要避开最大切力所在截面。

为使结构简单，剖分托圈的联接，最好采用现场焊接。焊接时要保证两耳轴的同心度和平行度。焊接后进行局部退火消除内应力。但这种方法往往受现场设备条件限制，不易实现。为了现场安装方便，剖分面多采用法兰热装螺栓连接。我国120t和150t 转炉采用剖分托圈，为了克服托圈内侧在法兰上的配钻困难，托圈内侧采用工形键热配合联接。联接时将两结合面箍紧，使法兰内侧与托圈内腹板平齐，其它三边仍采用法兰螺栓连接。

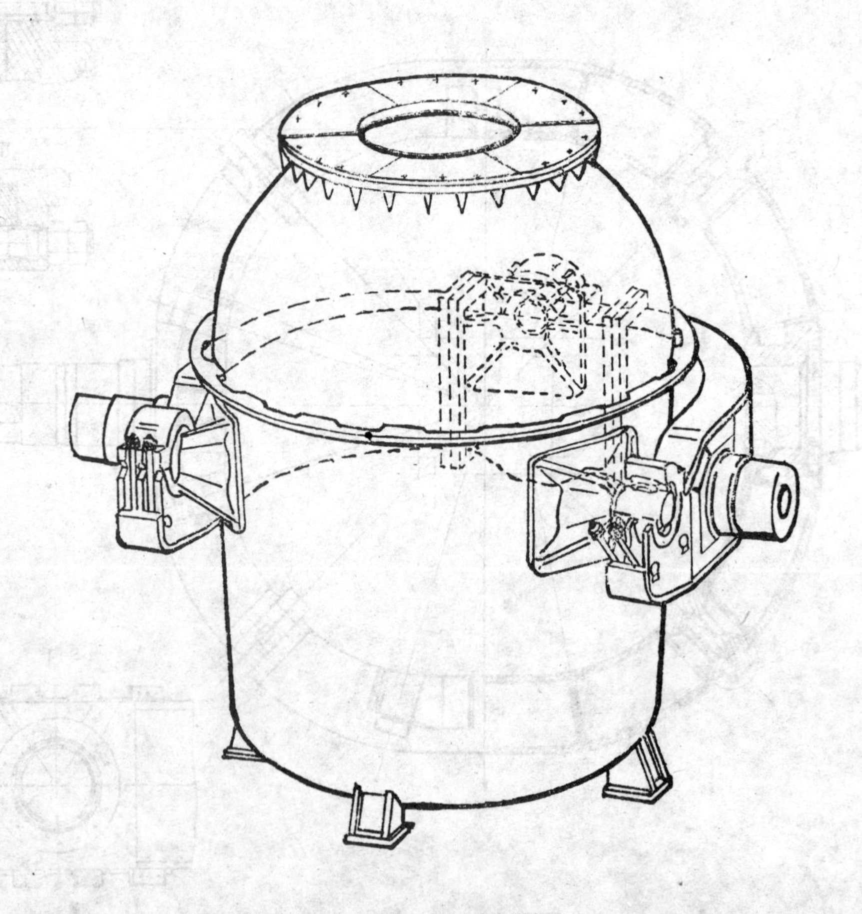

图 2-12　开口式托圈

（3）开口式托圈　开口式托圈的结构见图2-12。托圈做成半圆形（或马蹄形）开口式的，炉体通过三点支承在托圈上。当三个轴承上盖拆开后，整个炉体可以从炉座中退出，便于快速更换炉体。快速更换炉体方式，即两个可换炉体只用一个吹炼炉座、一个托圈、一套倾动装置和一套烟气净化装置。当一个炉体悬挂在托圈内进行吹炼时，另一个炉体可在外面进行修砌。这样可以提高炉座的利用率，并显著节省投资。采用整体更换炉体的方式，必须增设更换炉体的重型专用车辆。如果采用固定式转炉常用的闭式托圈，那么这种专用车辆还要装有提升机构，以便将重达10000kN以上的空炉体升降几米高。若采用开口式托圈，更换炉体时就不需要较大的升降运动。这样既方便炉体的装拆，又使运输车辆制造简单、便宜。经受力分析和实践证明：开口式托圈的结构能满足工作和静力要求。虽然它在承受自身重量时不如闭式托圈好，但在承受热应力和结构配合时，却有其突出的优点。

（4）耳轴与托圈的联接　耳轴的材料一般采用合金钢，可用锻造或铸造的毛坯进行加工。耳轴与托圈的联接一般有三种方式：

1）法兰螺栓联接。耳轴用过渡配合装入托圈的铸造耳轴座中，用螺栓和圆销联接，以防止耳轴与孔发生转动和轴向移动，参看图2-11。这种联接方式的联接件较多，而且耳轴需带一个法兰，从而增加了耳轴制造的困难。

2）静配合联接（图2-13）。耳轴具有过盈尺寸，装配时用液体氮将耳轴冷缩插入耳轴座，或把耳轴孔加热膨胀，将耳轴在常温下装入耳轴孔。但局部加热会引起托圈产生局部变形。为了防止耳轴与耳轴孔产生转动和轴向移动，传动侧耳轴的配合面应拧入精制螺钉。实践证明，在耳轴的正公差为轴径的千分之0.6时，拧入精制螺钉的措施是完全必要的。而游动侧由于传递力矩较小，只要采用带小台肩的耳轴就可限制其轴向移动。

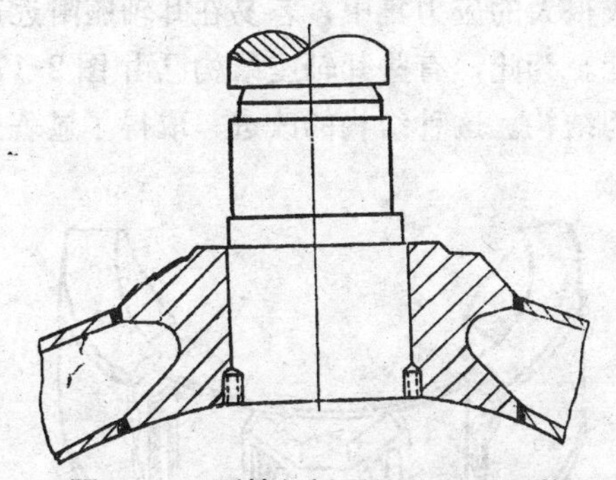

图 2-13　耳轴与托圈的静配合联接

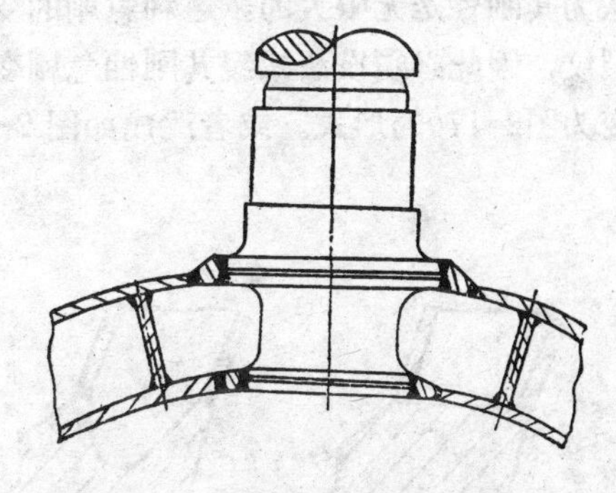

图 2-14　耳轴与托圈的焊接联接

3）耳轴与托圈直接焊接。这种结构可省去较重的耳轴座和联接件，因此其重量轻，结构简单、加工量少，如图 2-14 所示。制造时先将耳轴与耳轴板用双面环形焊缝焊接起来，然后将耳轴板与托圈腹板用单面焊缝焊接。耳轴板可适应焊缝的收缩。制造时要特别注意保证两耳轴的平行度和同心度。耳轴最好与托圈进行整体同轴加工，以保证其加工精度。

3．托圈的变形与减少变形的措施　托圈是一个既受弯曲又受扭转的封闭薄壁圆环，并承受着很大的热负荷。从图2-15可以看出，在托圈圆周方向出钢——装料侧温度高，而耳轴两侧温度较低。在同一截面上，上盖板温度高，而下盖板温度低；内腹板温度高而外腹板温度低。由于存在显著的温差，所以使托圈产生相当大的热应力。从图2-16可知，托圈顶部承受着垂直力，耳轴上有支反力，这可以用简支梁进行分析。但通过模拟测试表明：托圈受力后，其顶部朝一个方向形成椭圆，而在底部则朝另一个相反方向形成椭圆。这使托圈箱形断面变形产生“二次应力”，其应力值超过初始应力。如受力托圈按简支梁

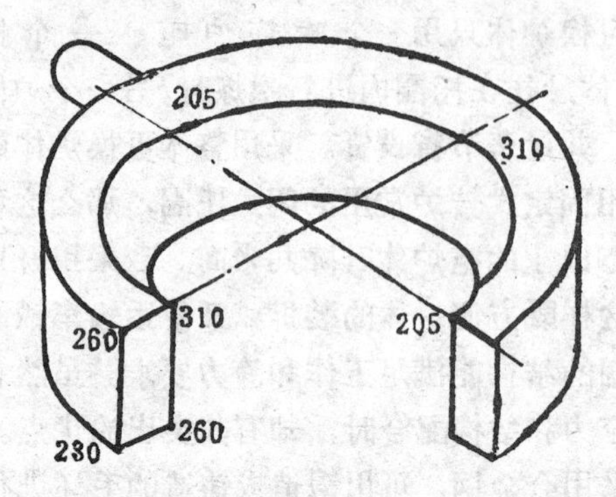

图 2-15　托圈温度分布（℃）

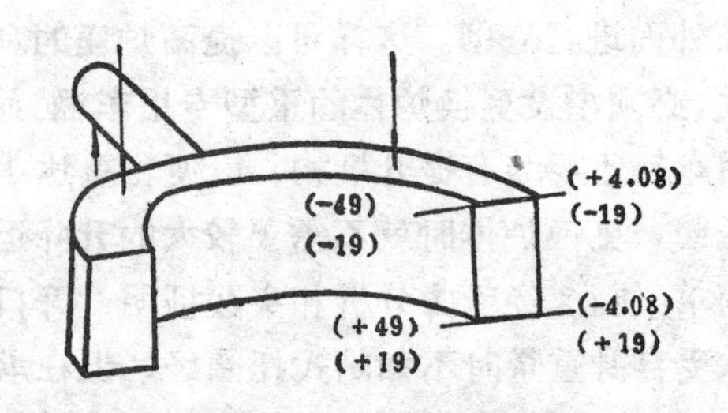

图 2-16　托圈处于水平位置时的应力（N/mm^2）
（图中下排数值为采用简支梁计算的应力值）

计算，其最大应力值为19N/mm^2，若考虑二次应力则其最大应力值为 49N/mm^2。这说明托圈受到弯曲、扭转以及热应力后，其应力状态是相当复杂的。这些应力值若超过屈服限，就会使托圈进一步变形，甚至产生裂纹。从实践中可知，裂纹往往在托圈的加强部分产生（如在垂直筋板的内腹板附近形成），故设计托圈时，也应使其结构刚度趋于均匀，避免急剧变化，并要设法消除结构对热膨胀的限制，从而使托圈的热应力减少到最低程度。为了减缓托圈的变形，托圈结构可作下列一些改进：

1）托圈耳轴座结构的改进。耳轴和耳轴座结合在一起，相对于托圈其它部分来说，可认为其刚性是无限大的，这种急剧的变化会造成很大的应力集中，容易在耳轴座附近产生裂纹，因此必须设法减缓其刚性急剧变化的程度。为此，有些耳轴座结构已由图2-17*a*改变为图2-17*b*的形式。或者改成如图 2-18 所示的结构。这种结构的改进，取得了显著效

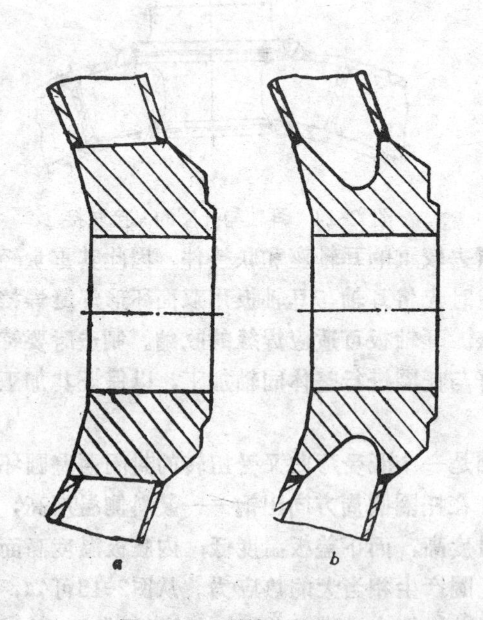

图 2-17　耳轴座结构

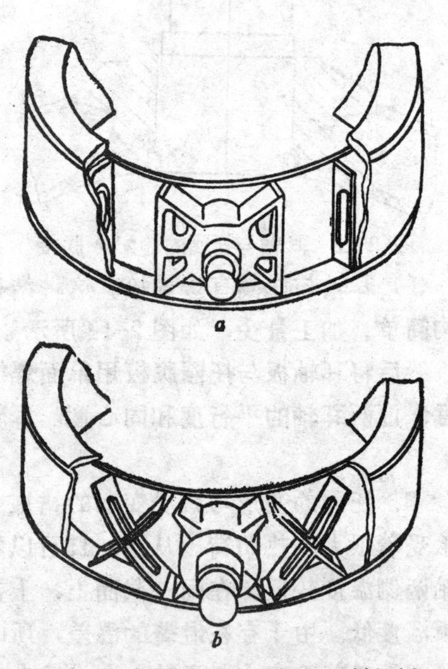

图 2-18　托圈的垂直筋板与倾斜筋板

果。例如120 t 转炉耳轴座采用实体块时，实测托圈的最大应力为80.4N/mm²，经改进后实测应力降为5N/mm²。

2）对托圈加强筋形状、结构和位置配置的改进。为了加强托圈的刚度，在托圈内设有垂直筋板。这种垂直筋板往往限制了托圈断面因温度梯度引起的变形，并造成超过屈服限的应力，当转炉倾转时，在交变应力作用下可能造成疲劳破坏。因此裂纹常出现在垂直筋板或其附近的内腹板上。为了改变这种状况，有些托圈用交叉倾斜筋板代替垂直筋板。图 2-18*b* 表示了用交叉倾斜筋板加强耳轴部分与托圈联接的情况，这使耳轴附近的托圈既有较大的抗扭刚度，又改善了耳轴附近刚度的急剧变化。

3）采用水冷托圈。采用水冷托圈对降低热应力的效果十分显著。图2-19表示了水冷托圈和非水冷托圈温度实测及热应力计算的结果。水冷托圈最大热梯度腹板中的弯曲热应力为－54N/mm²，法兰的应力为－29.4N/mm²，非水冷托圈最大热梯度腹板中的弯曲热应力为－161N/mm²，法兰的应力为－105N/mm²。它表明水冷托圈的热应力可降低到非水冷托圈的1/3左右。

水冷托圈有两种形式，一种是在封闭断面内直接通入循环水进行冷却（如图2-20所示）；另一种是在托圈的上盖板和内腹板的内表面或外表面上，并排设置冷却水管。采用水冷托圈时，其材料的选择显得特别重要。有资料说明，当托圈在200℃～250℃范围内工作时有很好的韧性，而同样的材料采用水冷时，在1.5℃～4.5℃范围内工作却是脆性的。故选择材料时必需考虑其韧性、屈服强度和焊接性能。

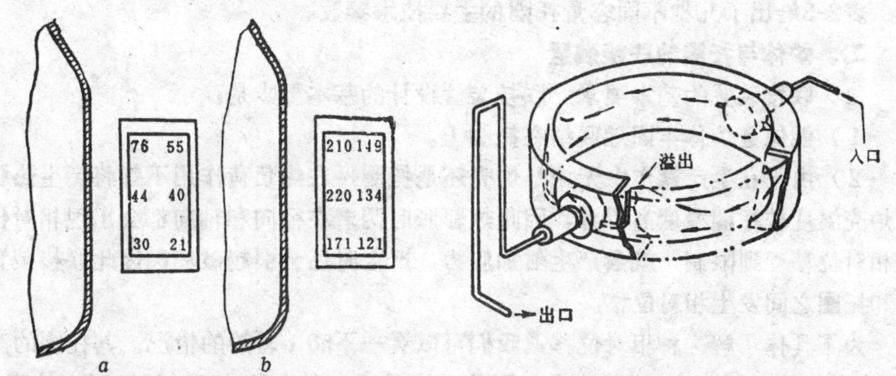

图 2-19 水冷托圈和非水冷托圈温度（℃）分布

a—水冷托圈；*b*—非水冷托圈

图 2-20 托圈水冷系统简图

4. 托圈的基本尺寸参数 托圈的基本尺寸参数包括托圈外径、断面尺寸、耳轴直径及其长度。

托圈外径D_T：基本上属于工艺尺寸，它决定于炉体外径

$$D_T = D_L + 2\Delta + 2B$$

式中 D_L——炉壳外径；

Δ——炉壳与托圈间间隙；

B——托圈断面宽度。

托圈与炉壳间的间隙，主要根据炉壳的变形量和炉壳表面对流、散热的需要来确定。根据资料❶其间隙量应等于炉壳产生的最大变形量：

❶ Stahl und Eisen, 1971, №20, p.1137.

几种炉子容量托圈的技术参数(mm)　　表 2-3

转炉容量(t)	15	30	50	120	国外某厂 150	300
断面形状	铸	匸(铸)	箱	箱	箱	箱
断面高度	1060	1500	1650	1800	2400	2500
断面宽度	480	400	730	900	760	835
盖板厚度	100	255	80	100	83	150
腹板厚度	60	130	55	80	75	70
耳轴直径	ϕ600	ϕ630	ϕ800	ϕ850	ϕ900	≈ϕ1350
耳轴轴承型式	重型双列向心球面滚子轴承					
材质		ZG35Ⅱ	16Mn	16Mn		
重量(t)		64	68.5	180		

$$\Delta=0.03D_L$$

目前我国转炉Δ值取得小于此值，如炉体产生椭圆时，可把炉壳在托圈内旋转90°，采用较小的Δ值也是可行的。

托圈的断面尺寸，包括断面高(H)；断面宽度(B)；盖板与腹板厚度(δ_1、δ_2)。由于托圈工作时受扭，又多处于水平位置，故其断面高与宽度之比$\left(\frac{H}{B}\right)$一般为2.5～3.5。

耳轴直径d属于强度尺寸，耳轴长度则决定于结构的配置尺寸。

表2-3给出了几种不同容量托圈的主要技术参数。

二、炉体与托圈的联接装置

1. 联接装置的基本要求　联接装置设计的基本要求是：

1）能保证炉体牢固地联结在托圈上。

2）由于在生产操作中无论是炉壳还是托圈，在热负荷作用下都将产生热膨胀变形，而炉壳温度较托圈温度高得多，因此热膨胀时两者在径向和轴向都会出现相对位移。若这种相对位移受到限制，就会产生附加应力，严重时还会引起破坏，因此联接装置应允许炉体和托圈之间发生相对位移。

为了具体了解这种相对位移，我们可以看一下50 t转炉的情况。其托圈的高度为1650 mm，直径为6800mm，当炉壳和托圈的平均温度分别为300℃和100℃时，炉壳在轴向膨胀的理论计算值为6.2mm，而托圈只有2.06mm，在径向则分别为25.5和8.5mm。即表明它们在轴向出现4.14mm的相对位移时，在径向的相对位移则达到17mm。而且当炉壳温度高于300℃时，这一差值将随温度升高而增加。此外伴随着炉壳和托圈的变形，在联接装置中将引起传递载荷的重新分布，则易造成局部过载、严重变形和破坏。所以一个好的联接装置应能满足下列要求：

1）转炉处于任何倾动位置时（垂直的、水平的、倒置等），均能安全可靠地把炉体负荷（包括静、动载荷和冲击载荷）均匀地传给托圈；

2）能适应炉体和托圈的不等量的热变形，亦可能保证转炉在任何倾动位置都能保持炉体在托圈中的正确位置，而不会产生窜动；

3）可传递足够大的倾动力矩，使炉体能正反向旋转；

4）其结构应对炉壳、托圈的强度和变形的影响减少到最低程度；

5）考虑到变形的产生，能以预先确定的方式传递载荷，并避免因静不定力的存在而使支承系统承受附加载荷；

6）结构简单可靠，并能减缓动载荷和冲击力，同时易于安装、调整和维护。

为了满足上述提出的要求，设计联接装置时必须考虑下列三个方面的问题：

1）联接装置支架的数目。支架的数目首先应根据炉子的容量而定，既要保证有足够传递载荷的能力，但其数目又不能设计过多反而抑制炉壳的热变形移量。而且支架数目过多，必然造成调整、安装困难。当炉壳和托圈变形后容易引起一部分支架接触不良而失去其应有的作用。通常宜采用3～6个支架。

2）支架的部位。支架在托圈上的分布很重要，其分布不同，则转炉倾转时传递载荷的方式也不同。为了减少托圈的弯曲应力，应使支架位于远离托圈跨度中间（由耳轴到90°位置），但又不能使所有支架位于或邻近于托圈轴线上，同时要考虑到旋转炉体时必须使支架对轴心具有足够的力臂，正常支架的位置是在由耳轴起始的30°、45°、60°等位置。

3）支架的平面。要求把各支架安装在同一平面上，使炉壳在各支架间所产生的热变形位移量相等，而不致引起互相抑制。这一平面高度可以在托圈顶部、中部或下部。

2．联接装置的基本型式　目前已在转炉上应用的联接装置型式很多，但从其结构来看可大致归纳为两类：一类属于支承托架夹持器；另一类属于吊挂式的联接装置。

（1）支承托架夹持器　它的基本结构是沿炉壳圆周固接着若干组上、下托架，并用它们夹住托圈的顶面和底部，这样既可通过接触面把炉体负荷传给托圈，而当炉壳和托圈由于温差而出现不同热变形移量时，还可自由地沿其接触面作相对位移。若托架夹持器的上、下托架与托圈顶面和底部均为平面接触，当炉壳由于温度高其轴向膨胀量大于托圈时，在托圈底部和下托架平面之间就会出现间隙，并导致转炉倾动时发生严重的冲击。为了保证炉壳能在托圈中自由作径向和轴向热膨胀而不会出现间隙或楔紧现象，可通过一组斜垫板使上、下托架和托圈保持接触，而斜垫板的倾斜角正好等于炉壳或托圈热变形位移的方向角，即斜垫板的倾斜角α为

$$\mathrm{tg}\,\alpha=\frac{\text{炉壳与托圈在上下托架间轴向相对膨胀量之半}}{\text{炉壳与托圈的径向相对膨胀量之半}}=\frac{H}{D_L} \qquad (2\text{-}1)$$

式中　H——托圈断面高度；

D_L——炉壳直径（包括联接装置尺寸）。

这时，如果炉壳与托圈的热膨胀系数相同，那么炉壳和托圈的径向和轴向胀缩都将沿着垫板斜面方向进行，而当它们之间由于温度不同而出现相对位移时，也将沿同一斜面方向进行。双斜垫板托架夹持器就是采用上述原理设计的联接装置。

图2-21a、b是我国某厂50 t转炉的联接装置，它是一种带双面斜垫板托架夹持器的典型结构。它由四组夹持器组成。两耳轴部位的两组夹持器（R_1、R_2），称支承夹持器，炉体和液体金属的重量主要由它们来承受。托圈中部靠装料侧的夹持器（R_3），称倾动夹持器，转炉倾动时主要通过它来传递倾动力矩。靠出钢口的一组夹持器称导向夹持器（R_4）。它不传递力只起导向作用。这几组夹持器构成了三支点支承结构。

支承夹持器（R_1、R_2）。每组夹持器均有上、下托架并互相对称、结构相同。在托圈上面的上托架和托圈下面的下托架都焊接在炉壳上。托架与托圈之间有一组支承斜垫板。炉体通过上、下托架和斜垫板夹住托圈借以支承其重量。当炉口向上时，炉体重量由上托

架传递给托圈；当炉口向下时，则由下托架传递给托圈。每组托架上设有三处支承结构：托架中部支承结构是用以向托圈传递平行于托圈平面方向的载荷，其结构参看图2-21*b*（*A*向、*E*—*E*、*J*—*J*、*K*—*K*)。在上、下托架中心线上均焊有T形剪切块，并嵌入托圈卡座凹槽内，T形块两侧有楔形块，是用于安装时调整T形块与凹槽间的侧间隙的。当炉体倾转到水平位置时，载荷由T形块的侧面经楔块、凹槽传给托圈。T形块上方焊有一横向筋板*P*，它与周围的垂直筋板组成抗扭结构，以传递横向载荷。

在T形块两旁与耳轴中心线成17°位置上的两处支承结构，是用以向托圈传递垂直于托圈平面方向的载荷的，见图2-21*b*（*G*—*G*、*F*—*F*、*H*—*H*)。托圈与托架间有一组斜面垫板（*M*、*N*)，上垫板*M*与上托架联接，下垫板*N*与托圈联接。炉体的垂直载荷通过托架

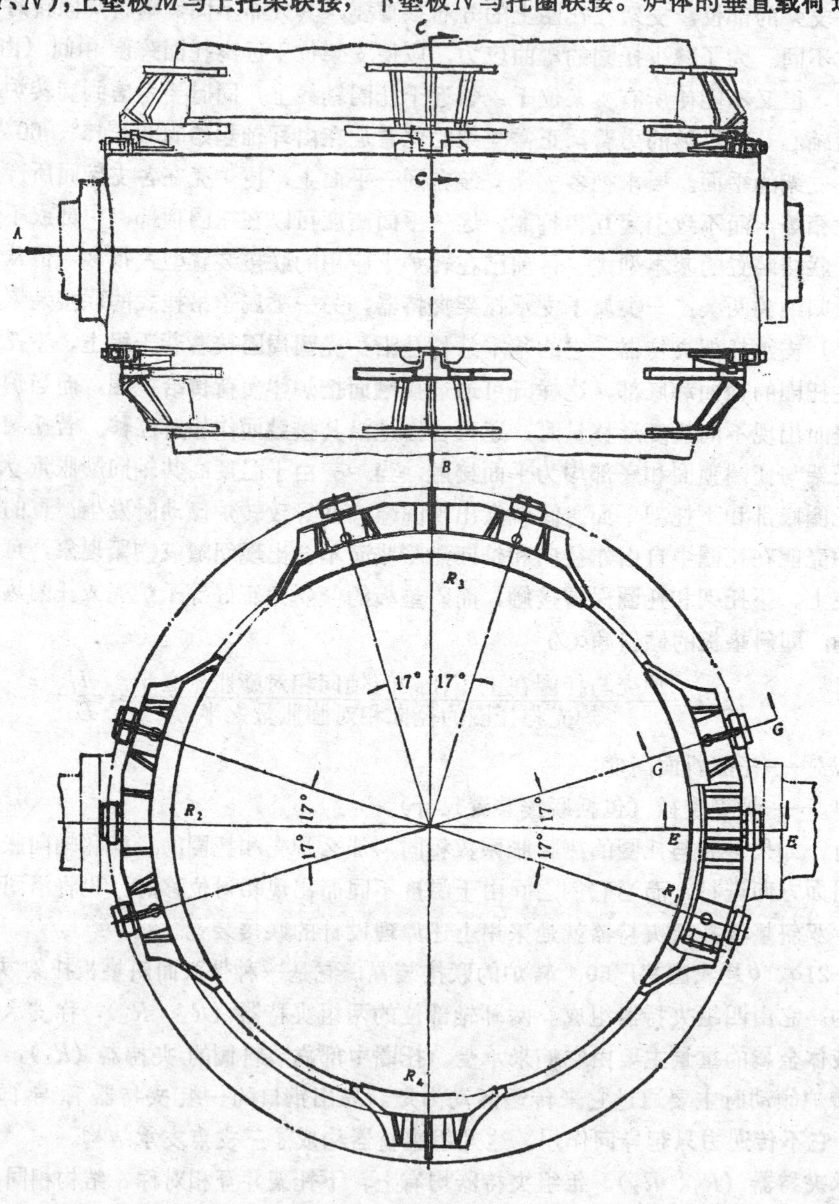

图 2-21*a* 某厂50t转炉联接装置

和M、N传给托圈。炉体工作时，可沿斜垫板相对于托圈自由进行径向和轴向的热膨胀。安装时，托圈与托架之间的间隙，可借N上的螺钉改变两斜垫板间的相对位置进行调整。

倾动夹持器（R_3）。它的位置距离倾动轴线最远，具有最大的倾动力臂。其结构与支承夹持器大体相同。不同之处主要是托架中间部分的结构（参看B向），由于倾动夹持器较之支承夹持器所承受的载荷要小得多，而且它不承受托圈平面方向的载荷，所以托圈中部T形板的侧面和底面并不与托圈卡座凹槽相应的平面接触，只起定位导向的作用。

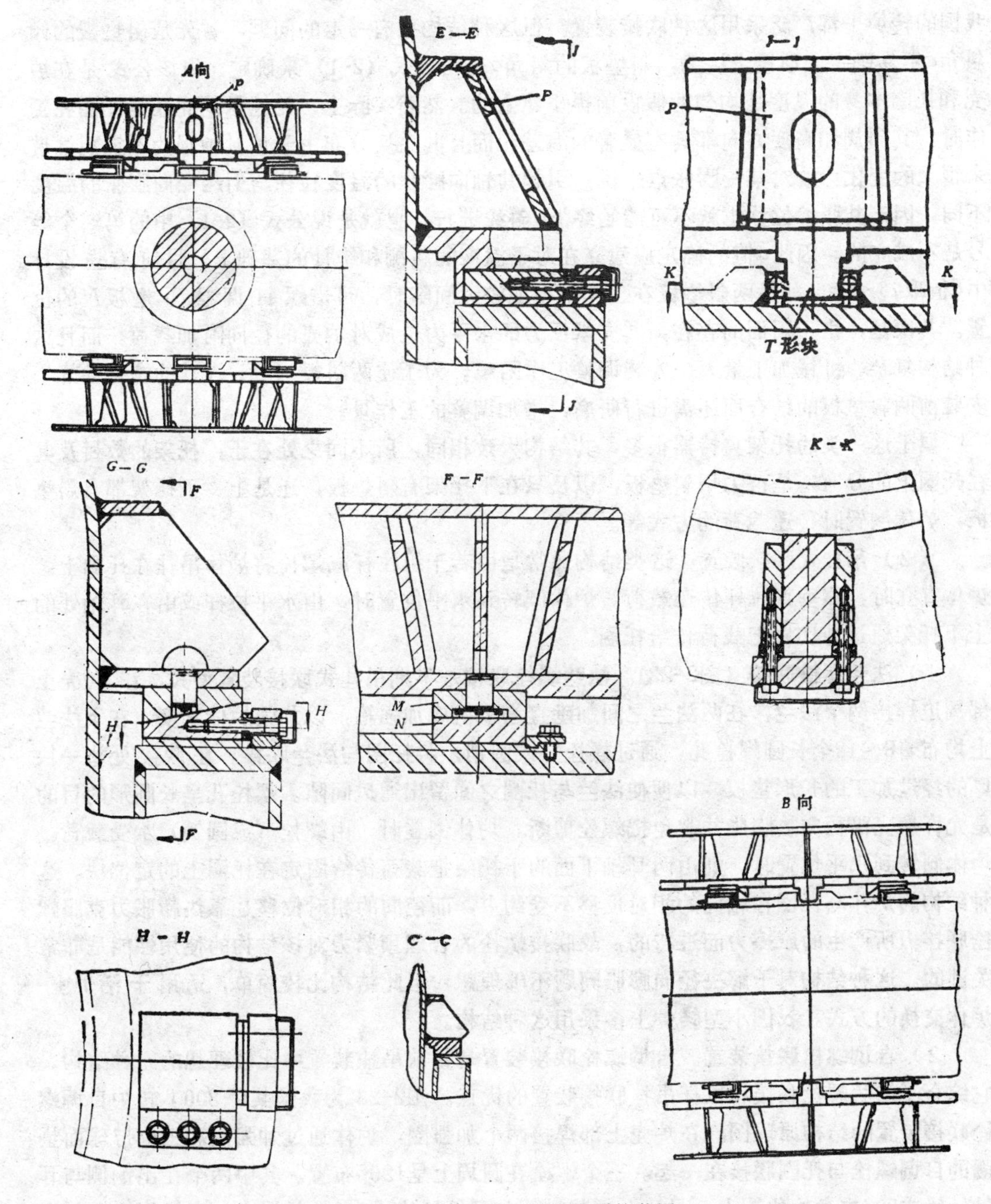

图 2-21b　某厂50t转炉联接装置

导向夹持器（R_4）。它设在倾动夹持器的对面，不承受载荷。其结构与倾动夹持器中间部分的结构相同（见$C—C$）。导向夹持器与倾动夹持器中间的导向结构一起构成炉体在耳轴方向的定位结构。而支承夹持器中间部分的结构是炉体在垂直于耳轴方向的定位结构。这样，炉体在托圈中就有了自己确定的位置，即炉体轴线不能相对于托圈作任何方向的运动。但炉体可相对于托圈作轴向和径向的热膨胀。

这种双面斜垫板托架夹持器基本上能满足上述对联接装置提出的要求，它既具有轴向和径向的热补偿能力，又具有传递载荷的良好性能。因此，五、六十年代美、奥等国家和我国的转炉上都广泛采用这种联接装置。但这种结构也有一定的问题，首先是斜垫板的倾斜角α不易确定。理论上认为，斜垫板的斜角α应由公式（2-1）来确定，但该公式是在炉壳和托圈本身的温度是均匀的假设前提下建立的。然而实际上，无论是炉壳还是托圈在工作时，其圆周和高度方向都具有显著的温差，而且其温度分布由于炉衬蚀损的不规则性带来很大的变化。故对某一膨胀点来说，引起其轴向膨胀的温度往往与引起径向膨胀的温度不同，因而其胀缩位移也就不可能始终沿α斜线进行。也就是说公式（2-1）中的第二个等号是不成立的。因此α值的确定应建立在对于温度的实测和统计的基础上。目前有些设计中α值取7°～9°。如果两斜垫板在工作中出现较大间隙时，可借螺钉调整下垫板N的位置。其次是，由于斜面的存在，其支承反力的水平力造成对炉壳的径向附加载荷。而且这种结构复杂、机械加工量大、安装调整工作困难。为了使两斜板（M、N）的密合性好，安装前两斜垫板的结合面还需进行研磨，增加调整的工作量。

属于这一类的托架夹持器很多，其结构大致相同，所不同之处在于：托架的数目及其在托圈上的分布；是否采用斜垫板，以及只在下托架有斜垫板，还是上、下托架都有斜垫板；炉体倒置时传递载荷的方式等。

（2）吊挂式联接装置　这类结构通常是由若干组拉杆或螺栓将炉体吊挂在托圈上。炉体直立时，靠垂直拉杆传递载荷。炉体倾转到水平位置时，由水平拉杆或由在耳轴处的上下托架通过剪切块把载荷传给托圈。

1）法兰螺栓联接（图2-22）。法兰螺栓联接是早期吊挂式联接装置型式，在炉壳上部周边焊接两个法兰，在两法兰之间加垂直筋板组成加强箍，以加强炉体刚度。在下法兰上均布着8～12个长圆螺栓孔，通过螺栓（或圆销）将托圈与法兰联接。在联接处垫一块厚的经过加工的长形垫板，以便使法兰与托圈之间留出通风间隙。螺栓孔呈长圆形的目的是允许炉壳沿径向热膨胀并避免把螺栓剪断。炉体倒置时，由螺栓（或圆销）承受载荷。炉体倾转到水平位置时，则由两耳轴下面的下托架把载荷传给固定在托圈上的定位块。这种结构的炉体与托圈在轴向的相对位移不受约束，而径向的相对位移是靠热膨胀力克服螺栓联接力所产生的摩擦力而进行的，故联接螺栓的合理预紧力对该结构的使用性能是非常关键的。这种结构对于解决径向膨胀问题不够理想，但此结构比较简单，适用于活炉座-炉体交换的方式。我国小型转炉上多采用这种结构。

2）自调螺栓联接装置。自调螺栓联接装置是目前吊挂装置中比较理想的一种结构。它综合了法兰螺栓联接和拉杆吊挂联接装置的优点。图2-23为我国某厂300 t转炉自调螺栓联接装置的结构原理图。在炉壳上部焊接两个加强圈，炉体通过加强圈和三个带球面垫圈的自调螺栓与托圈联接在一起。三个螺栓在圆周上呈120°布置。其中两个在出钢侧与耳轴轴线成30°夹角的位置上。另一个在装料侧与耳轴轴线成90°的位置上。自调螺栓3与焊接在托圈盖板上的支座 9 铰接联接。当炉壳产生热胀冷缩位移时，自调螺栓本身倾斜并靠其球面垫圈自动调位，使炉壳中心位置保持不变。图2-23*c*、*d*表示了自调螺栓的原始位置和正常运转时的工作状态。此外在两耳轴位置上还设有上、下托架装置(见图2-23*a*、*b*)。在托架上的剪切块与焊在托圈上的卡板配合。当转炉倾动到水平位置时，由剪切块把炉体的负荷传给托圈。这种结构也属于三支点静定结构。其工作性能好，能适应炉壳和托圈的不等量变形，载荷分布均匀，结构简单，制造方便，维护量少，是值得推广的一种联接装置。

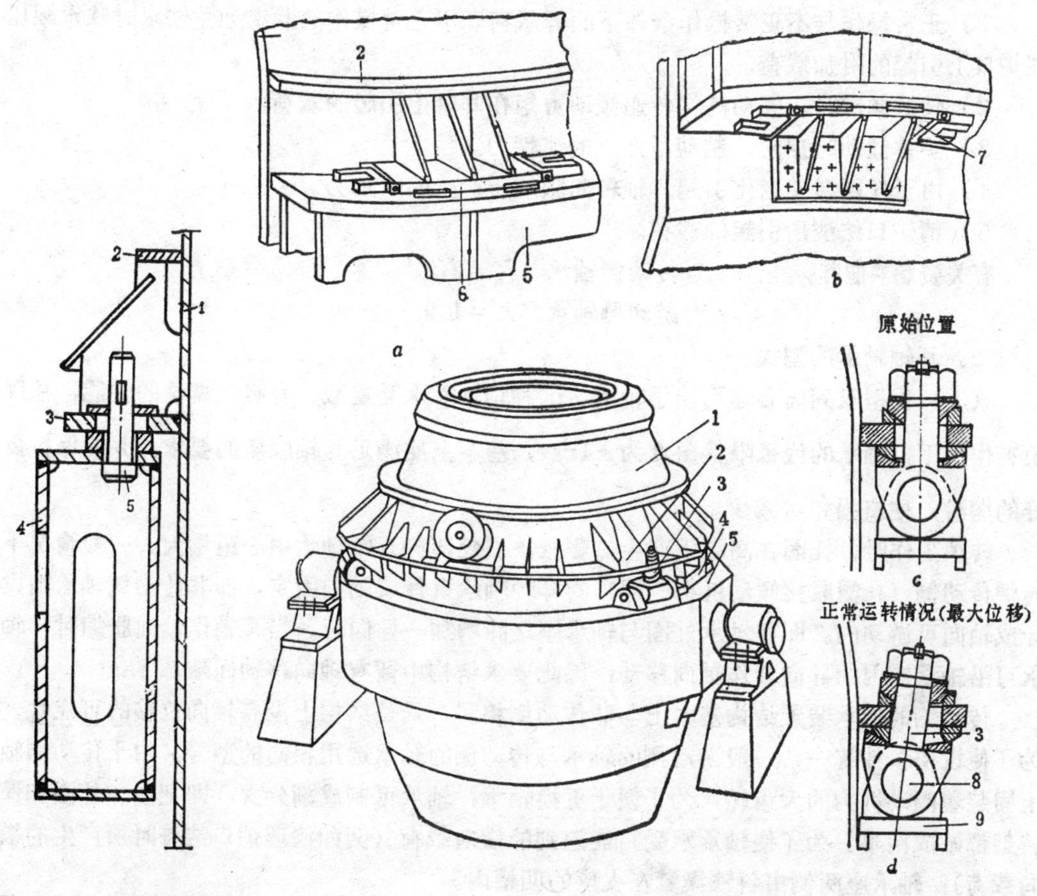

图 2-22 法兰螺栓联接

1—炉壳；2、3—法兰；4—托圈；5—螺栓

图 2-23 我国某厂300t转炉自调螺栓联接装置

a—上托架；*b*—下托架

1—炉壳；2—加强圈；3—自调螺栓装置；4—托架装置；5—托圈；6—上托架；7—下托架；8—销轴；9—支座

三、耳轴轴承装置

1. 耳轴轴承的工作特点及其选择，耳轴轴承的工作特点是：负荷大（要承受炉体、液体金属和托圈部件的全部重量，有时还要承受倾动机构部分或全部重量）；转速低（每分钟最高转速约为一转左右）；经常处于局部工作状态；启动、制动频繁；工作条件恶劣（高温、多尘）；托圈在高温下工作，会产生耳轴方向的伸长和挠曲变形。因此对耳轴轴承的要求是：有足够的强度，能经受静力和动力载荷；充裕的抗疲劳耐久限；对中性好，并要求轴承外壳和支座有合理的结构；安装、更换、维修容易、经济性好。

由于耳轴轴承转速极低，所以不按寿命计算方法来选择轴承，而是根据其计算静载荷来进行选择，计算静载荷的公式为：

$$P=KR$$

式中 P——计算静载荷；

R——作用在耳轴上全部载荷引起的轴承径向力；

K——考虑轴承实际载荷情况的系数。

计算轴承的实际负荷时，应考虑以下情况：

1）正常操作与不正常操作条件下的静载荷。不正常操作的载荷如兑铁水时铁水罐压在炉口上引起的附加载荷。

2）转炉倾动时，倾动机构传递倾动力矩在耳轴上引起的载荷。

3）炉体倾动时启动、制动所产生的惯性力。

4）由于托圈温度变化引起耳轴轴向胀缩所产生的附加力。

5）清炉口结渣所引起的载荷。

有关资料❶推荐： 对传动侧轴承 $K=2.2$

对游动侧轴承 $K=1.9$

2．耳轴轴承的型式

（1）重型双列向心球面滚子轴承　这种轴承能承受重载，有自动调位的性能，在静负荷作用下，轴承的线极限偏斜度为$\pm1\frac{1}{2}^{\circ}$，基本上能满足耳轴倾斜的要求。并能保持良好的润滑，使磨损相对减少。

转炉工作时，托圈在高温下产生热膨胀，引起两侧耳轴轴承中心距增大。一般情况下转炉传动侧（托圈联接倾动机构一端）的耳轴轴承设计成轴向固定，而非传动侧轴承则设计成轴向可游动的。即在轴承外圈与轴承座之间增加一导向套。当耳轴作轴向胀缩时，轴承可沿轴承座内的导向套作轴向移动，因此要求结构中留有轴向移动间隙。

传动侧的轴承装置结构基本上与非传动侧相同，只是结构上没有轴向位移的可能性。为了使设备备件统一，一般游动侧的轴承与传动侧的轴承选用相同的型号。由于传动侧轴上固装着倾动机构的大齿轮，为了便于更换轴承，轴承可制成剖分式，即把内、外圈和保持架都做成两半。为了使轴承承受可能遇到的横向载荷（例如清理炉口结渣时所产生的横向载荷），轴承座两侧由斜铁楔紧在支座的凹槽内。

（2）复合式滚动轴承装置　当托圈耳轴受热膨胀时，轴承立刻沿导向套作轴向移动，其滑动摩擦会产生轴向力，从而增加了轴承座的轴向倾翻力矩。因此有的大转炉采用复合式滚动轴承。即耳轴主轴承仍采用重型双列向心球面滚子轴承，以适应托圈的挠曲变形。而在主轴承箱底部装入两列滚柱轴承，并倾斜20°～30°支承在轴承座的V形槽中，其结构型式见图2-24。这种既能使耳轴轴承作滚动摩擦的轴向移动，而其V形槽结构又能抵抗轴承所承受的横向载荷。

（3）铰链式轴承支座　其结构见图2-25。这种轴承的功能和复合轴承基本相同。耳轴轴承也是采用重型双列向心球面滚子轴承。轴承固定在轴承座上，而非传动侧的轴承座通过其底部的两个铰链支承在基础上。两个铰链的销轴在同一轴线上，此轴线位于与耳轴

❶ Iron and steel Engineer, 1971, №9.

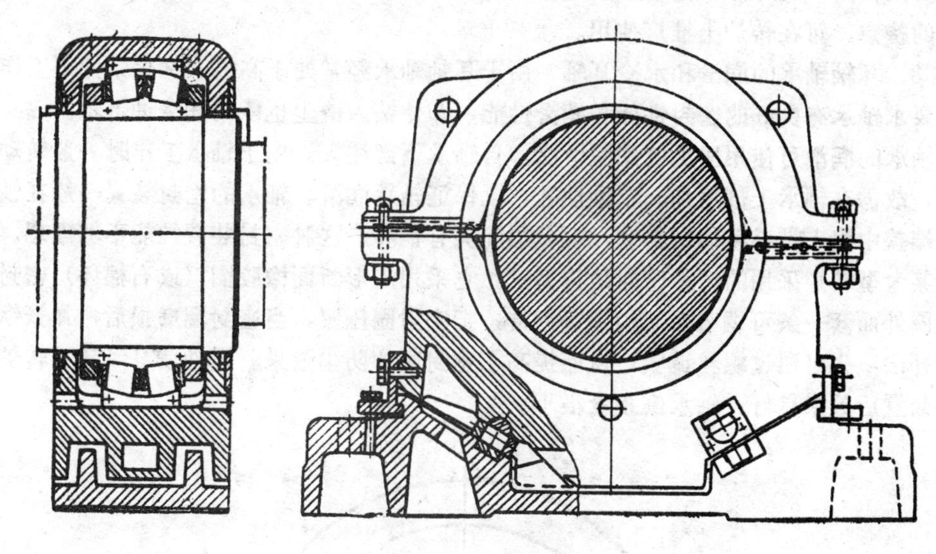

图 2-24 复合式滚动轴承装置

图 2-25 我国某厂300 t 转炉铰链式轴承支座示意图

轴线垂直的方向上。依靠支座的摆动来补偿耳轴轴线方向的胀缩。由于其轴向移动量较之摆动半径小得多，所以耳轴轴线高度的变化并不妨碍轴承正常工作。例如，当铰链中心到耳轴中心的距离为5m，轴向移动量为50mm时，理论计算的支座摆角仅为±17′，而耳轴轴线高度的变化在0.05mm以内。这种结构简单，能满足工作需要，而且不需要特别维护就能正常工作。

（4）液体静压轴承　国外有的耳轴轴承用液体静压轴承代替滚动轴承，即在轴与轴承间通入约34N/mm²的高压油，因此在低速、重载情况下仍可使耳轴与青铜衬间形成一层极薄的油膜。其优点是：无启动摩擦力；运转阻力很低；其油膜能吸收冲击，可起减震作用；具有广泛的速度与负荷范围；能抗热。其缺点是要增加一套供高压油的设备，故初次投资费用较高；同时亦相应增加了辅助设备的保养工作。但总的来说液体静压轴承具有其独特的特点，可在转炉上推广使用。

3．耳轴轴承的润滑和水冷耳轴　由于耳轴轴承经常处于高温、多尘条件下工作，因此，要求轴承有良好的密封性能和润滑性能，即使钻入渣尘也能被润滑油带走。

轴承的润滑可使用压延机用润滑脂，自轴承下部注入。由于轴承工作时一般转动不到一圈，故需在轴承上部增加一辅助油孔，以保证轴承润滑。轴承的密封装置一般在轴承座剖分端盖中嵌入带毛毡的密封盒，毛毡层间夹有铜环。这种密封装置性能不够理想。图2-26为某大型转炉采用的轴承密封结构型式。它采用矩形断面橡胶圈（或石棉环）密封，在密封圈外面套一条可调节松紧的弹簧钢带，把密封圈压紧，当密封圈磨损后，弹簧钢带可自动补偿，也可通过螺丝调紧，从而提高了密封圈的防尘效果。国外某厂150t转炉使用这种装置后效果良好，轴承磨损量很小。

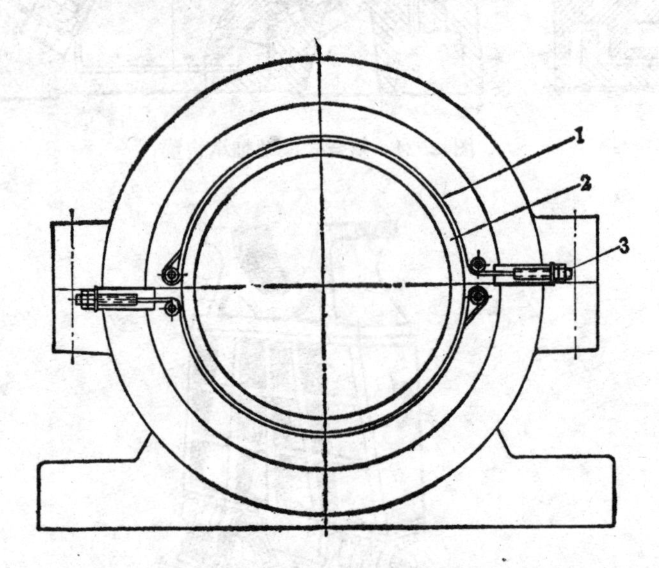

图 2-26　国外某厂150t转炉耳轴轴承可调密封装置

1—钢带；2—橡胶密封圈；3—调节螺丝

目前还有采用稀油自动循环润滑系统来润滑耳轴轴承的，这也是延长轴承寿命的一种措施，润滑油还可起冷却剂的作用，并能把一部分灰尘带走。

水冷耳轴装置是为了防止耳轴轴承过热，即从耳轴通入循环水进行冷却，其冷却水回路与水冷炉口相通。

第三章　转炉倾动机构

第一节　转炉倾动机构的设计原则与基本参数

一、转炉倾动机构的设计原则

1）转炉倾动机构应满足转炉工艺操作的要求。能使炉体连续正反转360°，并能平稳而准确地停止在任意角度的位置上，以满足兑铁水、装料、取样、测温、出钢、出渣以及返回等工艺操作要求。此外还要与吹氧管、烟罩提升机构等操作保持一定的联锁关系。以免误操作。

2）机构操作要灵活。转炉在吹炼过程中一般应具有两种以上倾动速度。转炉在出钢、出渣、测温取样时，要求平稳缓慢地倾动，以避免钢渣猛烈冲击而发生炉液严重喷溅和溢出。当转炉大幅度倾转时，则应采用较快速度，以节约辅助时间，缩短冶炼周期。

3）倾动机构必须安全可靠。由于转炉工作对象是高温的液体金属，因此在生产过程中，应避免传动机构的任何环节发生故障。即使某一部分发生故障，也要求传动系统具有备用能力，能继续进行工作，直到本炉冶炼结束。

4）倾动机构能适应载荷的变化和结构的变形。当托圈产生挠曲变形而引起耳轴轴线偏斜时，仍能保持各传动齿轮副的正常啮合。同时要使机构具有减缓动载荷和冲击载荷的性能。

5）要求结构紧凑、占地面积少、效率高、维修方便等。

二、转炉倾动机构的基本设计参数

转炉倾动机构的基本设计参数有载荷参数——倾动力矩和速度参数——倾动速度。

倾动机构的载荷特点是大扭矩。转炉炉体自重很大，连同炉液一起，整个转炉倾动部分的重量达百吨，最大可达二千吨。要使这样大的重量倾转，就必须在转炉耳轴上施加几百以至几千千牛·米的力矩。此外，转炉在操作中需进行频繁的倾动，因此倾动机构的工作属于“启动工作制”。机构中除承受基本静载荷外，还要承受由于启动、制动引起的动载荷。并且由于机构传动链中存有较大的啮合间隙，当进行刮炉口渣等操作时，使机构承受较大的动载冲击，其数值为静载荷的两倍以上。因此倾动机构经常处于过载状态下工作，故进行设计计算载荷时必须考虑这些因素。

倾动机构的速度特点是低转速。转炉的转速一般为0.1～1.5r/min。因此使倾动机构的减速比很大，通常约为800～1000以上。为了使操作灵活，50 t以上转炉都应有两种以上的倾动速度。一般慢速为0.1～0.3r/min，快速为0.7～1.5r/min。30 t以下的转炉可只采用一种速度，通常为0.7～1.5r/min。其慢速是靠多次“点动”(即电动机启动后还未达到稳定速度就进行制动）来实现的。

第二节　转炉倾动机构的配置形式

转炉倾动机构的总体配置要紧凑，应避免使高大的转炉跨间柱距加大，增加土建困难，同时也要把传动装置配置得低于操作平台，使转炉操作具有良好的环境。为了能适应耳轴的偏斜，倾动机构出现了一些不同的布置形式，可归纳为落地式、半悬挂式和全悬挂式三种。

一、落地式

落地式是转炉倾动机构最早采用的一种布置形式。在容量不大的转炉上，它的倾动机构除末级大齿轮外，其余都安装在地基上，而末级大齿轮装在托圈耳轴上，大齿轮与安装

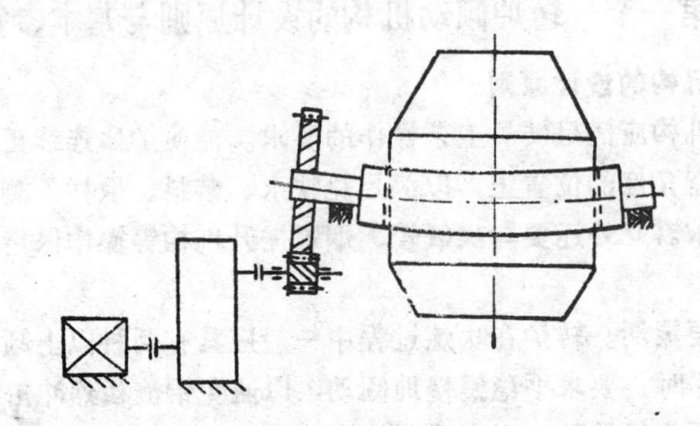

图 3-1 托圈挠曲变形后，大小齿轮啮合情况示意图

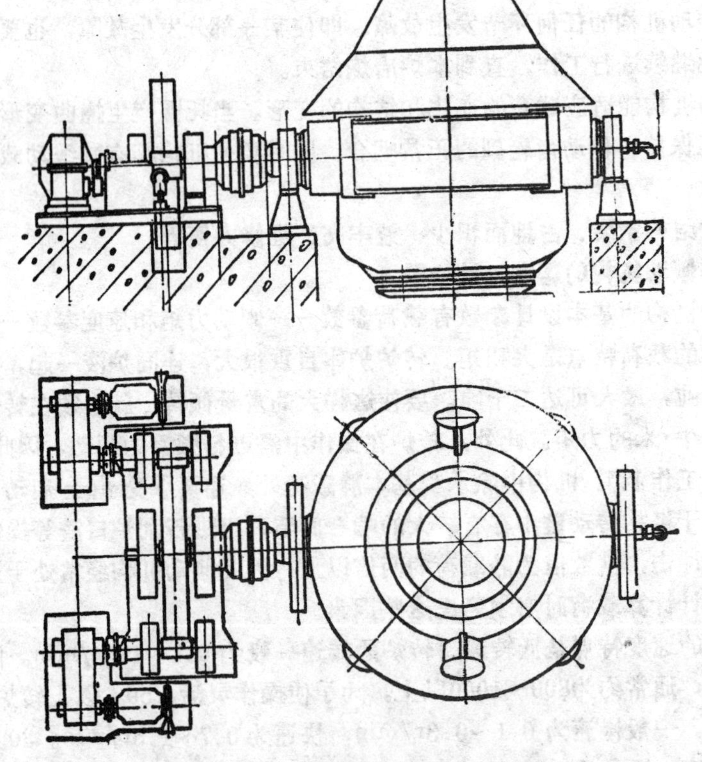

图 3-2 某厂150t转炉倾动机构示意图

公称容量	150t
倾动速度	0.3～0.65r/min
静力矩	3340kN-m
电动机	直流两台，$N=2\times100$kW
总传动比	$i=734.8$

特点：落地式圆柱齿轮传动、双驱动、低速级带齿式联轴器

在地面上的传动装置的小齿轮相啮合。这种布置形式的主要问题是当托圈挠曲变形严重而引起耳轴轴线发生较大偏斜时，末级齿轮副的正常啮合关系被破坏，造成轮齿上的载荷集中，往往导致齿轮的严重磨损和小齿轮轮齿的折断或传动装置的其它事故。图 3-1 表示了托圈挠曲后大小齿轮啮合的情况。为了改善上述情况可采用如图 3-2 所示的形式，即把末级大齿轮和其它传动装置一起安装在地基上，通过万向联轴器或弧型齿式联轴器与耳轴联接。这种布置形式允许耳轴有一定的偏斜而不影响传动装置的正常工作。落地式的布置可使机构结构简单，对小转炉来说，只要托圈刚性较好，是有其可取之处的。但对大、中型转炉来说，由于它有一个尺寸和重量均很大的低速级联轴器，所以存在着占地面积较大的缺点，即使转炉跨间建筑面积加大，增加基建投资，而且设备重量较大。例如，我国150 t 转炉用的低速级齿式联轴器的外圆直径为2m以上，重达17t。另外，现有落地式的结构，

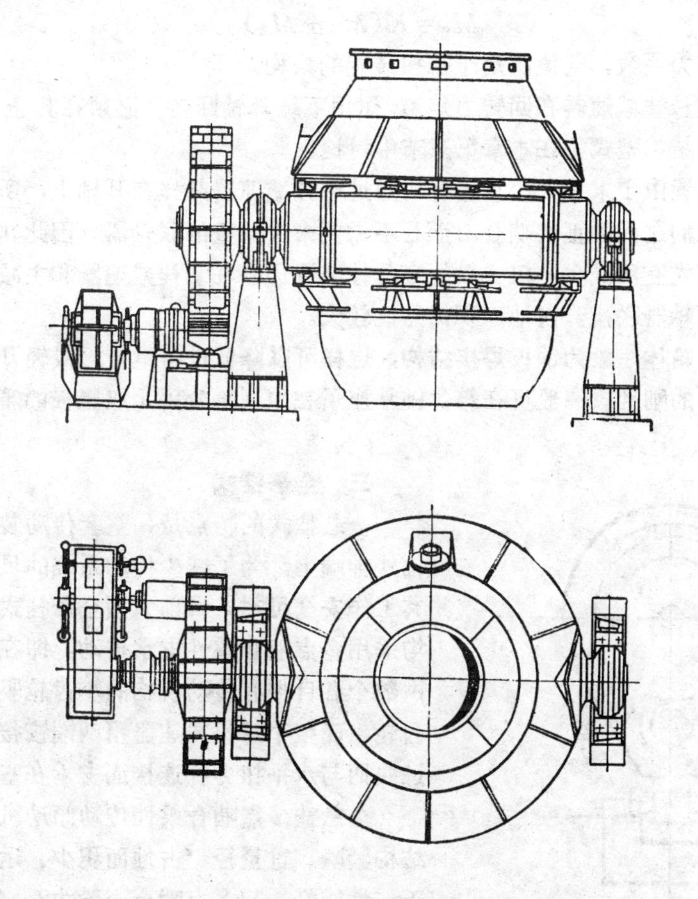

图 3-3 我国某厂50t转炉倾动机构示意图

公称容量	50t
倾动速度	0.1，0.9，1.0，1.1(r/min)四种速度
静力矩	1040kN-m
电动机	交流两台：快速$N=125$kW
	慢速$N=11$kW
总传动比	快速$i=580$
	慢速$i=9200$

特点：半悬挂式、交流-行星差动减速器调速，浮点铰链防扭装置

还没有满意地解决由于启动、制动或操作中所引起的动载荷的缓冲问题。

二、半悬挂式

半悬挂式是在落地式基础上发展起来的。其特点是把末级大、小齿轮通过减速器箱体悬挂在转炉耳轴上，而其它传动部分仍安装在地基上。悬挂减速器的小齿轮通过万向联轴器或齿式联轴器与主减速器联接，如图3-3所示。

半悬挂式结构上的新问题是悬挂减速器必须设置抗扭转装置。由于悬挂减速器悬挂在耳轴上，所以当倾动机构工作时，外力矩会使悬挂减速器产生一个绕耳轴回转的力矩，如图3-4所示。若把悬挂箱体作为分离体来看，由小齿轮轴输入的力矩为M_1，炉体给耳轴的反力矩为M_2，则整个悬挂减速器的回转力矩为M_c(其方向如图示)。若考虑动载荷的作用则：

$$M_c = K(M_1 + M_2)$$

式中　K——动力系数，其值决定于抗扭装置的结构。

因此，为了防止悬挂减速器在回转力矩M_c作用下绕耳轴回转，必须在其上增设抗扭装置。抗扭装置的结构型式将在本章第三节中讨论。

半悬挂式装置由于末级大、小齿轮均通过悬挂减速器悬挂在耳轴上，所以耳轴轴线的偏斜并不影响它们之间的正常啮合。而且不需要末级笨重的联轴器，因此其设备重量和占地面积均比落地式有所减少。但一般的半悬挂装置仍需在悬挂减速器和主减速器之间用万向接轴或齿式联轴器联接，占地面积仍然比较大。

悬挂减速器箱体一般为钢板焊接结构，这样可以降低设备重量，减轻耳轴负荷，但仍需注意加强箱体的刚性。一般可在箱体轴承座所在中间部分采用双腹板的箱形结构来增强刚性。

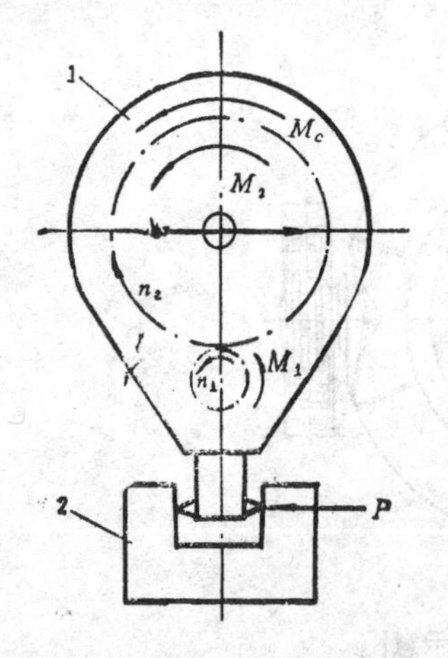

图 3-4　悬挂减速器受力示意图

1—悬挂减速器；2—力矩支承座

三、全悬挂式

全悬挂式的特点是，整套传动装置全部挂在耳轴外伸端上。为了减少传动系统的尺寸和重量并使其工作安全可靠，目前大型全悬挂式转炉倾动机构均采用多点啮合柔性支承传动。即在末级传动中是由数个各自带有传动机构的小齿轮驱动同一末级大齿轮，而整个悬挂减速器用两端铰接的两根立杆通过曲柄与水平扭力杆连接而支承在基础上。

全悬挂多点啮合柔性传动倾动机构的优点是：结构紧凑、重量轻、占地面积少、运转安全可靠、工作性能好。其多点啮合一般为2～4点，有的多达12点以上，这样可充分发挥大齿轮的作用，使单齿传动力减少1/2～1/12。以八点啮合为例，末级齿轮副的中心距可减少近一半，重量可减轻近3/4。多点啮合由于采用两套以上传动装置，所以当其中1～2套损坏时，仍可维持操作，即事故状态下处理能力强、安全性好。全悬挂结构由于整套传动装置都挂在耳轴上，托圈的挠曲变形不会影响齿轮副的正常啮合。而低速级的大型齿式联轴器或万向联轴器的取消，使传动间隙大为减少。同时由于柔性抗扭缓冲装置的采用，使传动过程中机构所受力矩逐渐增加或减少，传动平稳，有效地降低机

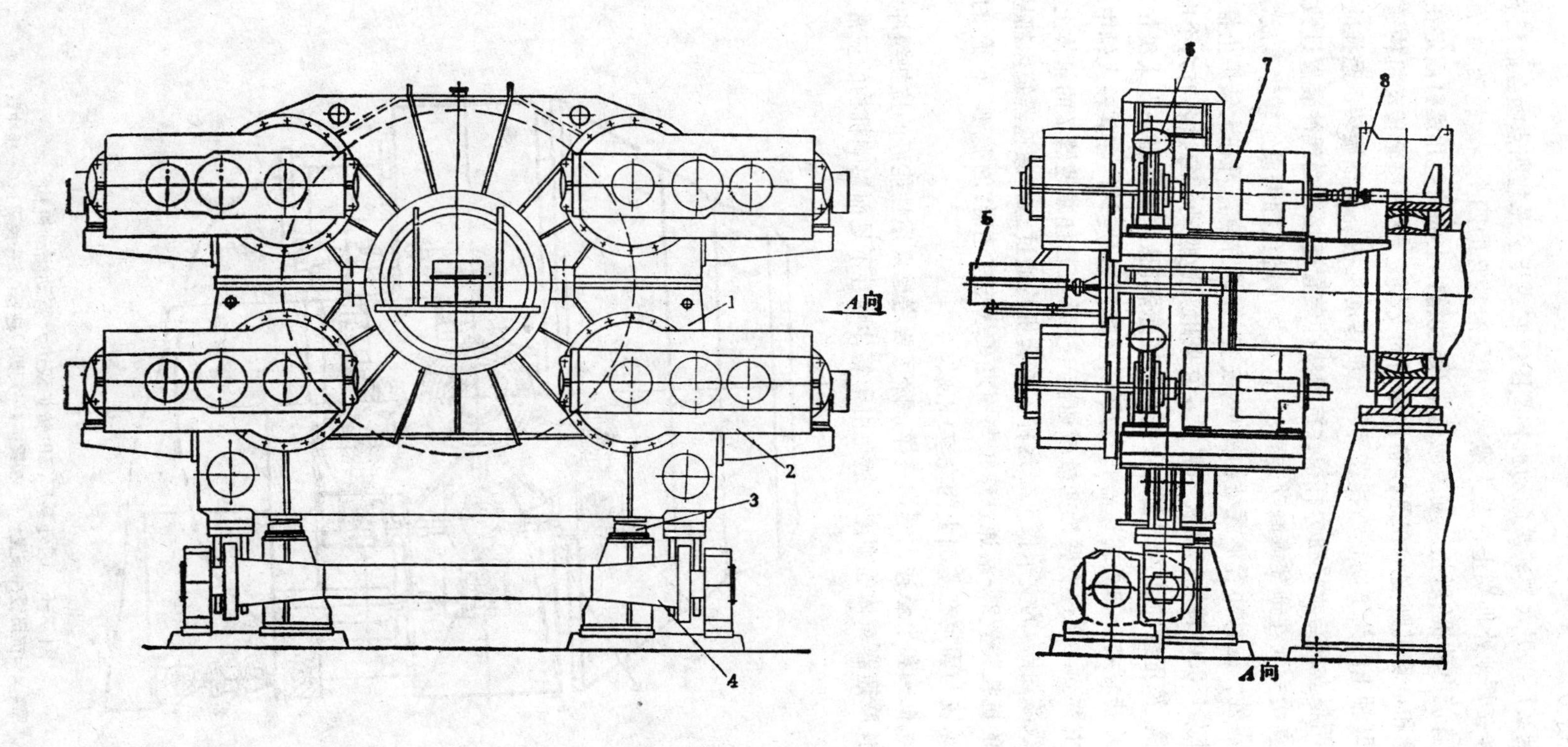

图 3-5　某厂300t转炉倾动机构示意图

1—悬挂减速器；2—初级减速器；3—紧急制动器装置；4—扭力杆装置；5—极限开关；6—电磁制动器；7—直流电动机；8—耳轴轴承

构的动载荷和冲击力。

图3-5是我国某厂300t大型转炉倾动机构简图。它属于全悬挂四点啮合的配置型式。悬挂减速器1悬挂在耳轴外伸端上，与末级大齿轮同时啮合的四个小齿轮轴端的初级减速器2、制动器6和直流电动机7联接。初级减速器2通过箱体上的法兰用螺钉固定在悬挂减速器箱体上。制动器和电动机则支承在悬挂箱体撑出的支架上。这样整套传动机构通过悬挂减速器箱体悬挂在耳轴上。为了防止悬挂在耳轴上的传动机构绕耳轴旋转，悬挂减速器箱体通过与之铰接的两根立杆与水平扭力杆柔性抗扭缓冲装置连接。当缓冲装置过载时，可将悬挂减速器箱体直接支承在地基或制动装置3上，这样可避免翻倒或逆转等事故，增加传动装置的安全可靠性。这种布置形式结构简单、安装、维护方便，可在大转炉上推广使用。

图3-6是国外某厂350t转炉倾动机构装置。它采用双边驱动，每边各有六个电动机驱动。抗扭采用弹簧-液压缓冲装置。它的末级悬挂减速器7悬挂在耳轴上，末级传动中的六个小齿轮轴端又悬挂着六个初级减速器4。为了防止减速器4旋转，在其输入轴中心线上装有带缓冲器6的支臂5，通过支臂把初级减速器4支承在悬挂减速器7的箱体上。电动机和制动器装在初级减速器4的支承板上。这样，整套机构通过悬挂减速器箱体都悬挂在耳轴上。带缓冲器的抗扭装置2一端通过球铰与固定在悬挂减速器7的底座下面的横梁3联接。另一端通过球铰与固定在基础上的支座1相联。

全悬挂式倾动机构和半悬挂式结构一样，除了要考虑采用性能好的抗扭缓冲装置外，还要考虑加强悬挂减速器箱体的刚度，避免由于箱体刚性不足而影响机构的正常工作。此

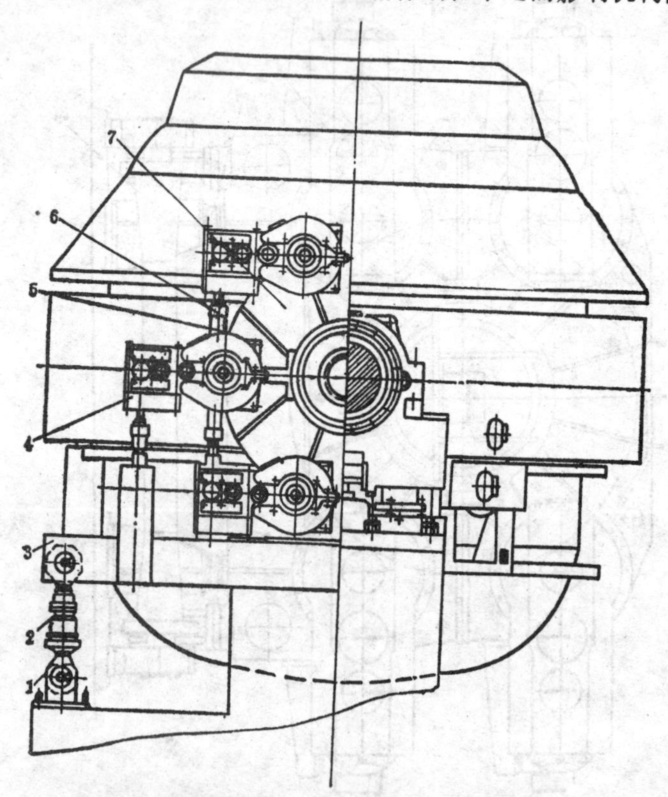

图 3-6 国外某厂350t转炉双边六驱动倾动机构

1—支座；2—抗扭缓冲装置；3—横梁；4—初级减速器；5—支臂；6—缓冲器；7—悬挂减速器

外全悬挂结构必然会增加转炉耳轴和耳轴轴承的负荷。通常半悬挂式转炉的耳轴轴承较同容量落地式耳轴轴承提高一级，而全悬挂式则要求提高两级。全悬挂式结构缺点是由于啮合点增加结构较为复杂，加工和调整要求较高。

第三节 转炉倾动机构的驱动和传动

转炉倾动机构有电动和液压两种驱动方式。液压驱动曾在容量不大的转炉上作过试验。通常的方式是通过液压缸带动齿条-齿轮使转炉倾动。也有采用曲柄-液压缸使转炉倾动的。还有一种是直接采用低速-大扭矩的液压马达代替电动机、制动器以及初级减速器，而只保留末级齿轮传动。由于液压驱动不怕过载、阻塞、运动平稳、缓冲性能好；能实现大传动比、可进行无级调速；而且占地面积小、安全可靠，故应用在转炉倾动机构上是比较理想的。但液压元件制造精度要求高、维护工作量大、辅助设备投资、保养费高。所以目前液压驱动还没有在转炉倾动机构上得到广泛应用。

目前广泛使用的转炉倾动机构是电动机-齿轮传动方式

一、倾动机构的传动方式

目前广泛采用的倾动机构传动方式有圆柱齿轮传动（包括全悬挂多点啮合的传动在内）和行星减速器装置。在速比大的情况下，行星减速器较一般圆柱齿轮减速器具有体积小、重量轻、效率高等优点。如 120^t 转炉倾动机构，若其高速级和低速级减速器均采用行星齿轮传动，则较采用普通圆柱齿轮减速器的同容量的倾动机构的总重量减轻 90^t。而目前较普遍的是利用行星差动轮系和交流电动机配合使倾动机构具有不同的倾动速度。行星齿轮传动的主要问题是对制造精度、装配及维修技术要求较高。

二、转炉倾动机构的调速方案

为了适应转炉快速和慢速倾动的要求，目前广泛采用直流电动机或交流电动机-行星差动轮系两种方式进行调速。

1．直流电动机调速方案　转炉倾动机构采用直流电动机配合简单的圆柱齿轮传动，即可实现连续调速，且直流电动机过载能力强、加速和减速过程稳定；操作方便、安全可靠。但直流电动机系统的电气设备较为复杂，所需投资较高。

2．交流电动机-行星差动减速器的变速方案　这种变速方案的倾动机构见图3-3。它是一种机械和电气相结合的变速方案。倾动机构由大、小两个交流电动机驱动，其高速级减速器内设有行星差动轮系。其传动原理见图3-7。快速电动机直接与中心轮a联接，而带内外齿的齿圈c通过外齿及与之啮合的齿轮与慢速电动机相接。当电动机和行星差动轮系按不同方式运转时，可使转架H得到四种不同的输出速度。如图3-3所示的50^{t}转炉的四种倾动速度为:1r/min、0.1r/min、1.1r/min和0.9r/min。

这种方案与直流电动机驱动方案比较，在电动机总容量相同的情况下，交流驱动的电器设备容量可减少到直流驱动的$\frac{1}{3}$～$\frac{1}{4}$，电气和机械设备的重量也大为减轻，投资可节约$\frac{1}{2}$～$\frac{2}{3}$。这种方案目前多用于中小型转炉的倾动机构中。

此外，国外也有在转炉倾动机构中采用交直流混合-行星差动轮系传动的方案。如曾在250^{t}转炉上用160kW 的交流电动机驱动，使转炉作1r/min的快速倾动。而慢速采用

46kW的直流电动机驱动，可获得0.1～0.01r/min的倾动速度。

若在小转炉上采用一台交流电动机实现快速、慢速的倾动要求，只能采用多次点动的方式。但这样启动、制动过于频繁，而使倾动机构的电器和机械设备都承受着严重尖峰载荷的冲击，并容易造成接触器触点和制动器电磁线圈烧坏，使电气系统故障增加，影响生产正常进行。因此，这种方式不宜在较大的转炉上采用。

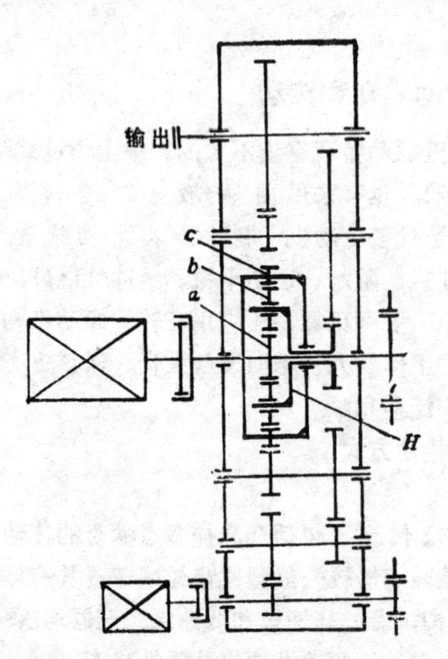

图 3-7 某厂50t转炉倾动机构的行星差动齿轮减速器示意图

a—中心轮；b—行星轮；c—带内外齿的齿圈；H—转架

三、单驱动、多驱动和双边驱动

早期小容量转炉的倾动机构曾采用过单驱动——即由一台电动机驱动。为了保证转炉倾动机构工作时具有最大程度的安全可靠性，较大容量的转炉均采用双驱动——由两台电动机同时驱动。从安全角度来看仅有电动机的备用能力是不够的，为了防止传动件和轴承等零件损坏，通常还采用两套或两套以上的机械传动装置。图3-2的150t转炉即为落地式双驱动倾动机构。大型转炉还采用多点啮合，即多电机驱动。通常有4驱动、6驱动和8驱动，甚至12驱动。多驱动机动性强，有共用备品和备用能力强。至于驱动数目多少，要视炉子容量而定。若从结构配置的角度来看，200～300t级的转炉，其倾动机构采用四驱动较为合适。

为了进一步减小传动装置中大零件的尺寸，更合理地利用托圈部件的传动能力，提高机构的安全可靠性，有的倾动机构还采用双边驱动。即由两端耳轴同时输入传动力矩。如图3-6所示的350t转炉倾动机构为全悬挂双边六驱动。显然，双边驱动占地面积大、减少转炉作业面积，给操作环境带来不利的影响。

四、抗扭缓冲装置

1．抗扭装置的作用　对于悬挂式倾动机构，为了防止悬挂在耳轴上的传动装置绕耳轴旋转，必须设有抗扭转装置，通过抗扭装置将传动装置的反力矩传递到基础上。对于一个好的抗扭装置来说应满足下列要求：

1）必须适应由于耳轴倾斜而造成传动装置发生的位移。

2）抗扭装置工作时，不使耳轴承受附加载荷。

3）具有良好的缓冲性能，能降低传动件上的动载尖峰值。

4）结构简单、紧凑、便于维修。

2．抗扭装置的型式

（1）浮点铰链抗扭装置　图3-8为某厂50t转炉所采用的浮点铰链抗扭装置。悬挂减速器的下轴承座和抗扭枢轴铸成一体。枢轴上装配着球轴承箱，轴承箱嵌入抗扭支座的导向板间。导向板面镶有耐磨合金。球面轴承箱外侧与导板之间有一定间隙。这种防扭装置由于没有缓冲元件，所以在动载荷作用下，支座螺栓经常被剪断。为改善支座螺钉的受力状态，可在抗扭支座底部设固定方销来承受剪力，也有在导板面上加上橡胶垫块，以增加其缓冲性能。

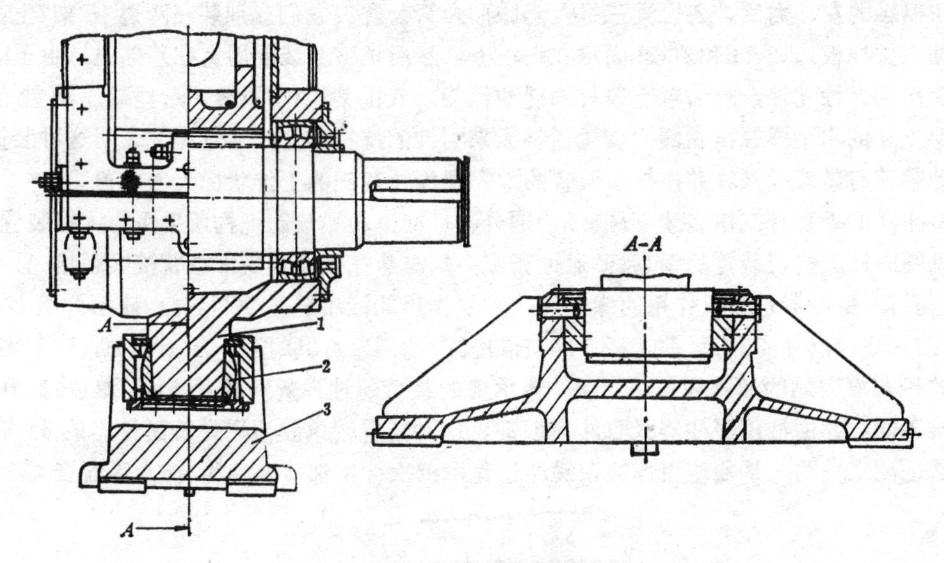

图 3-8　某厂50t转炉悬挂减速器的抗扭装置

1—抗扭枢轴；2—球轴承箱；3—抗扭支座

（2）双万向铰水平杆抗扭装置　其结构如图3-9所示，水平杆两端铰接于万向支座上，两支座则分别固定在地基上和悬挂减速器下部。水平杆通过端部螺纹与支座中水平放置的圆柱销3联接。水平圆柱销则装配于支座内垂直圆柱销的水平孔内，因此支座允许水平杆绕水平轴线和垂直轴线有一定摆动，这既能适应耳轴变形的要求，又能起抗扭作用。

上述两种抗扭装置，结构简单一般用于半悬挂减速器上。但这两种结构工作时都将使

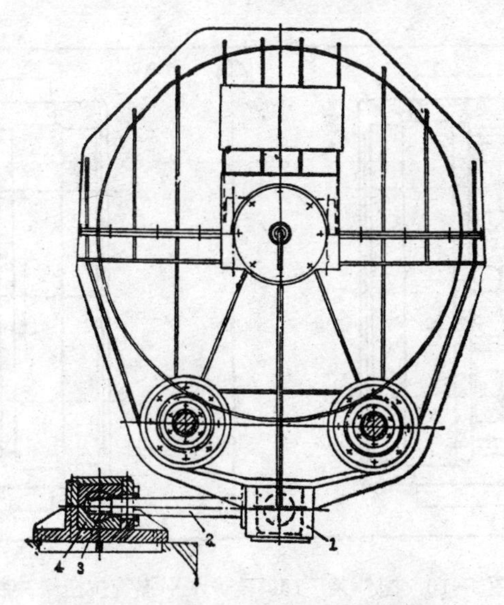

图 3-9　双万向铰水平杆抗扭装置

1—万向支座；2—水平杆；3—水平圆柱销；4—垂直圆柱销

耳轴轴承受附加横向载荷，而且结构上没有缓冲元件，不能减缓机构的动载和冲击力，

（3）带弹簧（或弹簧与液压联合）缓冲器的抗扭装置　弹簧抗扭缓冲装置有水平和垂直两种型式。图3-10为国外某厂150ᵗ转炉采用的水平弹簧抗扭缓冲装置。在悬挂减速器底部抗扭枢轴的左、右侧，各设置三组六套碟形弹簧装置。它们分别装在两边托架7上，托架借助定位挡板1、2、6和斜楔5固定在底板上，然后把整套装置固定在基础上。由于以碟型弹簧作为弹性元件，故装置有较好的缓冲性能。我国某厂15ᵗ小转炉悬挂减速器就采用了类似上述的水平弹簧抗扭缓冲装置代替原来刚性的抗扭装置，通过测试表明这种装置对降低动载荷有显著效果。并使抗扭装置的地脚螺栓及基础的工作状况大为改善。

带缓冲器的垂直杆抗扭装置。图3-6为国外某厂350ᵗ转炉倾动机构所采用的抗扭装置。其结构见图3-11。抗扭装置的垂直杆3通过球铰一端与悬挂减速器底部悬臂横梁联接，另一端与支座联接。缓冲器包括双作用的弹簧缓冲和双作用的液压缸缓冲两部分。碟形弹簧4和导杆5组装在缓冲器外壳6内，垂直杆下部与液压缸7的活塞杆8联接。液压缸的上下腔经阀门分别与液压站的油箱联接。当缓冲器承受的载荷超过弹簧预紧力时，弹簧被压缩而吸收动能。并由液压缓冲器吸收冲击振动。这种装置较单独使用弹簧缓冲器的效果要好。通过测定表明，单独使用弹簧在缓冲过程中每次冲击都伴随着约有6次逐渐衰减的

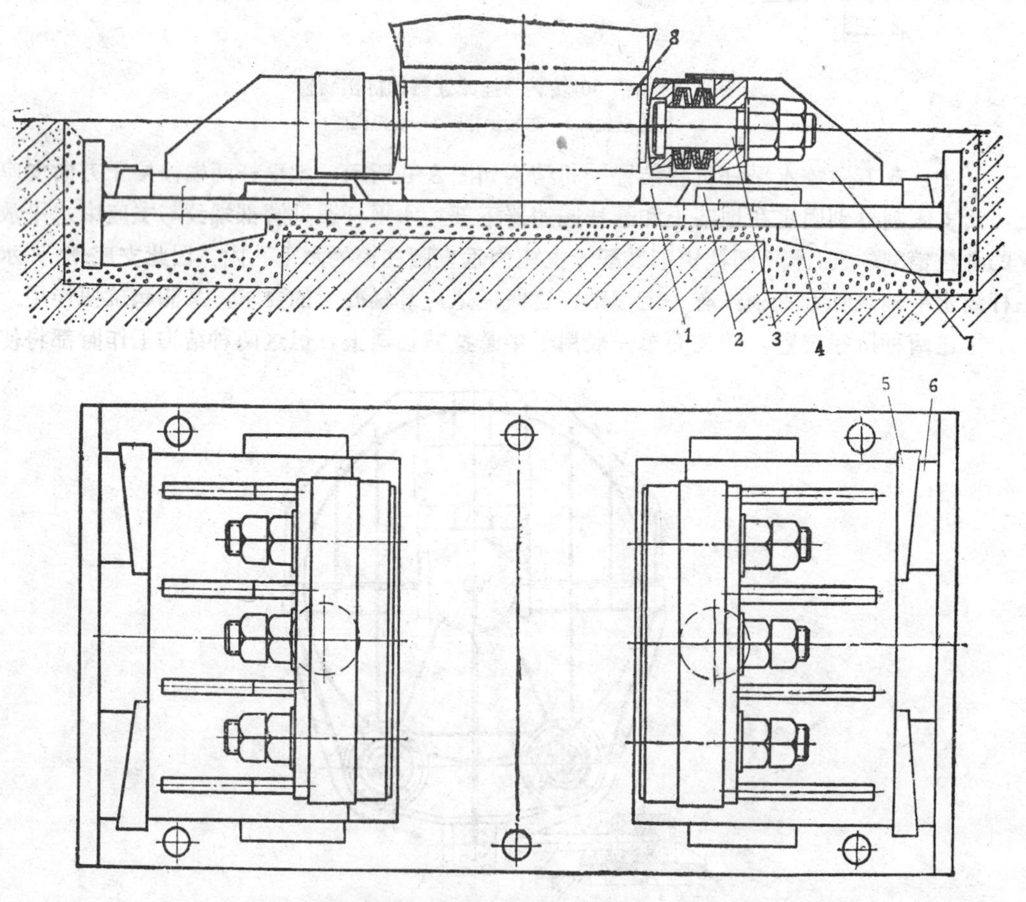

图 3-10　国外某厂150t转炉水平弹簧抗扭缓冲装置

1—定位挡板；2—侧面定位挡板；3—弹簧装置；4—底板；5—斜楔；6—定位挡板；7—托架；8—转炉抗扭枢轴

尖峰载荷。由于转炉倾动机构的频繁操作，所以容易使零件进入疲劳状态。这种结构工作时无论是水平或是垂直杆带缓冲器的抗扭装置，均会使耳轴和耳轴轴承承受附加载荷。

（4）扭力杆抗扭缓冲装置　这种装置是一种性能较好的柔性抗扭缓冲装置。属于这种结构型式的有单扭力杆、双扭力杆；拉压杆等。它的缓冲原理是利用细长的扭转杆（或拉压杆）的弹性变形来吸收能量。即把外力矩转变为扭力杆的扭转内力矩（或拉、压杆的

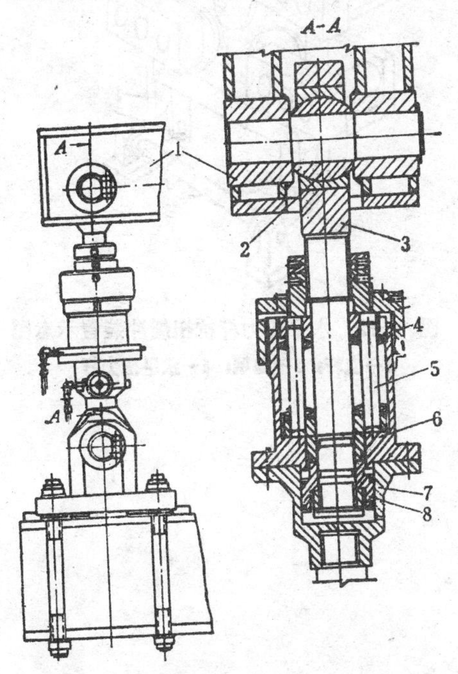

图 3-11　带缓冲器的垂直杆抗扭装置

1—悬臂横梁；2—球铰；3—垂直杆；4—碟形弹簧；5—导杆；6—外壳；7—缓冲液压缸；8—活塞

拉压内力）。这样可使传动力矩逐渐增加或减少，从而起缓冲作用。目前很多大转炉的倾动机构均采用水平扭力杆的抗扭缓冲装置。其结构原理见图3-12。悬挂减速器两侧分别与两根立杆铰接，立杆的另一端与曲柄铰接。而曲柄用键装在水平扭力杆上，扭力杆通过轴承支承在基础的支座上。倾动机构工作时，传动装置两侧的立杆一个向下压，一个向上拉，使水平扭力杆承受扭矩。这种结构的显著优点是，通过水平扭力杆和两个立杆加在倾动机构的悬挂减速器上的一个力偶矩来防止其转动，因而不会在耳轴上造成附加载荷。而其它型式的抗扭装置通常是靠一个单力来防止转动，这就必然会在耳轴上造成附加载荷。此外，立杆两端均用铰链联接，当耳轴产生挠曲变形时，悬挂减速器箱体可作相应的空间位移，而不影响齿轮副的正确啮合。

为了防止扭力杆受力过大而断裂，倾动机构还设有紧急制动装置（见图3-5所示的刚性紧急制动装置3）。它由上、下楔块组成。上楔块装在悬挂减速器底部，下楔块装在支座上。当水平扭力杆受到超过正常允许的扭转力矩时，两楔块间隙就会消除，悬挂减速器箱体就通过楔块直接支承在支座上。这样既对扭力杆起安全保护作用，又可避免悬挂减速器箱体翻倒或逆转等事故。

这种扭力杆抗扭装置主要是靠扭力杆的扭转弹性起缓冲作用，故扭力杆断面尺寸是一

个关键性的设计参数，如果设计得当，其工作情况较弹簧缓冲器好。

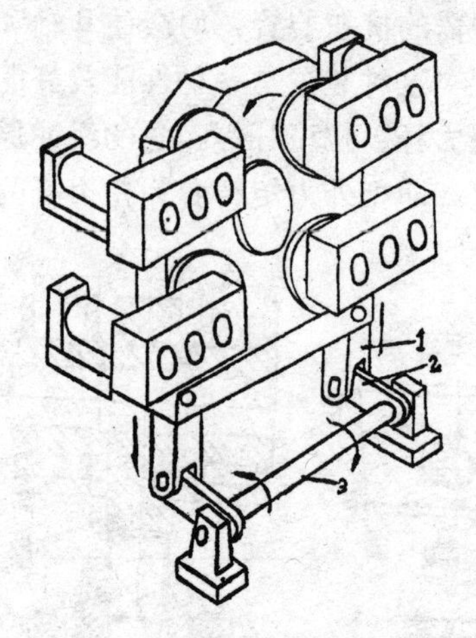

图 3-12 水平扭力杆抗扭缓冲装置示意图

1—立杆；2—曲柄；3—水平扭力杆

第四章　转炉倾动机构的倾动力矩和转动惯量计算

第一节　概　　述

倾动力矩是转炉倾动机构设计的重要参数，计算它的目的是：确定额定倾动力矩值，作为倾动机构设计的依据；确定转炉最佳的耳轴位置。

转炉倾动力矩由三部分组成：

$$M = M_k + M_y + M_m \tag{4-1}$$

式中　M_k——空炉力矩（由炉壳和炉衬重量引起的静阻力矩），空炉的重心与耳轴中心的距离是不变的，在倾动过程中，空炉力矩M_k与倾动角度α存在正弦函数关系；

M_y——炉液力矩〔炉内液体(包括铁水和渣)引起的静力矩〕，在倾动过程中，炉液的重心位置是变化的，出钢时其重量也发生变化，均随倾动角度α的变化而变化，故M_y和倾动角度也存在函数关系；

M_m——转炉耳轴上的摩擦力矩，在出钢过程中其值也有变化，但其值较小，为了计算简便，在倾动过程中可视为常量。

在计算倾动力矩的同时，为了进行倾动机构动力学分析和计算，还需计算转炉的转动惯量。转炉对耳轴的转动惯量由两部分组成：

$$J = J_k + J_y \tag{4-2}$$

式中　J_k——空炉对耳轴的转动惯量，不随倾动角度变化；

J_y——炉液对耳轴的转动惯量，由于炉液重心和重量都随倾动角度而变化，所以其转动惯量也随倾动角度而变化。

从上面的分析可以看出，转炉倾动力矩和转动惯量主要和三个方面的因素有关：转炉的炉型、自重和容量；倾动角度；耳轴的位置。

转炉倾动力矩和转动惯量的计算步骤：

1）预先选择一个参考的耳轴位置；

2）新、老炉炉型的空炉重量、重心和空炉力矩的计算；

3）新、老炉炉型在不同倾动角度下（每隔5°或10°）的炉液重量、重心和炉液力矩的计算；

4）新、老炉炉型摩擦力矩的计算及新、老炉在不同角度下的合成倾动力矩计算；

5）确定最佳耳轴位置；

6）按最佳耳轴位置，重新计算新、老炉炉型的空炉力矩和空炉的转动惯量；新、老炉随倾动角度变化的炉液重心位置、炉液力矩和炉液转动惯量；新、老炉合成的倾动力矩和转动惯量。并划出随倾动角度变化的倾动力矩曲线和转动惯量曲线。

第二节 空炉力矩和空炉转动惯量的计算

空炉力矩是转炉倾动力矩的重要组成部分，并且在计算最佳耳轴位置时，它起着关键性的作用。空炉转动惯量则是影响倾动机构动载力矩的重要因素，因此必须进行计算。

一、空炉重量、重心和转动惯量的计算

由于炉壳和炉衬的比重不同，新炉和老炉的炉型也不同，因此应分别计算炉壳、新炉炉衬和老炉炉衬的重量、重心和转动惯量，然后分别进行合成。

空炉炉衬及铁渣溶液等各种材料的密度可按表4-1选取。

转炉计算时各种材料的密度 **表 4-1**

材料名称	铸 铁	铸 钢	钢 材	焦油白云石（工作层）	镁砂（永久层）	镁 砖	焦油镁砂（填充层）	高铝砖	铁 水	渣	水
密度 (kg/m^3)	7×10^3	7.8×10^3	7.85×10^3	$(2.8\sim2.9)\times10^3$	$(2.6\sim2.8)\times10^3$	2.8×10^3	2.6×10^3	$(2.1\sim2.4)\times10^3$	6.9×10^3	3×10^3	1×10^3

在计算空炉炉衬前，必须先确定好炉壳结构和炉型。新、老炉的炉壳是相同的，但炉衬则有新、老炉之分。一般设计施工图和砌砖图都提供了炉壳结构和新炉炉型的尺寸。转炉在吹炼过程中，其炉衬被钢、渣和炉气冲刷、浸蚀而变薄。这样的炉型称为老炉炉型。老炉炉型变化较大，对氧气顶吹转炉来说，一般炉墙浸蚀速度比炉底约快一倍，炉墙浸蚀最严重的部分在溶池面以上1～1.5m。计算结果表明，老炉倾动力矩对最大倾动力矩值影响较大。因此老炉的计算炉型应与炉役后期的真实炉型相接近，尽可能找出炉役后期正常生产条件下可能出现的实际最大倾动力矩值。一般老炉炉型可通过对类似转炉进行测量、分析然后确定。在没有实测数据的情况下，通常可考虑炉役后期炉墙工作层残余厚度为80～100mm。炉帽部位在倾动的两侧 尤其是偏放渣侧的炉衬，由于兑铁水、加废钢及放渣冲刷，浸蚀也很严重，但炉口附近由于水冷炉口影响而浸蚀较小。所以炉帽部位浸蚀后呈凹曲面，在放渣、出钢阶段，炉帽处积存较多的渣铁溶液，使最小倾动力矩值更偏小。

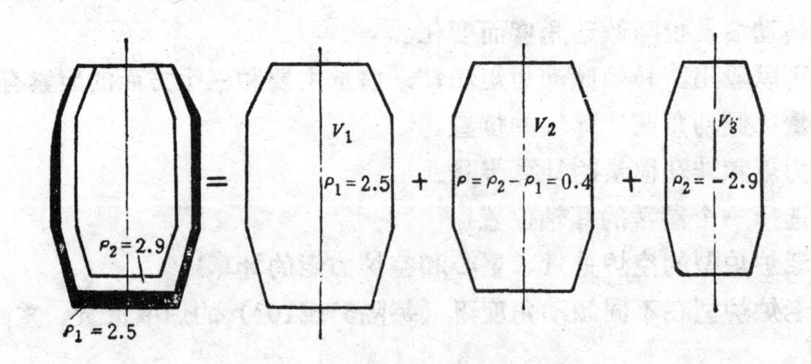

图 4-1 转炉新炉炉衬分解方式

ρ_1—永久层的密度；

ρ_2—工作层的密度，

V_1—永久层所包围的体积（包括永久层在内）；

V_2—工作层所包围的体积（包括工作层在内）；

V_3—炉型内腔的体积

所以计算老炉炉型时，炉帽部位最好按凹曲面考虑。

转炉形状比较复杂，各层密度也不同，但其大部分都是回转体，只有少数装在炉壳上的零部件是非回转体。由于它们多是对称布置，故可按其重量及配置尺寸近似简化为回转体。在计算空炉重量、重心、倾动力矩和转动惯量时，可将外形复杂、各层密度不同的转炉炉衬分解为若干个简单的均质回转体的和与差，分别进行计算后求和。

简单回转体包括圆柱体、圆台、球缺、球台……等。这些回转体和回转壳体的计算图形和公式，可参考有关手册资料。

复杂回转体可以分解为简单回转体，为了保证计算精度和简化计算，分解后进行合成，不但可以作加法，也可以作减法，通常是应用加法与减法相结合的方法。例15t转炉新炉炉衬，分解方式如图4-1所示；转炉水冷炉口中的水的分解方式如图4-2所示。

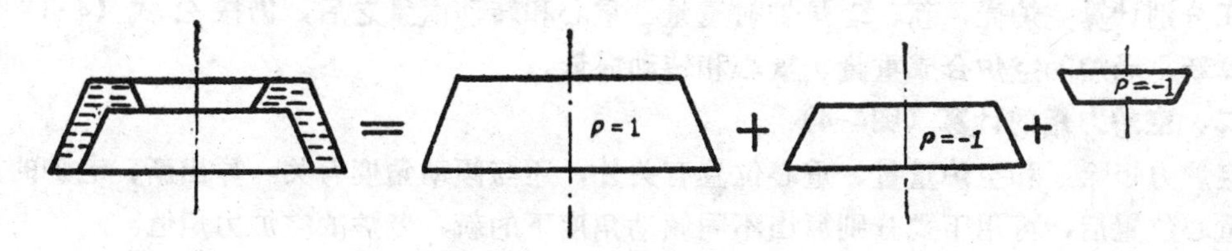

图 4-2　计算转炉水冷炉口中的水的分解方式

（-1把"+"改成"-"）

计算炉壳、新炉炉衬的方法和计算老炉炉衬的重量、重心和转动惯量的方法基本一致。下面以新炉炉衬为例，介绍其计算原理和步骤：

1）首先按比例画出炉衬图，把它们划分成若干简单的几何体（图4-3所示），并列出每部分的尺寸。

2）计算各简单几何体的重量、重心和转动惯量（可参考有关手册的公式分别进行计算，用先分解，后合成的方法）。每一简单几何体的重心坐标值都应以炉体总坐标为标准。一般取炉体对称轴线为z轴，z轴与炉壳底表面交点为原点0，转炉倾动方向为x轴，与耳轴平行的方向为y轴，每一单元体的转动惯量都应该是对给定耳轴中心线的转动惯量。

3）最后把各简单几何体的重量、重心和转动惯量进行合成，其合成公式如下：

$$\left.\begin{aligned}
&G=G_1+G_2+G_3+\cdots\cdots+G_i+\cdots\cdots+G_n=\sum_{i=1}^{n}G_i\\
&z_c=\frac{G_1z_1+G_2z_2+G_3z_3+\cdots\cdots+G_iz_i+\cdots\cdots+G_nz_n}{G_1+G_2+G_3+\cdots\cdots+G_i+\cdots\cdots+G_n}=\frac{\sum_{i=1}^{n}G_iz_i}{\sum_{i=1}^{n}G_i}\\
&x_c=\frac{G_1x_1+G_2x_2+G_3x_3+\cdots\cdots+G_ix_i+\cdots\cdots+G_nx_n}{G_1+G_2+G_3+\cdots\cdots+G_i+\cdots\cdots+G_n}=\frac{\sum_{i=1}^{n}G_ix_i}{\sum_{i=1}^{n}G_i}\\
&J_c=\sum_{i=1}^{n}J_{ci}\qquad J_{ci}=J_{xi}+m_ih_i^2\ \ (i=1,\ 2\cdots\cdots n)
\end{aligned}\right\}\quad(4\text{-}3)$$

式中　G_1、G_2……G_i……G_n——各简单几何体重量；

z_c、x_c——合成重心的 z、x 坐标值；

z_1、z_2……z_i……z_n；

x_1、x_2……x_i……x_n——各简单几何体重心的 z、x 坐标值；

G——空炉炉衬的合成重量；

J_c——空炉炉衬对给定耳轴中心线的合成转动惯量值；

J_{ci}——各简单几何体对给定耳轴中心线的转动惯量值；

J_{xi}——各简单几何体对其本身重心 x 轴的转动惯量；

m_i——各简单几何体的质量；

h_i——各简单几何体重心到耳轴的距离。

在分别计算完炉壳，新、老炉炉衬重量、重心和转动惯量之后，仍按公式（4-3）分别计算新、老炉的空炉合成重量、重心和转动惯量。

二、空炉力矩的计算（图4-4）

空炉力矩除了和空炉重量、重心位置有关外，还与倾动角度有关。算出新、老炉的重量和重心位置后，可用下式分别算出不同倾动角度下的新、老炉的空炉力矩值。

$$M_k = G_K \cdot r_K \cdot \sin(\alpha + \varphi_K) \tag{4-4}$$

式中　G_K——空炉重量（kN）；

r_K——空炉重心 K 至给定耳轴中心 L 的距离（m）；

H——预先给定耳轴中心 L 的 z 坐标值（m）；

φ_K——r_K 与 z 轴线的夹角（°），$\varphi_K = \mathrm{tg}^{-1}\dfrac{x_K}{H - z_K}$；

z_K、x_K——空炉合成重心的 z、x 的坐标值（m）；

α——倾动角度（°）。

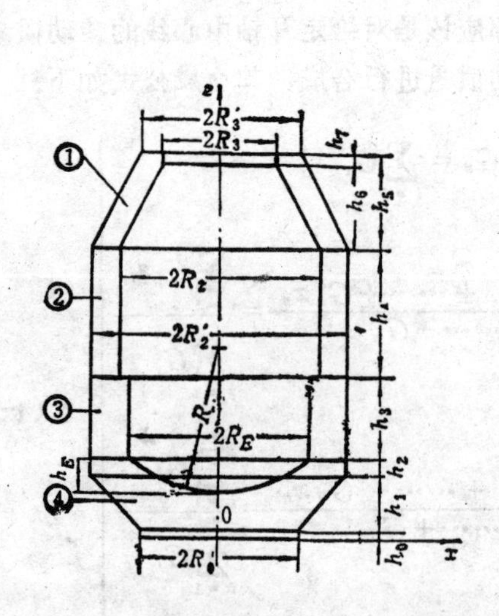

图 4-3　转炉新炉炉衬计算简图

简单几何体①～④

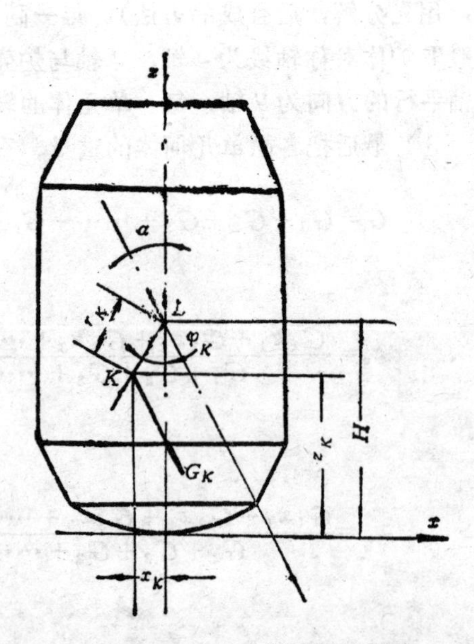

图 4-4　空炉力矩计算示意图

第三节 炉液力矩和炉液转动惯量的计算

炉液的体形和重心位置是随倾动角度而变化的，在出钢过程中其重量也随倾动角度而变化。为了求出转炉合成倾动力矩的最大值和最小值，就要分别算出各倾动角度下（一般每隔5°或10°）的炉液重量、重心位置、炉液力矩和转动惯量。因此计算工作量很大，过去用解析法、图解法等进行手算，这既花费时间而且其计算精度也不高。借助电子计算机进行计算后，虽然有效地解决了这个问题，由于手算和电算的基本原理和计算公式相同，为此本节着重介绍应用高斯求积公式的数值计算方法，并以手算为例介绍其计算过程。

一、基本积分公式

欲计算任意倾动角度下的转炉炉液的倾动力矩和转动惯量，首先要计算各对应倾动角

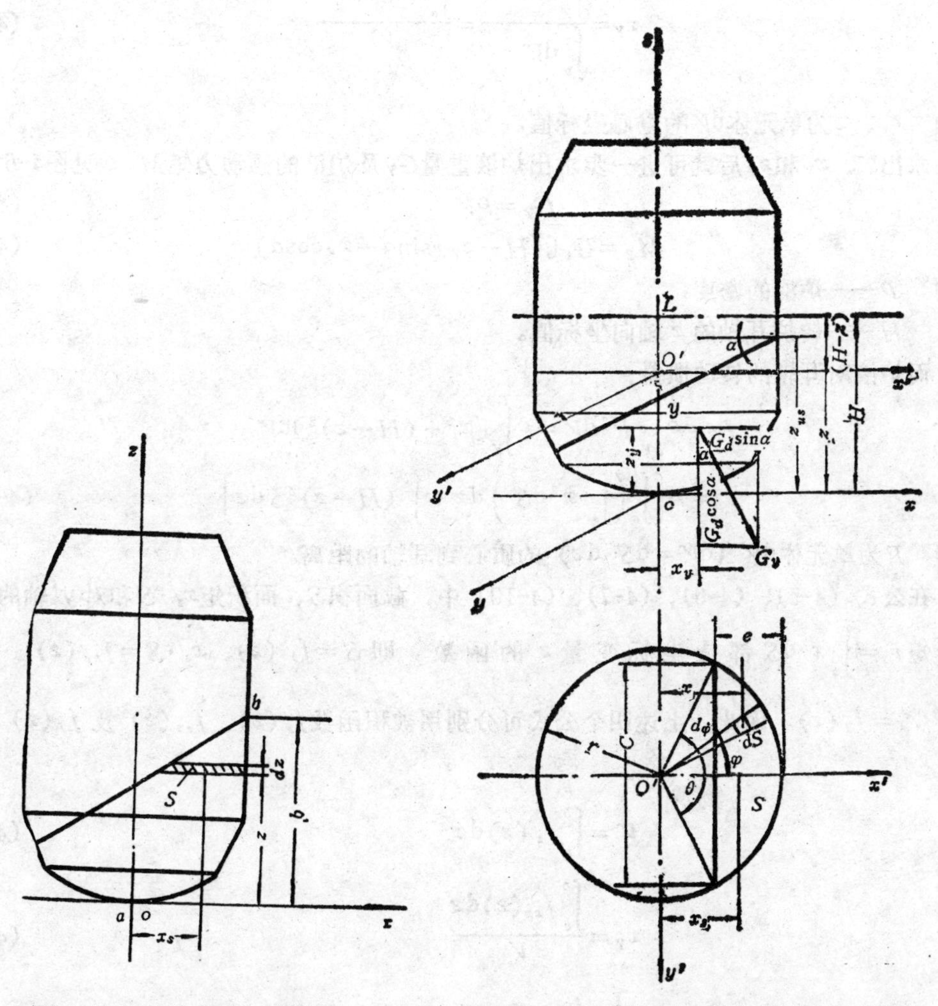

图 4-5 积分法求重心原理图　　　　图 4-6 炉液力矩M_Y和炉液转动惯量计算图

度的炉液体积和重心位置。转炉炉液的计算坐标按如下规定选取：以转炉对称轴线为z轴，z轴与炉型内腔底面的交点为坐标原点o，x轴在转炉的倾动方向上，而y轴则与耳轴轴线方向平行，见图4-5。

设任意倾动角度为α度时，炉液在z轴上的区间为〔a、b〕，在任意高度z处用一与z轴线垂直的平面切割炉液，其截交面为一弓形面积S，并取微量dz作为厚度，构成炉液单元体dV，则可用积分公式计算出在该倾角下的炉液体积V：

$$V=\int_V dV=\int_a^b S dz \tag{4-5}$$

用理论力学的重心计算公式，即可算出炉液体积V的重心坐标x_Y、z_Y：

$$x_Y=\frac{\int_V x_s dV}{\int_V dV}=\frac{\int_a^b x_s\cdot S dz}{V} \tag{4-6}$$

$$z_Y=\frac{\int_V z dV}{\int_V dV}=\frac{\int_a^b z\cdot S dz}{V} \tag{4-7}$$

式中　x_s、z为单元体dV的重心坐标值。

求出V、x_Y和z_Y后就可进一步求出炉液重量G_Y及炉液的倾动力矩M_Y，见图4-6。

$$G_Y=\rho V \tag{4-8}$$

$$M_Y=G_Y[(H-z_Y)\sin\alpha-x_Y\cos\alpha] \tag{4-9}$$

式中　ρ——炉液的密度；

H——转炉耳轴的z轴向坐标值。

而炉液对耳轴的转动惯量：

$$J_Y=\rho\int_V R^2 dV=\rho\int_V[x_s^2+(H-z)^2]dV$$
$$=\rho\left[\int_a^b\left(\int_s x^2 dS\right)dz+\int_a^b(H-z)^2 S dz\right] \tag{4-10}$$

式中　R为单元体dV（$dV=dS\cdot dz$）的质心到耳轴的距离。

在公式（4-5）、（4-6）、（4-7）、（4-10）中，截面积S、面积矩$x_s\cdot S$和对y'轴的截面惯性矩$J_s=\int_s x^2 dS$都是坐标变量z的函数，即$S=f_s(z)$、$x_s\cdot S=f_{sx}(z)$、$J_s=\int_s x^2 dS=f_J(z)$。因此，上述四个公式可分别用被积函数$f_s(z)$、$f_{xs}(z)$及$f_J(z)$来表示：

$$V=\int_a^b f_s(z)dz \tag{4-5$'$}$$

$$x_Y=\frac{\int_a^b f_{sx}(z)dz}{V} \tag{4-6$'$}$$

$$z_Y=\frac{\int_a^b z f_s(z)dz}{V} \tag{4-7$'$}$$

$$J_Y=\rho\left[\int_a^b f_J(z)dz+\int_a^b(H-z)^2\cdot f_s(z)dz\right] \tag{4-10$'$}$$

显然，只要求得各被积函数的定积分，即可确定对应于任意转角α的V、x_Y、z_Y及J_Y的值。

二、被积函数的计算公式

为了使用电子计算机计算转炉炉液的重量、重心位置和转动惯量，就必须计算上述各定积分值，而且还要先导出各被积函数的具体计算公式。计算时，可将不同角度下的转炉炉液体积视为一个旋转体被一个平面斜截所得的立体（图4-6），将垂直于旋转体轴线的切液面视为弓形截面或缺口为弓形的缺圆截面。弓形的几何特性易于解析求得，因而不难求得转炉炉液计算的被积函数的计算公式。

$f_s(z)$——弓形截面面积

$$S=f_s(z)=\frac{1}{2}(\theta-\sin\theta)r^2 \tag{4-11}$$

$f_{sx}(z)$——弓形截面对yoz平面的面积矩

$$S\cdot x_s=f_{sx}(z)=\frac{2}{3}\sin^3\frac{\theta}{2}r^3 \tag{4-12}$$

$f_J(z)$——弓形截面对y'轴的截面惯性矩

$$J_s=f_J(z)=\frac{1}{8}\left(\theta-\frac{1}{2}\sin2\theta\right)r^4 \tag{4-13}$$

式中　r——弓形截面的半径；

θ——弓形截面的弦心角（锥角）

$$\theta=\pi-2\arcsin\left(1-\frac{e}{r}\right) \tag{4-14}$$

e——弓形截面的弦高。

当弓形半径$r=1$时，上述被积函数的公式则为：

$$(S)_1=f_{s1}(z)=\frac{1}{2}(\theta-\sin\theta) \tag{4-11$'$}$$

$$(S\cdot x_s)_1=f_{sx1}(z)=\frac{2}{3}\sin^3\frac{\theta}{2} \tag{4-12$'$}$$

$$(J_s)_1=f_{J1}(z)=\frac{1}{8}\left(\theta-\frac{1}{2}\sin2\theta\right) \tag{4-13$'$}$$

被积函数计算公式中的θ、r、e都是随z坐标值而变化的，所以用电子计算机计算时还需列出r、e与z的函数关系式。

在电算中，为了使计算程序具有通用性，假设的计算炉型应以球缺为底，两个锥台为腰，一个锥台为口。这样，对平底、直筒腰或一个锥台为腰等，都可以作为特例，见图4-7。计算炉液倾动力矩和转动惯量时，对计算炉型图必须给出的数据为：

R_0——球缺底的半径；

R_1——第一锥台底的半径；

R_2——第二锥台底的半径；

R_3——锥台口的半径；

z_0——球缺高度；

z_1——第一锥台底的 z 坐标；

z_2——第二锥台底的 z 坐标；

z_3——锥台口的 z 坐标；

z_{us}——液面最高点的 z 坐标；

H——耳轴位置的 z 坐标值。

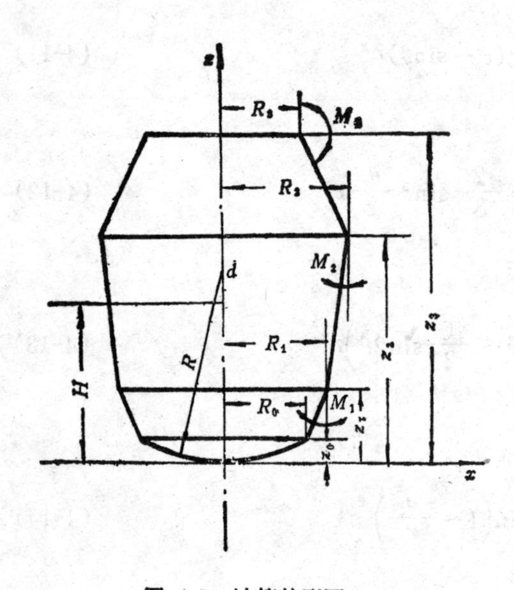

图 4-7 计算炉型图

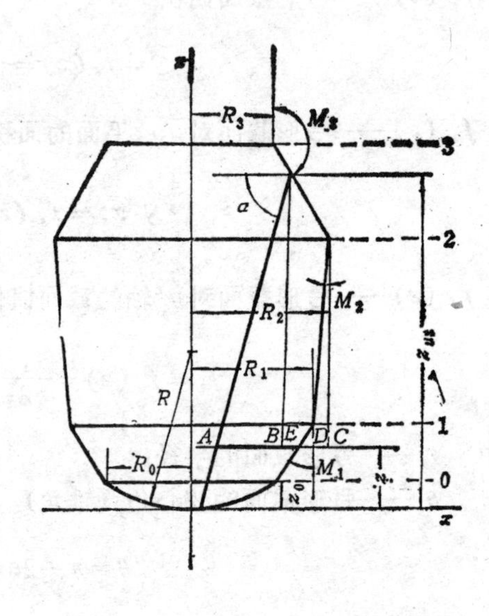

图 4-8 弓形半径 r 和弦高 e 的计算图

球缺半径 R 不必给出，可由下列公式确定：

$$R=\frac{R_0^2+z_0^2}{2z_0}\quad (z_0=0\text{时，}R\text{取任意值})$$

弓形半径 r 和弦高 e 的计算见图4-8。图中炉型区段分别用数码0、1、2 和 3分点标记。设 z_i 为液面线最高点坐标 z_{us} 所在区间的上限，z_i 中的 i 可以分别是数码0、1、2或3。并设 z_j 为要计算截面的 z 坐标所在区间的上限，z_j 中的 j 也可以分别是数码0、1、2或3。采用上述记号后，就可以根据图4-8导出各区段中计算截面的弓形半径 r 和弦高 e 的计算公式。

弓形半径 r 的计算公式

$$\left.\begin{aligned}&r=\sqrt{R^2-(R-z)^2} &&\text{当} z\leqslant z_0\text{时}\\&r=R_{j-1}+(z-z_{j-1})\operatorname{tg}M, &&\text{当} z_{j-1}\leqslant z\leqslant z_j\text{时}(j=1,\ 2,\ 3)\end{aligned}\right\}\tag{4-15}$$

弦高 e 的计算公式

当 $z_{us}\leqslant z_i$ 和 $z\leqslant z_j$ 时

$$
\left.\begin{aligned}
&e=\frac{z_{us}-z}{\operatorname{tg}\alpha}-\left(\sqrt{R^2-(R-z_{us})^2}-\sqrt{R^2-(R-z)^2}\right) \quad (j=0, i=0)\\
&e=\frac{z_{us}-z}{\operatorname{tg}\alpha}-(z_{us}-z)\operatorname{tg}M_i \quad (j=i, i\neq 0)\\
&e=\frac{z_{us}-z}{\operatorname{tg}\alpha}-(z_{us}-z_{i-1})\operatorname{tg}M_i-R_{i-1}+\sqrt{R^2-(R-z)^2} \quad (j\neq i, j=0)\\
&e=\frac{z_{us}-z}{\operatorname{tg}\alpha}-(z_{us}-z_{i-1})\operatorname{tg}M_i-(R_{i-1}-R_j)-(z_j-z)\operatorname{tg}M_j \quad (j\neq i\ j\neq 0)
\end{aligned}\right\} \tag{4-16}
$$

弦高e的计算公式是根据图4-8的几何关系导出的。例如对$j\neq i$；$j\neq 0$的情况（图中取$i=3$；$j=1$），由图可见

$$e=AE=AB+BC-CD-DE$$

而

$$AB=\frac{z_{us}-z}{\operatorname{tg}\alpha}$$

$$BC=-(z_{us}-z_{i-1})\operatorname{tg}M_i$$

$$CD=R_{i-1}-R_j$$

$$DE=(z_j-z)\operatorname{tg}M_j$$

对于平底炉型，可取$z_0=0$；对于直筒炉型，z_1可以取为$z_0\leqslant z_1\leqslant z_2$中任何值，而$R_0=R_1=R_2$，其它可依此类推。

三、应用高斯求积公式的数值计算方法

在工程计算中，由于定积分$\int_a^b f(z)\mathrm{d}z$的被积函数难以确定，所以往往采用数值积分方法作近似计算。如果用电子计算机计算时，则先列出被积函数公式，然后采用数值计算方法。

最简单的数值积分计算方法为矩形法，如图4-9所示。把积分区间〔a、b〕分为若干等分（即结点等距离），得结点z_0、z_1、z_2……z_i……z_n，函数$f(z)$在各对应结点处取值分别为$f(z_0)$、$f(z_1)$、$f(z_2)$……$f(z_i)$……$f(z_n)$。结点间距为$\Delta z_i=\frac{b-a}{n}$，则对应结点z_i的矩形面积为$\Delta z_i\cdot f(z_i)$，于是n个矩形面积之和便是定积分$\int_a^b f(z)\mathrm{d}z$的近似值。即

$$\int_a^b f(z)\mathrm{d}z\approx\sum_{i=0}^{n-1}\Delta z_i f(z_i)$$

显然矩形法结点数愈多，计算精度愈高。

常用的数值积分计算方法除矩形法外，还有梯形公式、抛物线公式和龙贝公式，都属于等距离取结点方法。这里重点介绍另一种近似计算法——高斯求积公式。它的特点是结点不是等距离的，其形式与矩形法公式相似。

1．高斯积分公式

$$\int_{-1}^{1} f(\xi)\mathrm{d}\xi\approx\sum_{i=1}^{n}A_i f(\xi_i) \tag{4-17}$$

高斯积分公式的积分区间为〔−1，1〕

式中　n——求积结点数；

ξ_i——求积结点的坐标值（$i=1，2\cdots\cdots n$）；

A_i——与结点数 n 及 ξ_i 相对应的求积系数。

高斯积分公式的 ξ_i 及 A_i 值列于表4-2中。

高斯公式的结点数 n 是根据计算精度要求确定的。确定了结点数 n 值后，即可从表中查出 ξ_i 及 A_i，在确定各对应结点处的函数值后，代入高斯公式，即可算得定积分的近似值。

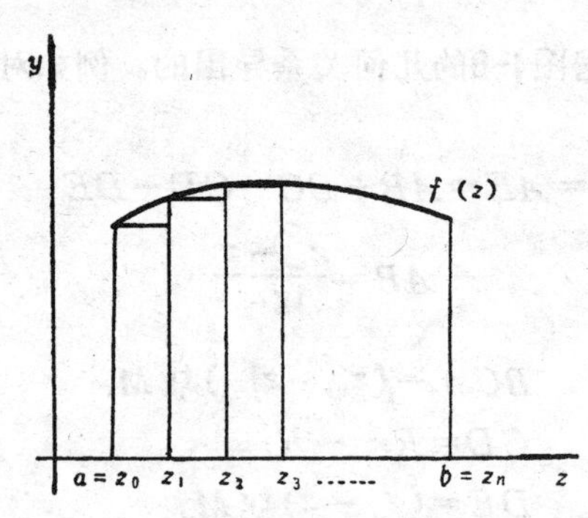

图 4-9　矩形法计算图

高斯求积法的主要优点是精度高，精确度为$(2n-1)$次，即具有最高代数精度。在同样的精度要求下，高斯求积法比其它方法所取的结点数最少。当用于电算，需要改变精度时，其系数也要变化，编排程序较麻烦。但对转炉计算来说，计算精度是可以预先确定的，所以用高斯求积法来计算转炉炉液体积、重心位置、倾动力矩及转动惯量是比较适合的。

高斯求积公式的结点 ξ_i 和求积系数 A_i 值　　　　表 4-2

n	ξ_i	A_i
2	±0.5773503	1
3	0 ±0.7745967	0.8888889 0.5555556
4	±0.3399810 ±0.8611363	0.6521452 0.3478548
5	0 ±0.5384693 ±0.9061799	0.5688889 0.4786287 0.2369269

2．对任意积分区间〔a、b〕，高斯公式的转换公式　在式（4-17）中，其积分区间为〔−1，1〕，因此，在应用高斯公式时，对于任意积分区间〔a、b〕则应转换为区间〔−1，1〕。

若已知$\int_a^b f(z)\mathrm{d}z$　式中$a\leqslant z\leqslant b$，设另一自变量 ξ 的区间为〔−1，1〕。为了把积分区间〔a、b〕转换为〔−1，1〕：

设$z=A\xi+B$，A、B为常数

当$\xi=-1$时，$z=a$　即$a=-A+B$

当$\xi=1$时，$z=b$ 即$b=A+B$

故 $$A=\frac{b-a}{2} \quad B=\frac{b+a}{2}$$

则得 $$z=\frac{b-a}{2}\xi+\frac{b+a}{2} \qquad dz=\frac{b-a}{2}d\xi \text{其中} -1\leqslant\xi\leqslant1$$

因此 $$\int_a^b f(z)dz=\frac{b-a}{2}\int_{-1}^{1} f\left(\frac{b+a}{2}+\frac{b-a}{2}\xi\right)d\xi$$

由高斯公式（4-17），经坐标转换后可写成：

$$\int_a^b f(z)dz\approx\frac{b-a}{2}\sum_{i=1}^{n}A_i f\left(\frac{b+a}{2}+\frac{b-a}{2}\xi_i\right) \tag{4-18}$$

公式（4-18）即是用于计算的通用公式。公式中A_i及ξ_i值可由表4-2查出。

显然， $$z_i=\frac{b+a}{2}+\frac{b-a}{2}\xi_i$$

z_i为被积函数$f(z)$在区间〔a、b〕内对于ξ_i的实际结点坐标值，而$f\left(\frac{b+a}{2}+\frac{b-a}{2}\xi_i\right)$则是对应于$z_i$的原被积函数。对于转炉的有关参数计算，如果用电子计算机，函数值$f\left(\frac{b+a}{2}+\frac{b-a}{2}\xi_i\right)$可用解析法求得；如果用手算，则用图解法和查表法结合起来计算更为方便。

四、高斯求积法在转炉计算中的应用

转炉炉液中钢液和渣液的密度不同，渣液浮在钢液上面而形成两层，在计算时假想把炉液分为两部分，见图4-10。其一为全炉液体积，而取渣液的密度进行计算，称为合液；其二为占有钢水的体积，密度取等于钢与渣密度之差的假想密度，称为分液。上述两部分分别计算，然后合成。这样计算的精确度较高。

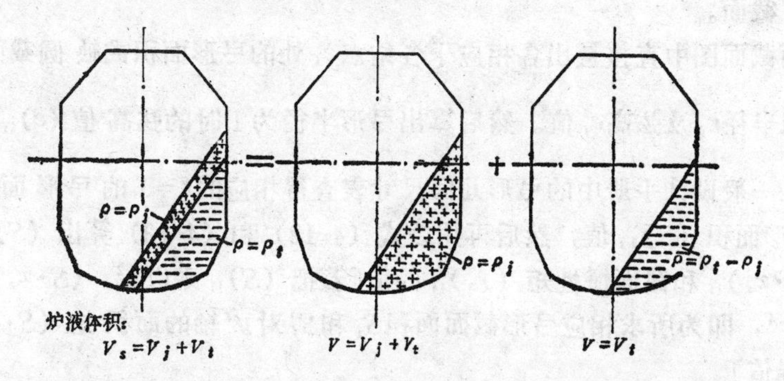

图 4-10 计算炉液体积图（下标j为渣液之代号；t为钢水代号）

应用高斯求积公式手算转炉炉液的倾动力矩和转动惯量时，可采用作图法求出对应于结点坐标z_i的函数值$f\left(\frac{b+a}{2}+\frac{b-a}{2}\xi_i\right)$，其计算步骤如下：

1）按比例划出炉型图和α倾角下的钢水及渣液的液面线，并标出zox坐标系。见图4-11a、b。

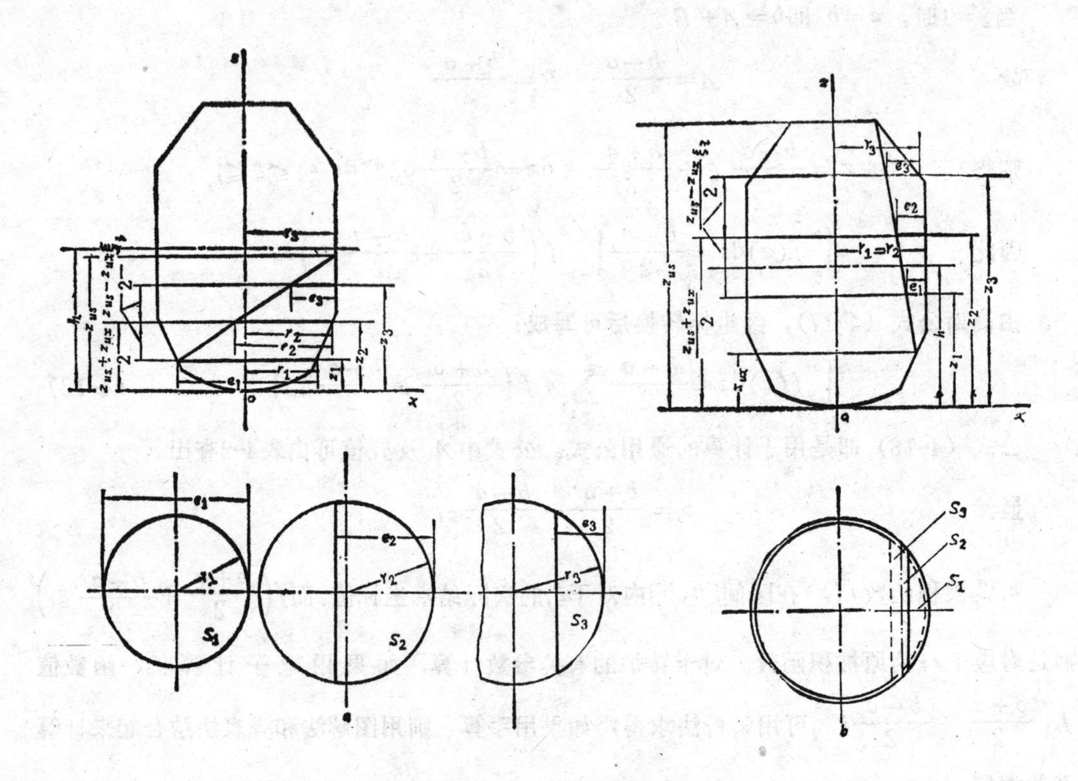

图 4-11 计算炉液体积用的炉型图

2）确定结点数。在一般情况下，结点数 n 取 3 或 4 即可。计算实践表明，如能保证转炉内各段都有结点，其精确度就能满足不低于1%的要求。

3）根据表4-2确定各结点坐标值ξ_i，并计算实际结点坐标值z_i，然后在坐标z_i处画垂直于 z 轴的炉液截面线，进而画出其相应的截面图形。其截面形状不是弓形就是缺圆（缺口为弓形）截面。

4）从液面截面图中直接量出各相应于各结点z_i处的弓形面积或缺圆截面缺口处的弓形面积的实际半径r_i及弦高e_i值。然后算出弓形半径为 1 时的弦高值 $(e)_{1i}=\dfrac{e_i}{r_i}$，再按 $(e)_{1i}$ 值，从一般设计手册中的弓形几何尺寸表查得相应的$r=1$ 的弓形面积的弦心角（锥角）θ和弓形面积 $(S)_{1i}$ 值，然后再用公式（4-12）′和（4-13）′算出 $(S)_{1i}$ 截面对y'轴的面积矩 $(S\cdot x_s)_{1i}$ 和截面惯性矩 $(J_s)_{1i}$ 的值〔若把 $(S)_{1i}$ 乘以r^2，$(S\cdot x_s)_{1i}$ 乘以r^3以及 $(J_s)_{1i}$ 乘以r^4，即为所求相应弓形截面面积S_i和S_i对y'轴的面积矩 $(S\cdot x_s)_i$ 和惯性矩 $(J_s)_i$ 的实际值〕。

若炉液截面为缺圆截面，则其缺圆面积为相应的圆面积减去其缺口处的弓形面积。而其对y'轴惯性矩同样为相应的圆形对y'轴的惯性矩减去缺口处弓形对y'轴的惯性矩。

5）由表4-2查得高斯求积系数A_i，即可应用高斯求积公式（4-18）进行转炉炉液的有关计算：

炉液体积 $$V=\int_a^b S\mathrm{d}z\approx\frac{b-a}{2}\sum_{i=1}^{n}A_i f\left(\frac{b+a}{2}+\frac{b-a}{2}\xi_i\right)$$

$$S_i=f\left(\frac{b+a}{2}+\frac{b-a}{2}\xi_i\right)$$〔可通过步骤（4）算出〕

故
$$V=\frac{b-a}{2}\sum_{i=1}^{n}A_i\cdot S_i$$

或
$$V=\frac{b-a}{2}\sum_{i=1}^{n}A_i\cdot(S)_{1i}\cdot r_i^2 \tag{4-19}$$

炉液体积V的重心坐标：

$$x_y=\frac{\int_a^b(S\cdot x_s)\mathrm{d}z}{V}\approx\frac{\frac{b-a}{2}\sum_{i=1}^{n}A_i(S\cdot x_s)_{1i}\cdot r_i^3}{V} \tag{4-20}$$

$$z_y=\frac{\int_a^b S\cdot z\mathrm{d}z}{V}\approx\frac{\frac{b-a}{2}\sum_{i=1}^{n}A_i\,z_i\,(S)_{1i}\cdot r_i^2}{V} \tag{4-21}$$

炉液对耳轴轴线的转动惯量：

$$J_y=\rho\int_a^b[J_s\mathrm{d}z+(H-z)^2S\mathrm{d}z]=\rho\left[\int_a^b J_s\,\mathrm{d}z+\int_a^b(H-z)^2S\mathrm{d}z\right]$$

$$=\rho\left[\frac{b-a}{2}\sum_{i=1}^{n}A_i(J_s)_{1i}\cdot r_i^4+\frac{b-a}{2}\sum_{i=1}^{n}A_i(H-z_i)^2(S)_{1i}\cdot r_i^2\right] \tag{4-22}$$

式中 $(S)_{1i}$——按弓形半径$r=1$所得的对应于结点z_i的炉液截面面积；

$(S\cdot x_s)_{1i}$——炉液截面$(S)_{1i}$对y'轴的面积矩；

$(J_s)_{1i}$——炉液截面$(S)_{1i}$对y'轴的惯性矩。

例题：某钢厂15 t转炉新炉型倾角$\alpha=45°$时，计算炉液力矩和转动惯量。其炉型见图4-12。其预备数据见表4-3。计算过程及结果列于表4-4。

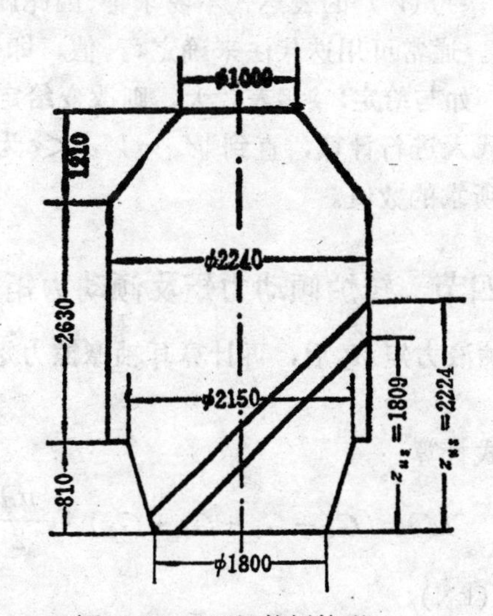

图 4-12 15t转炉新炉型

五、炉液液面最高点坐标z_{us}的确定

z_{us}是液面最高点坐标值，在未放渣或出钢前，它是随倾动角度变化的一个变量，在

预 备 数 据 **表 4-3**

钢水重量 $G_t=161.7\text{kN}$	渣重量 $G_j=40.425\text{kN}$
钢水密度 $\rho_t=6.8\times10^3\text{kg/m}^3$	渣密度 $\rho_j=3\times10\text{kg/m}^3$
钢水体积 $V_t=\dfrac{G_t}{\rho_t\cdot g}=2.426\text{m}^3$	渣体积 $V_j=\dfrac{G_j}{\rho_j\cdot g}=1.375\text{m}^3$
体 积 和	$V_h=V_j+V_t=3.801\text{m}^3$
	$G_h=V_h\cdot\rho_j=111.75\text{kN}$
	$G_f=G_t+G_j-G_h=90.376\text{kN}$
	$\rho_f=\rho_t-\rho_j=3.8\times10^3\text{kg/m}^3$
耳 轴 标 高	$H=1.95\text{m}$
全 液 液 面	上限/下限坐标值 $\dfrac{z_{us}}{z_{ux}}:\dfrac{2.224}{0}$
钢 液 液 面	上限/下限坐标值 $\dfrac{z_{us}}{z_{ux}}:\dfrac{1.809}{0}$

注：1. 下标h表示"合液"。所谓"合液"系指体积等于钢水、渣之体积和，而密度等于渣之密度的一种假想炉液；

2. 下标 f表示"分液"。所谓"分液"系指其体积等于钢水体积，而密度等于钢水密度与渣密度之差的 一种假想炉液。

计算过程中须不断调整，z_{us}确定后，液面位置也就确定了。确定每个倾动角度的液面位置是炉液计算中一项主要的计算工作。转炉倾动时，当z_{us}达到z_3锥台口时，就开始出钢。此后随着倾角α增大，炉液逐渐减少。

对已知炉型、炉液量和转动倾角，其熔池液面最高点z_{us}是炉液体积V的一元函数，$z_{us}=f(V)$。由于函数$z_{us}=f(V)$的表达式不易求得，因此就无法用一般的计算来求得与给定$V_{实}$值相对应的z_{us}值。通常可用迭代法来确定z_{us}值，即假设一个z_{us}值，应用数值计算方法算出相应的$V_{计}$值，如与给定$V_{实}$相差较大，则改变给定的z_{us}值再次计算$V_{计}$……，这样一再将不同的z_{us}值代入进行计算，直到$|V_{计}-V_{实}|<\varepsilon$为止（$\varepsilon$代表精度）。最后一次计算所给定的$z_{us}$值即为所求的数值。

第四节 转炉倾动力矩及倾动力矩曲线

求出空炉力矩M_k和炉液力矩M_y后，再计算耳轴摩擦力矩M_m，即可按公式（4-1）计算转炉合成的倾动力矩。

摩擦力矩M_m可按下式计算：

$$M_m=(G_K+G_y+G_{托}+G_{悬})\cdot\frac{\mu d}{2} \tag{4-23}$$

式中 G_K——空炉重量（kN）；

G_y——炉液重量（kN）；

$G_{托}$——托圈及附件重量（kN）；

$G_{悬}$——当有悬挂减速器时，$G_{悬}$为悬挂减速器的重量（kN）；

炉液力矩和转动惯量的计算过程及结果 表 4-4

序号	项目	单位	合液			分液		
1	结点顺序 i	—	1	2	3	1	2	3
2	求积系数 A_i	—	0.5556	0.8889	0.5556	0.5556	0.8889	0.5556
3	结点值 ξ_i	—	−0.7746	0	0.7746	−0.7746	0	0.7746
4	液面 上限/下限 坐标值 z_{us}/z_{ux}	m	2.224/0			1.809/0		
5	结点坐标值 $z_i=\frac{z_{us}+z_{ux}}{2}+\frac{z_{us}-z_{ux}}{2}\xi_i$	m	0.2506	1.112	1.973	0.204	0.9045	1.605
6	弓形截面实际半径 r_i	m	0.953	1.12	1.12	0.942	1.12	1.12
7	弓形截面实际弦高 e_i	m	1.81	1.12	0.25	1.424	0.898	0.201
8	单位半径弦高 $(e)_{1i}=e_i/r_i$	—	1.899	1.000	0.223	1.512	0.802	0.179
9	弓形弦心角（锥角）$\theta°_i$ *	度	52	180	78	118	157	70
10	单位半径弓形面积 $(S)_{1i}$ *	—	3.082	1.571	0.192	2.553	1.175	0.141
11	$S_i\cdot A_i=r^2_i\,(S)_{1i}\,A_i$	m^2	1.555	1.751	0.134	1.256	1.310	0.098
12	体积 $V=\frac{z_{us}-z_{ux}}{2}\sum_{i=1}^{3}S_i\,A_i$	m^3	3.825			2.410		
13	密度 ρ	kg/m^3	3×10^3			3.8×10^3		
14	重量 G	kN	$G_h=111.75$			$G_f=90.375$		
15	单位半径弓形面积矩 $(S\cdot x_s)_{1i}=\frac{2}{3}\sin^3\frac{\theta_i}{2}$	—	0.056	0.667	0.116	0.420	0.627	0.126
16	$r^3{}_i\cdot(S\cdot x_s)_{1i}\,A_i$	m^3	0.0269	0.833	0.1296	0.1951	0.7831	0.0984
17	体积矩 $V\cdot x_y=\frac{z_{us}-z_{ux}}{2}\sum_{i=1}^{3}r^3{}_i\,(S\cdot x_s)_{1i}\,A_i$	m^4	1.100			0.974		
18	重心 x 坐标 $x_y=\frac{V\cdot x_y}{V}$	m	0.288			0.404		
19	$Z_i\cdot S_i\cdot A_i$	m^3	0.390	1.947	0.264	0.256	1.185	0.157
20	体积矩 $V\cdot z_y=\frac{z_{us}-z_{ux}}{2}\sum_{i=1}^{3}z_i\,S_i\,A_i$	m^4	2.892			1.445		
21	重心 z 坐标 $z_y=V\cdot z_y/V$	m	0.756			0.600		
22	$M=G[(H-z_y)\sin\alpha-x_y\cos\alpha]$	kN·m	$M_h=11.475[1.194\times0.707-0.288\times0.707]\times9.8=72.03$			$M_f=9.158\times[1.35\times0.707-0.404\times0.707]\times9.8=60.07$		
23	$(J_s)_{1i}=\frac{1}{8}\left(\theta_i-\frac{1}{2}\sin2\theta_i\right)$	—	0.7326	0.3927	0.1447	0.4761	0.3875	0.1125
24	$r^4{}_2(J_s)_{1i}\,A_i$	m^4	0.3358	0.5494	0.1265	0.2082	0.5422	0.0984
25	$(H-Z_i)^2\cdot S_i\,A_i$	m^4	4.4908	1.2296	0.00007	3.8289	1.4319	0.01166
26	转动惯量 $J=\rho\frac{z_{us}-z_{ux}}{2}\sum_{i=1}^{3}[r^4{}_i\,(J_s)_{1i}\,A_i+(H-z_i)^2S_i\,A_i]$	$kg\cdot m^2$	$J_h=22.435\times10^3$			$J_f=21.02\times10^3$		

续表 4-4

序号	项目	单位	合液	分液
27	炉液重量 $G_y = G_h + G_f$	kN	202.203	
28	倾动力矩 $M_y = M_h + M_f$	kN·m	132.104	
29	转动惯量 $J_y = J_h + J_f$	kg·m²	43.453×10^3	

注：1. 带＊号者按$(e)_{1i} = \frac{e_i}{r_i}$的值查有关设计手册〔$(e)_{1i}$ ——弓形半径为 1 时弦高；e_i ——截面实际的弦高；r_i ——弓形截面实际半径〕。

2. 本资料来源："转炉重心、倾动力矩与转动惯量计算"（上海机电设计院）。

3. 电算转炉倾动力矩计算框图见本书附录。

μ——摩擦系数；对滑动轴承取$\mu=0.1\sim0.15$；对滚动轴承取$\mu=0.02\sim0.05$；

d——滑动轴承取耳轴直径（m）；滚动轴承取轴承的平均直径$d=\frac{d_{内}+d_{外}}{2}$。

倾动力矩曲线：倾动力矩M随倾动角度α而变化，即$M=f(\alpha)$，这一函数关系通常可用M-α曲线表示，称之为倾动力矩曲线。当分别算出各个选定倾动角度下的空炉力矩M_h、

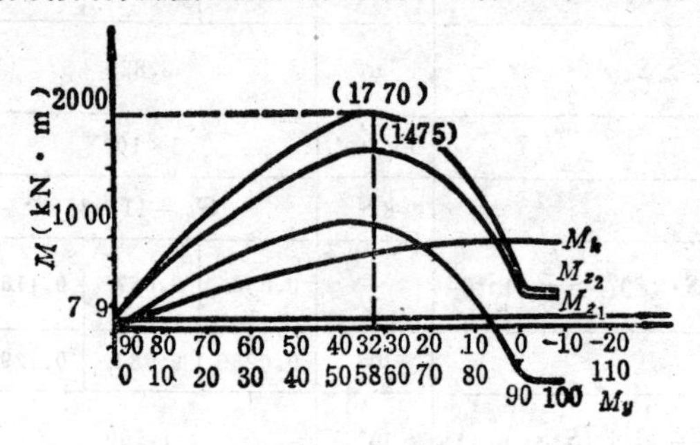

a

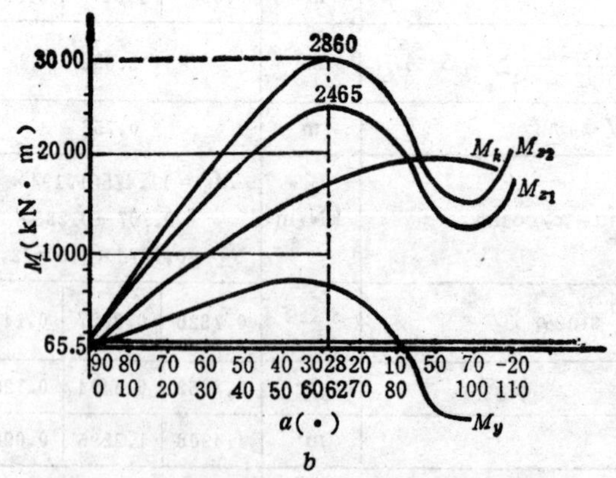

b

图 4-13 120t氧气顶吹转炉倾动力矩曲线图

a—新炉倾动力矩曲线；b—老炉倾动力矩曲线

注：1. $M_{z1}=M$，$M_{z2}=1.2M$；

2. 横坐标第一排为习惯表示，即把直立位置视为0°，其数字用括号括上。第二排标出的是把直立位置视为90°

炉液力矩M_y、耳轴摩擦力矩M_m和合成力矩M之后，即可绘制倾动力矩曲线。用横坐标表示倾动角度α，纵坐标表示倾动力矩M。新、老炉各画一张，图4-13为120 t氧气顶吹转炉新、老炉的倾动力矩曲线图。

对倾动力矩正负值规定如下：就“工作端”的力矩而言，当力矩作用方向与炉体旋转方向相反时（阻力矩）为正力矩，与炉体旋转方向相同时（反拖力矩）为负力矩。

一、氧气顶吹转炉倾动力矩曲线变化规律及其影响因素

空炉力矩M_k-α曲线：由于一般空炉重心在z轴的坐标都比耳轴坐标为低，因此在倾动过程中，空炉力矩M_k总是正值，并且与倾动角度α呈正弦函数关系。对称炉型的空炉力矩M_k一般在$\alpha=90°$左右达到最大值。

炉液力矩M_y-α曲线：它在倾动过程波动较为显著，对氧气顶吹转炉炉型来说，开始倾动时为正值，$\alpha=50°\sim60°$时出现最大值。当α约为70°以后转为负值。出钢完毕α约为120°时M_y值趋近于零。耳轴摩擦力矩M_m的方向总是与转动方向相反，所以在倾动全过程中都是正值，在出钢过程中其值只有微量变化，则由于M_m值较小，一般计算时近似地视之为常数。

合成力矩M-α曲线：该曲线有明显的波形变化，力矩的“波峰”一般出现在$\alpha=50°\sim70°$范围，力矩“波谷”出现在$\alpha=80°\sim100°$范围，即放渣出钢位置。当“波谷”力矩在正力矩区域内时，称为全正力矩曲线。当“波谷”力矩在负力矩区域内时，称为正负力矩曲线。目前大、中型转炉从安全性考虑，多采用全正力矩曲线。但若考虑老炉口有粘钢渣时，也会出现正负力矩曲线或全负力矩曲线。如我国某厂300 t转炉，新炉时其最大力矩

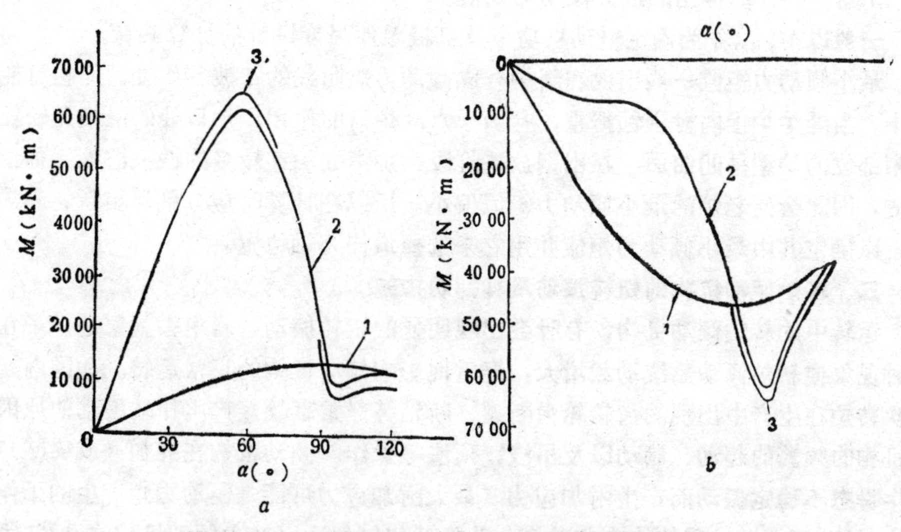

图 4-14 我国某厂300t转炉倾动力矩曲线图

a—新炉倾动力矩曲线；b—老炉倾动力矩曲线（炉口有1000kN粘钢）

a注：1—空炉力矩曲线；2—合成力矩曲线（空炉力矩+炉液力矩）；3—包括摩擦力矩的合成力矩曲线：其最大力矩值为6500kN·m（摩擦力矩为337kN·m）

其最小力矩值为710kN·m（摩擦力矩为278kN·m）

b注：1—空炉力矩曲线；2—合成力矩曲线（空炉力矩+炉液力矩）；3—包括摩擦力矩的合成力矩曲线：最大负力矩值为6500kN·m（摩擦力矩为238kN·m）

为6500kN·m为全正力矩。而在老炉没有考虑炉口挂渣时，其最大力矩值3520kN·m，并在90°开始出现负力矩，最大负力矩值为－1000kN·m。若老炉炉口考虑有1000kN粘钢渣时，则其倾动力矩为全负力矩。当倾角在100°左右出现最大负力矩时，其值为－6500kN·m。图4-14表示其新、老炉倾动力矩曲线。

影响倾动力矩曲线的主要因素是炉型和耳轴位置。转炉在操作过程中由于炉衬不断被浸蚀，其重量有所减轻，又由于炉墙的浸蚀量比炉底大得多，故造成老炉的空炉重心下降，致使计算M_k的力臂增加较大。另外，考虑到浸蚀后老炉铁水装入量的增加，则使老炉合成倾动力矩的“波峰”值比新炉大（见图4-13）。

耳轴的纵向位置对倾动力矩值的影响很大，随着耳轴位置上移倾动力矩的“波谷”、“波峰”值都上移，“波谷”值可能由负值变为正值，当耳轴位置下移时情况则相反。

二、倾动力矩曲线的应用

分别计算并画出新、老炉倾动力矩曲线的目的是要找出转炉在正常操作过程中可能出现的最大和最小倾动力矩值，其最大值是倾动机构设计的额定力矩值，最小值是选择最佳耳轴位置的依据。

通过对各种转炉的新、老炉倾动力矩的分析，老炉的“波峰”值即最大倾动力矩值最大，并考虑到计算和其它的误差而把老炉的最大倾动力矩值乘上一附加系数，作为倾动机构的计算载荷即

$$M_{计\max}=KM_{\max} \tag{4-24}$$

式中 K——附加系数，考虑到计算误差及工艺与结构上未考虑到的因素而附加的安全系数，一般取$K=1.1\sim1.3$；

$M_{\max}$——计算得出的最大倾动力矩值。

一般以$M_{计\max}$作为确定电动机功率及机械零件强度设计的计算载荷。

最小倾动力矩值一般出现在新炉合成倾动力矩曲线的“波谷”处。但也可能出现在老炉上。当老炉炉帽内衬浸蚀严重，且由于水冷炉口的作用，炉口处的浸蚀量较轻，从而使炉帽部位的炉型呈凹曲面，在出钢放渣阶段，炉帽处积存较多的铁渣溶液，加上考虑炉口挂渣，因此会使老炉的最小倾动力矩值偏小。所以在计算时应分别算出新、老炉倾动力矩值，以确定其中最小倾动力矩值并用它来选择最佳耳轴位置。

三、转炉倾动机构的扭转振动及其抑制措施

运转中的转炉倾动机构，有时会出现明显的扭转振动，看上去就象是炉子在“点头”。这种现象使转炉倾动系统动载增大，严重地影响倾动机构的正常运转。如国内、外的氧气顶吹转炉在生产中出现的齿轮轮齿断裂、断轴等严重事故。产生扭转振动的原因是转炉倾动机构的频繁的起动、制动以及吊渣、顶渣等操作。倾动机构在突加（或突减）载荷作用产生瞬态不稳定振动而产生附加应力（最大附加应力可能是驱动力矩产生的工作应力的几倍），导致倾动机构零件的疲劳破坏。为降低扭转振动以减少倾动机构的动载荷，一般可采取如下措施：

1）采用具有弹簧或扭力杆式的抗扭器，以降低传动机构刚度和倾动系统的扭转振动。

2）尽量降低起动力矩。如转炉用交流电动机时要接入较大的起动电阻，同时接入继电器以防止换挡过快。如用直流电动机可采用等加速度起动方式，通过电气控制，使起动

时间内加速度具有等值。例如我国300 t 转炉就是采用这种起动方式的。

3）降低制动力矩。若转炉采用交流电动机，宜选用电磁液压制动器。如用直流电动机可用再生制动。即电机转子转速接近零时，再进行机构制动。

4）提高传动系统的制造和安装精度，以减少传动间隙（如齿轮间隙、联轴器间隙等）。

5）合理降低空炉重心，保证出钢、出渣时有一定的正力矩储备，以便在这些位置起动时，加速力矩不致太大。

第五节 最佳耳轴位置的确定

一、确定耳轴位置的原则

确定耳轴位置的基本原则有二：

1）“全正力矩”原则。其基本原则是整个倾动过程中不会出现负力矩（向出钢方向反拖的力矩）。合成力矩曲线全在“正力矩”的区域内，耳轴位置高出炉体重心位置较多，当倾动机构的任一环节发生事故时（电动机发生故障、传动零件断裂或制动器事故松闸等），转炉在任何倾动角度下都能依靠其自身重力的力矩自动返回零位，故其安全可靠性好。

2）“正负力矩等值”原则。即合成力矩——“波峰”力矩和“波谷”力矩对等分布在正负区域，耳轴位置接近炉体重心，使倾动机构具有最小的计算载荷。该原则的经济效果好，但安全性差。当设备发生故障时，炉身将自动倾翻。

目前大多数转炉，特别是大型转炉从安全观点出发，多采用“全正力矩”原则来选择耳轴位置，即其耳轴位置应选得高一些。但耳轴位置过高，又会使倾动力矩过大，而造成倾动机构的电机容量及传动机构尺寸的增大，使其投资相应增加。因此耳轴最佳位置的确定，既要考虑安全性，又要考虑经济性。

二、确定最佳耳轴位置的条件式

要使转炉在任何倾角下都能自动返回零位，就必须保证在倾动全过程中空炉力矩和炉液力矩的合成值均大于摩擦力矩，如若使其经济合理就要取其临界限，因此确定最佳耳轴

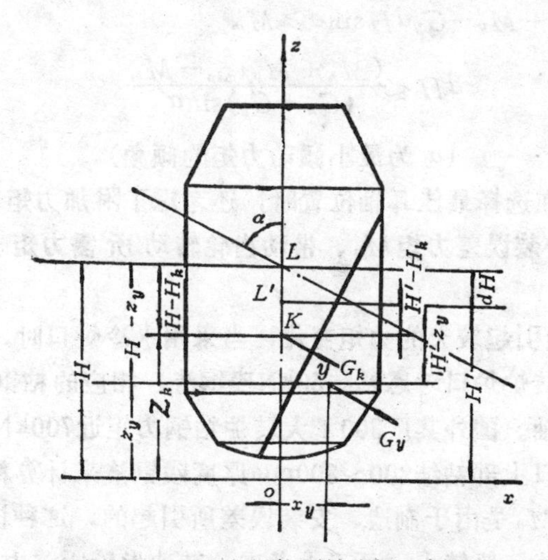

图 4-15 确定最佳耳轴位置分析图

位置的条件式为：

$$0<(M_k+M_y)_{\min}\geqslant M_m \tag{4-25}$$

式中 $(M_k+M_y)_{\min}$——倾动过程中，空炉力矩和炉液力矩合成的最小值。

由于$M=M_k+M_y+M_m$ 所以（4-25）也可写成

$$M_{\min}\geqslant 2M_m \tag{4-26}$$

三、确定最佳耳轴位置的修正值

在设计时，一般预先确定一个参考的耳轴位置L进行倾动力矩计算，然后再根据对应最小倾动力矩的倾动角度下的各力矩值，并通过公式计算最佳耳轴位置的修正值，即可找到最佳耳轴位置L'，见图4-15。

图中 α——转炉倾角；

y——炉液重心，其坐标为z_y、x_y；

K——空炉重心，其坐标为H_k；

L——预选参考耳轴中心的z坐标为H；

L'——最佳耳轴中心的z坐标为H'；

dH——耳轴位置修正值。

最佳耳轴位置修正值dH的计算公式按图4-15进行分析：

参考耳轴L的各力矩值

$$M_k=G_k(H-H_k)\sin\alpha \tag{4-27}$$

$$M_y=G_y(H-z_y)\sin\alpha-G_y x_y\cos\alpha \tag{4-28}$$

最佳耳轴L'的各力矩值

$$\begin{aligned}M_k'&=G_k(H'-H_k)\sin\alpha=G_k(H-dH-H_k)\sin\alpha\\&=M_k-G_k\cdot dH\cdot\sin\alpha\end{aligned} \tag{4-29}$$

$$\begin{aligned}M_y'&=G_y(H'-z_y)\sin\alpha-G_y\cdot x_y\cos\alpha=G_y(H-dH-z_y)\sin\alpha-G_y x_y\cos\alpha\\&=M_y-G_y dH\sin\alpha\end{aligned} \tag{4-30}$$

根据确定最佳耳轴位置条件式（4-25）得

$$0<(M_k'+M_y')_{\min}\geqslant M_m$$

即$M_k'-G_k dH\sin\alpha+M_y-G_y dH\sin\alpha\geqslant M_m$

$$dH\leqslant\frac{(M_k+M_y)_{\min}-M_m}{(G_k+G_y)\sin\alpha} \tag{4-31}$$

（α 为最小倾动力矩的倾角）

有些大、中型转炉在选择最佳耳轴位置时，还考虑了附加力矩。附加力矩是指转炉炉口粘钢力矩M_s、制造安装误差力矩M_a、带动齿轮转动所需力矩M_η和预留力矩系数k等。

炉口粘钢力矩M_s会引起较大的力矩变化，当采用水冷炉口时，粘钢现象有所改善，但仍然存在。某厂50 t转炉炉口考虑粘结50kN残钢渣，相应的粘钢力矩近200kN·m仍要求按全正力矩来选择耳轴。国外某厂300 t大转炉粘钢力矩近700kN·m，也按全正力矩来选择耳轴。一般可按炉口上部粘结200～300mm厚度残钢渣来计算粘钢力矩。

制造安装误差力矩M_a是由于制造、安装误差所引起的，这种误差是难免的，只要符合图纸的要求，其误差值一般较小，可不予考虑。转动齿轮所需力矩M_η值，一般很小，因此也可以不考虑。

预留力矩系数 k，主要是防止考虑不到的因素发生，甚至造成转炉倾翻事故而选择的系数。一般取 $k=1.1\sim1.25$。

考虑上述这些附加力矩后，最佳耳轴位置修正公式可改写为下式：

$$(M_k+M_y)_{min} \geqslant (M_m+M_s+M_a+M_\eta)k \tag{4-32}$$

M_a和M_η可不予以考虑，故得

$$dH=\frac{(M_k+M_y)_{min}-k(M_m+M_s)}{(G_y+G_k)\sin\alpha} \tag{4-33}$$

第五章　吹氧装置及副枪装置

吹氧装置是向转炉内供氧的设备。副枪装置是对转炉冶炼进行静、动态控制的检测设备。其总体布置如图5-1所示。

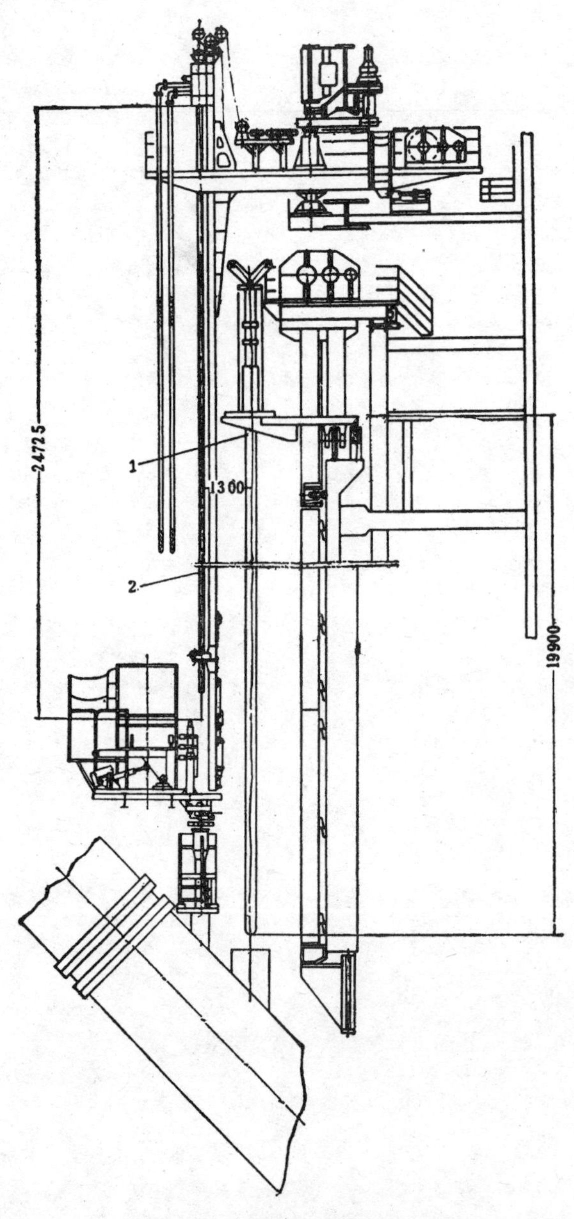

图 5-1　吹氧装置及副枪装置

1—吹氧装置；2—副枪装置

第一节 吹氧装置

吹氧装置是转炉车间的关键设备之一。它由吹氧管、吹氧管升降机构和换枪机构三部分组成。吹氧管设有两个，一个工作、另一个备用。吹氧装置可设有两套升降卷扬机，分

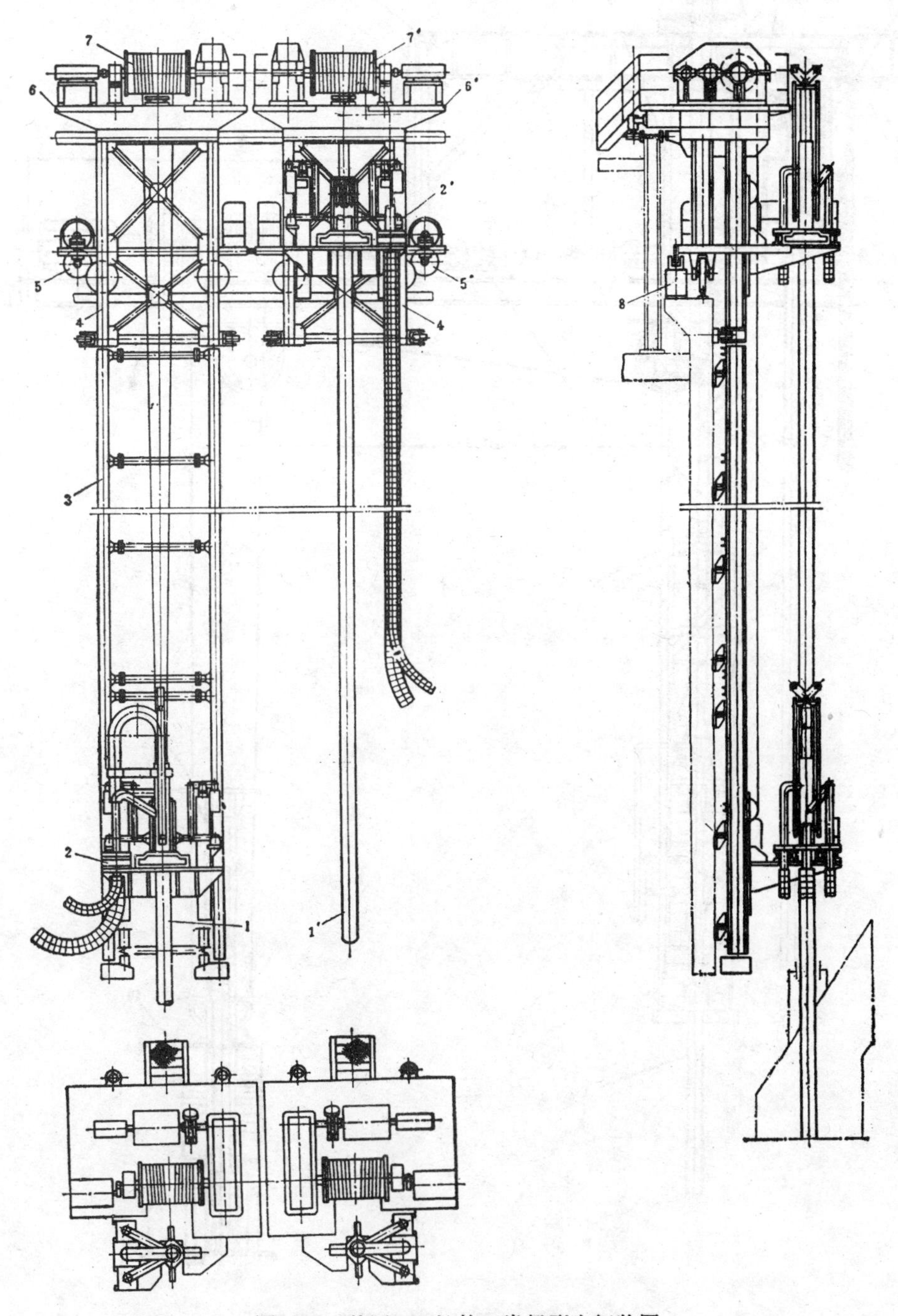

图 5-2 某厂300t转炉双卷扬型吹氧装置

1、1′—吹氧管；2、2′—升降小车；3—固定导轨；4、—活动导轨；5、5′—横移小车传动装置；6、6′—横移小车；7、7′—升降卷扬机；8—锁定装置

别供工作及备用吹氧管用（图5-2），也可设置一套升降卷扬机供它们共用（图5-3）。而这一差异却导致了吹氧装置具有不同的结构特点。若按升降卷扬机数来划分，有单卷扬型吹

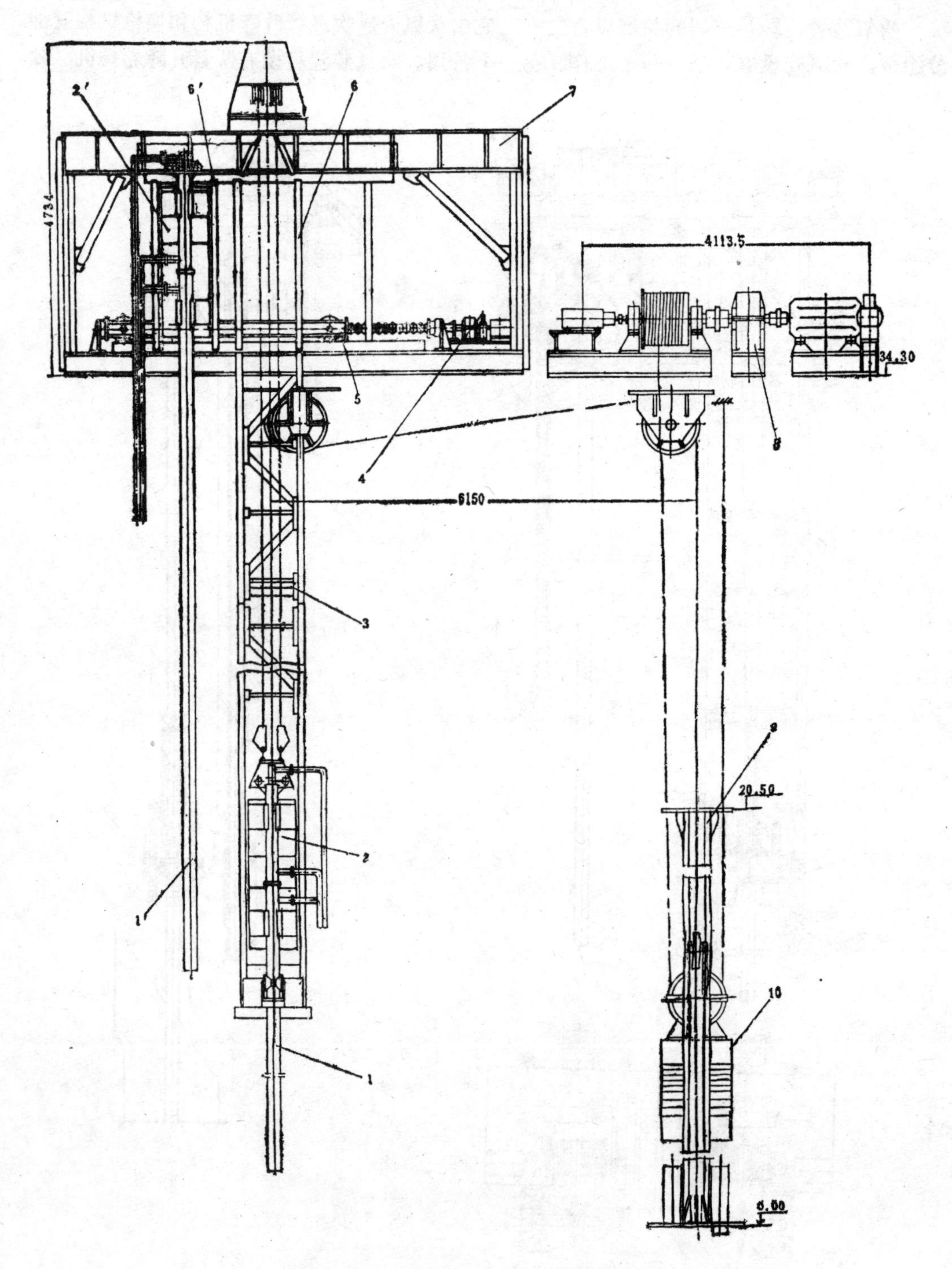

图 5-3 某厂50t转炉单卷扬型吹氧装置

1—吹氧管；2、2′—升降小车；3—固定导轨；4—横移小车传动装置；5—横移小车；6、6′—活动导轨；7—车座；8—升降卷扬机；9—平衡重导轨；10—平衡重

氧装置和双卷扬型吹氧装置两大类型。

一、吹氧管

1. 吹氧管基本结构（图5-4） 吹氧管又名氧枪或喷枪。它担负着向炉内熔池吹氧的任务。因它在高温条件下工作，故该管是用循环水冷却的套管构件，由管体和喷头组成。管体由三层无缝钢管即中心管2、中层管3及外层管5套装而成，其下端与喷头7连接，

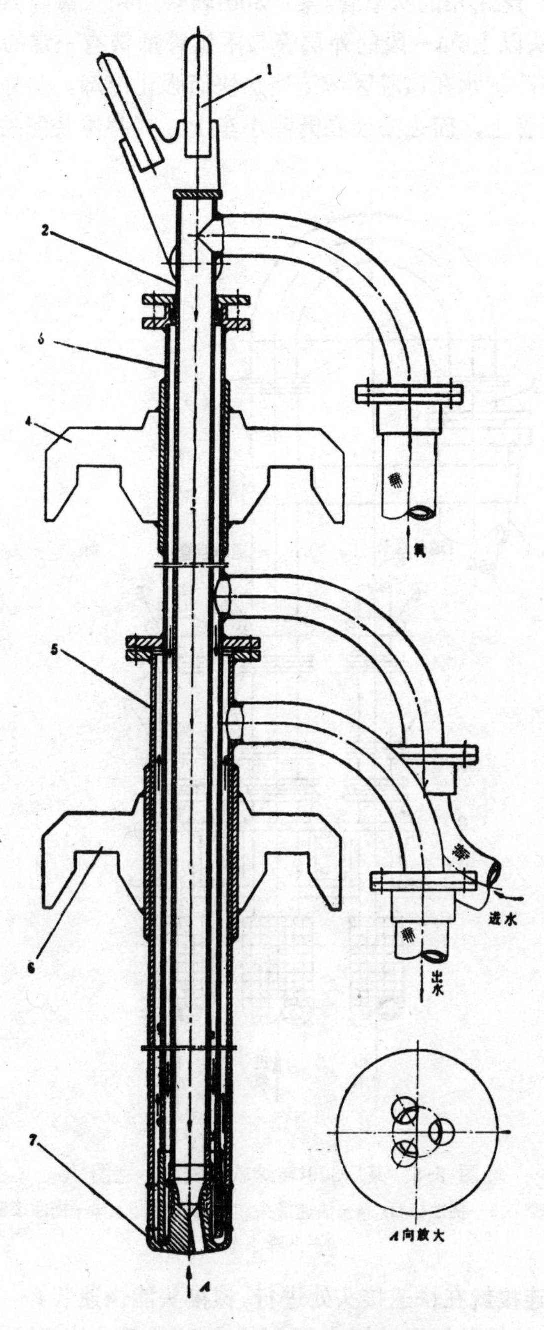

图 5-4 吹氧管基本结构简图

1—吊环；2—中心管；3—中层管；4—上托座；5—外层管；6—下托座；7—喷头

上端各管通过法兰分别与三根橡胶软管相连，用以供氧和进、出冷却水。如图中的箭头方向所示，氧气从中心管2经喷头7喷入熔池，冷却水自中心管2与中层管3间的间隙进入，经由中层管3与外层管5间之间隙上升而排出。为保证该三管同心套装，使水缝均匀，在管3和管2的外管壁上，沿长度方向焊有若干组均布于圆周的定位短筋。另外，在管3下端设有凸爪，与喷头7的内底面相靠，以保证底水缝，

图5-4所示是国内广泛采用的吹氧管。某厂300t转炉所用吹氧管具有与之不同的特点，其氧枪为锥形枪，在喷头以上6m一段的外层管与中层管都带有一定的锥度，以此可减小锥形段管体中水缝，致使冷却水在该段区域流速加快而强化冷却。另外，该进氧及进，出水软管并不直接连在吹氧管上，而是安装在升降小车上，其具体装配关系如图5-5所示。这

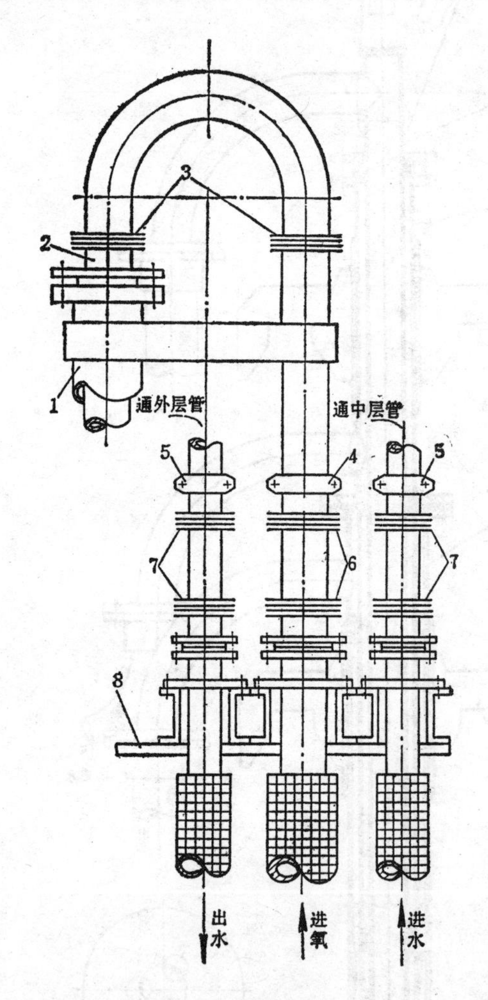

图 5-5 某厂300t转炉软管安装示意图

1—中层管；2—中心管；3—挠性接管；4—快速接头；5—快速接头；6—挠性接管；7—挠性接管；8—升降小车

样，软管与吹氧管间的连接就在快速接头处进行，该接头能快速装卸。这与软管直接连于吹氧管相比较，其优点是：软管装卸迅速而方便；吹氧管不承受由软管及其中进、出冷却水重量引起的附加载荷。挠性接管是一种在径向和轴向都允许有一定变形量的接头，因此，采用6、

7就可在制造和安装上有误差的条件下仍能顺利进行安装。挠性接管3则用来吸收中心管2在工作过程中的热胀冷缩。

2．喷头　喷头是一个极为重要的工艺零件。为延长其寿命，采用热传导性能好的紫铜制成，喷头与管体外层管间焊接，与中心管间用螺纹或焊接方式联接。喷头上的孔型直接影响吹炼效果，其孔型有拉瓦尔型、直筒型和螺旋型。常采用的是拉瓦尔型，单孔拉瓦尔型喷头如图5-6所示。该孔型由收缩段、喉口及扩张段组成。当0.687～1.177MPa压力的氧气经收缩段时流速增加，在喉口处达到音速之后，氧气流在扩张段内向压力更低的方向膨胀，至喷头出口时获得超音速流股。在此高速氧流股的作用下，不但能较好的搅拌熔池，而且吹炼时其枪位亦可较高，有利于提高吹氧管寿命和炉龄。

单孔喷头的氧流与熔池接触面小，供氧强度亦低，如用于容量较大炉子，将带来生产率下降，渣、钢液强烈喷溅以及炉衬寿命降低等问题，因此随着转炉容量大型化，已逐步发展为多孔喷头。单孔拉瓦尔型喷头仅用于6t以下小转炉，6～50t转炉多用三孔拉瓦尔型喷头（见图5-4中的7），50t以上转炉一般用四孔甚至多达七孔的。某厂300t转炉采用五孔拉瓦尔型喷头，如图5-7所示。

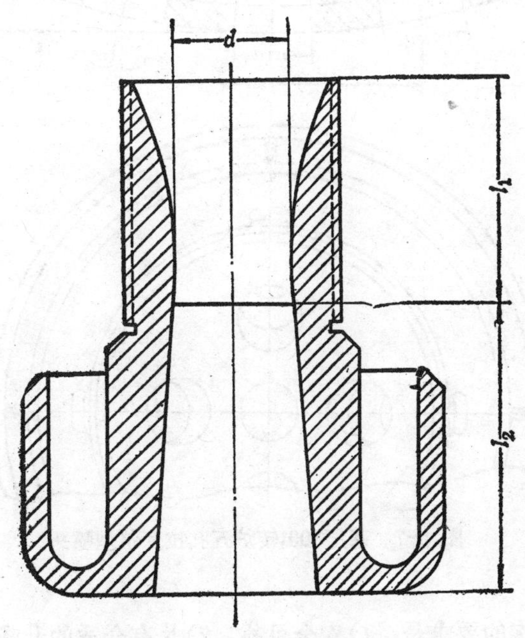

图 5-6　单孔拉瓦尔型喷头

l_1—收缩段长度；d—喉口直径；l_2—扩张段长度

二、吹氧管升降机构

在吹炼一炉钢过程中须多次升降吹氧管。吹氧管行程中的几个主要特定点如图5-8所示。在它下降过程中当通过“开氧点”时，氧气快速切断阀自动开启送氧，至“变速点”时速度由快速自动切换为慢速，随后降到吹炼位置，吹炼位置变化范围约在距熔池1m左右。停吹时，提升吹氧管经“停氧点”切断氧气后至“待吹点”。“变速点”接近吹炼位置，为准确调整枪位，吹氧管在“变速点”以下作慢速升降。为缩短冶炼辅助时间，吹氧管在“变速点”以上快速升降。

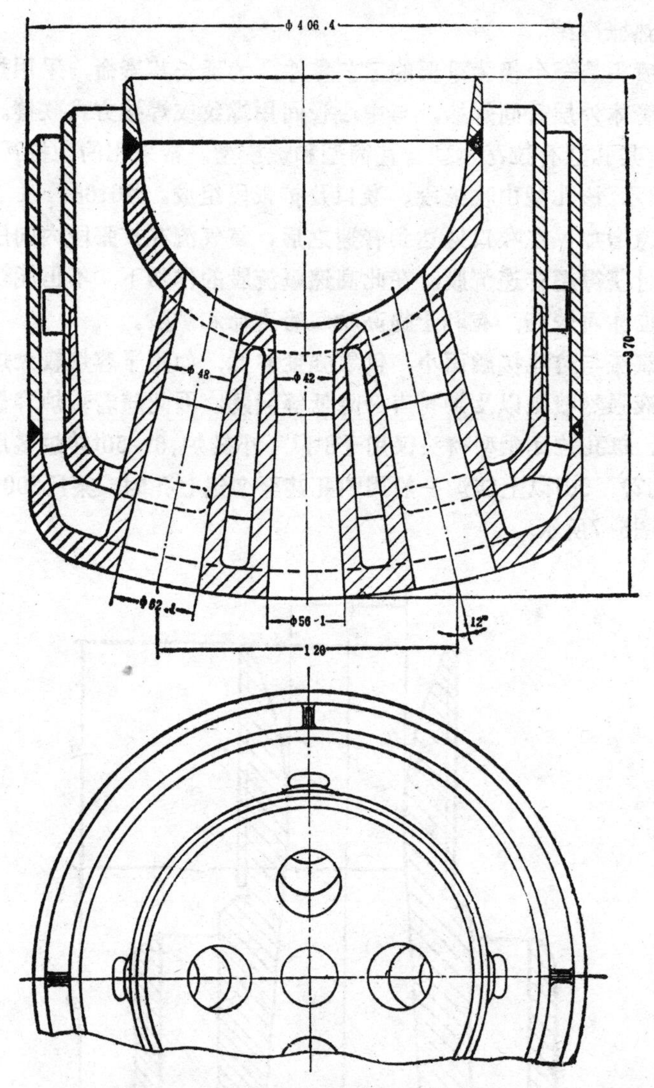

图 5-7 某厂300t转炉五孔拉瓦尔型喷头

对吹氧管升降机构的要求是：1)安全可靠；2)具有合适的升降速度并可以变速，据有关统计数字：快速30～40m/min，慢速3～6m/min；3) 吹氧管应严格沿铅垂线升降；4) 换枪迅速。

1．两类吹氧装置升降机构的组成

(1) 单卷扬型吹氧装置升降机构（图5-9）该机构特点是采用间接升降方式，即借助平衡重来升降吹氧管。吹氧管1装卡在升降小车2上，为保证平衡重12能顺利提起吹氧管1，平衡重重量比吹氧管等被平衡件重量大20～30%，即过平衡系数取为1.2～1.3。

当出现断电事故时，若吹氧管不能及时提出炉外，则管将被烧坏甚至烧穿漏水引起爆炸，故设置气缸7，断电时由它顶开制动器6后，平衡重随即把吹氧管提起。当升降钢绳9破断时也借助平衡重提起吹氧管。

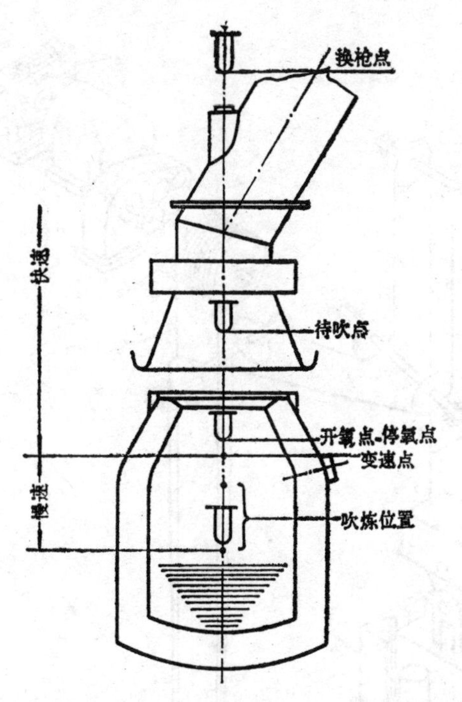

图 5-8 吹氧管行程中的几个主要特定点

（2）双卷扬型吹氧装置升降机构（图5-10、图5-11） 鉴于该机构所设置的两套升降卷扬机须安装在可移动的横移小车上，显然，在其传动中是不适宜引用平衡重的，故只能采用直接升降管的方式。当出现断电事故时，须利用另外的动力提管。图5-10所示在断电时利用蓄电池供电给直流电动机3提管。图5-11则用气动马达9提管，驱动前，须用气缸 6 顶开制动器 7 并使电磁离合器 8 接合。

2. 升降卷扬机变速方式 它和前面讨论过的倾动机构变速方式相似，可分为两类：电动机变速；双电动机-行星差动减速器变速（见图5-11）。在电动机变速方式中，常采用直流电动机变速（见图5-10）。双电动机-行星差动减速器变速结构较复杂，但在安全性上比电动机变速好一些，当其中一台电动机出故障时仍能继续工作。其所用两个电动机在西德及日本有交，直流共用的，即快速用交流而慢速用直流，断电时可借直流电动机（蓄电池供电）将管提出炉外。

为统一电气备件，它往往采用与倾动机构相同的变速方式。

3.升降小车与固定导轨 升降小车在固定导轨导引下，一方面使得吹氧管严格沿铅垂线升降，另外亦可减轻氧气流不稳定所造成的管体振动。某厂300t转炉升降小车如图5-12所示。它主要由车架、车轮及制动装置等组成。其车架为钢板焊接件。由于车轮与导轨的磨损所造成其间间隙将导致吹氧管中心线位置变动，故通常总是把小车的部分车轮装在可调的偏心心轴上，用以调节车轮与导轨间间隙。但图5-12中所示车轮位置是不可调的。其理由是：第一，车轮在吹氧管等偏心重量作用下总是紧靠导轨稳定运行；第二，吹氧管中心线所发生的歪斜可借升降小车所附设的管位调整装置来校正。

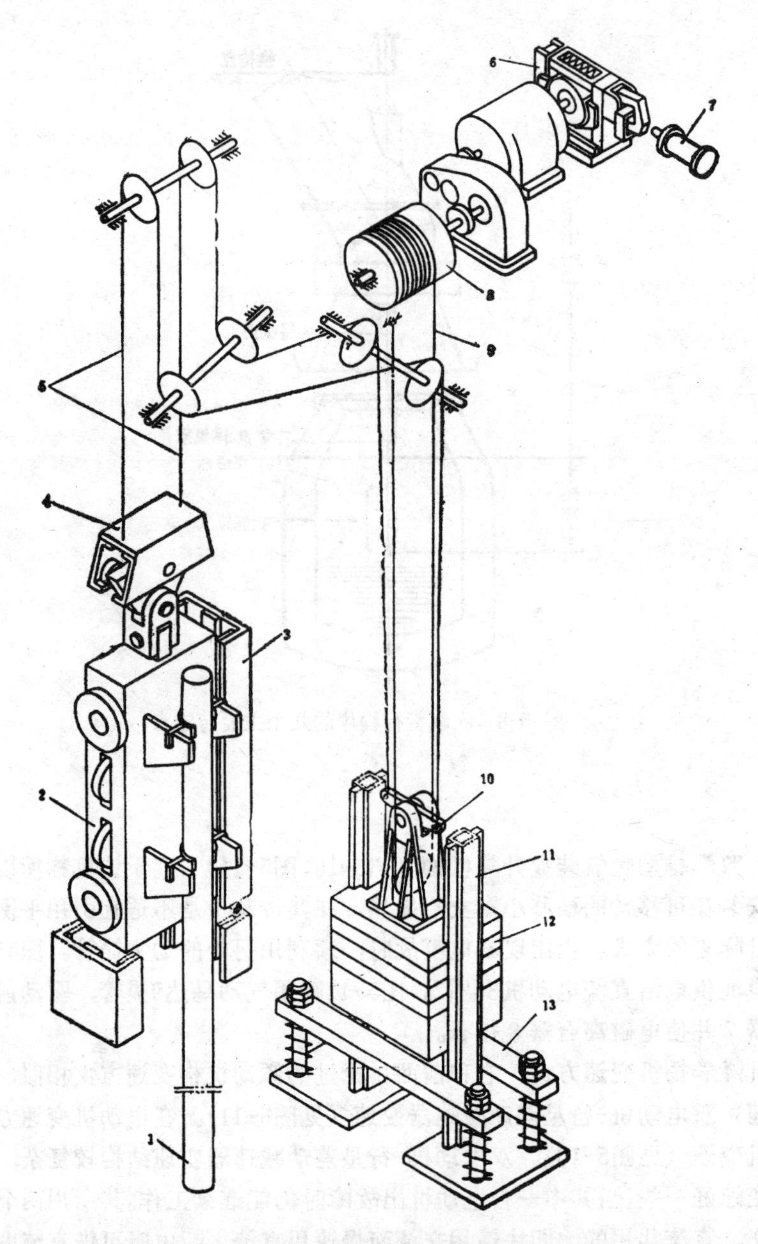

图 5-9 某厂50t转炉单卷扬型吹氧装置升降机构

1—吹氧管；2—升降小车；3—固定导轨；4—吊具；5—平衡钢绳；6—制动器；7—气缸；8—卷筒；9—升降钢绳；10—平衡杆；11—平衡重导轨；12—平衡重；13—弹簧缓冲器

某些大型转炉在升降小车上附设有管位调整装置，以此来调整吹氧管在安装平面上的位置及歪斜，使之与转炉中心线重合。某厂300t转炉升降小车所设该装置只能调节管的歪斜。

固定导轨安装在车间厂房承载构件上，考虑到制造及安装方便，将导轨分成几段并用螺栓连接而成。为增强刚性，要求导轨段数尽可能少。导轨底部设有二组弹簧，供升降小车降至极限位置时缓冲用。

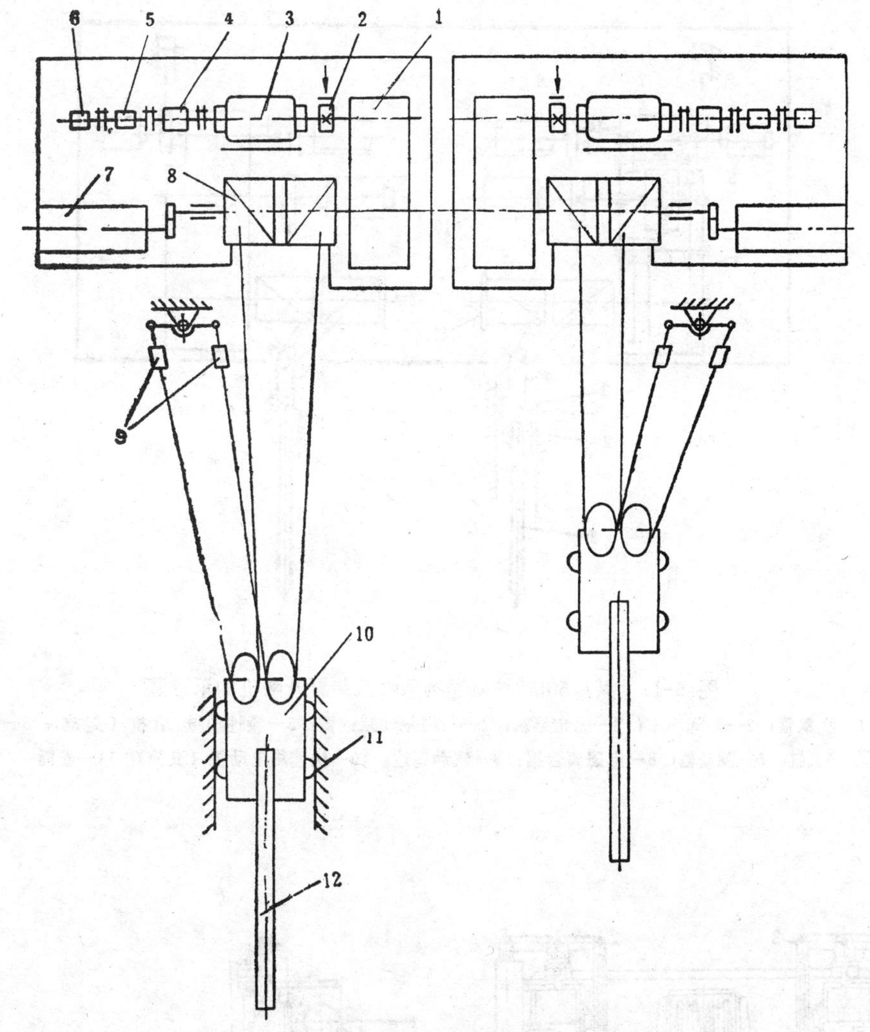

图 5-10 某厂300t转炉双卷扬型吹氧装置升降机构示意图

1—圆柱齿轮减速器；2—制动器；3—直流电动机；4—测速发电机；5—过速度保护装置；6—脉冲发生器；7—行程开关；8—卷筒；9—测力传感器；10—升降小车；11—固定导轨；12—吹氧管

图5-13为升降小车车轮与固定导轨配置图。图5-13*a*系国内常见型式，其配置特点为车轮置于固定导轨框架内部，轨道包围着车轮。此导轨系薄壁件，重量较轻。但导轨刚性较差且制造安装亦较困难；升降小车检修及车轮调位均不方便。基于该轨重量较轻的优点，这种型式可为大型转炉采用，但在设计时应注意改进其缺点。某厂300t转炉所用的配置型式亦属此型（图5-13*b*）。由于该两轨距长达2.6m，故增强了导轨的刚性。

显然，图5-13*c*所示特点与上述相反。这种型式适用于容量较小的转炉。

图5-13*d*所示车轮置于固定导轨框架（双H形架）内部，但车轮却包围着轨道，此系一种介于前两种特点之间的综合配置型式。

4．安全装置

（1）断电事故保护装置。该装置在前面已有详细叙述。单卷扬型吹氧装置可借助平衡重（图5-9）把吹氧管提出炉外，而双卷扬型吹氧装置断电时可用蓄电池（见图5-10）

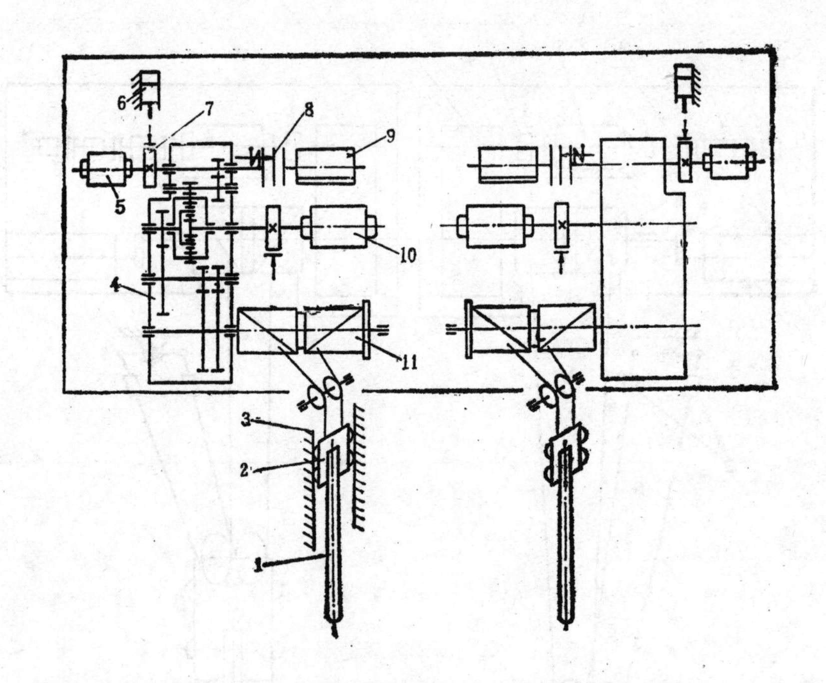

图 5-11　某厂50t转炉双卷扬型吹氧装置升降机构示意图

1—吹氧管；2—升降小车；3—固定导轨；4—行星差动减速器；5—慢速用电动机（交流）；6—气缸；7—制动器；8—电磁离合器；9—气动马达；10—快速用电动机（交流）；11—卷筒

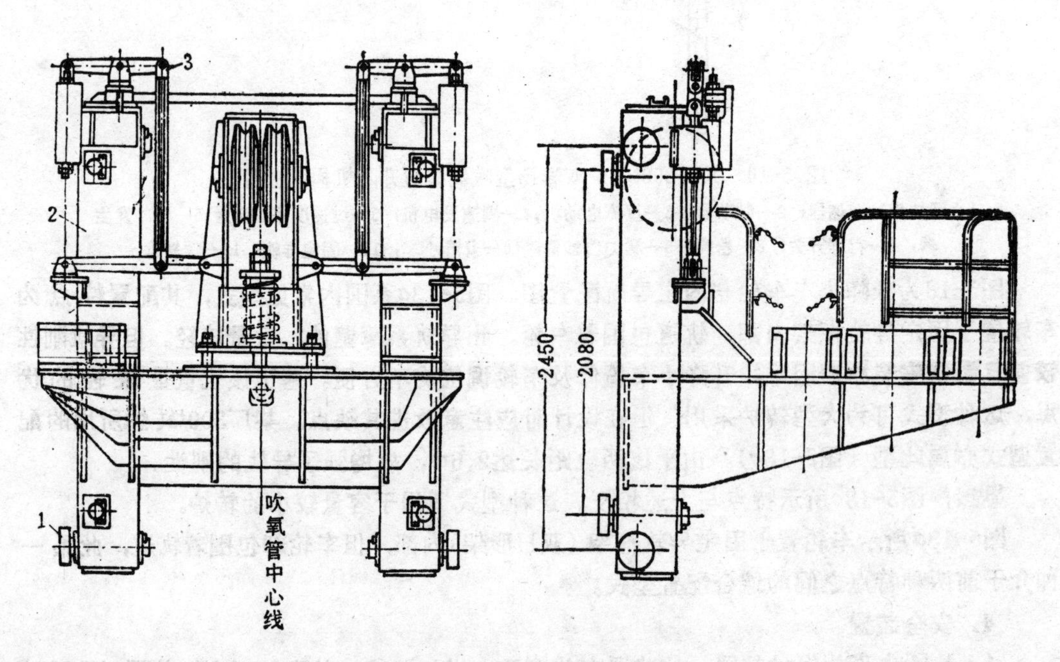

图 5-12　某厂300t转炉升降小车

1—车轮；2—车架；3—制动装置

及气动（见图5-11）作为动力提管。由于气动方案结构较复杂，故应用较少。

（2）断绳保护装置

1）双绳保护。与升降小车相连的钢绳采用双绳，每根绳的尺寸都按全负荷选出，当一根绳破断时，另一根绳能短时继续工作。对于单卷扬型吹氧装置，与升降小车相连的为两根平衡钢绳（见图5-9），双卷扬型吹氧装置所用双绳保护装置有双卷筒及单卷筒两种型式。

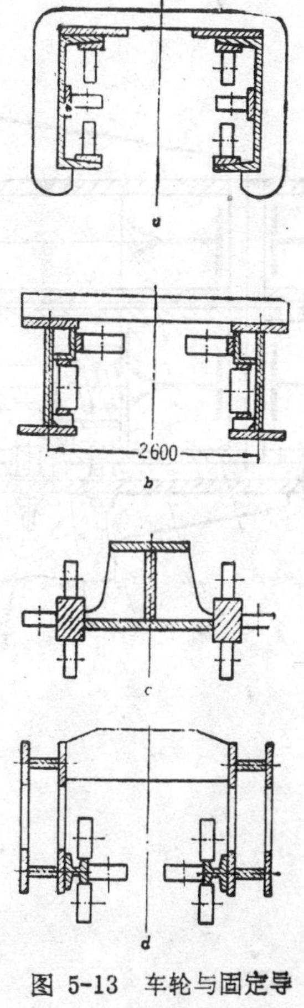

图 5-13　车轮与固定导轨配置图

图5-11所示升降机构采用的是双卷筒型式，其结构见图5-14。从工作卷筒1绕出工作钢绳6经固定滑轮5引下，从备用卷筒2绕出，备用钢绳3经浮动定滑轮4引下，所引下的两根绳都与升降小车相连。浮动定滑轮支架17由压缩弹簧12支承，该支架可沿底座11上的导轨16上下移动。工作卷筒1直接由减速器轴10传动。备用卷筒2左、右两端分别空套在工作盘7及工作卷筒1上，它与工作卷筒1之间以摩擦安全离合器8来连接。在正常工作时，这两绳虽同步运动，但备用钢绳3基本上不承受工作载荷，原因是钢绳3系经浮动定滑轮4引下，而4是由压缩弹簧12支承所致。如工作钢绳6破断，全部工作载荷当即转由备用钢绳3承受，此时支架17及备用卷筒2都将承受工作载荷。支架17承受工作载荷后，弹簧12被压缩，支架17随之下降，其上杆尺14降至对准下无触点感应开关13位置时，即断电，则工作卷筒1停转。与此同时，备用卷筒2承受工作载荷后，欲带动摩擦安全离合器8，由于8能传递的最大载荷略小于工作载荷，故8将因过载而打滑。如图5-14中的c-c所示，当备用卷筒2伴随8打滑而沿吹氧管反拖方向回转120°后，2上的内凸台将与工作盘7上的外凸台相遇接触，此时，备用卷筒2亦受阻停转，则吹氧管停降。由于两凸台接触，导致2可被1直接拖动，故只要重新通电、即可拖动备用卷筒暂时升降吹氧管。

图5-15为国外某厂150t转炉采用单卷筒型式断绳保护装置。从卷筒上绕下两根钢绳与平衡臂6相连，如两绳之一破断，平衡臂6将失去平衡而被座架7限位。臂6的倾转使摆杆2作平面运动，此时，杆2将带动方头轴3转动而使行程开关5动作，即断电。

某厂300t转炉采用了更为简单的一种单卷筒型式，它在钢绳上串接了测力传感器（见图5-10中9），断绳时其正常工作应力消失，即断电停车。

若对以上双、单卷筒两种型式作一比较，不难看出：双卷筒型式结构较复杂，它的优点是备用钢绳在正常工作时基本上不承受工作载荷，钢绳备用性能好一些。

2）制动装置。上述断绳保护装置都是采用“双绳”来达到其安全的目的。应当说，两绳同时破断的可能性极小。但为了更加保险起见，即为防止万一两绳同时破断或是发生其他事故而掉枪，可在升降小车上设有制动装置。该装置使吹氧管在掉枪时停降。

某厂300t转炉升降小车制动装置原理如图5-16所示。升降小车吊挂在升降钢绳3上。

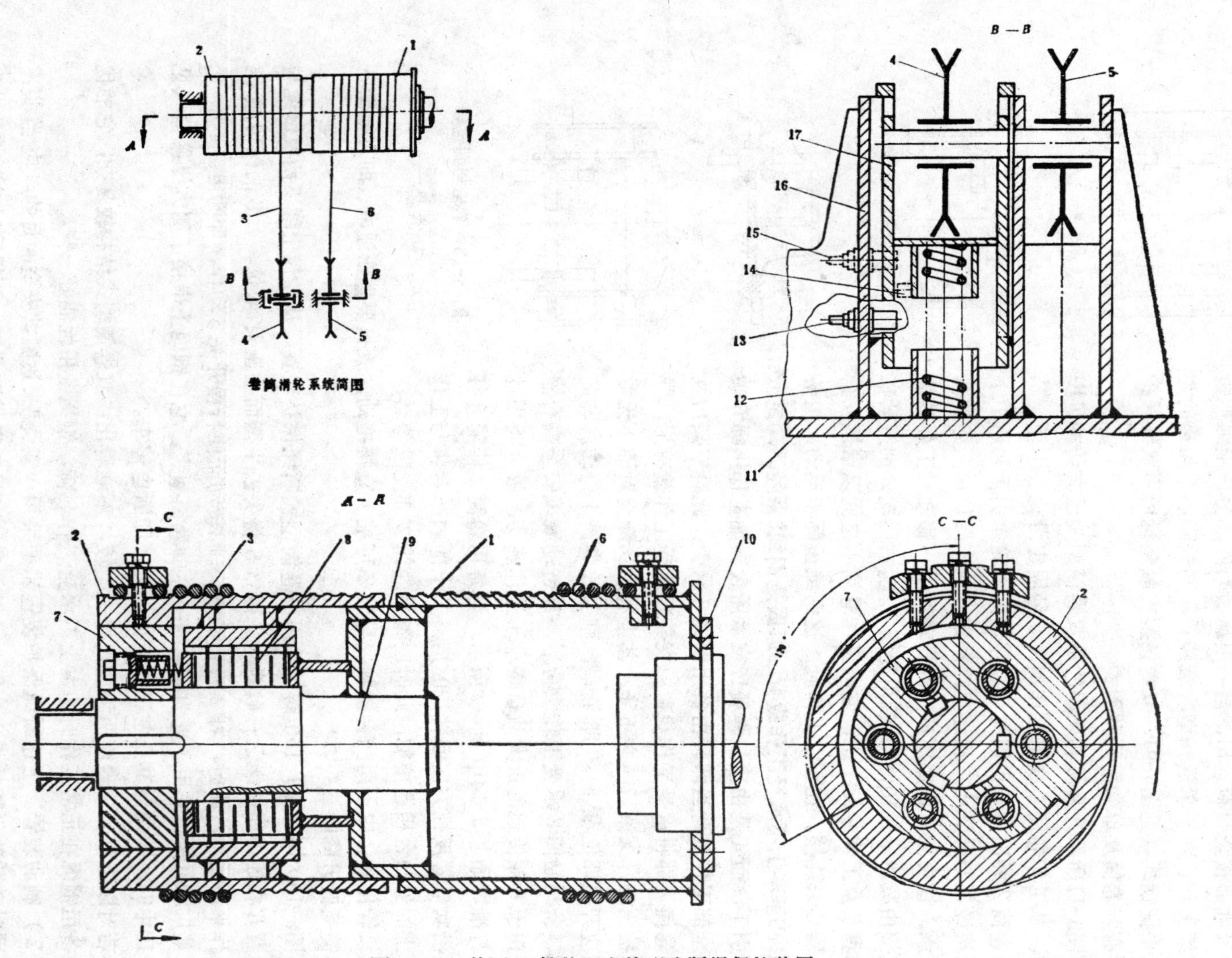

图 5-14 某厂50t转炉双卷筒型式断绳保护装置

1—工作卷筒；2—备用卷筒；3—备用钢绳；4—浮动定滑轮；5—定滑轮；6—工作钢绳；7—工作盘；8—摩擦安全离合器；9—卷筒轴；10—减速器轴；11—底座；12—压缩弹簧；13—下无触点感应开关；14—杆尺；15—上无触点感应开关；16—导轨；17—浮动定滑轮支架

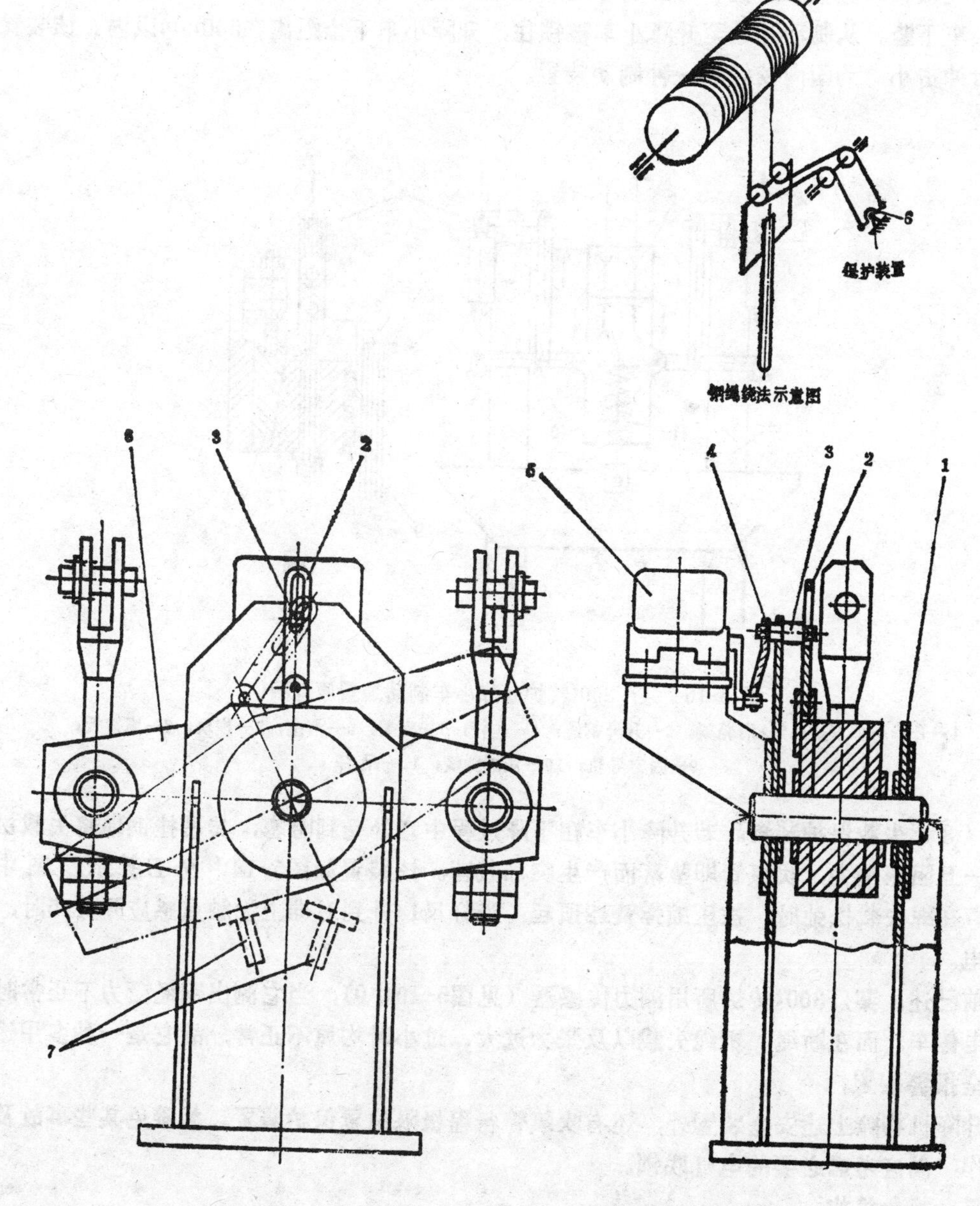

图 5-15　国外某厂150t转炉单卷筒型式断绳保护装置

1—底座；2—摆杆；3—方头轴；4—拨杆；5—行程开关；6—平衡臂；7—座架

滑轮架2通过两条途径与升降小车车架1联系：一是通过吊杆11铰接在车架1上；二是与呈对称布置的左、右两组杠杆相连，该两组杠杆的所有支座都安装在车架1上。正常工作时，在吹氧管等重量的作用下，升降钢绳3有张力并压缩弹簧10。当掉枪时升降钢绳3的张力消失，则压缩弹簧10解除压缩力而恢复变形，在弹簧10的恢复力作用下，杠杆系统各杆件将相对车架1经如图所示方向动作，其中左、右两连杆4被拉向上移动。且两杆向上移动所引起的结果相同。现就右杆4上移作一说明，如图5-16*A*向所示，楔块7左面嵌有摩擦板8而右面为一斜面，鉴于滑座6上移受到约束，故楔块7在被杆4拉动向上移的过程中同时向左横移，直至摩擦板8与固定导轨9靠紧为止，则8与9间所产生摩擦力即可阻止升降小车下坠。从制动开始至升降小车被锁住，升降小车下坠距离在500mm以内。该装置制动时冲击小，为国内较好的一种制动装置。

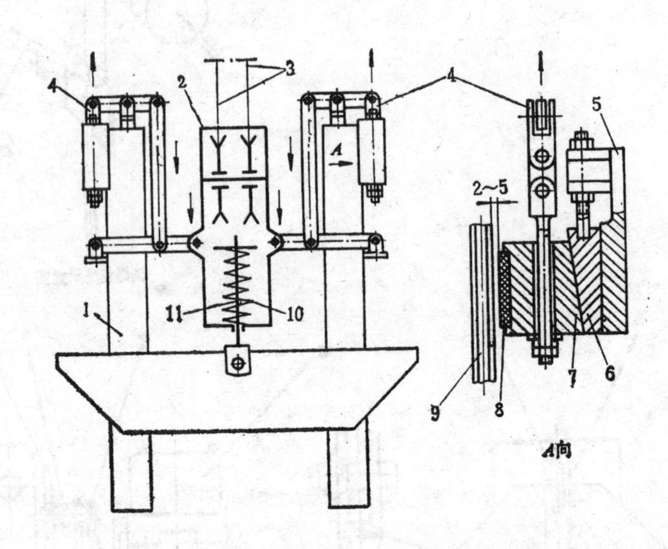

图 5-16　某厂300t转炉升降小车制动装置原理图

1—升降小车车架；2—滑轮架；3—升降钢绳；4—连杆；5—支架；6—滑座；7—楔块；8—摩擦板；9—固定导轨；10—压缩弹簧；11—吊杆

（3）失载保护装置。若升降小车在下降过程中意外受到阻塞，其吊挂钢绳将失载松弛，一旦阻塞消失，吹氧管即坠落而产生突加载荷。该装置如图5-14中B-B所示。图中支架17在绳失载松弛时，被压缩弹簧12顶起，当杆尺14升到对准上无触点感应开关15时，即断电。

前已述，某厂300t转炉所用测力传感器（见图5-10中9），当它测出钢绳受力不正常时将断电停车。而在断绳，钢绳失载以及张力过大、过小时均属不正常，故它是一种多用途的安全报警装置。

升降机构除上述安全装置外，还有吹氧管行程极限位置保护装置。为避免某些事故及误操作，尚应考虑必要的电气联锁。

三、换枪机构

换枪机构的任务是，当工作吹氧管发生故障或损坏时，能尽快将备用吹氧管换上使用。

1．单卷扬型吹氧装置换枪机构（图5-17）

（1）基本结构　该机构由横移小车2，横移小车传动装置1及车座12等组成。横移小车2上的两个活动导轨5及5′断面与固定导轨11的断面相同，5对准固定导轨11，工作升降小车3就在此组轨道上升降，备用升降小车3′置于5′中，3及3′通过其两对滚轮分别悬挂在吊具4及横向导轨9中。横移小车2沿车座12上的下轨道13运行，为防止它在吹氧管重量等偏心载荷作用下倾翻，在该车上设有上、下水平轮7及10，7及10分别被支承在上轨道8及下轨道13的侧向轨面上。

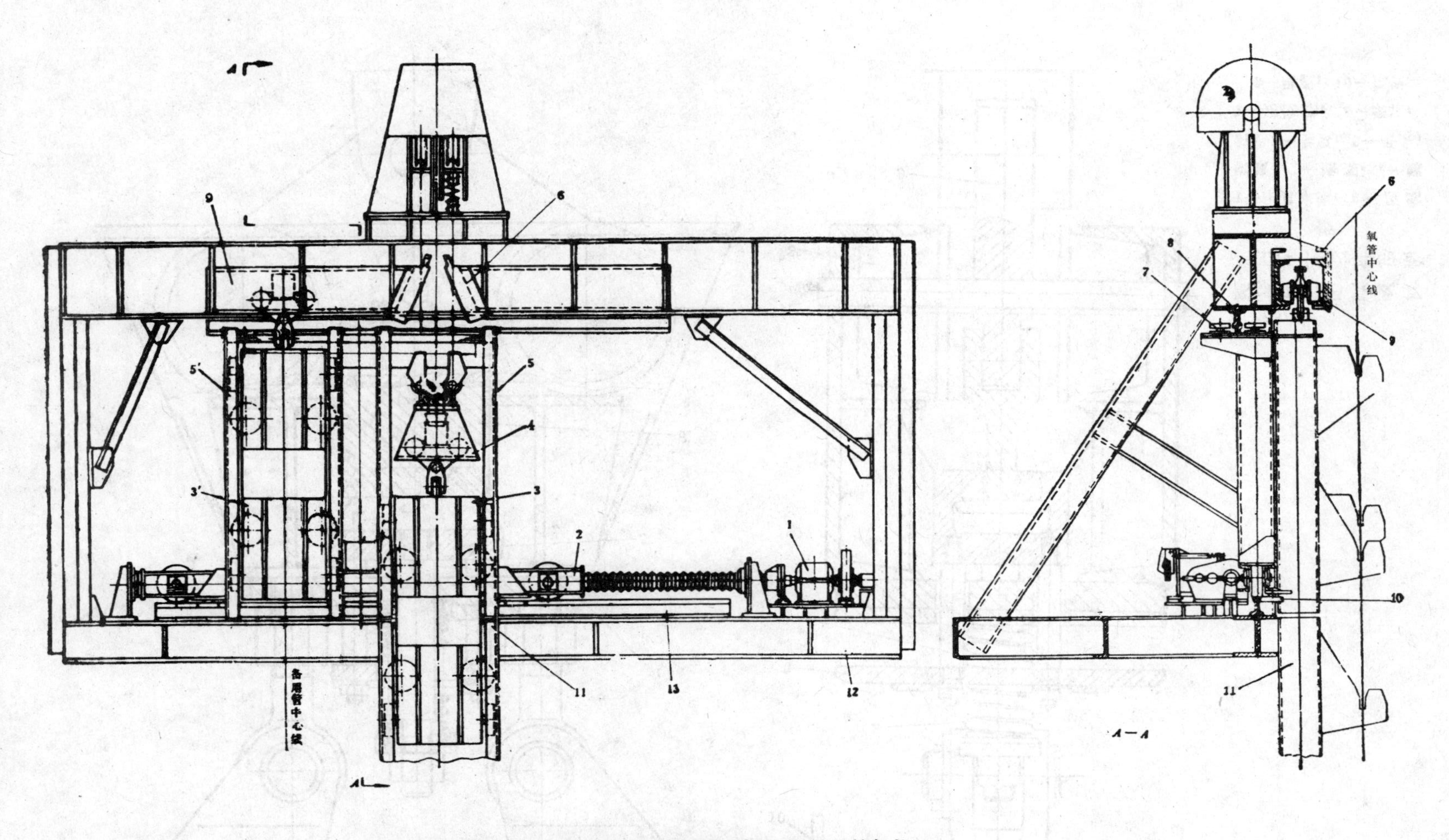

图 5-17　某厂50t转炉单卷扬型吹氧装置换枪机构

1—横移小车传动装置；2—横移小车；3、3′—升降小车；4—吊具；5、5′—活动导轨；6—挡板；7—上水平轮；8—上轨道；9—横向导轨；10—下水平轮；11—固定导轨；12—车座；13—下轨道

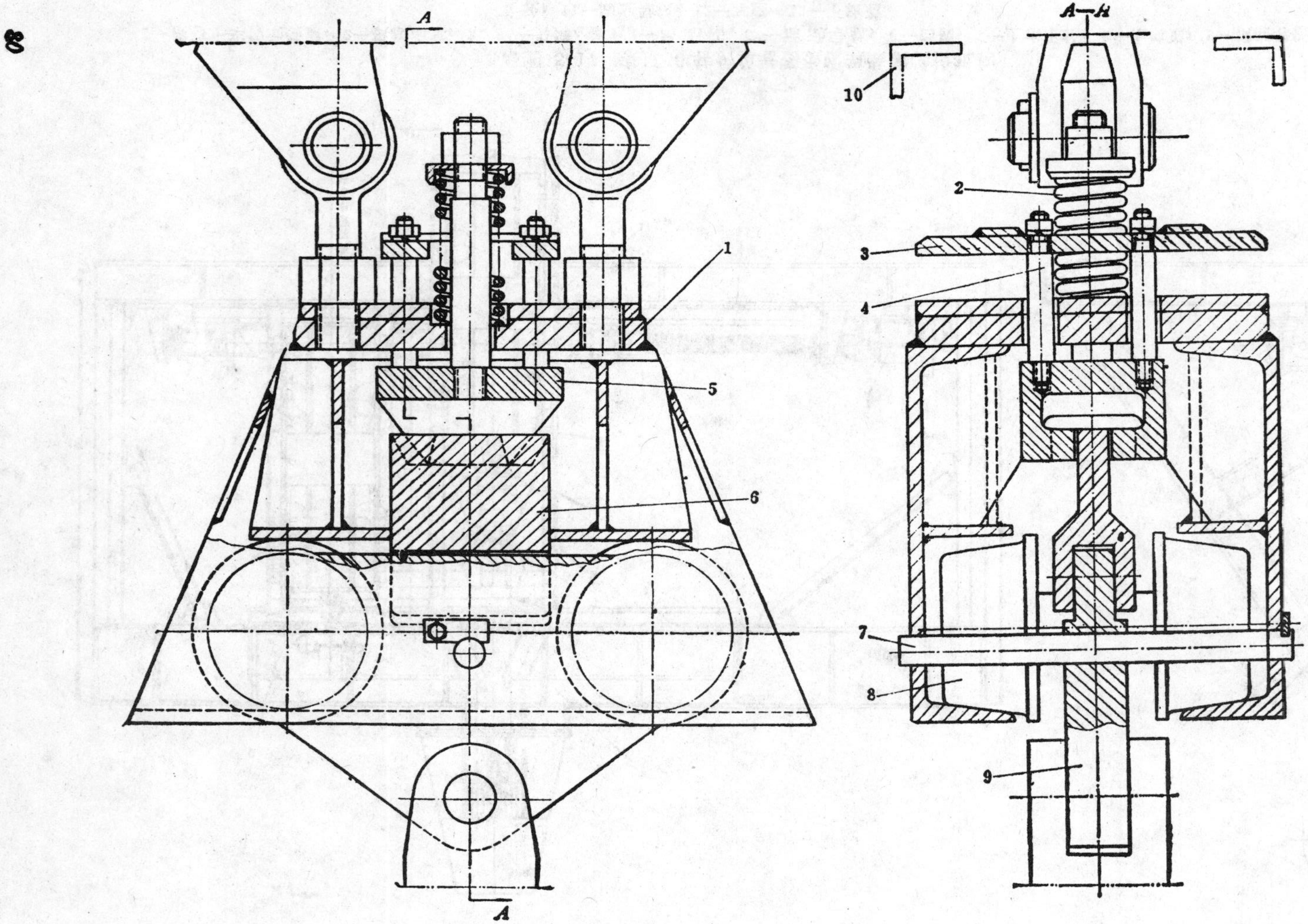

图 5-18 吊具及其与工作升降小车的连接

1—吊具本体；2—压缩弹簧；3—撞架；4—螺杆；5—卡具；6—吊头；7—定位销；8—滚轮；9—吊板；10—挡板

该装置换枪的中心问题是将工作升降小车3与升降机构脱开并将备用升降小车3′与升降机构联接起来。吊具4是实现这一要求的关键部件，吊具4及其与工作升降小车3的连接见图5-18。图中的滚轮8、吊头6及吊板9系升降小车的有关零件，定位销7为附加连接件，其余件号为吊具上的组件。吊具上的撞架3通过螺杆4与卡具5连为一体。借助压缩弹簧2的弹力使卡具5上的梯形凸块与吊头6上的梯形凹槽紧密嵌合(参看图5-19*a*)在一起，以此来防止升降小车从吊具上滑出。但经实践发现，该梯形凸块及凹槽在换管过程中并不能保证可靠的嵌合。故为了更加可靠起见，又加了一定位销7来定位。

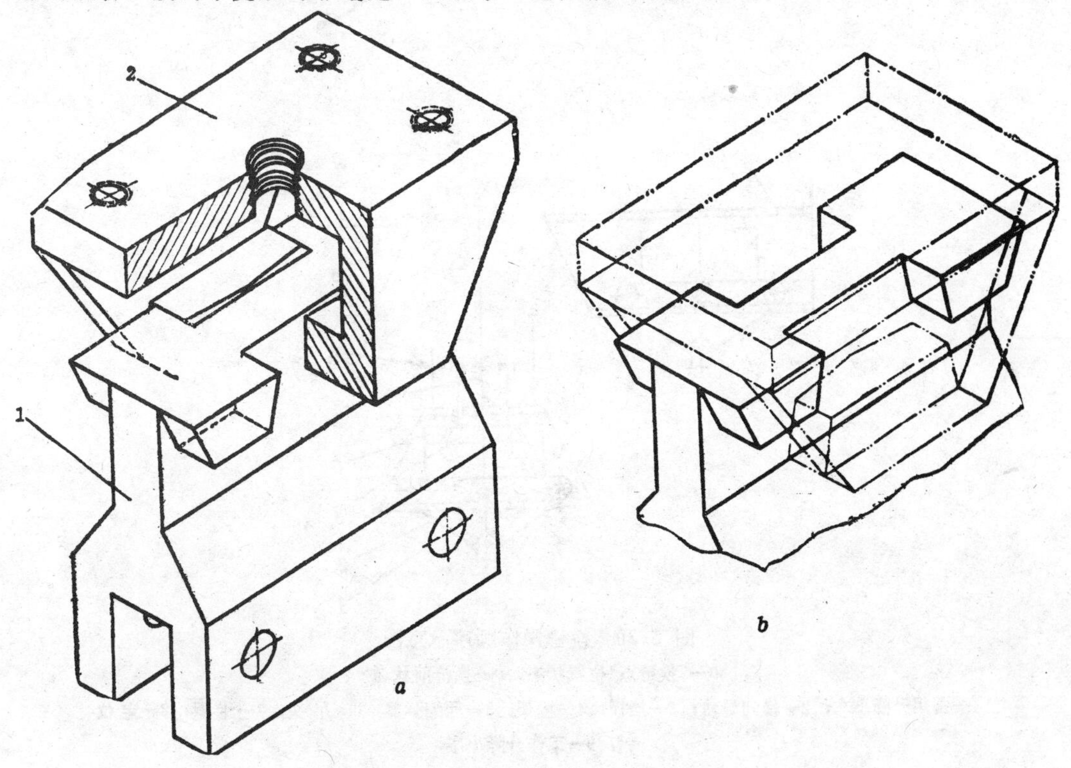

图 5-19　梯形凸块与梯形凹槽装配关系图

a—嵌合状态；*b*—脱开状态

1—吊头；2—卡具

（2）换管操作顺序（图5-20）

1）提升吊具与横向导轨2的梯形缺口平齐（图5-20*a*）。此时，吹氧管处于“换枪点”位置。换枪前状态见图5-20*b*。在吹氧管提升到“换枪点”过程中，当撞架4与挡板3相撞时，因4受阻，卡具7停升，但升降小车的吊头6却继续上升，于是压缩弹簧5被压缩，则嵌合中的梯形嵌合结构逐渐脱开。当吊具升至与横向导轨2的梯形缺口平齐时，吊头6上的梯形凹槽与卡具7上的梯形凸块完全脱开（参看图5-19*b*）。与此同时，吊具本体与横向导轨2的轨面亦对准衔接。

2）拨出定位销8。至此，工作升降小车9的约束全部解除。

3）驱动横移小车。直至9移入横向导轨2而1进入吊具中止。

4）插入定位销8。

5）下放吊具。当降至吊头6上的梯形凹槽与卡具7上的梯形凸块完全嵌合后，撞架4

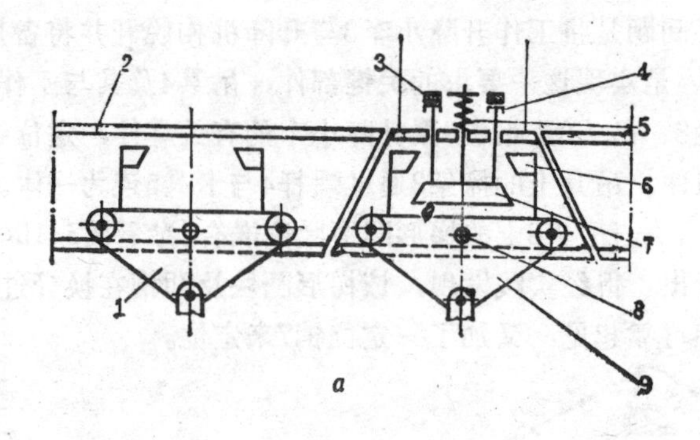

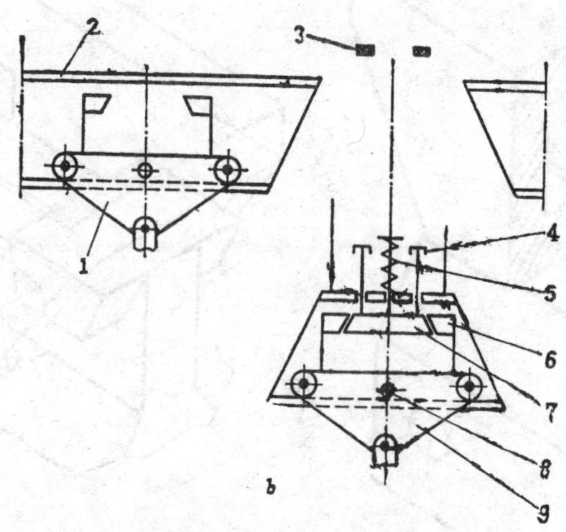

图 5-20 换管操作顺序示意图

a—“换枪点”位置状态；*b*—换枪前状 态

1—备用升降小车；2—横向导轨；3—挡板；4—撞架；5—压缩弹簧；6—吊 头；7—卡 具；8—定 位销；9—工作升降小车

即脱离挡板3。备用升降小车1投入工作。

（3）存在问题 其一，横移小车定位不准。如图5-21所示，该小车借行程开关及挡块来定位。由于机构各摩擦付阻力不稳定（换枪机构不常用），加之行程开关触点也不能始终保持在同一个位置上，故定位不准。这将导致升降小车不能准确停在吊具上，同时活动

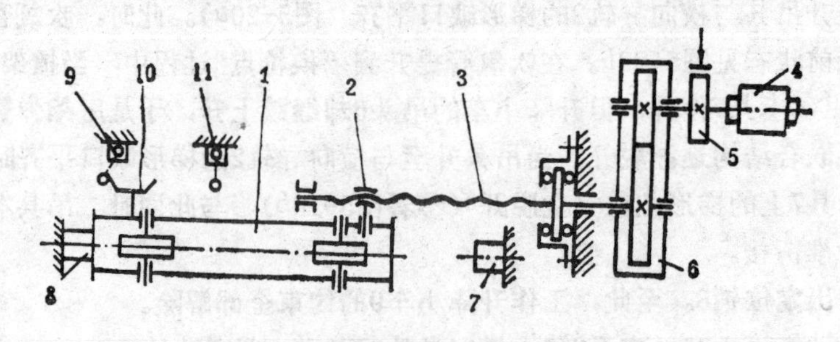

图 5-21 横移小车传动装置示意图

1—横移小车；2—螺母；3—丝杆；4—电动机；5—制动器；6—减速器；7—右挡块；8—左挡块；9—左行程开关；10—撞尺；11—右行程开关

导轨亦不能与固定导轨准确衔接。其二，定位销的插、拔须人工进行。

鉴于存在上述问题，换枪时操作人员须到高达几十米的现场就地进行。为实现换枪远距离操作，国内自行研制过若干准确定位方案，也探讨过定位销的自动操作机构，但未能取得理想结果。

2．双卷扬型吹氧装置换枪机构　该装置的工作及备用升降小车与各自的吊具相连，从根本上避免了单卷扬型吹氧装置在换枪时须把升降小车人工定位于一共用吊具上的问题。这就是说，双卷扬型吹氧装置为实现换枪远距离操作，仅须解决其横移小车的准确定位问题。

某厂300t转炉采用双横移小车，其定位工作原理如图5-22所示。前所述横移小车传动装置系安装在厂房平台上，而此传动装置3安装在横移小车1上，该传动装置无制动器。横移小车1通过上、下水平轮（防止小车倾翻用）及运行车轮（承载用）被支承在各轨道上。带有喇叭口的定位板2固定在横移小车上。换枪时，将处于备用位置的横移小车1移向原工作横移小车所在位置，即移到锁定装置4（见图5-2中8）位置的正上方，借助行程开关可保证停位精度在±20mm内。之后，从4内推出定位辊5，该辊将滑入定位板2的喇叭口而垂直升起，从而辊5从侧面推动横移小车直至进入槽中止。

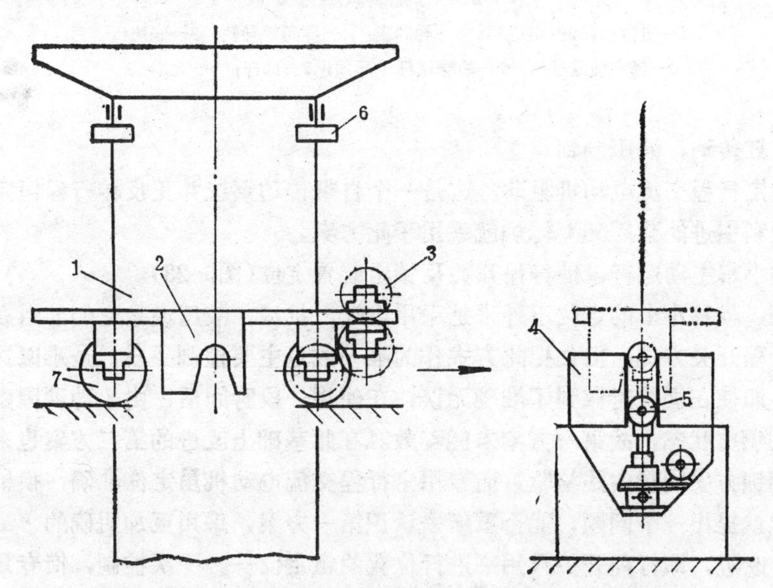

图 5-22　某厂300t转炉横移小车定位工作原理图

1—横移小车；2—定位板；3—横移小车传动装置；4—锁定装置；5—定位辊；6—上水平轮；7—运行车轮

锁定装置见图5-23，电动机9通过链传动带动滚珠螺旋千斤顶7的顶杆8，由其向上推出而实现横移小车的准确停位。

3．横移小车的驱动和准确定位　目前国内吹氧装置换枪多数都不能远距离操作，其中一个主要问题就是横移小车定位不准。驱动和定位是互相联系的，其方案有以下几种：

1）一般交流电动机驱动。借行程开关及挡块定位(图5-21)。

2）高滑差交流电动机驱动，靠硬橡胶板定位。当横移小车被硬橡胶板阻挡时，通过电动机的过电流反馈，使横移小车停车。

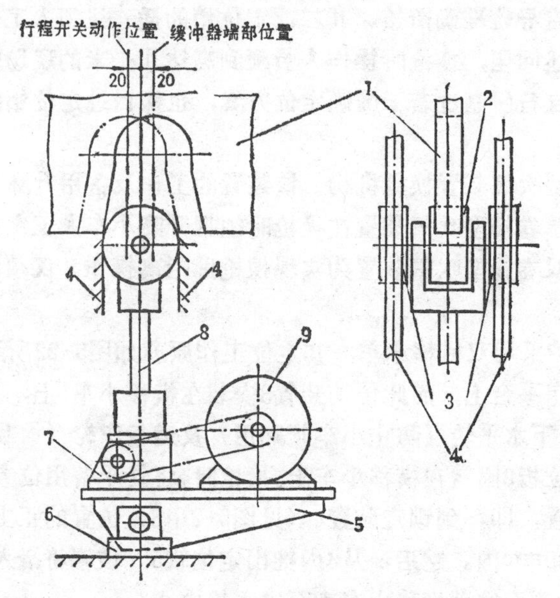

图 5-23　锁定装置示意图

1—定位板；2—定位辊；3—导向辊；4—导向辊导轨；5—底座；
6—锁定装置框架；7—滚珠螺杆千斤顶；8—顶杆；9—电动机

3）液压缸传动，液压制锁。

4）专用定行程交流电动机驱动，这是一个自带传动系统并正反转行程恒定的特殊电动机。由奥地利引进的某厂50 t 转炉就采用了此方案。

5）横移小车主动运行，借行程开关及锁定装置定位(图5-23)。

由此可知，横移小车的定位不外乎是采用电气，机械，液压或是它们的组合方式。应用普遍的是行程开关方式，但如把此方式作为唯一或是主要控制手段，是难以达到所要求位置精度的，即使在调整时做到了准确无误，在使用一段时间后，由于种种因素影响，仍会破坏原来的调整状态，故第一方案未能奏效。在此基础上改进的第二方案也未取得满意结果。液压制锁方案尚待实践检验，而专用定行程交流电动机虽定位准确，换枪迅速，但结构复杂。这就提出一个问题，能否重新去认识第一方案，采用更加明确的“二次控制”方式对之进行改进，即行程开关只用来进行位置的粗定位——一次控制，借专用装置来精确定位——二次控制。据此思路，出现了最后一种方案，该方案结构简单、定位准确。可供国内借鉴。

四、两类吹氧装置的比较

对于单卷扬型吹氧装置，如图5-9所示。由于吹氧管-平衡重系统质量较大，加之平衡重的过平衡系数又较小，故该系统在自由状态(指升降钢绳不受力所处状态)下，平衡重往下坠落的加速度值较低。若提升吹氧管（即下降平衡重）时的起动加速度超过该值，则升降钢绳会松弛，称之为松绳现象。松绳时平衡重呈坠落状态，因此在起动终了后松绳现象消失的瞬间、平衡重对升降机构产生突加载荷。为此，应对起动加速度给予限制。这将导致增加吹炼辅助时间而降低生产率。据某厂120 t 转炉的实测表明，原快速设计值为50m/min，由于限制了起动加速度，所测出快速提升的平均速度仅为40m/min。

表 5-1

若干不同容量转炉吹氧装置主要技术参数

名称 \ 转炉容量(t)	20	50①	50②	120	国外某厂 150	300	国外某厂 380
吹氧管总长（m）	12.1	16.56	15.96	17.34	18.76	24.4	24.5
吹氧管升降机构 升降卷扬机数量（个）	单	单	双	单	双	双	双
吹氧管升降机构 吹氧管升降最大行程（m）	10.53	13.86	11.95	15.1	15.25	18.2	
吹氧管升降机构 升降速度（m/min） 快速	44.6	50	20	50	25.9	40	32
吹氧管升降机构 升降速度（m/min） 慢速	10	10	5	6	4.8	3.5	5
吹氧管升降机构 卷筒直径（mm）	Φ418	Φ730	Φ550	Φ800	Φ600	Φ900	
吹氧管升降机构 电动机 型式	JZR-41 8/JZ-11-6	ZZJ-52（直流并激）	交流电动机	ZZJ-62（直流并激）	交流电动机	D.C.814	直流电动机
吹氧管升降机构 电动机 功率（kW）	11/2.2	16	25/7.5	43	50/13(JC40%)	187	158
吹氧管升降机构 电动机 转速（r/min）	715/883	700	1440/1400	630	648/930(JC40%)	850	
吹氧管升降机构 减速器 型式	行星差动	ZL65-8-1	行星差动	ZHL650-7ⅡJ	行星差动	圆柱齿轮	
吹氧管升降机构 减速器 速比	21/115.9	16	122.9/478.5	15.3	23.6/182	30	
吹氧管升降机构 制动器	YDWZ-300/50J/ YDWZ-200/25J	ZWZ-400	液压推杆	ZCZ-400/100	液压推杆	直流电磁铁双瓦块	
换枪机构 横移行程（mm）	850	1200	1200	1200	3000	4300	
换枪机构 移动速度（m/min）	0.362	3.62	1.5	4	6.12/5.85	4	
换枪机构 电动机 型式		JO_3-90S-6	特制	JHO_2-31-6	双速交流电动机	HM_2-593	
换枪机构 电动机 功率（kW）		1.1	5.5	1.5	5.2/4 (JC40%)	1.5	
换枪机构 电动机 转速（r/min）	车辆用油缸	930	1200	840	910/870(JC40%)	1500	
换枪机构 减速装置 型式	DG-J80-70-E1	ZL25-2-I	行星齿轮	ZD-20-I	圆柱齿轮减速器+单级开式齿轮	摆线针轮+单级开式齿轮	
换枪机构 减速装置 速比		8	7.1	6.6	232.6	884.5	
换枪机构 制动器		TJ_2-200/100	特制	JWZ-200/100	液压推杆	无	
设备总重（t）	15.2	41.4	~30	52.6	48.2	64	

① 指某厂50t转炉单卷扬型吹氧装置，② 指某厂50t转炉双卷扬型吹氧装置。

单卷扬型吹氧装置的主要优点是造价及运转费较低。缺点是：

1）升降小车在吊具中须人工定位，不能实现换枪远距离操作。

2）为避免松绳现象，增加了吹炼辅助时间。更值得注意的是：由于吹氧管-平衡重系统惯性大，升降机构在起、制动时有明显振动。

3）只有一套升降卷扬机，安全可靠性较差。

以上说明：采用单、双卷扬型吹氧装置不仅仅是升降机构本身的差异，也带来换枪能否远距离操作等重要性能的差别。不难看出，单卷扬型吹氧装置的缺点是主要的。而国内目前绝大多数都采用此型，这是不适宜的，应逐步加以改造或更新，代之以双卷扬型吹氧装置。

双卷扬型横移小车的移动一般采用横移方式，也有个别用旋转方式的。两个升降卷扬机大多放在同一台横移小车上(见图5-11)，也有分别放在两个小车上（见图5-2)的。采用双横移小车机动性和安全性更好，特别是对于大型转炉来说，由于成倍减小了横移小车尺寸，其制造、安装更为方便。

吹氧装置机构的计算方法与起重机有关机构的计算方法类似。

若干不同容量转炉吹氧装置主要技术参数，列在表5-1中。

第二节 副枪装置

所谓副枪是相对于吹氧管（主枪）而言的，它是设置在吹氧管旁的另一根水冷枪管。用副枪能快速检测熔池温度，定碳、氧及液面位置并取样。通过它不但可有效地提高吹炼终点命中率，而且能在不倒炉的情况下进行取样。故采用副枪后能提高转炉产量，质量，炉龄及降低消耗，此外劳动条件亦大为改善。目前副枪已成为实现转炉炼钢过程自动化的重要工具。

一、某厂300t转炉副枪装置（图5-24）

1．基本结构　副枪4由管体及探头两部分组成，该管体结构与吹氧管管体类似，探头上装有检测元件。副枪4由副枪升降机构2带动升降。活动升降小车5为副枪提供一附加支点，以此减轻管体振动，该小车通过气动滑轮组机构与副枪联动而与之一起升降。副枪旋转机构1吹炼时不转动，仅在检修时通过它把副枪移开，以方便检修。装头系统6的作用是贮存一定数量的各种探头并根据需要将其安装在副枪管体头部的副枪插杆上。探头用一次后即报废，探头降入熔池检测完毕后提升至拔头机构7处被拔下。拔头机构7利用气缸及连杆机构推动左、右两颚板张开或闭合。拔头时探头处于两颚板之间，待两颚板闭合并夹紧探头后提升副枪，副枪插杆即从探头插入孔中脱出。之后，若两颚板张开，探头下落入溜槽9中。对于定氧或多功能的复合探头，还须把所取到的试样进行分析，故在拔头后尚须利用切头机构8切下其试样部分。

溜槽9中设有气动阀门。当切下的试样部分下落时，阀门向通往炉前回收箱的方向打开(如图中虚线所示)，试样部分经该通道掉入回收箱内。当探头残留部分或是其它不须回收的废探头落下时，阀门转向通往炉内方向打开，则它们经另一通道掉入炉内烧掉。

为消除管体在炉内检测时粘附的渣壳，还设置了清渣装置10以及副枪矫直装置等。

2．探头　探头亦称传感器。研制出性能良好的探头是提高副枪检测技术的关键，若探头不能顺利完成探测任务或所测数据不能反映全炉情况，就不能对冶炼进行准确控制。

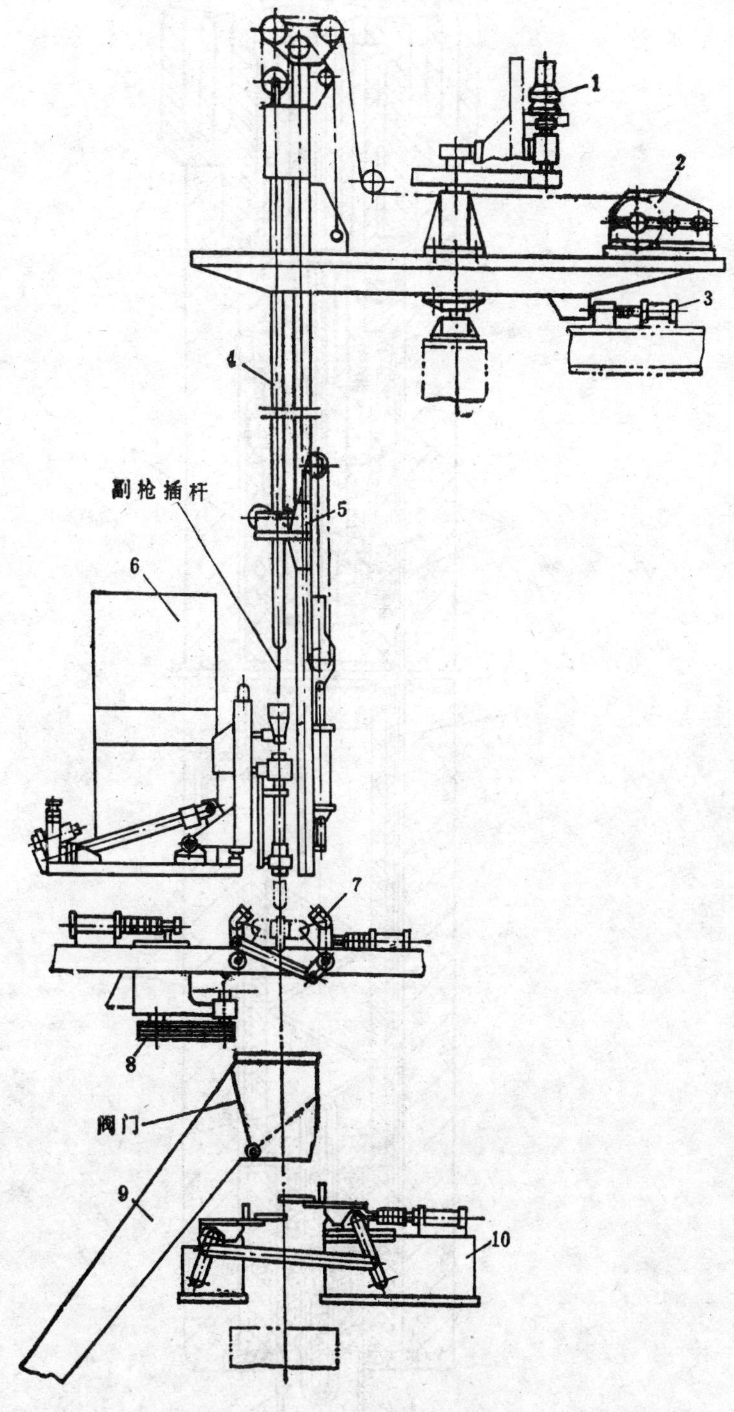

图 5-24　某厂300t转炉副枪装置

1—副枪旋转机构；2—副枪升降机构；3—锁定装置；4—副枪；5—活动导向小车；6—装头系统；7—拔头机构；8—切头机构；9—溜槽；10—清渣装置

对探头的要求是：1）检测精度高；2）取出试样成功率高。

探头的基本结构见图5-25，测温热电偶2用来测温，2的保护罩1到测定点被熔破，

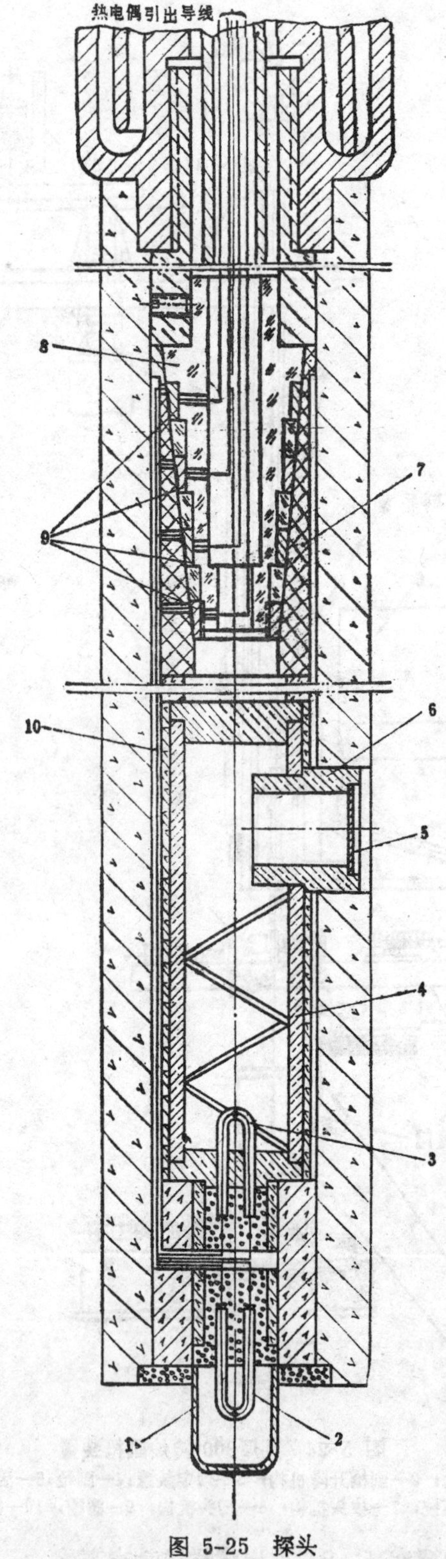

图 5-25　探头

1—保护罩；2—测温热电偶；3—定碳热电偶；4—样杯；5—挡板；6—样杯嘴；7—插座；8—副枪插杆；9—导电杯；10—导线

样杯4中的定碳热电偶3测含碳量。4内钢水是经样杯嘴6流入，该钢水除供测凝固温度外，亦供炉外取样用。为确保能在指定位置采集钢水，在样杯嘴6堵以钢板5，该板在探头到达测定位置才熔破。

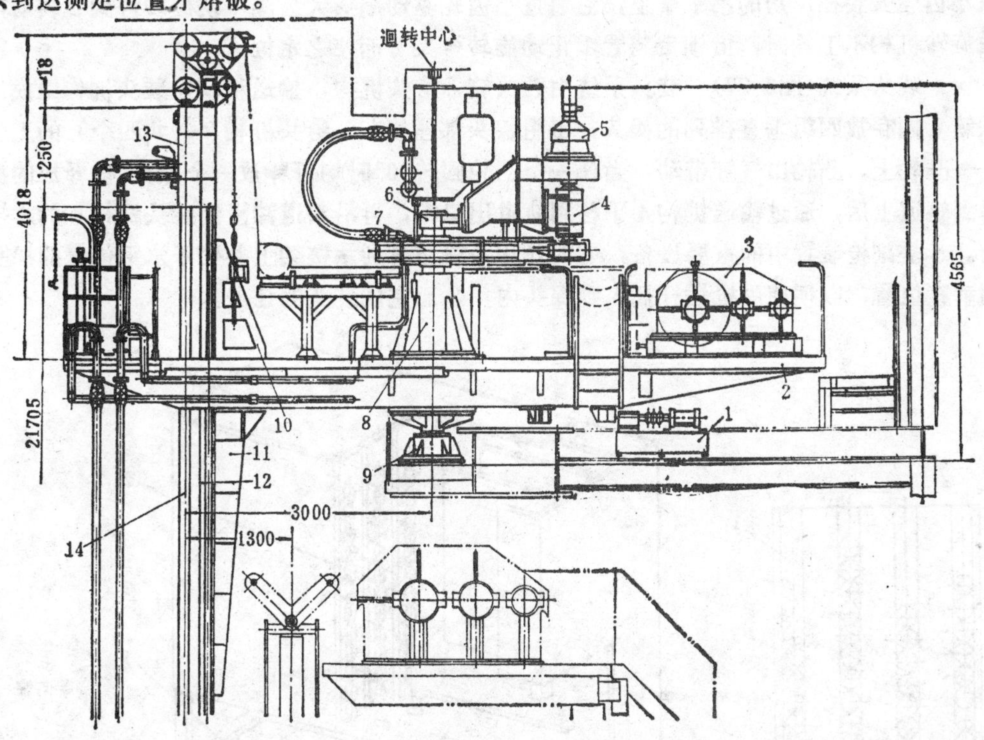

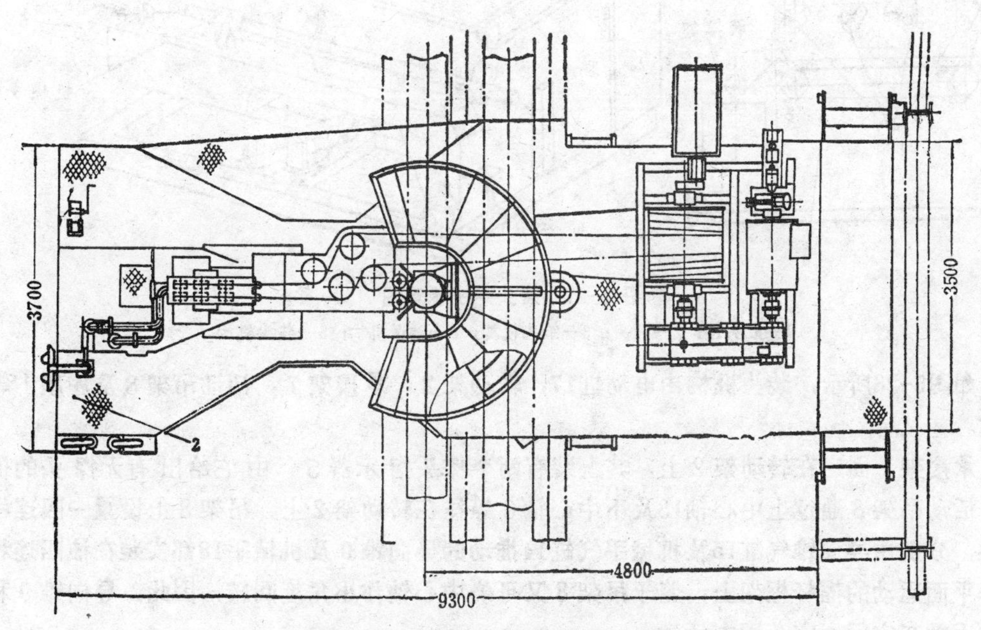

图 5-26　副枪升降机构和副枪旋转机构

1—锁定装置；2—旋转台架；3—升降卷扬机；4—小齿轮轴承座；5—摆线针轮减速器；
6—上支座；7—扇形大齿圈；8—旋转轴套；9—下支承座；10—上三角支承架；
11—下支承架；12—升降导轨；13—升降小车；14—副枪

3．副枪升降机构及副枪旋转机构（图5-26） 某厂300 t 转炉副枪升降机构与其吹氧管升降机构类似。该机构安装在旋转台架2上。副枪旋转机构的电动机、摆线针轮减速器5及小齿轮安装在厂房的吊车梁上，它通过小齿轮驱动扇形大齿圈7使旋转台架2转动，副枪旋转机构不工作时，借锁定装置1止动旋转台架2而使之定位。

4．装头系统(图5-27) 装头系统由贮头箱、给头机构，输送机构及装头机构组成。贮头箱1内存放四组垂直排列的探头，每组探头都停放在一给头机构3（共四个）的工作件——凸轮上。凸轮由气缸带动，当任一个凸轮回转90°时均可释放一个探头，被释放的探头掉到轨道上后，通过输送机构4平移到轨道出口端，再沿斜道滚滑到装头机构5的承接架上。5是副枪装置中的重要设备，它的作用是将滚滑到承接架上并处于水平位置的探头转到垂直位置，以便使副枪插杆插入到探头内，从而完成装头的任务。

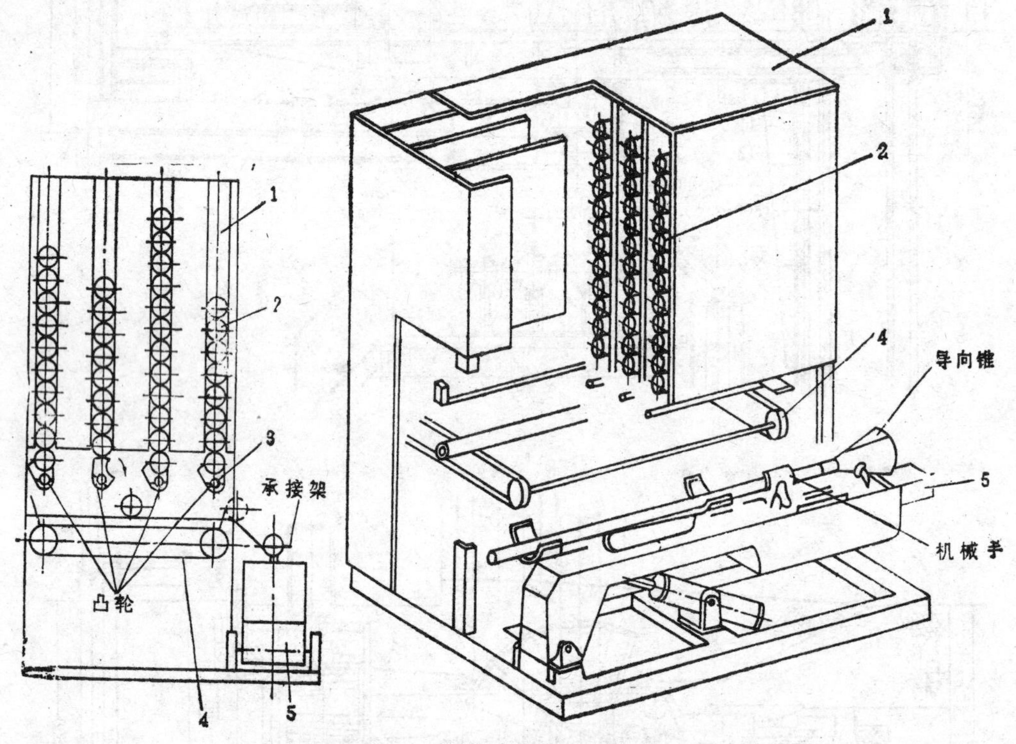

图 5-27 装头系统示意图

1—贮头箱；2—探头；3—给头机构；4—输送机构；5—装头机构

如图5-28所示，装头机构由电动缸17，转动架2，承接架7，活动吊架8及底座1等组成。

承接架7固定在转动架2上，其上装有两个探头指示器5，由它给出有无探头的信号。活动吊架8通过上中心轴13及下中心轴6等挂在转动架2上，吊架8上设置一四连杆框架，分别由导向锥气缸15及机械手气缸14推动的导向锥9及机械手18都安装在该四连杆可作平面运动的摇杆框架上，鉴于吊架8又可绕中心轴作小角度回转，因此，导向锥9和机械手能在空间一定范围内活动。

当电动缸17伸出推杆时，将推动转动架2围绕其底座1的铰点转动而直立起来。相应的8及4亦随之由水平位置转到直立位置，在此过程中活动吊架8借重力下移致使下端触

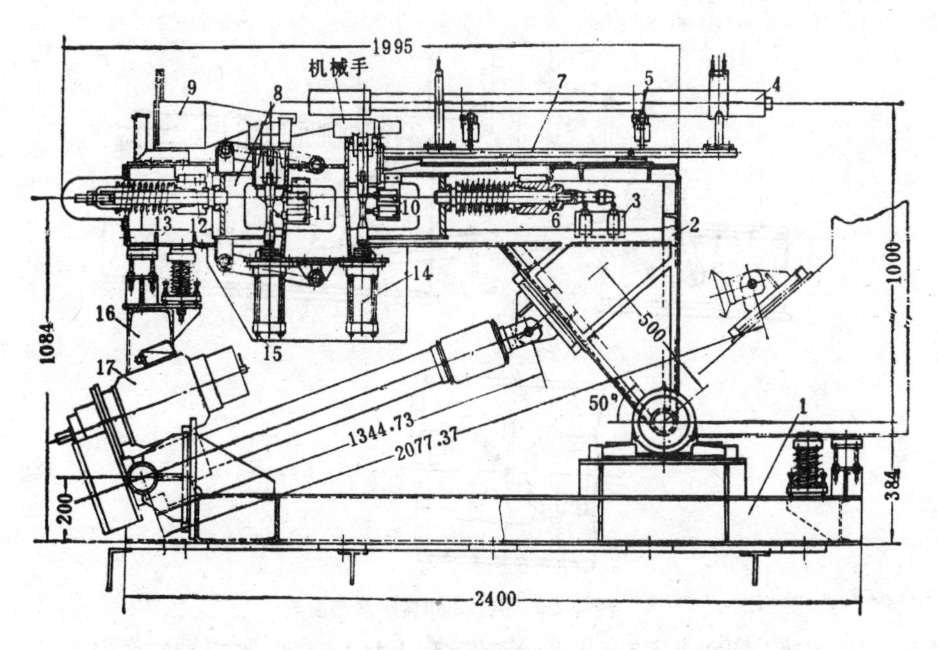

图 5-28 装头机构

1—底座；2—转动架；3—行程开关；4—探头；5—探头指示器；6—下中心轴；7—承接架；8—活动吊架；9—导向锥；10、11—行程开关；12—滑块；13—上中心轴；14—机械手气缸；15—导向锥气缸；16—水平位置止挡器；17—电动缸

点启动行程开关3的右开关(指平卧时位置，以下同)，此时机械手气缸14动作、推动机械手来紧探头。处于直立位置的装头机构(见图5-24)，此时活动吊架在重力作用下下移一小段距离后被挡住，而其上的导向锥及机械手摆移到副枪中心线上。

转动架2处于直立位置时，除14动作使机械手夹紧探头外，与此同时，14动作又带动行程开关10的下开关，使导向锥气缸15推动导向锥9闭合。装头时，副枪插杆通过导向锥9插入探头孔内而实现连接。导向锥9由两半组成，当其闭合时，所形成的上大下小锥孔起导向作用，由于该锥能在空间一定范围内活动，这就保证了副枪插杆少许偏离中心也可顺利插进探头，当副枪管体降至距导向锥9前某一位置时(此刻副枪插杆已插进探头)、导向锥9又自动张开让管体通过。副枪插杆插入探头后，在副枪重量作用下将推动活动吊架8下移，则上中心轴13及下中心轴6的弹簧被压缩。当6的头部降至启动行程开关3的左开关时，机械手张开，探头即解除约束可投入工作，而活动吊架8在上、下中心轴的压缩弹簧力作用下复位。

4．清渣装置(图5-29)　两清渣铲片3及3′上各焊有两把卡刀2及2′，3及3′分别与滑座4与4′连成一体，滑座4及4′分别可沿底座6及10上的导轨横移。该两滑座通过杆系联系起来。连杆7两端分别与滑座4及摇杆8铰接，而杆7中部的一点却铰接于底座6上，连杆9的下端与底座10铰接，而另外两点分别与滑座4′及摇杆8铰接。当气缸5驱使滑座4向左横移时，通过杆系将带动滑座4′同步向右移，则在这过程中两清渣片3及3′相互靠拢并用力夹持副枪管体，此时借均布的四把卡刀2及2′可把粘附在管体上的热渣划成四条刀口，从而使渣脱落。

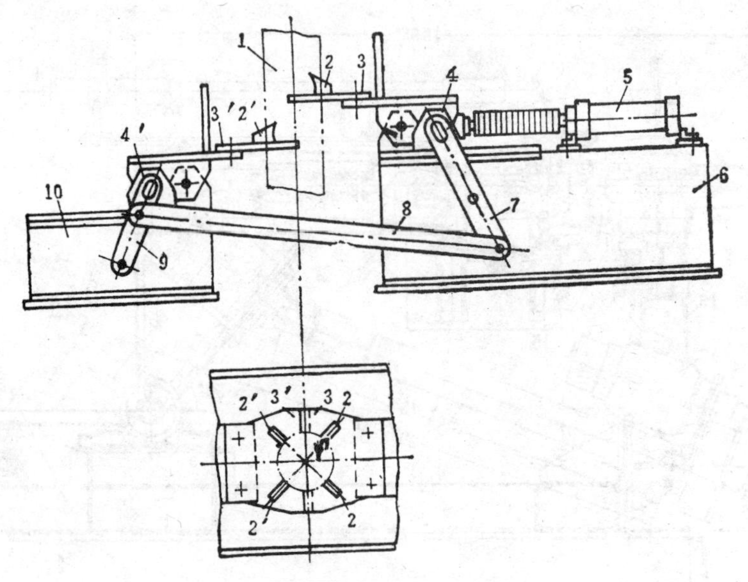

图 5-29 某厂300t转炉清渣装置

1—副枪枪体；2、2′—卡刀；3、3′—清渣铲片；4、4′—滑座；5—气缸；6—底座；7—连杆；8—摇杆；9—连杆；10—底座

5．主要技术参数

探头外径（mm）	～80
副枪总长度（m）	24.1
升降行程（m）	24.7
升降速度（m/min）	150/50/20/8
旋转角度（°）	±53
旋转速度（r/min）	0.19

二、关于副枪装置几个问题的讨论

1．关于上、下装头方式的比较　前面所介绍的某厂300 t 转炉副枪装置为下装头方式，探头自下而上安装。与此相反的是上装头方式，探头从中空的副枪管体上端口装入。该探头一个接一个排成一线装满管体中，最下面一个探头（其工作部分露于管体外面）供探测用。换头是通过安装在副枪顶部的压下机构自上而下依次压出探头来进行的。当被压出的旧头掉下后，相邻的新头则移至旧头原所在位置投入工作。与上装头方式比较，下装头方式的优点是：选择探头灵活性大；对探头外形尺寸要求不严；贮头箱所储备探头数量较大；回收探头容易。缺点是：设备较庞杂；对高温多尘环境适应性差。显然，下装头方式是优越的。日本大多采用下装头方式。以美国伯利恒厂为代表的采用上装头方式，而国内这两种均有采用。

2．下装头方式副枪装置的布置形式　按副枪导轨是否移动来分，有固定式和移动式两种。固定式的副枪导轨固定在转炉插入口中心线上，移动式的移动方式大多为旋转方式，也有平移的。固定式的优点是：第一导轨安装刚性好，可提高检测精度；第二节省了移动设备而且副枪作业率高。缺点是其装头系统线上的所有设备只能布置在转炉副枪插入口上方，这将增加厂房高度及副枪长度，另外这些设备的工作环境及检修条件也比较恶劣。

上述布置形式国内都有采用。某厂300 t 转炉副枪装置虽属于旋转式，但它仅在检修时把导轨转开而吹炼时是锁定不动的，故它并不具有旋转式的优点而只具有固定式的部分优点。

3．升降速度参数的选择及速度控制　一般来说，副枪升降机构与吹氧管升降机构类似。但在升降速度参数的选择及速度控制上则有所差别。为保证检测精度，对某些方面提出了更严格的要求，即：要求快速升降及停位精度；在升降过程中及停止点不允许有较大颤动。采用较高的速度，除可提高检测精度（减少炉内恶劣环境对探头功能的影响）外，还能减轻管体粘渣。当前快速值已提高到120～150m/min水平。该值比吹氧管快速值高数倍，要使副枪在这样高的速度下有较高的停位精度并防颤动，就必须有两种或两种以上速度。此外，为减轻变速时造成的颤动，在电气控制上可采取措施，使其在变速点上有较平缓的过渡段。

4．存在问题　我国从60年代开始，首钢、上钢一厂、太钢以及鞍钢等厂先后进行了副枪的研制并取得成绩，某厂300 t 转炉的实践证明，采用副枪装置所带来的经济效益是显著的。目前的主要问题是国产探头的检测精度不够稳定，其成本也较高。需待解决。

第二篇　电弧炉及炉外处理设备

第六章　电弧炉设备

电炉包括炼钢电弧炉、感应炉、电阻炉、矿热炉、电子束炉、等离子炉等。它们均以电能为热源，本章仅介绍炼钢电弧炉设备。

炼钢电弧炉（以下简称电炉）炉体内衬以耐火材料，电极穿过炉盖伸向炉子空间，由炉用变压器供电，使装入炉内的金属料与电极间产生电弧，用电弧的热量来熔化炉料并进行必要的精炼。电弧可以通过电流、电压加以控制，因而电炉具有：温度高、较易控制、热效率高、能控制炉内气氛等优点，可较容易地控制钢水成分，提高钢水质量。所以它被广泛采用，近来已与转炉、平炉一样成为重要的炼钢设备。电炉炼钢比转炉炼钢能较多地使用固体冷料、热料（如废钢、金属化球团），故目前电炉不仅用来冶炼优质钢种，而且还用来冶炼普通钢。

图6-1为75t全液压炉盖旋开式顶装料电炉总图。电炉由炉本体、炉用变压器、电极调节系统和电磁搅拌装置等组成。而炉本体由以下主要部分组成。

1）炉体及炉盖。炉体包括炉壳、炉衬、炉门及其启闭机构、出钢槽等。炉盖由炉盖圈、电极密封圈、耐火材料等组成。

2）炉体倾动机构和回转机构。倾动机构包括摇架、倾动液压缸、支承装置和导轨等。

3）电极装置。电极夹头、横臂、立柱、升降机构、立柱升降导向轮等。

4）炉顶装料系统。炉盖升降、旋转机构和“Г”型旋转框架等。

第一节　炉体结构

一、炉壳

炉壳是由不同厚度的钢板焊接而成的金属壳体，如6-2所示。它由炉身1、炉底壳9、加固圈2三部分组成。

炉身一般都是作成圆筒形。国外一些特大型电炉采用六根电极时，炉身也有做成椭圆筒形的。

炉壳的内径是电炉的主要参数之一。它由炉膛内径加上相应炉衬厚度而定。

目前国外电炉炉身高度有增高的趋势，这是因为近年来，炉料中轻型废钢较多的缘故。炉身高度加大，一方面可以减少补充装料的次数，另一方面又可延长炉盖的使用寿命。

炉底壳有平底、锥底和球底三种。球形炉底较合理，它的刚度大，所用炉衬最少；所以现在许多大型电炉都是采用球形炉底，但球形炉底制造比较复杂、成本高。锥形炉底刚度虽比球形的差，但较易制造，所以目前应用仍较普遍。平炉底最易制造，但因刚度较差，易变形，已很少采用。

炉壳可制成二种型式：整体的或沿渣线附近上下剖分的（图6-2中的炉壳便是剖分式的，其间用螺栓7固接）。前者便于整体调换炉壳，能缩短中修时间。后者，修炉时只需将上半截连同炉衬一起吊车，这就可以减小车间起重机能力。若需要整体调换炉壳，须把炉壳放在托轮上，或采用可拆联结，使之与摇架平台及其它机构分开。

为降低炉壳温度，减少炉壳变形，将炉壳设计成带水冷通道的双层炉壳（如图6-2中的6)。有的电炉则采用水冷箱或采用钢管弯成的水冷炉壁。

炉壳一般为普通碳素钢焊接结构。若炉底装有电磁搅拌装置时，则炉底应采用非磁性耐热不锈钢或弱磁性钢。

炉身钢板厚度大致为炉壳内径的1/200。炉底钢板则厚一些。

二、出钢装置

出钢口一般开在炉身上，并装有内衬耐火材料的出钢槽（图6-1中16)。这样的出钢口出钢时，炉子倾角必然较大，水冷电缆（由炉用变压器引入电流到电极的电缆）较长，电损失较大。为此，现已研制出一种新型的炉底出钢电炉，其出钢装置示意于图6-3。其出钢口类似于盛钢桶。出钢口用铰链式盖板8关闭。出钢通道由外层的出钢口砖1，内层出钢损耗砖2，尾砖4组成。内、外层间填以可浇灌的耐火材料3，尾砖经防松法兰5、水冷底环6固定。水冷底环用楔固定在炉壳上。装料前，盖板上的石墨板7紧紧地压着尾砖。出钢时，盖板摆开，松散的填充物自动掉下，浇灌的耐火材料在钢水静压下自动穿透，钢水流入停在炉底的盛钢桶内。

炉底出钢电炉具有许多优点：因大大减少了炉子倾角，倾动机构、炉子基础等均大为简化；可缩短水冷电缆，提高电效率；扩大水冷炉壁面积，节省耐火材料；钢流集中，流程短，出钢时间短，可降低出钢温度，减少钢水吸氮量、缩短了冶炼周期等。因此迅速得到推广应用。

三、炉门及其启闭机构

由于出渣、补炉衬及吹氧等操作需要，在炉身上开有炉门。为了便于操作有的大型电炉在炉壳圆周上开二个炉门，其中一个对着出钢口（非炉底出钢方式），另一个与出钢口成90°。

这套装置包括：炉门、炉门框、炉门坎及炉门启闭机构（图6-4)。

炉门系由钢板焊成。为防止高温炉气、火焰大量喷出，炉门应向炉内倾斜5°～10°。炉门框为钢板焊成的“冂”型中空水箱，以便通水冷却，并用螺栓连接在炉壳上。

对炉门启闭机构的要求是：炉门开闭要灵活、可靠，并能停留在任一位置上；为安全起见，炉门的开启是靠外力，而关闭则是靠炉门自重。因此开启时的外力应留有足够的潜力，以克服炉门、炉门框受热变形后的附加阻力；炉门应能沿炉门框的对称轴上下升降。

启闭机构有手动和机动二种。小炉子多用手动。大炉子则用液压传动或电机传动。图6-4所示的是用于75t电炉的启闭机构，液压缸及链轮都是安装在炉壳上，液压缸推力为39200N，而炉门提升部分的重力为9800N，链轮装在炉门左右二侧，以保证炉门沿炉门框对称轴线升降。无论是手动的或机动的启闭机构，它的执行构件可以是链轮、扇形轮或杠杆。

四、炉盖圈

炉盖圈上砌筑耐火砖构成炉盖。故它应具有足够的强度和刚度。

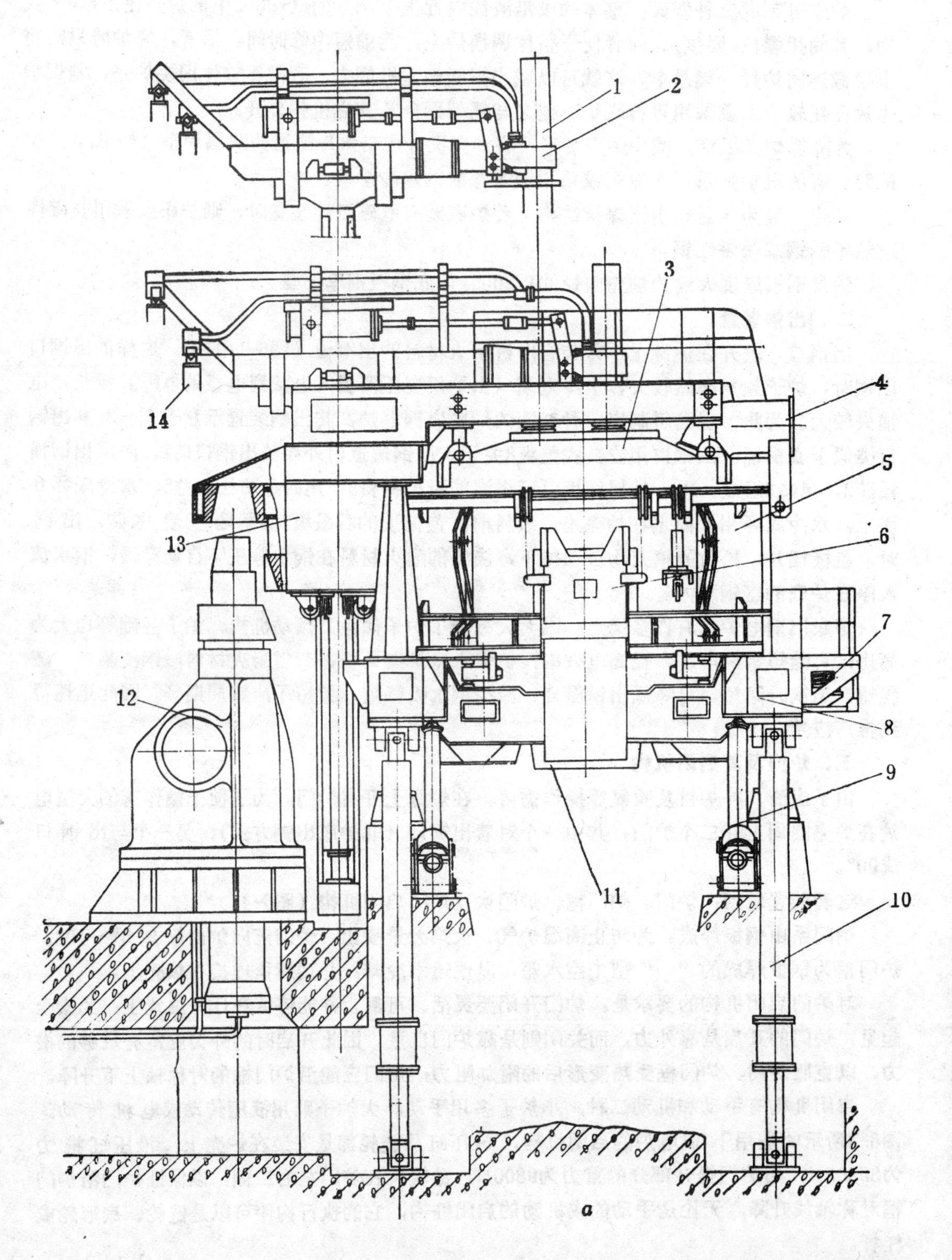

图 6-1　75t炉盖旋开

1—电极；2—电极装置；3—炉盖；4—除尘器；5—炉壳；6—炉门及其启闭机构；
12—炉盖升降、旋转机构；13—“厂”型旋转框架；14—水冷电缆；15—导轨；

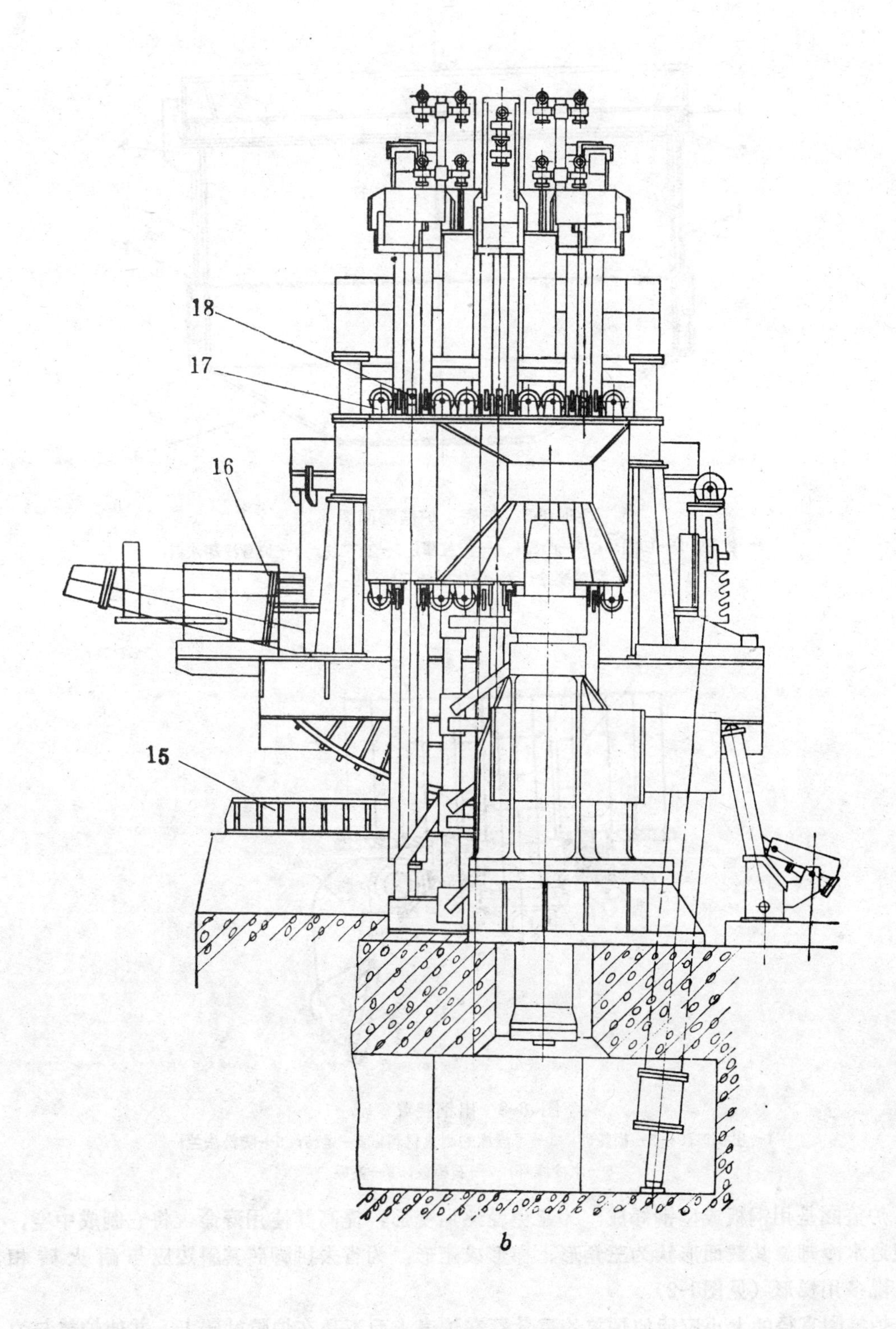

b

式顶装料电炉

7—炉体回转机构；8—摇架；9—支承装置；10—倾动液压缸；11—电磁搅拌装置；

16—出钢槽；17—电极立柱升降导向轮；18—电极立柱定位装置

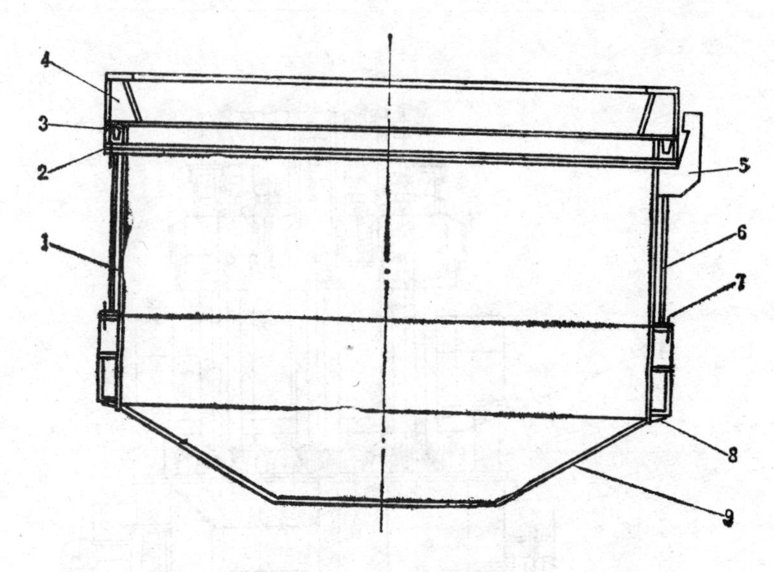

图 6-2 炉壳、炉盖圈简图

1—炉身；2—加固圈；3—凸圈；4—炉盖圈；5—止挡块；6—炉身冷却水道；7—联接螺栓；8—炉体回转导轨；9—炉底壳

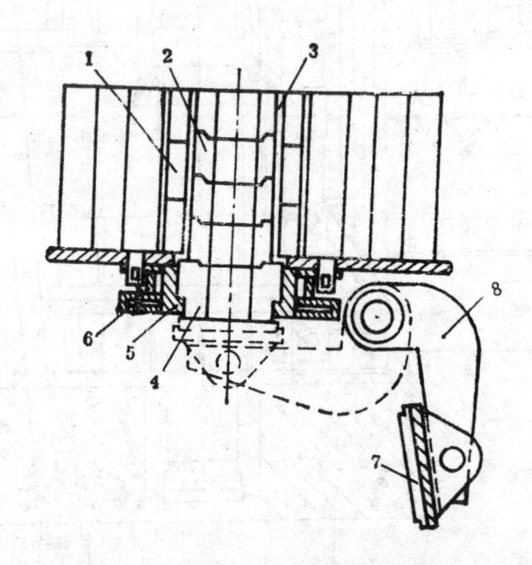

图 6-3 出钢装置

1—出钢口砖；2—损耗砖；3—可浇灌的耐火材料；4—尾砖；5—防松法兰；6—水冷底环；7—石墨板；8—盖板

炉盖圈是用钢板或型钢焊成。为避免受热后变形，提高其使用寿命，将它制成中空，以便通水冷却。其截面形状为三角形、梯形或矩形，为省去拱脚砖其斜边应与耐火砖相配，现多用梯形（见图6-2）。

炉盖圈直径的大小应能使炉盖的重量落在炉壳上而不是在炉膛衬砖上，并使炉盖与炉壳间密封。为此炉盖圈下面有环状凸圈（图6-2中的3），当炉盖圈置于炉壳上时，此凸圈应处于炉壳加固圈的砂封槽内。若炉壳上不设置砂封槽，则无需此环状凸圈。

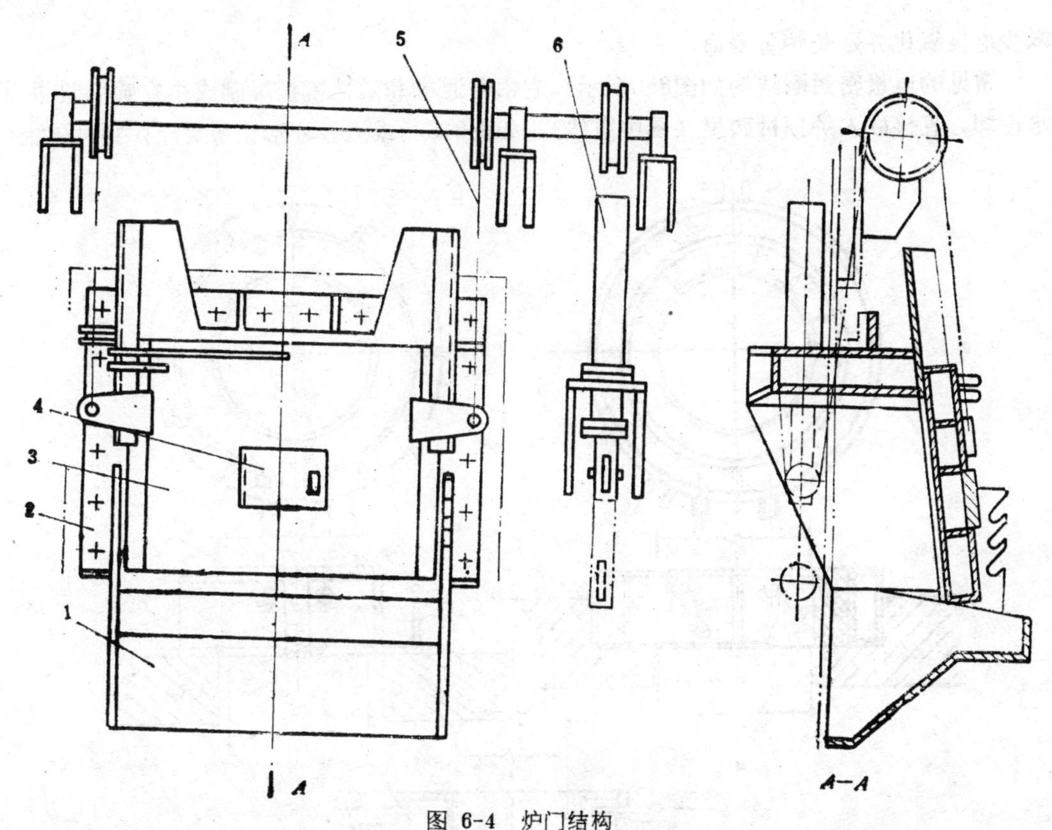

图 6-4 炉门结构

1—炉门坎；2—“冂”型焊接水冷门框；3—炉门；4—窥视孔；5—链条；6—升降机构

炉盖上的砌砖最易损坏，其寿命仅为几十炉至一百多炉。为提高炉盖的使用寿命，国外有些厂用特殊铸铁水冷箱拼成。我国许多厂则用水冷炉盖（图6-5），它由二层钢板焊成，随其工作条件，上层钢板可薄些，下层钢板则厚一些。其进水管安装在炉盖圈处，水

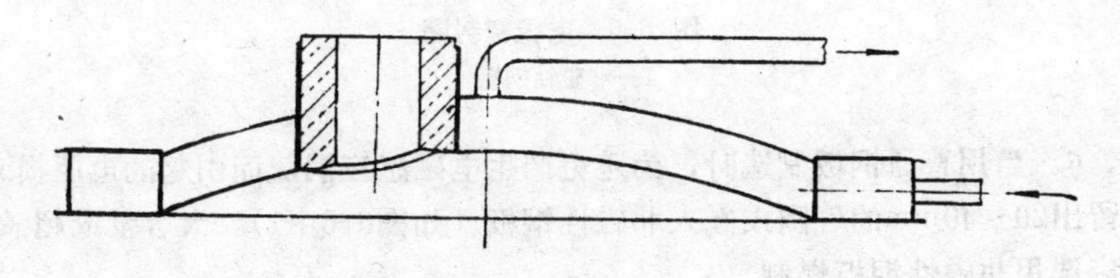

图 6-5 全水冷炉盖

由炉盖圈里侧钢板处的均布水孔进入炉盖，而由炉盖中央部位的出口流出。炉盖的拱高一般取炉盖直径的1/8。此水冷炉盖下层钢板上并不砌筑耐火材料，而靠炉渣飞溅结壳保护。为防止电极与炉盖钢板碰撞而将其击穿，在电极孔处衬以耐火材料。试用结果其使用寿命达2000～3000炉。若出水温度控制得当，水冷炉盖对冶炼并无影响，耗电量增加也不多。制作时应保证焊接牢固，使用中应经常检查。

五、电极密封圈

电极密封圈（亦称电极冷却器）安装在炉盖耐火材料中，电极穿过它伸入炉内。用它可密封电极孔、防止炉气大量排出，以减少热损失，同时亦可冷却电极和炉盖中央部位，

减少电极氧化并延长炉盖寿命。

常见的电极密封圈结构如图6-6所示。它由普通或非磁性钢板焊制成中空圆环型并通水冷却。直接嵌入炉顶衬砖里（图中虚线），如图6-6*a*，或通过环形钢板置于炉顶衬砖上，

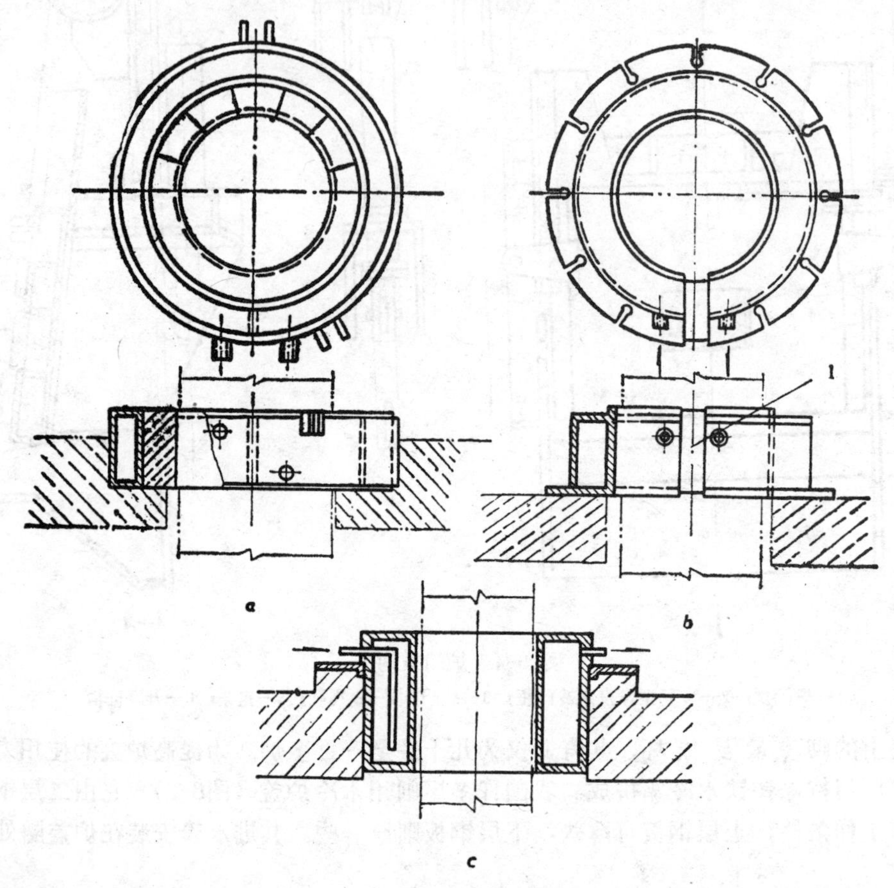

图 6-6　电极密封圈

1—非磁性钢板

如图6-6*b*、*c*。当用普通钢板制造时，为避免产生电磁感应涡流而引起的电能损耗，应在其圆周上留出20～40mm的气隙或嵌入非磁性钢板（如图6-6中1）。大容量或超高功率供电的电炉应选用非磁性钢板焊制。

密封圈内径应比电极直径大15～20mm，以保证电极能自由升降，而其外径约为电极直径的1.5～2倍，高度约为电极直径的0.8～1倍。

第二节　炉体倾动机构

一、倾动机构

为出钢、出渣，炉体应能倾动，因此必须设置倾动机构。一般电炉前倾角（出钢口侧）不大于45°，为缩短水冷电缆，有的大型电炉采用30°的前倾角。后倾角（出渣侧）不大于10°～15°。前述炉底出钢电炉的倾角则大为减少，仅为出渣后倾7°～10°。倾动机构的工作特点是负荷重。为安全起见，倾动速度应低而平稳。

倾动机构按传动方式可分为：液压传动、电机传动。液压传动能很好地满足上述要求，所以得到广泛采用。

图6-7为75t电炉液压传动倾动机构。炉体（图中假想线所示）置于摇架6的四个锥形支承辊9上，并用定位辊10定位。定位辊装在偏心轴上，以便调整定位。摇架下部有两个

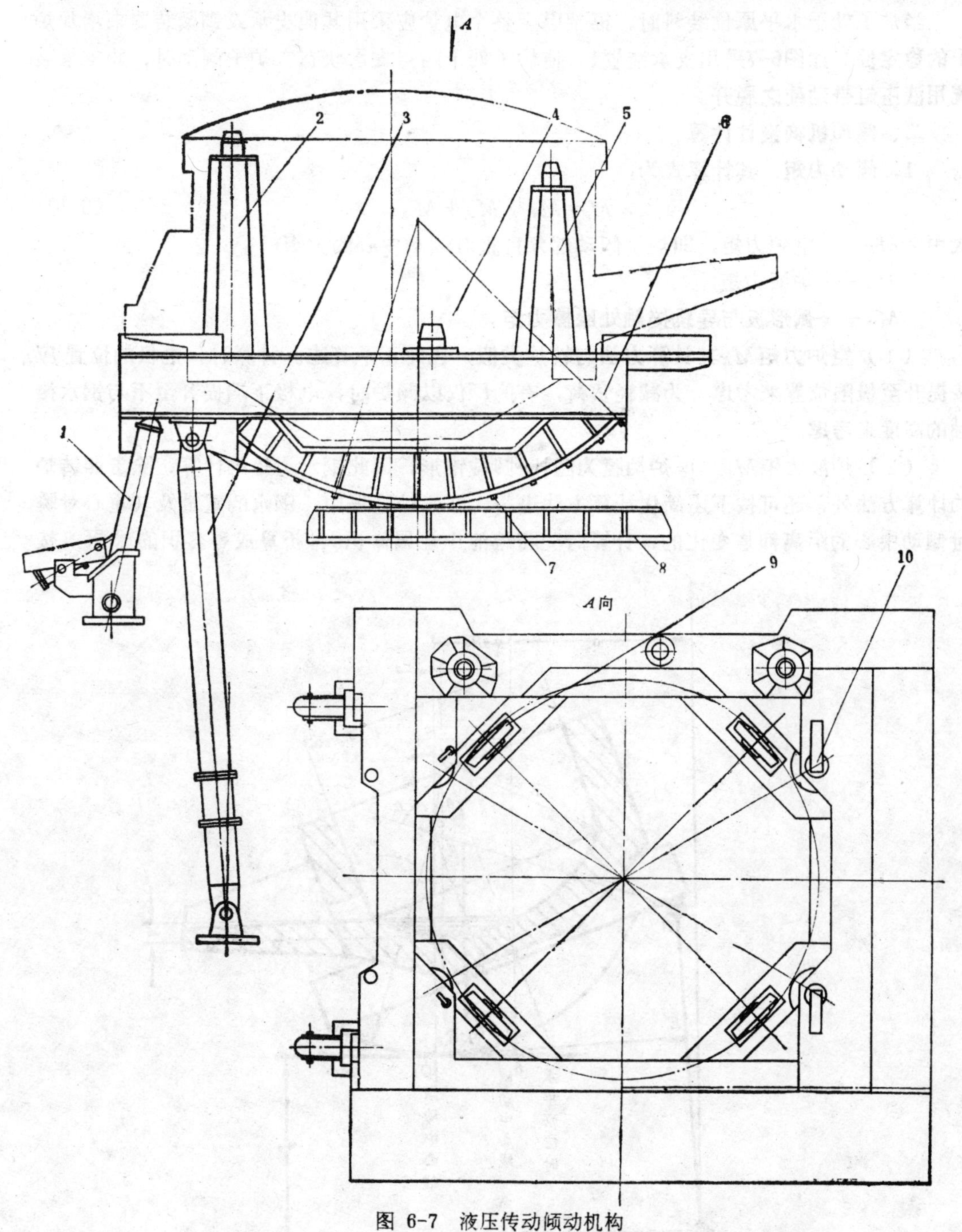

图 6-7 液压传动倾动机构

1—支承装置；2、4、5—塔形立柱；3—液压缸；6—摇架；7—短销；8—导轨；9—支承辊；10—定位辊

弧形板支承在导轨8上，当液压缸3动作时，推动着摇架连同炉体沿导轨倾动，为防止倾动时摇架滑动，在导轨上钻有许多销孔，同时在弧形板上相应地装着短销7。液压缸3现多为单向柱塞缸，为防止炉渣等损坏密封、方便维修，此液压缸封闭端在上面，缸体与摇架铰接，柱塞与基础铰接。

当炉子处于水平原位装料时，摇架以至整个电炉应采用其他支承或锁紧装置来增加炉子的稳定性。如图6-7采用支承装置1，使炉子处于四点支承状态，炉子倾动时，此支承装置用液压缸带动使之脱开。

二、倾动机构设计计算

1．倾动力矩　其计算式为：

$$M=M_K+M_y+M_m \tag{6-1}$$

式中　M_K——空炉力矩，即炉子倾动部分自重对倾动中心的力矩；

M_y——炉液力矩；

M_m——弧形板与导轨接触处摩擦力矩。

（1）空炉力矩M_K其计算方法与转炉类似，在此不予赘述。计算时，电极的位置应按提升至极限位置来考虑。为减轻负荷，有的厂仅以倾炉时，电极下端提升至不与钢水接触的高度来考虑。

（2）炉液力矩M_y　电炉炉膛为圆柱-圆截锥形，因此钢水力矩的计算，除参照转炉的计算方法外，还可按下述简化计算方法进行。在倾炉过程中，钢水的重量及其重心对瞬时倾动中心的距离都是变化的，计算时先将熔池中金属体积V_y折算成等容积的球冠（按

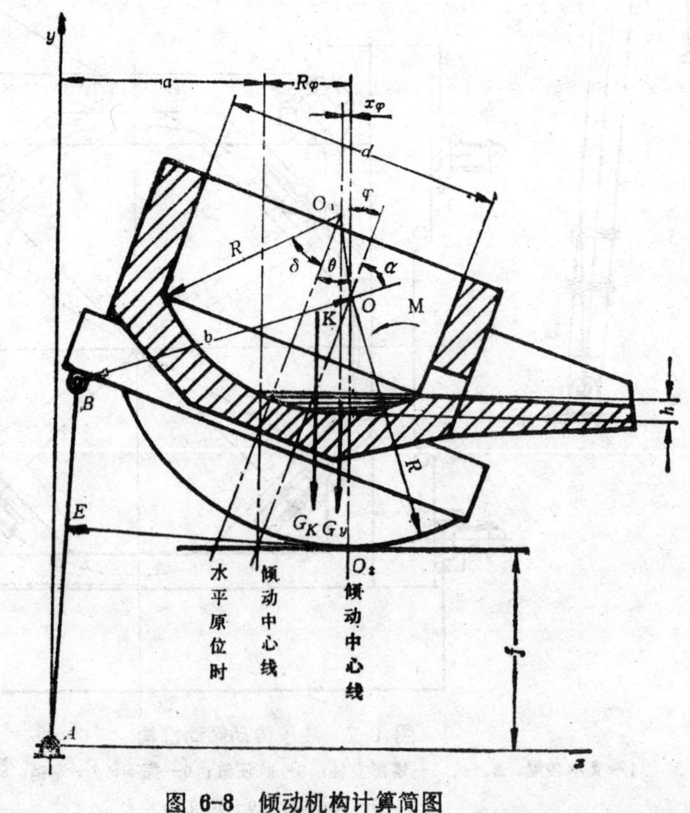

图 6-8　倾动机构计算简图

球冠底的直径等于熔池直径进行）如图6-8所示，因此可按下式计算钢水重力

$$G_y=V_y\cdot\gamma=3.14h^2\left(R_1-\frac{h}{3}\right)\cdot\gamma\ (\mathrm{N}) \tag{6-2}$$

式中 R_1——球半径（m）；

h——球冠高（m）；

γ——钢水密度（N/m^3）。

由图6-8可知炉子倾至φ角时，钢水深度为：

$$h=R_1[1-\cos(\delta-\varphi)]$$

式中δ为钢水初始位置（到出钢口）球冠中心角的半值（°）。

将h值代入公式（6-2），则得到倾炉时钢水重力与倾角的关系式：

$$G_y=10.3R_1^3[1-\cos(\delta-\varphi)]^2[2+\cos(\delta-\varphi)]\cdot\gamma\ (\mathrm{N}) \tag{6-3}$$

当倾炉时，钢水总是水平且其重心处于球冠的对称轴上，所以没有必要求出钢水重心的确切位置，只要求出重心铅垂线与弧形板中心铅垂线之间的距离x_φ即可（即钢水力矩的力臂），若电炉处于初始水平位置时，球冠中心O_1与弧形板中心O的距离为e，则$x_\varphi=e\cdot\sin(\theta\pm\varphi)$，其中$\theta$为$OO_1$与炉体中心线的夹角，“－”号用于前倾出钢，“＋”号用于后倾出渣，由此得

$$M_y=G_y\cdot e\sin(\theta\pm\varphi)\ (\mathrm{N\cdot m}) \tag{6-4}$$

（3）摩擦力矩M_m：

$$M_m=(G_K+G_y)\cdot k\ (\mathrm{N\cdot m}) \tag{6-5}$$

式中 G_K——空炉时炉子倾动部分的重力，N；

k——变形臂，取$k=\frac{C}{2}$。

按赫茨理论，圆柱形扇形板与直轨的接触面宽度的半值：

$$C=3.26\times10^{-6}\sqrt{\frac{P\cdot R}{h_1}}\ (\mathrm{m}) \tag{6-6}$$

式中 P——弧形板上的载荷(N)；

R——弧形板半径(m)；

h_1——弧形板与导轨接触宽度(m)。

2．倾动液压缸设计计算

（1）推力由倾动力矩M可求得液压缸所需的推力

$$F=\frac{M}{l}\ (\mathrm{N}) \tag{6-7}$$

式中 l——力臂，即瞬时倾动中心O_2到液压缸轴线的距离，m。

现求力臂。设液压缸与基础铰链中心A为坐标原点，建立坐标系。B点为液压缸与摇架平台铰链中心，其坐标为：

$$B_x=a+R_\varphi-b\sin(\alpha+\varphi)\quad(\mathrm{m}) \tag{6-8}$$

$$B_y=R+f-b\cos(\alpha+\varphi)\quad(\mathrm{m}) \tag{6-9}$$

式中 a——电炉处于水平初始位置时，弧形板中心O的水平距离（m）；

R——弧形板半径(m)；

f——A点到导轨面距离(m)；

b——B点到弧形板中心的距离(m)；

α——电炉处于水平初始位置时，直线$\overline{BO}$与垂直线的夹角。

过A、B二点的直线（液压缸轴线）方程为：$\frac{B_x-x}{B_x}=\frac{B_y-y}{B_y}$，整理得$B_x\cdot y-B_y\cdot x=0$。

瞬时倾动中心O_2点坐标为$x_0=a+R_\varphi$，$y_0=f$，经此点到AB直线的距离l为：

$$l=\frac{B_y\cdot x_0-B_x\cdot y_0}{\sqrt{B_x^2+B_y^2}}\quad(m)\tag{6-10}$$

按不同的倾角φ，分别代入（6-8）、(6-9)、(6-10)及（6-7）式可计算出所需推力F。

（2）液压缸的行程L　液压缸的行程L可用下式计算：

$$\begin{aligned}L&=\overline{AB'}-\overline{AB''}\\&=\sqrt{[a+R_{\varphi1}-b\sin(\alpha+\varphi_1)]^2+[R+f-b\cos(\alpha+\varphi_1)]^2}-\\&-\sqrt{[a+R_{\varphi2}-b\sin(\alpha+\varphi_2)]^2+[R+f-b\cos(\alpha+\varphi_2)]^2}\end{aligned}\tag{6-11}$$

式中AB'、AB''为炉子倾至前、后倾极限位置时（φ_1、φ_2为相应的前、后倾角）液压缸铰链点间的距离。

也可用作图法确定液压缸的行程。

3．倾动机构主要结构参数的确定　由上述计算公式可看出，在电炉其他机构、位置确定后（相应地确定了摇架平台的结构尺寸、空炉重心与炉体中心的位置），倾炉液压缸的推力、行程取决于：弧形板中心、空炉重心间的相对位置（可用二心在垂直面投影点的连线及此线与铅垂线的夹角来表示）；弧形板半径；液压缸铰链点A与弧形板中心相对位置（图6-8中$f+R$，a）。而铰链点B受摇架平台、炉子操作平台限制，可预先定出。因此它与弧形板中心的相对位置可不作为结构参数。

在倾动角度一定的情况下，适当地减小弧形板半径，可带来一系列好处：炉体移动量小，即出钢槽移动量小，盛钢桶易于接受钢水，便于操作；可缩短水冷电缆的长度，因而可缩短二次回路（亦称电炉短网，包括从炉用变压器二次线圈到电炉溶池间的整个供电系统），电炉的电参数更为有利（为达到这一目的，有的大型电炉甚至采用30°的前倾角或改为炉底出钢）；液压缸行程小，一方面便于制造液压缸，另一方面还使基础变浅，降低建造费用。

为保证安全，防止炉子倾翻，设计时需满足：炉子（倾动部分、炉液等）的重心始终在倾动侧。当倾炉液压缸为柱塞缸时，则更要求：前倾至极限位置时，空炉重心仍在倾动侧，靠空炉自重能回倾至后倾极限位置。

用优化方法来确定这些参数时，还需考虑以下约束条件：空炉力矩大于炉液力矩、摩擦力矩、克服液压缸回油压力所必须的附加力矩之和；弧形板许用接触应力；铰链点A与基础、导轨间的限界；液压缸推力的水平分力小于弧形板、导轨间的摩擦力；弧形板半径与摇架平台间的限界尺寸等。

三、炉体回转机构

按操作需要，有的电炉还配置了炉体回转机构。图6-9为75t电炉的回转机构，液压缸5及定滑轮组1、9均置于摇架平台上，液压缸活塞固定在长活塞杆3上，活塞杆两端分别铰接着动滑轮2、7，两根钢丝绳4、6分别绕过这两个动滑轮组，钢绳的一端固定在炉壳

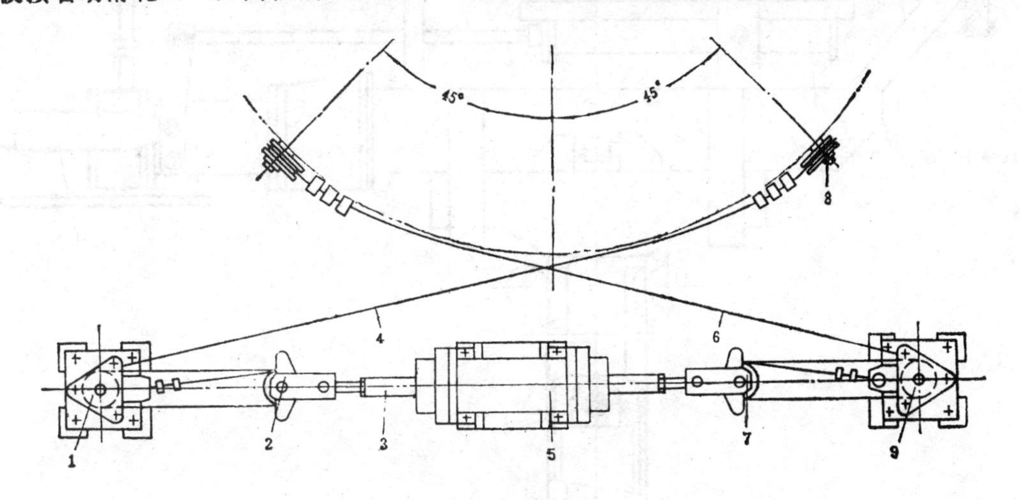

图 6-9 炉体回转机构

1、9—定滑轮组；2、7—动滑轮组；3—活塞杆；4、6—钢丝绳；5—液压缸；8—绳端固定装置

（图中以假想线示出）上，另一端固定在定滑轮组座上。当需要回转炉体时，提起炉盖、电极，使液压缸动作，左边的动滑轮2向左运动，使钢丝绳4放松，与此同时右边动滑轮7也向左运动，使钢丝绳6张紧并带着炉体在托轮上按逆时针方向回转。其回转角度为±30°。

这种回转机构适用于整体吊换炉壳。因钢丝绳处于炉壳附近，温度较高，易损坏。

设置回转机构的主要目的是为了加速炉料熔化。随着炉料的熔化，电极从炉料上部逐渐伸向炉底，而使炉料形成“井”。有了回转机构就可多打几口“井”，以改善炉料加热，加速熔化。但这一效益与炉料状况（轻型废钢或大块废钢）有关。当回转炉体时，必须停止供电、提起电极和炉盖，此时不但不能达到加速熔化的目的，反而增加了热损失。此外，还增加了整体吊换炉体的麻烦。所以是否设置回转机构还有待于实践验证。

第三节 电极装置

每座电炉装有三套电极装置。它们都装在框架（见图6-1中13）中，依电炉的装料系统不同，此框架可以是旋转的、移动的或固定的。有的小容量电炉则将电极装置直接固定在炉壳上。

电极通过装于炉盖中央部位的三个电极密封圈而伸入炉膛内。电极的分布既要能均匀地加热熔化炉料，又不致使炉衬产生过热。通常把它们布置在等边三角形的顶点上，且中间电极处于距电炉变压器最近的那个顶点上。三角形的外接圆称为电极分布圆，其直径一般为熔池堤坡直径的0.25～0.30倍。

电极装置的作用是夹紧、放松电极；输送电流；升降电极。

图6-10为75t炉盖旋开式电炉的电极装置简图。它包括：电极夹持器（亦称电极把持器，由夹头本体、夹紧操纵机构等组成），电极升降系统（横臂、立柱、升降液压缸等）。

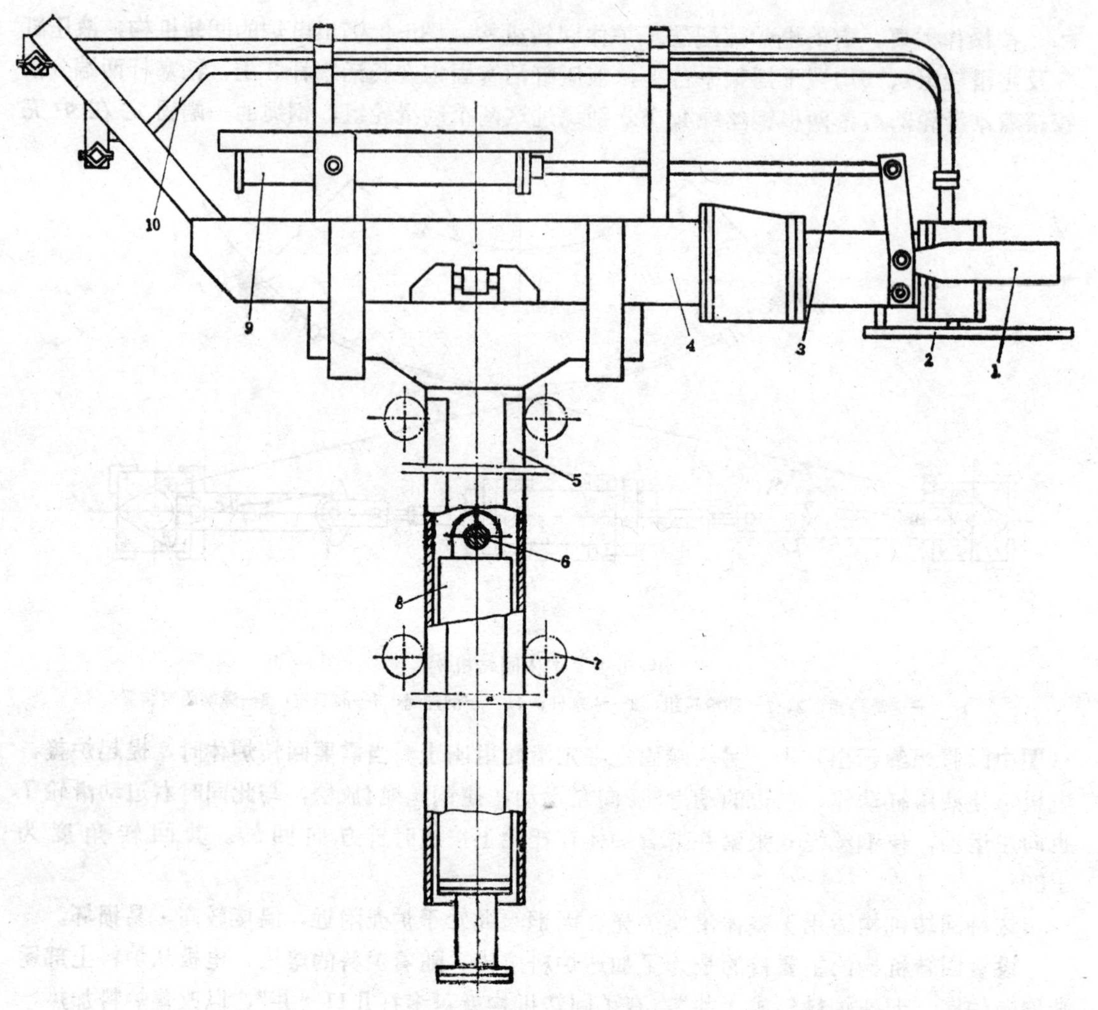

图 6-10 电极装置简图

1—电极夹头；2—挡焰水套；3—操纵杠杆系统；4—横臂；5—立柱；6—铰链；7—导向轮；8—升降液压缸；9—电极放松气缸；10—水冷导电铜管

电极装置是电炉的重要部件，直接关系到电炉工作的好坏。在整个冶炼过程中，电极的上下位置需随时而又准确地进行调节，以适应炉况的变化，而电极的自动调节效果取决于选用先进的自动调节系统以及合理设计电极装置的结构。电极装置的工作条件是极其恶劣的：它工作在炉子高温区，受到强烈的热辐射，其上的导电部件（导电铜管，水冷电缆等）通着强大的电流，使许多铁磁构件受到感应磁场的强烈影响，同时由于“短路”时电流冲击，使挠性水冷电缆以至整个电极装置经常产生强烈振动。因此电极装置的结构应具有很大的系统刚性；可靠而又合理的绝缘，电磁感应最小；安装、调节、维修方便；某些零、部件需通水冷却。

一、电极夹持器

电极夹持器的作用是夹紧电极，在电极消耗些后又能松开夹头放下电极；输送电流，电流经水冷导电铜管、夹头本体传给电极。

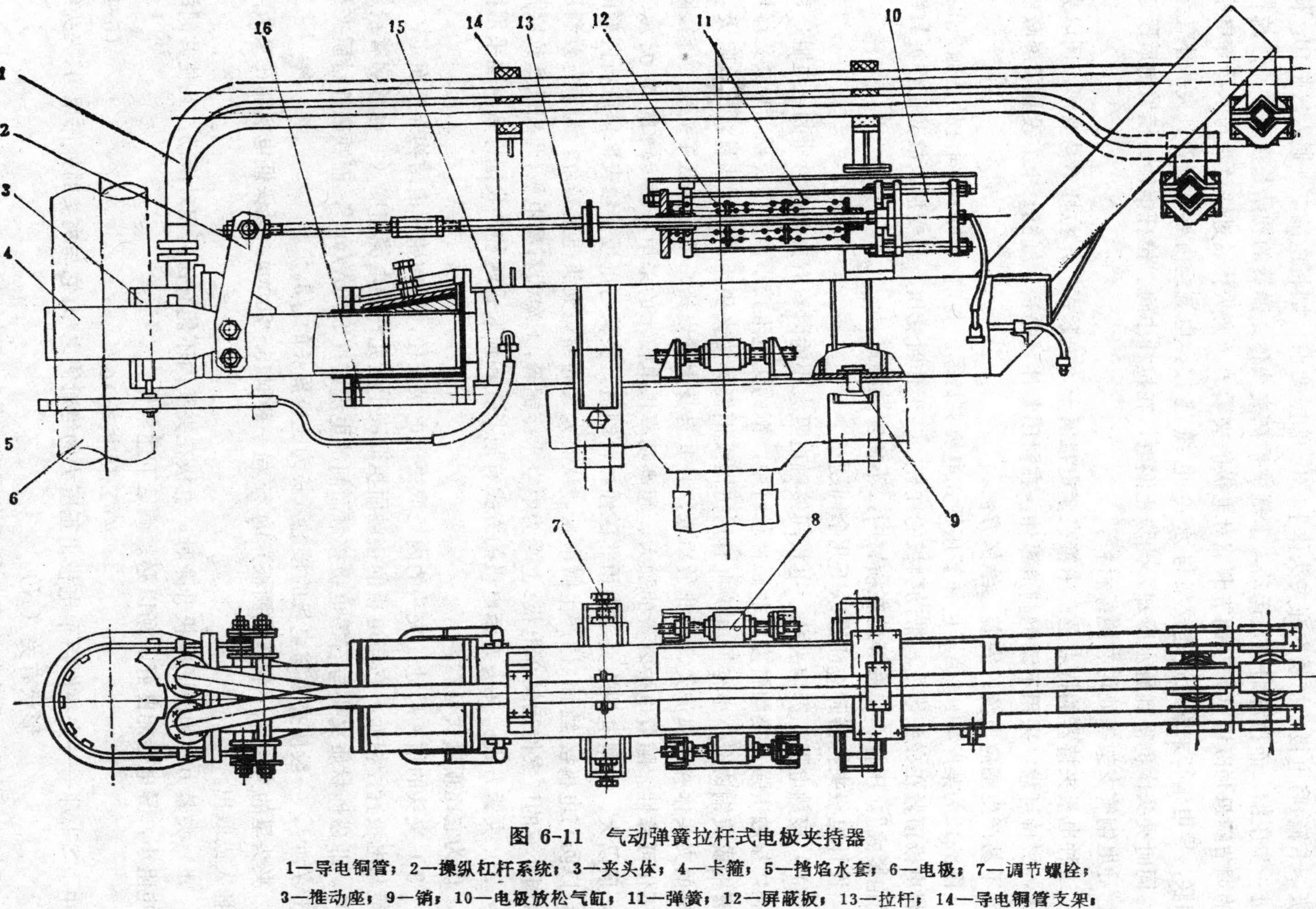

图 6-11 气动弹簧拉杆式电极夹持器

1—导电铜管；2—操纵杠杆系统；3—夹头体；4—卡箍；5—挡焰水套；6—电极；7—调节螺栓；8—推动座；9—销；10—电极放松气缸；11—弹簧；12—屏蔽板；13—拉杆；14—导电铜管支架；15—横臂后段；16—横臂前段

图6-11为75 t 电炉的电极夹持器，属于抱紧式气动弹簧拉杆电极夹持器。它依靠弹簧11压缩后产生的张力，将拉杆13向右拉，通过杠杆系统2将卡箍4拉向夹头体3而夹紧电极，卡箍4将电极“抱紧”在夹头体上。松开电极时，则将压缩空气通入气缸10，使弹簧进一步压缩，而拉杆则向左运动，卡箍被推离夹头体。弹簧的初始长度可以通过拉杆中间的调节螺母加以调整，以调节卡箍对电极的夹紧力。夹头体通过法兰盘与水冷导电铜管1相联，导电铜管末端通过连接架与水冷电缆连接，电流经由导电铜管、夹头体传至电极，同时夹头体也得到通水冷却。为防止漏电，在拉杆中间、拉杆销轴、横臂前后段连接处、导电铜管支架等处均有绝缘材料。

这种电极夹持器的特点是：卡箍夹紧电极属于“抱紧式”，拉杆不易变形，所以夹紧力大，夹持可靠；采用不锈钢制造零件，在封闭零件（弹簧、气缸）上方设置了屏蔽板，因而不易产生感应电流；安装、维修方便。

图6-12为某厂40t电炉液压弹簧压杆式电极夹持器。与前一种的不同之处是颚板2以推力将电极顶紧在夹头体上。带动颚板的杠杆、在工作时受压，易变形，故其工作可靠性不如“抱紧式”。压杆、弹簧等装在横臂内，不便安装维修。

设计电极夹持器时应注意以下几个问题：

1）接触电阻：影响夹头、电极间接触电阻大小的因素有夹头体材质的比电阻；表面状态；接触压强及接触温度。非磁性材料中，铜的比电阻较小，所以长期以来夹头体均采用青铜或黄铜铸造。小容量电炉也有用铸钢或钢板焊接夹头体，但这些材料比电阻大，所制成的夹头体感应涡流大，因此效率低，且其自身大量发热，从而降低了夹头的连接刚度及工作可靠性。随着电炉容量的加大、超高功率供电技术的采用，使传输的电流愈来愈大，所以大、中型电炉的夹头均用非磁性材料制造。夹头与电极接触表面需进行良好的加工，以防与电极接触面上产生微电弧，从而大大的缩短夹头使用寿命。为了有效利用电能，国外有的厂家使用复合电极：上端为中空水冷铜管，下端为石墨电极，两端以螺纹联接。

2）夹紧方式：夹头夹紧电极的方式有抱紧式和顶紧式两种。我国许多单位采用抱紧式，认为它比顶紧式可靠。

3）夹头的结构尺寸：夹头的内径取决于电极直径，径向壁厚由结构强度而定，高度一般与电极直径相近。它与电极的接触面积取决于所允许的电流密度（它也影响着接触电阻）。非磁性材质夹头与石墨电极接触面间的电流密度取$10A/cm^2$，而铁磁性材质夹头则为$6A/cm^2$，一般使夹头与电极的接触弧长为电极周长的1/3。

夹头里的夹持件（卡箍或颚板）的行程一般取15～20mm，以保证电极能在夹头内自由插入或取出。

4）夹紧力：为保证电极升降时，电极在夹头内不能有任何相对滑动，且使其间的接触电阻小，导电性能良好，所以必须满足下述条件：

$$\mu\cdot\Sigma|N|\geqslant n\cdot G' \qquad (6-12)$$

式中 $\Sigma|N|$——夹头作用于电极上正压力的绝对值之和，它与夹头的外作用力、夹头结构形状有关（N）；

G'——引起电极滑动的力，包括电极重量及加速时的惯性力（N）；

μ——电极与夹头间的静摩擦系数，一般取0.10～0.15；

n——考虑夹头与电极之间的实际接触状态、温度影响、弹簧刚度误差、使用后会产

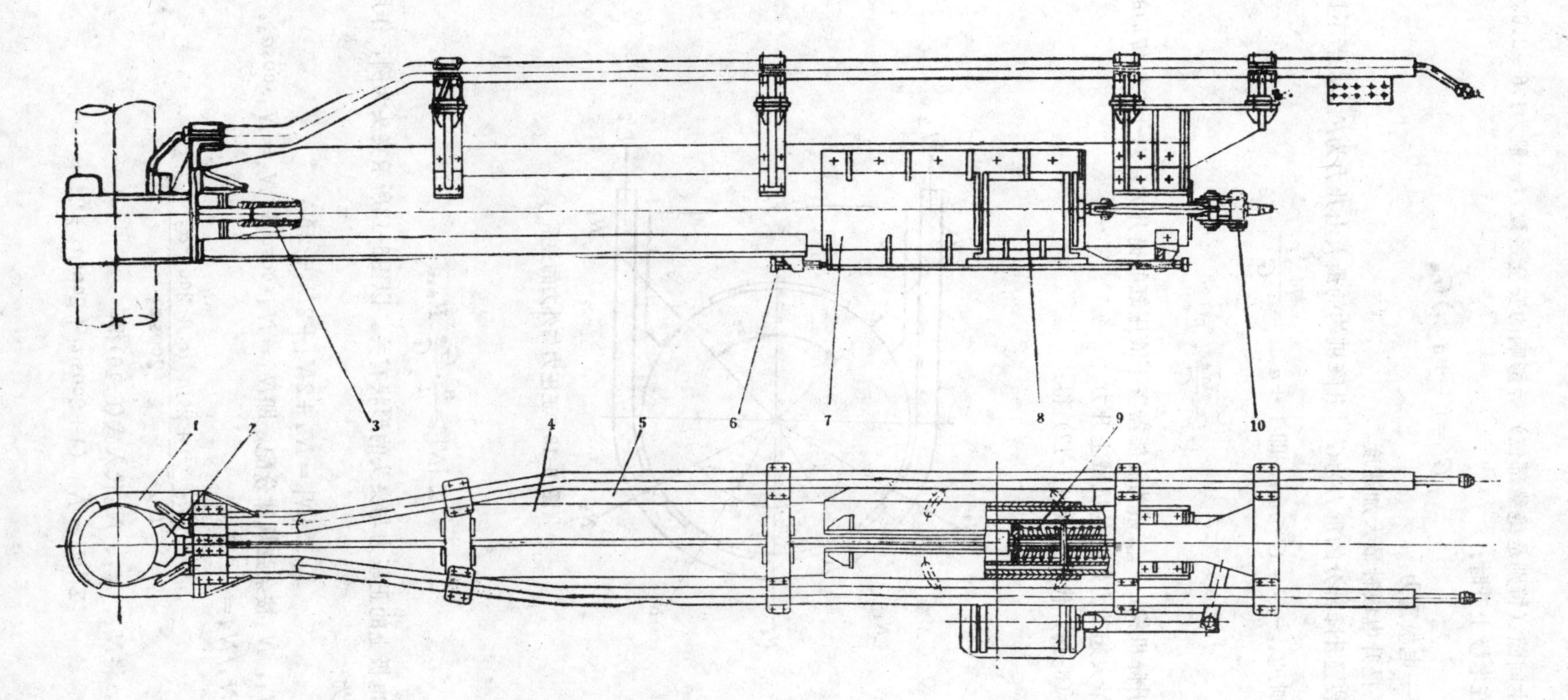

图 6-12 液压弹簧压杆式电极夹持器

1—夹头体；2—颚板；3—管式压杆；4—管形横臂；5—导电铜管；
6—调节螺栓；7—座杆；8—液压缸；9—弹簧；10—杠杆系统

生间隙（特别是绝缘部位）等影响的安全系数，一般为1.6～2.0。

显然，在电极上升时：

$$G' = (1 + a_{max}) G_{电} \tag{6-13}$$

式中 $G_{电}$——电极重力；

a_{max}——提升电极时最大加速度。

设电极装置升降部分的重力为G，升降机构的最大上升力为F_{max}，若不计升降机构的摩擦影响，则$F_{max} - G = G \cdot a_{max}$，即$1 + a_{max} = \frac{F_{max}}{G}$，

所以

$$G' = \frac{G_{电}}{G} \cdot F_{max} \tag{6-14}$$

对液压升降机构，F_{max}系为储能器压下液压缸的提升力；对于电机传动的升降机构，则为电动机最大起动力矩时的机械上升力。

将公式（6-14）代入公式（6-12）得：

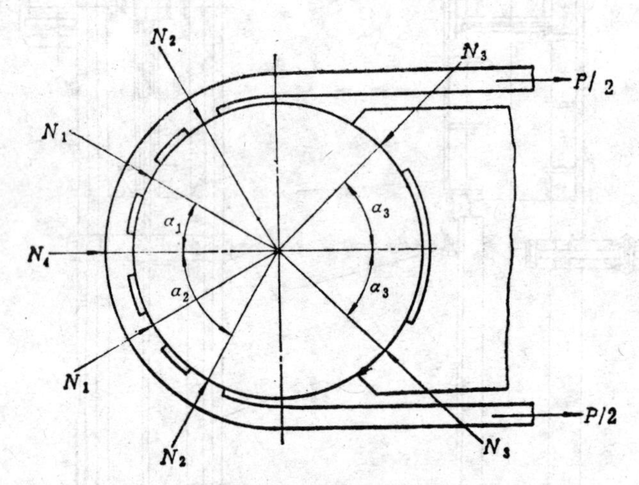

图 6-13 正压力与外力的关系

$$\Sigma |N| \geqslant \frac{n}{\mu} \cdot \frac{G_{电}}{G} F_{max} \tag{6-15}$$

作用在电极上的正压力与夹头的形状有关。以图6-13所示夹头为例，作用在电极上正压力的总和为：

$$\Sigma |N| = N_4 + 2N_1 + 2N_2 + 2N_3 \tag{6-16}$$

假定N_4，N_1，N_2按余弦规律分配，即$N_1 = N_4 \cdot \cos\alpha_1$，$N_2 = N_4 \cdot \cos\alpha_2$。对电极取力平衡，并令$N_3/N_4 = \xi$，有

$$\frac{N_3}{N_4} = \frac{1 + 2\cos^2\alpha_1 + 2\cos^2\alpha_2}{2\cos\alpha_3} = \xi$$

$N_3 = \xi \cdot N_4$。将N_1、N_2、N_3代入式(6-16)得

$$\Sigma |N| = N_4 (1 + 2\cos\alpha_1 + 2\cos\alpha_2 + 2\xi) \tag{6-17}$$

又对卡箍取力平衡，可得

$$P=N_4\ (1+2\cos^2\alpha_1+2\cos^2\alpha_2) \tag{6-18}$$

由式（6-16）、（6-18）、（6-19），可求出所需夹紧力：

$$P\geqslant\frac{G_{电}}{G}\cdot\frac{n(1+2\cos^2\alpha_1+2\cos^2\alpha_2)}{\mu(1+2\cos\alpha_1+2\cos\alpha_2+2\xi)}\cdot F_{max} \tag{6-19}$$

二、电极升降系统

1．横臂和立柱　图6-10、图6-11示出了75t电炉的横臂及立柱。夹头装在横臂的前端，横臂上装有水冷铜管、夹持操纵机构。横臂放在立柱顶端钢板上。钢板上开有长圆孔，销轴9通过横臂底板插入此长圆孔中。横臂焊有四条“腿”，腿的下端用螺栓紧固一短梁，组成两个“凵”形框架，卡着立柱顶部伸臂，再用螺钉顶紧，使横臂与立柱成“「”形刚性固接在一起。横臂二侧还焊有两个推动座8，推动座的底座焊在立柱顶端钢板上。

立柱可沿装在框架上的16个导轮（见图6-1）升降。因而把这种形式的立柱称为升降式立柱。

此种形式的横臂可以在空间任一方向上调节：调整螺栓7使横臂可挠销轴9转动，以实现横臂的水平偏角调整；调整推动座8的螺杆，以实现横臂长度调整；通过16个导轮偏心轴的调整，以实现横臂与水平面夹角、横臂挠其轴线偏转及两个方向的平移微调；再加上横臂升降。所以它具有三向移动和三向转动调整，可以灵活、方便地将电极调整到所需要的位置。

这种横臂、立柱还具有以下特点：矩形断面的横臂分为两段，前段插入后段，用许多螺柱从二个方向顶紧两段间的钢板，使之固紧，前、后段钢板间衬有绝缘材料，使后段不带电，从而可以使这个主要绝缘部位离高温区较远，提高了绝缘可靠性，增加了系统刚性；有足够的空间考虑导电铜管布置；整个电极装置的高度较低，炉子高度较小；导电铜管附近的封闭构件有屏蔽板，因而电磁感应损失少；设有挡焰水套，提高了夹持可靠性。

图6-12所示的横臂为圆管形，主要绝缘部位在横臂与立柱连接处，因而整个横臂带电，增加了耗电量，且因零、部件通电发热，影响了系统刚性及工作可靠性。

图6-14为苏联80t电炉电极装置，立柱4固定在框架上，而不能升降，故称为固定式立柱。圆形横臂17装在台车6上，此台车可沿着立柱升降，所以这种形式又可称为台车式电极横臂。此台车装有16个导轮18，导轮是装在偏心轴上以实现电极调整。导电铜管14从立柱两侧对称地引向电极夹头体，使立柱内的感应磁力线因对称而抵消一部分。为增加立柱的刚性，三根立柱的上部是联接在一起的，因而形成了封闭磁路，为此三根立柱上部联接处应垫以非磁性材料或用非磁性材料联接。为减少电机功率，采用了平衡重。

此种结构的优点是升降部分重量轻，结构轻便。但炉子总高度比较高，需增加厂房高度，导电铜管布置也较困难。

2．电极升降机构　冶炼过程中，随炉况变化需频繁地调节电极与炉料间的相对位置，以缩短熔化时间，减少电能和电极损耗，使电炉在高效率下工作。为此，对电极升降机构提出以下要求：

1）合适的升降速度，且能自动调节。在熔化期炉料塌料时，能迅速提起电极，减少断电器跳闸次数。但提升速度又不能太快，太快易引起系统振动，延长过渡时间。液压控制的提升速度一般取0.08～0.10m/s，离合器控制的取0.03～0.05m/s。下降速度要慢一些，以免电极插入炉料或钢水中，产生短路，引起钢水增碳。在装料及事故情况下，用“手

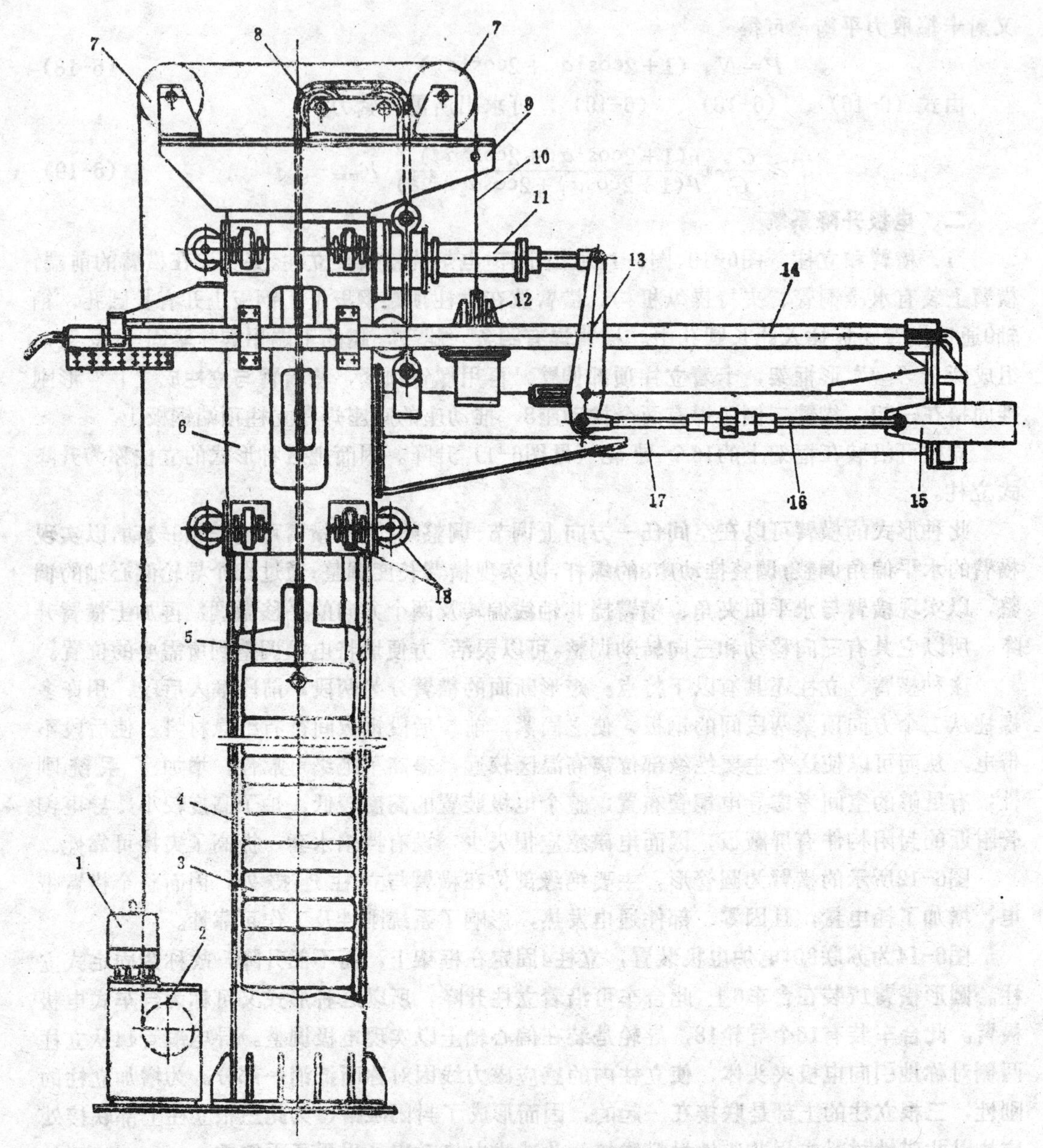

图 6-14　台车式电极横臂

1—电动机；2—减速器及卷筒；3—平衡重；4—立柱；5—链条；6—移动台车；7—滑轮；8—链轮；9—滑轮平台；10—钢绳；11—气缸；12—动滑轮；13—杠杆；14—导电铜管；15—电极夹头；16—拉杆；17—横臂；18—导轮

动”快速提升电极。

2）启、制动快，过渡时间短。这是衡量调节装置对电流变化反应快慢的一个指标，为此系统的惯性越小越好。启、制动时间一般取0.1～0.2s。

3）系统应处于稳定调节。系统因弹性会产生振荡（停位不准）。为此，设计时应使其振荡为阻尼振荡，且振荡次数应在二次以内，所以系统应具有最小的质量，良好的刚性。

电极升降机构现多采用液压传动（图6-10中8）。液压缸多为柱塞缸。为使密封不易损坏，便于检修，此液压缸的柱塞固定在框架的下端，而缸体通过铰链9与立柱连接。它具有系统惯性小；启、制动快；运转灵活、操作方便等优点。

为防止检修设备时，电极装置的重量压在电极上，设置了立柱定位装置（图6-1中18，固定在框架上）。立柱上开有一些圆孔，气缸带动的定位销轴可插入圆孔中，使立柱固定不动。

也有用电机传动的升降机构，如图6-14所示。其传动件为钢绳。虽然电机传动具有控制系统较简单、可靠的优点，但比较笨重，控制精度不高。因此已不太采用。

电极升降的行程h可按下式确定：

$$h = h_1 + h_2 + (100 \sim 150) \quad (mm) \qquad (6\text{-}20)$$

式中 h_1——炉子工作室高度（包括炉盖拱高、炉盖厚）（mm）；

h_2——熔炼2～3炉钢水电极所需储备的长度（mm）。

综上所述，由于对电极装置的刚性有很高的要求，因此既要注意选用合适的材料制造系统的零、部件，更要注意这些零、部件间的联接刚度，电极升降时的运动精度，并尽可能缩短横臂的长度。

第四节 炉顶装料系统

炉顶装料是将炉料装于料筐内，用料筐由炉顶装入炉内，其优点是：

1）缩短装料时间，提高炉子生产能力，降低耗电量；

2）改善工人劳动条件；

3）减少废钢处理工作，大块废钢、松散炉料均可装入炉内；

4）比炉门装料能更好地利用炉膛空间，实现合理布料。

要实现炉顶装料，就必须使炉盖与炉体能产生相对水平位移，将炉膛全部露出。为此有三种办法：炉盖旋开，炉体开出和炉盖开出。因炉盖开出时的振动会波及炉盖、电极，已较少应用。无论采用哪种形式，其结构上必须使电极、炉盖既能与炉体同时倾动，又能与炉体产生相对水平位移。

一、炉盖旋开式

炉盖旋开式电炉日益广泛地得到采用，因为它具有设备重量轻、造价低，制造较容易；占厂房面积小，车间布置合理；旋开炉盖的时间短，装料时间短；振动小，炉盖、电极使用寿命较长等优点。就炉盖旋开机构与摇架的关系，有以下两种形式：

1．基础分开的炉盖旋开式炉顶装料系统（参见图6-1）炉盖升降旋转机构（图6-1中12）安装在独立的基础上，与炉子摇架没有直接联系。

此系统由二部分组成：旋转框架；炉盖升降旋转机构，如图6-15所示。

“「”形旋转框架8经由吊梁9上的吊具10吊着炉盖。旋转框架的下方刚性连接着电极立柱支架12，三套电极装置的立柱就放置在此支架中。此框架通过三个不同水平面、垂直面的支承座11，放置在摇架的塔形立柱（图6-7中2、4、5）上。

炉盖升降旋开机构有二个液压缸：升降液压缸1和旋转液压缸15。升降液压缸固定在壳体4的下部，其柱塞即为立轴3的下段，立轴的上段为顶头，并装有凹形托块5，顶头与凹形托块分别与旋转框架上的锥形钢套7及凸形托块6相配。立轴的中段上有长键槽。壳体4通过底座固定在基础上，其上有二个轴承，立轴在此二轴承内既能升降，又能旋转。旋转

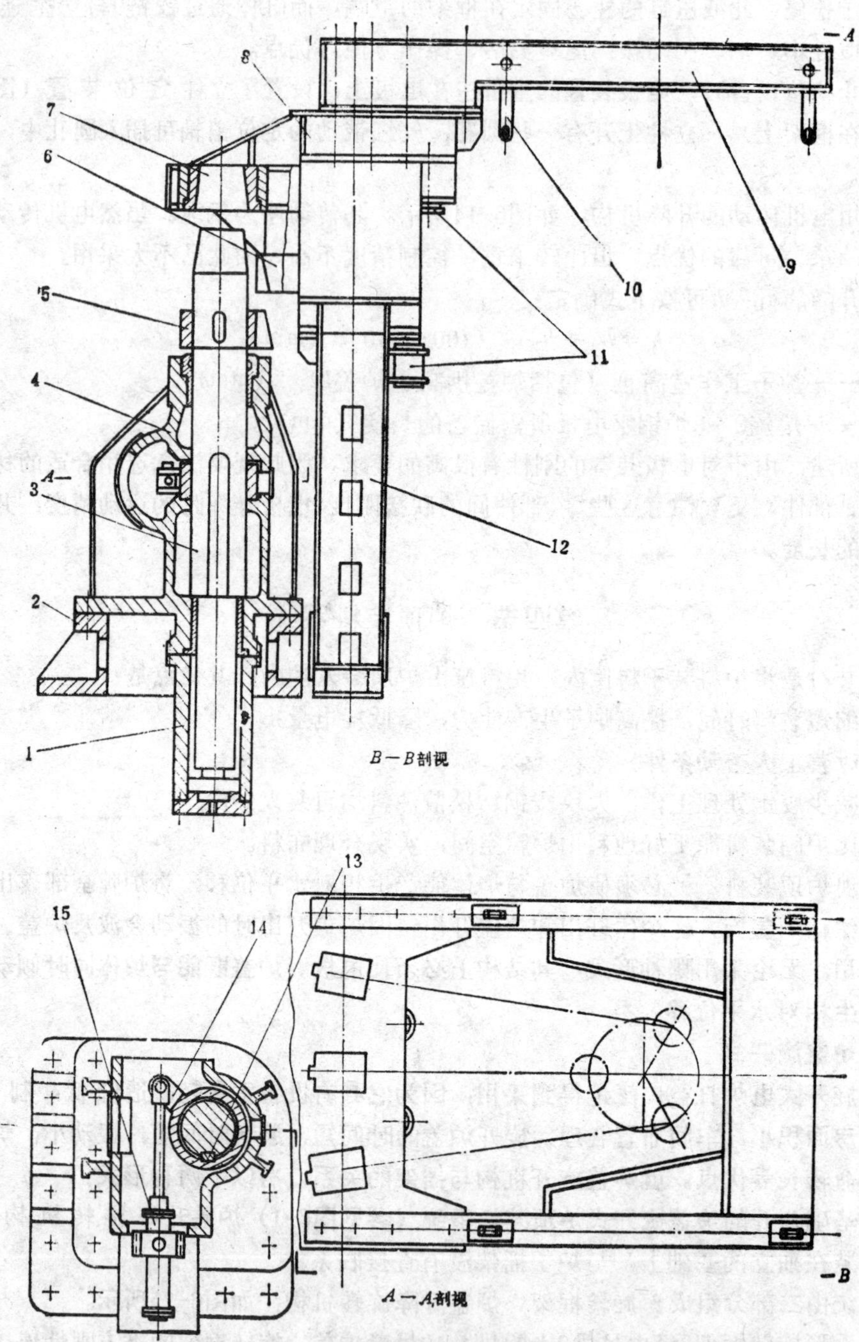

图 6-15 75t电炉炉盖升降旋转机构及旋转框架

1—升降液压缸体；2—底座；3—立轴；4—壳体；5—凹形托块；6—凸形托块；7—锥形钢套；8—"厂"型旋转框架；9—吊架；10—炉盖吊具；11—支承座；12—电极立柱支架；13—键；14—推杆；15—旋转液压缸

液压缸水平地铰接在壳体中部，其活塞杆与推杆14铰接，推杆上固定着滑键13。

需旋开炉盖时，首先升降液压缸动作，立轴上升，立轴通过顶头、凹形托块将旋转框架顶起，从而带着炉盖、电极装置一起上升，上升至一定高度（20～75t电炉的上升高度为420～450mm）后，炉盖、整个电极装置与炉体脱离，旋转框架也脱离了摇架上的塔形立柱。然后旋转液压缸动作，活塞杆通过推杆，键使立轴带着旋转框架转动。当旋转角度达75°～78°时，炉膛全部露出。倾动炉体前，旋转液压缸及升降液压均回复原位，即旋转框架支承在摇架的三个塔形立柱上，并与立轴脱离，炉盖盖在炉体上。当倾动液压缸动作时，支承在摇架上的炉体、炉盖、旋转框架及整个电极装置随摇架一起倾动。

这种结构的优点是：炉盖旋开后，炉盖、电极装置与炉体无任何机械联系，所以装料时的冲击震动不会波及炉盖和电极，因而它们的使用寿命较长；炉盖旋开后，整个旋开部分有其自身的基础，所以电炉的稳定性问题就显得比较简单，即旋开后所产生的较大偏心载荷与摇架无关。但由于此基础是独立的，而又要求与旋转框架间有较准的距离，因此对电炉的设计、施工安装要求较高。

这种形式的电炉为全液压式，应用较广，在国外其容量已达200t。

2．整体基础的炉盖旋开式炉顶装料系统（图6-16） 其特点是炉体、电极装置、炉盖升降旋转机构全部设置在巨大而又坚固的摇架平台20上。旋转框架5上装有炉盖提升机构4、电极立柱导轮23及立柱锁定装置。此旋转框架固定在旋转框架平台21上，平台下面有炉盖旋转机构，旋转框架平台可在摇架上转动。

炉盖旋转机构如图6-17所示。此机构的特点是使用了交叉滚柱轴承，它由外圈1、上内圈4、下内圈6及交叉配置的滚柱13所组成。轴承组装好后，用双头螺栓12把内圈固定在摇架平台的环11上，双头螺栓2把外圈固定在旋转框架平台板7下面的环3的下面，旋转框架平台下面还用双头螺栓8固接着一根转轴9，此转轴由铰接在摇架上的旋转液压缸10（即图6-16中19）驱动。当液压缸动作时，经由曲柄使转轴转动，从而使旋转框架带着炉盖、电极转动。

这种形式的电炉还有几个锁定、支承装置（见图6-16)。它们的作用是：旋开炉盖前，除提起炉盖外，还需打开锁紧装置26，当旋转液压缸动作时，旋转框架才能旋转。当炉盖旋开到极限位置时，旋转框架平台上的支座27便支承在支柱17上，以免吊换炉体时，产生侧向倾翻。炉盖旋开后、装料前，还要启动摇架锁定装置10，使摇架弧形板与导轨连在一起，以免炉子受装料时的冲击而产生倾动。需倾动电炉时，使旋转框架回到原位，放下炉盖，打开摇架锁定装置，并使锁紧装置26锁紧，使旋转框架与摇架平台重新锁在一起，以免旋转框架在倾炉时产生移动。导轨上装有限位装置11，以免炉子倾动过头。

这种结构的优点是结构简单、制造容易。但装料时的冲击会波及炉盖、电极，影响它们的使用寿命。但其优点突出，所以此种结构形式的电炉容量现已达320t。

采用这种结构时，需慎重考虑防止炉子侧向倾翻的问题。因炉盖旋开机构配置在摇架上，当炉盖旋开后，特别是在炉体吊走时，炉子重心位置变化很大，炉子有可能侧向倾翻。为此除慎重考虑二个弧形板相对于炉体的位置外，还需考虑采用其他支承结构或装置。如摇架增设一个辅助弧形板；旋转框架下面增设一个滚轮，与之相应地在基础上有水平环形轨道，当炉盖旋开一定角度后，滚轮与水平环形轨道接触，使旋开部分的重量支承在水平环形轨道上。图6-16采用的是前述支座、支柱装置。

图6-18是整体基础的炉盖旋开式电炉的另一种结构的示意图。它是80t电机驱动电炉所采用的形式。炉盖旋开机构也是装在摇架上，与前一种形式不同之处是整个旋开部分支承在旋转立柱25上，此立轴安装在摇架平台的轴承组27、28中，立轴上固定着扇形齿轮29，炉盖旋转的驱动机构固定在摇架平台上。当需要旋开炉盖时，炉盖、电极分别由其升

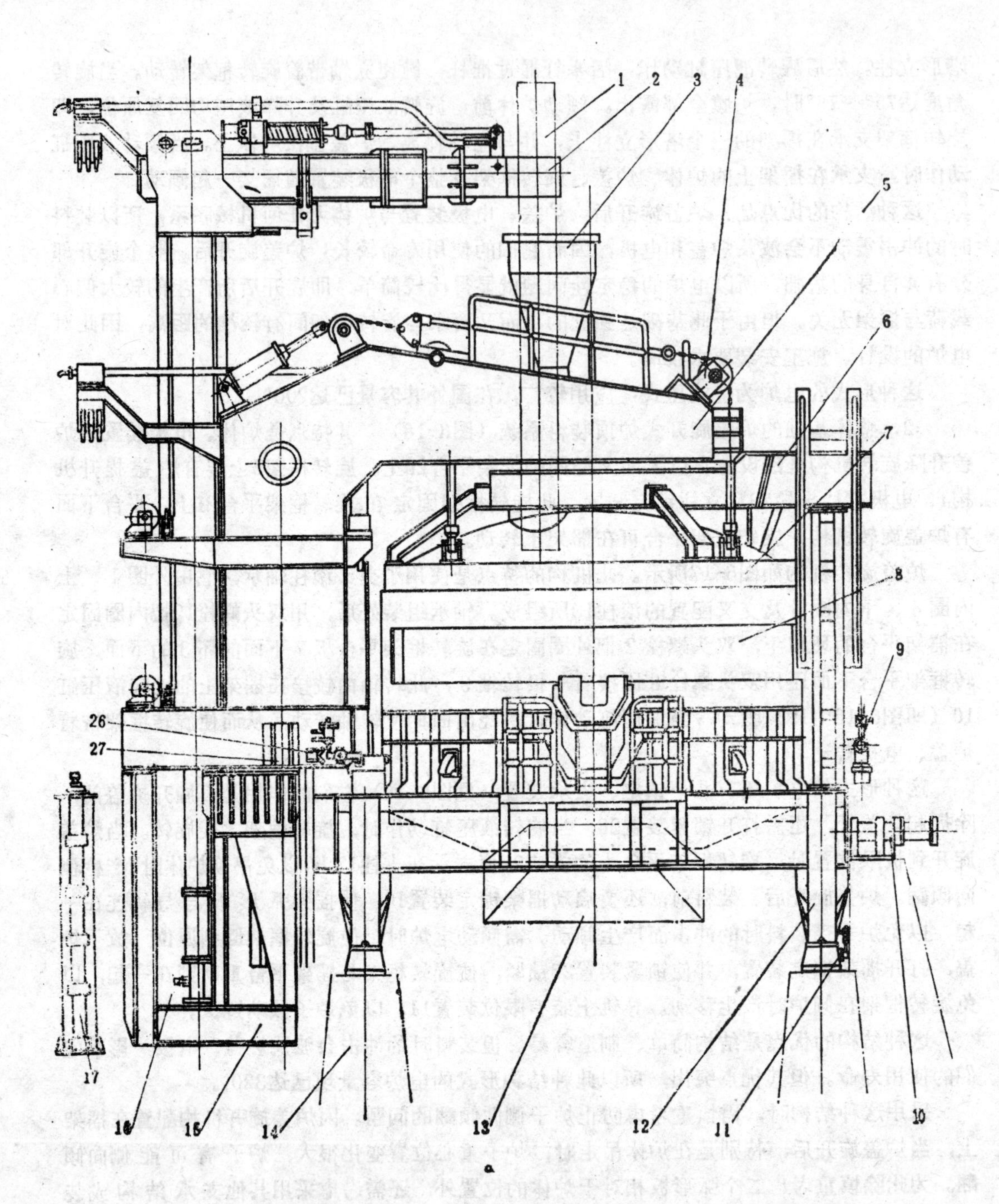

图 6-16 整体式炉盖旋开式电炉

1—电极；2—电极装置；3—中间加料装置；4—炉盖提升机构；5—旋转框架；
6—除尘罩；7—炉盖；8—炉体；9—水冷系统；10—摇架锁定装置；
11—限位装置；12—弧形板；13—电磁搅拌装置；14—基础；
15—电极立柱支架；16—液压系统；17—支柱；18—倾动液压缸；
19—炉盖旋转传动机构；20—摇架平台；21—旋转框架平台；22—炉门装置；
23—导轮；24—出钢槽；25—导轨；26—锁紧装置；27—支座；28—交叉滚柱轴承

降机构提起，然后开动炉盖旋转机构，通过扇形齿轮带着立轴及整个炉盖旋转部分转动，从而使炉膛露出。由于整个炉盖旋转部分都通过旋转立轴安装在摇架上，所以炉盖、电极

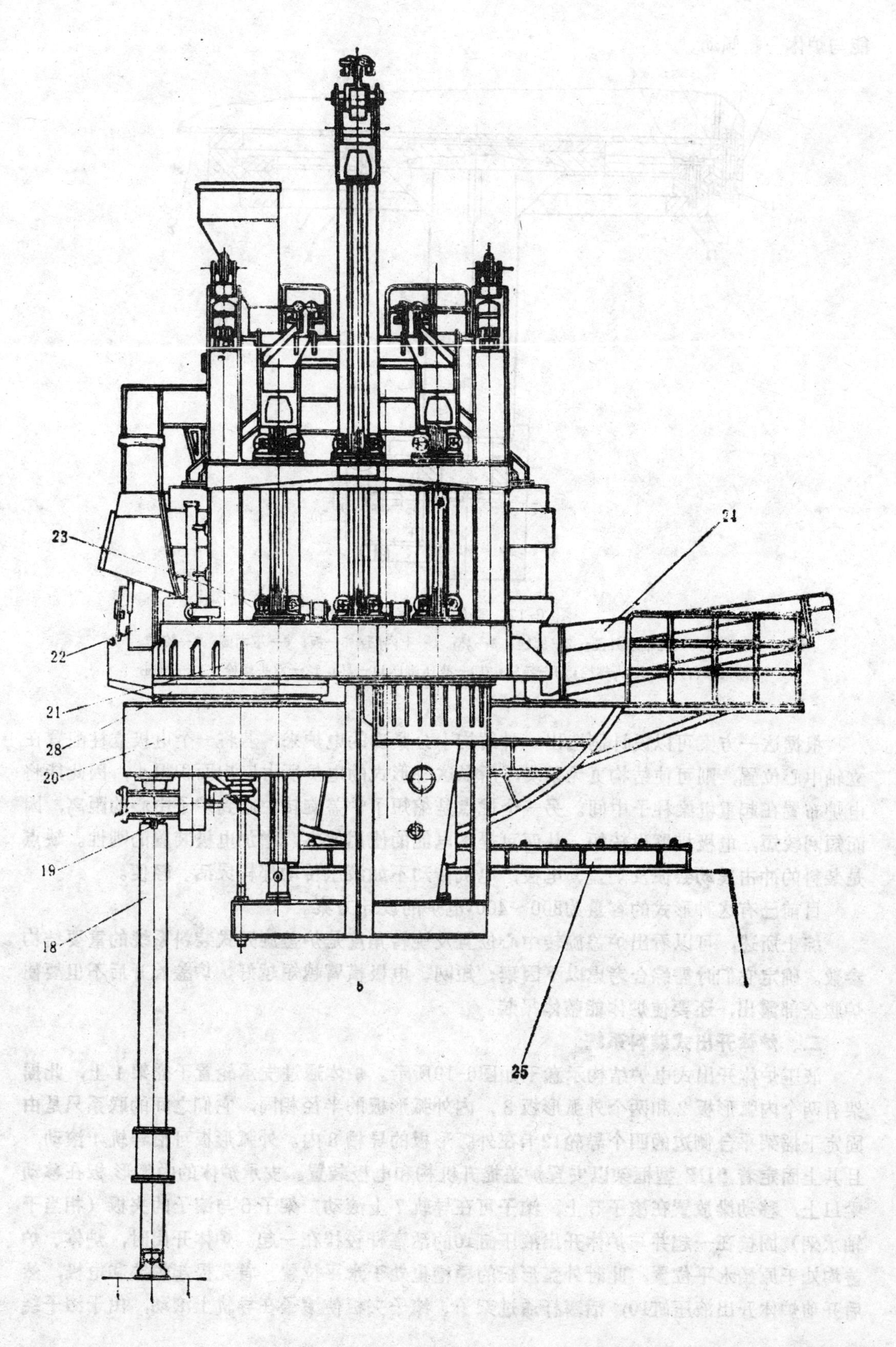
23
24
22
21
28
20
19
18
25
b

能与炉体一起倾动。

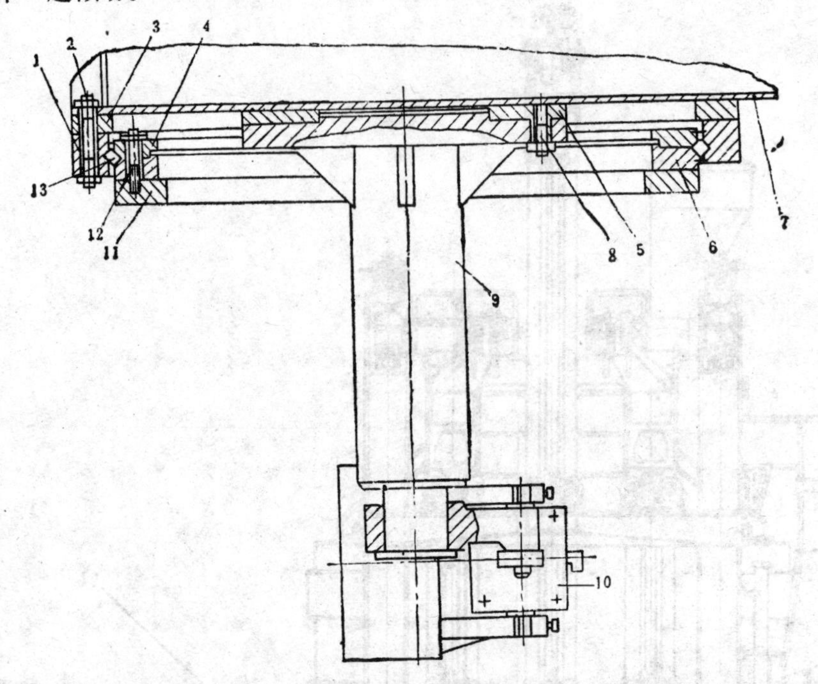

图 6-17　整体式炉盖旋转机构

1—交叉滚柱轴承外圈；2—螺栓；3—环；4—上内圈；5—板；6—下内圈；7—旋转框架平台；8—双头螺栓；9—转轴；10—液压缸；11—环；12—双头螺栓；13—滚柱

根据这一方案可以设计制造出一种结构十分紧凑的电炉来，若将一个电极立柱配置在立轴中心位置，则可使结构更为紧凑，所以这种形式的电炉所占厂房面积很小，因此能将电炉布置在起重机梁柱子中间。另一个优点是缩短了炉盖旋转中心到炉子中心的距离，因而短网较短，电极横臂也较短，从而可提高电能的使用效率，增加电极装置的刚性。缺点是装料的冲击震动会波及炉盖、电极，电机传动不如液压传动那样灵活、轻便。

目前已有这种形式的容量为300～400t电炉的设计方案。

综上所述，可以看出炉盖旋转中心位置及旋转角度是炉盖旋开式装料系统的重要结构参数。确定它们时需综合考虑以下因素：短网、电极横臂越短越好；炉盖旋开后不但要使炉膛全部露出，还要使炉体能整体吊装。

二、炉体开出式装料系统

液压炉体开出式电炉结构示意于如图6-19所示。炉体通过支承轮置于摇架 1 上，此摇架有两个内弧形板 2 和两个外弧形板 3，内外弧形板的半径相同，它们之间的联系只是由固定于摇架平台侧边的四个导轮12卡在外弧形板的导槽 8 内。外弧形板可沿导轨 4 滚动，且其上固定着“Π”型框架以安置炉盖提升机构和电极装置。支承炉体的内弧形板在移动梁11上，移动梁放置在滚子 5 上，滚子可在导轨 7 上滚动；架子 6 与滚子的夹板（相当于轴承架）固接在一起并与炉体开出液压缸10的活塞杆铰接在一起。炉体开出时，炉体、炉盖均处于原始水平位置，此时外弧形板的导槽也处于水平位置。首先提起炉盖和电极，然后开动炉体开出液压缸10，活塞杆通过架子、滚子夹板使滚子在导轨上滚动，由于滚子绕

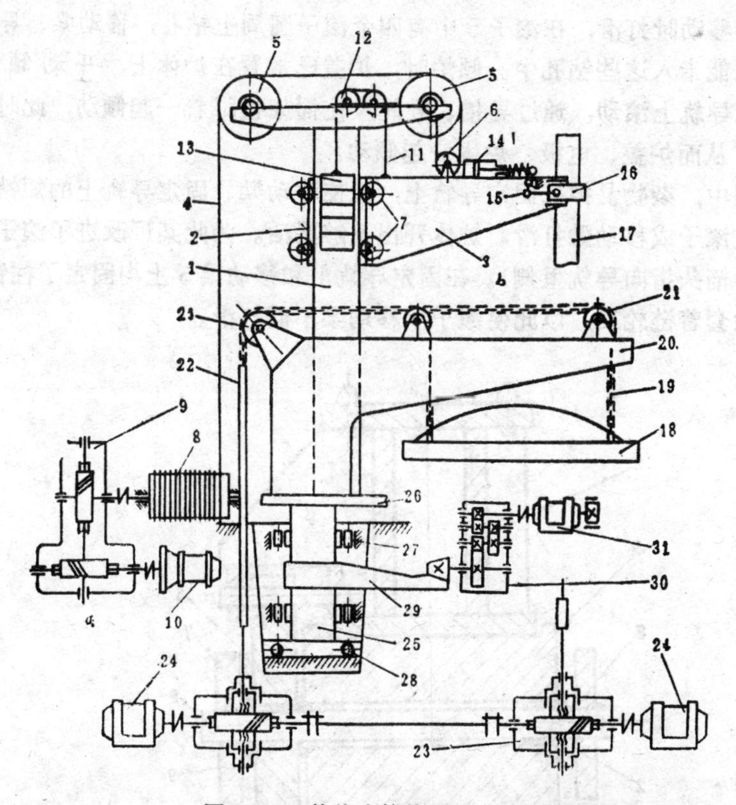

图 6-18　整体式炉盖旋开式电炉结构简图

a—电极升降机构：1—固定式立柱；2—台车；3—电极横臂；4—钢绳；5、6—滑轮；7—车轮；8—卷筒；9—二级蜗轮减速器；10—电动机；11—链条；12—链轮；13—平衡重。*b*—电极夹持机构；14—气缸；15—杠杆系统；16—卡箍；17—电极；*c*—炉盖提升机构：18—炉盖；19—链条；20—旋转框架吊架；21—链轮；22—拉杆；23—蜗轮丝杆减速器；24—电动机；*d*—炉盖旋转机构；25—旋转立轴；26—旋转框架；27、28—轴承；29—扇形齿轮；30—减速器；31—电动机

其本身轴线旋转，致使置于滚子上的移动梁沿滚子旋转方向移动，因此带着摇架连同炉体一起被推出。此时摇架侧边导轮在导槽内滚动，外弧形板并不移动，因而炉盖、电极留在原位。由于运动学的关系，炉体推出的距离为活塞行程的两倍，这样炉体开出液压缸就可减

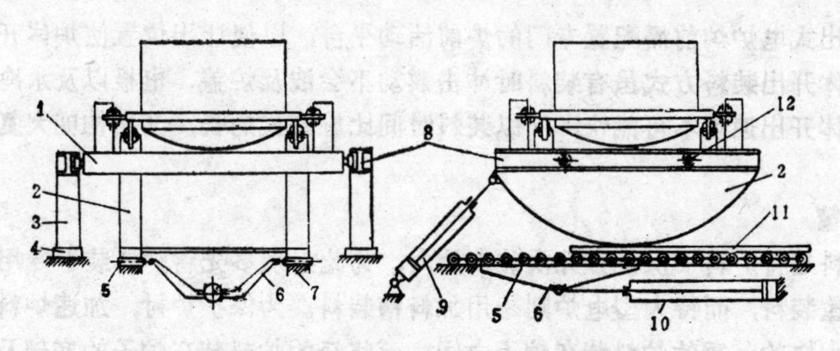

图 6-19　液压炉体开出式电炉简图

1—摇架；2—内弧形板；3—外弧形板；4、7—导轨；5—滚子；6—架子；8—导槽；9—倾动液压缸；10—炉体开出液压缸；11—移动架；12—导轮

短。为防止移动梁移动时打滑，在滚子5中有四个滚子圆周上钻孔，移动梁、导轨上相应地装有短销，使之能卡入这些钻孔中。倾炉时，炉盖已放置在炉体上，开动倾动液压缸9，使外弧形板在导轨上滚动，通过导槽、导轮，使摇架也跟着一起倾动，此时内弧形板在移动梁上滚动，从而炉盖、电极、炉体一起倾动。

炉体开出过程中，杂物易掉在固定导轨上，致使移动梁、固定导轨上的短销不能插入滚子的钻孔中，使滚子或移动梁打滑，炉体开出不够灵活。为此某厂改进了滚子结构，如图6-20所示（图中箭头指向导轨里侧）。在固定导轨1和移动梁5上均固定了柱销齿条11，一个滚子的轴上活套着链轮10，以此使滚子，移动梁不能打滑。

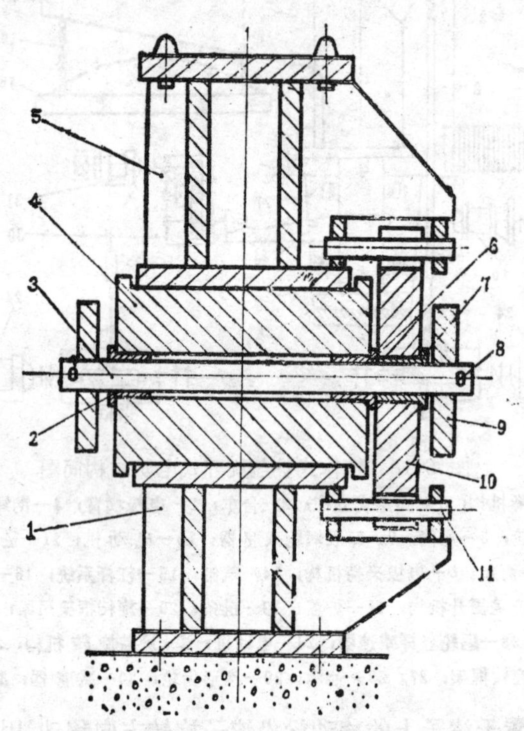

图 6-20 某厂炉体开出机构改进示意图

1—固定导轨；2—铜套；3—轴；4—滚子；5—移动梁；6、7—铜套；8—开口销；9—滚子夹板；10—链轮；11—柱销齿条

炉体开出式电炉炉前需配置专门的炉前活动平台，以便让出位置使炉体开出。

这种炉体开出装料方式虽有装料时冲击震动不会波及炉盖、电极以及水冷电缆短的优点，但因炉体开出速度不可能快，所以装料时间比旋开式的长，其结构庞大复杂，因此已很少采用。

三、料筐

炉顶装料是将炉料一次或分几次装入炉内，为此必须事先将炉料装于专用的容器内，目前多用料筐装料，而特大型电炉则是用加料槽装料。为保护炉衬，加速炉料熔化，装料时需注意将大块的、重的炉料装在炉子中间，而将轻的炉料装在炉子的底部及四周。

目前有两种料筐：扇形活底式（图6-21）和柔性底式（图6-22）。扇形活底式料筐由刚性筐体1和两个扇形活动底2组成。装料时，用钢绳把两个活动底拉开，料就掉入炉内。柔性底料筐是由刚性筐体1和数个钢板制成的扇形链片2组成，用废钢绳或小圆钢把扇形链片锁在一起。装料时，将钢绳烧断或抽掉，或用脱锁装置3将链片脱开，料就掉入炉内。目前我国多用后者。

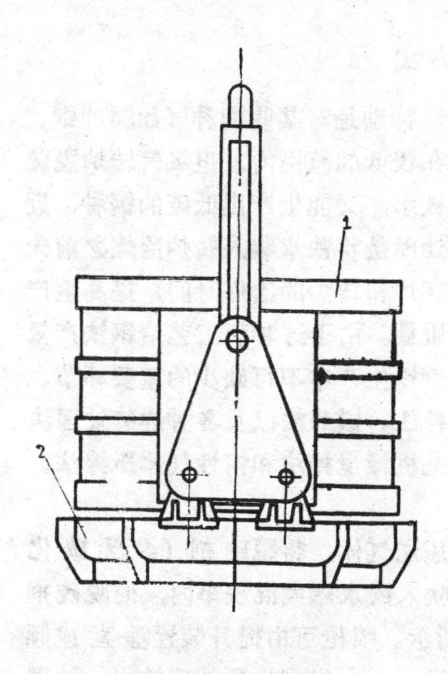

图 6-21　扇形活底式料筐

1—筐体；2—扇形底

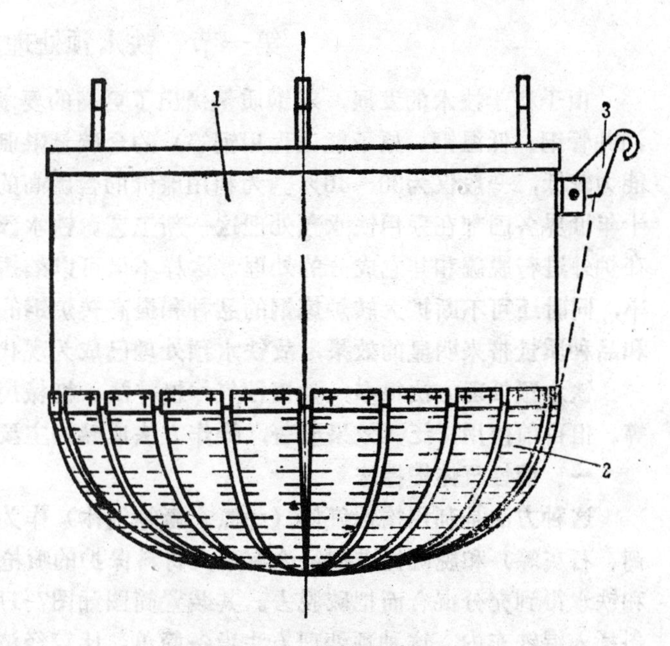

图 6-22　柔性底料筐

1—刚性筐体；2—柔性链片；3—脱锁装置

第七章 铁水预处理和炉外精炼设备

第一节 铁水预处理方式

由于科学技术的发展，对钢质量提出了更高的要求，特别是对某些钢种（如深冲钢、油井管钢、低温钢、原子能工程用钢等）的含硫量限制在较低的范围内。但氧气转炉脱硫能力较低，一般仅为30～40%。为利用廉价的含硫高的铁水，又能生产出低硫的钢种，近十年世界各国都在采用铁水预处理这一新工艺。铁水预处理是将铁水装入转炉冶炼之前先在炉外进行脱硫和其它成分的处理。这样不但可以缩短高炉和转炉的冶炼时间，提高生产率，同时还可不断扩大转炉炼钢的品种和提高转炉钢的质量。由于这种新工艺给钢铁产量和品种质量带来明显的效果，故铁水预处理已成为现代钢铁生产中不可缺少的重要环节。

铁水预处理方法很多，如惰性气体搅拌法、机械搅拌法、镁焦法以及各种连续处理法等。但目前使用广泛，效果显著，操作方法成熟的主要是机械搅拌法和惰性气体搅拌法。

一、惰性气体搅拌法

这种方法是利用惰性气体（如氮、氩等气体）作为压送气体，将脱硫剂（多为碳化钙、石灰等）和脱硫促进剂经涂有耐火材料保护的喷枪吹入铁水罐或混铁车内，使脱硫剂和铁水得到充分混合而把硫脱去。其装置简图如图7-1所示。喷枪可由提升装置垂直或倾斜插入混铁车内。这种预处理方法设备简单，比较经济适合于大批量地预处理铁水。处理后的铁水，其含硫量可减少到0.003%左右。我国新建的 300^t 转炉车间即采用这种方法进行铁水预处理。高炉的铁水直接装入 320^t 混铁车运到铁水预处理间，然后下降喷枪使之插入混铁车内，并用氮气压送脱硫剂经喷枪喷入铁水内进行搅拌脱硫。

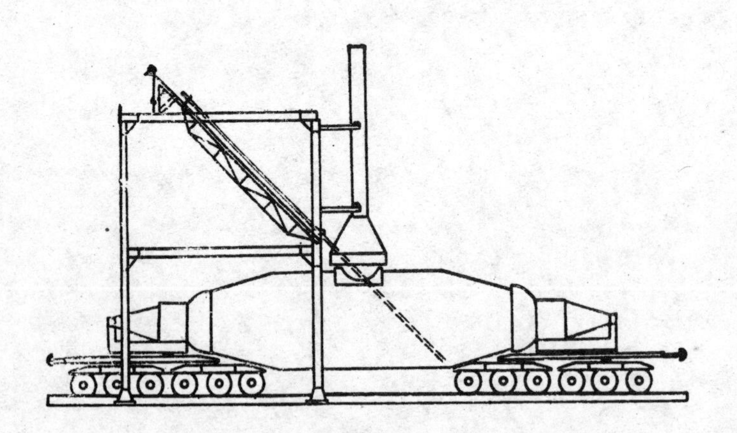

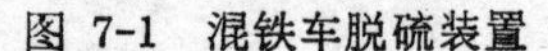

图 7-1 混铁车脱硫装置

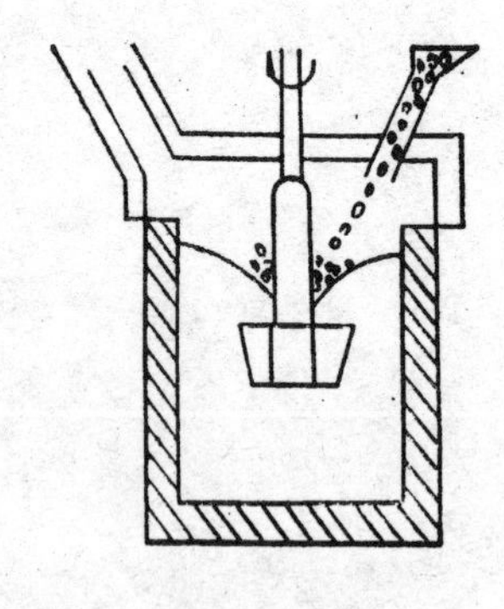

图 7-2 机械旋转搅拌法脱硫原理图

二、机械搅拌法

常用的机械旋转搅拌法为KR法，其工作原理（图7-2）是利用耐火材料制成的搅拌头浸入铁水罐内，进行高速旋转搅拌，同时经漏斗加入脱硫剂。搅拌器的旋转能使脱硫剂均匀地分布在铁水罐内，从而使铁水和脱硫剂充分接触而把铁水中的硫脱去。

这种脱硫方法可获得含硫量很低的铁水，其含硫量可降至0.001%，能满足炼硅钢等特殊钢种的要求。

三、镁焦脱硫法

镁是很好的脱硫剂，若直接加入铁水内会引起飞溅和爆炸现象，故一般将预热的焦碳浸入液态镁中，使镁渗入焦炭孔隙，当焦炭含镁量达40%～50%（重量百分比）时，再将这种镁焦放在石墨钟罩里，通过机械办法压入盛满铁水的混铁车或铁水罐里进行脱硫。

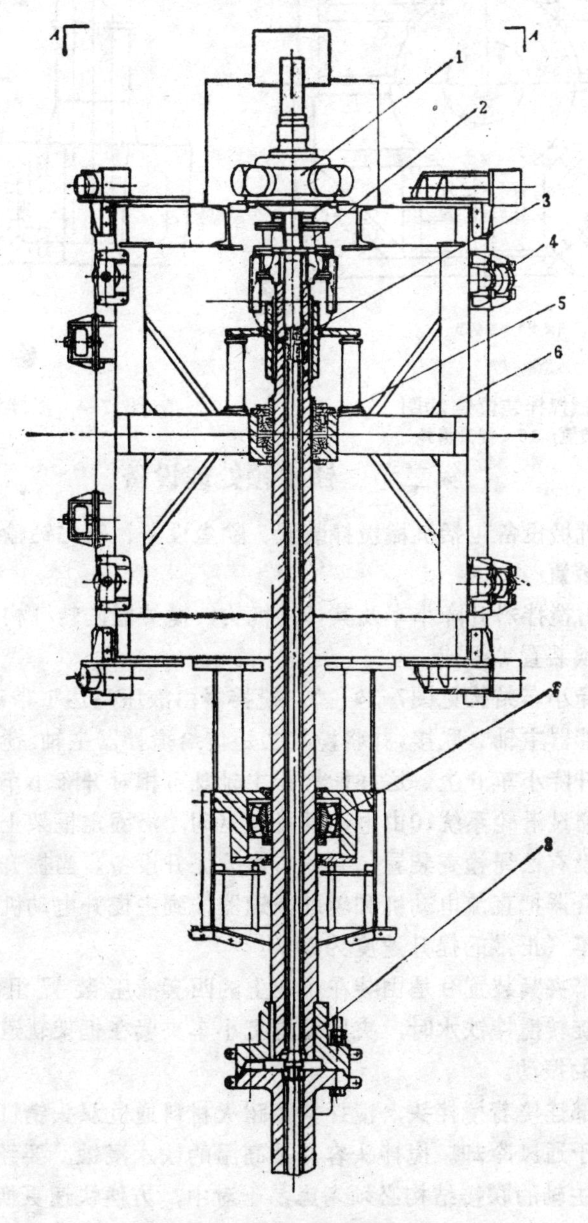

图 7-3a 机械搅拌装置结构图

1—液压马达；2—主联轴器；3—搅拌器主轴；4—升降小车导轮；5—上轴承；6—升降小车；7—下轴承；8—搅拌头联接装置；

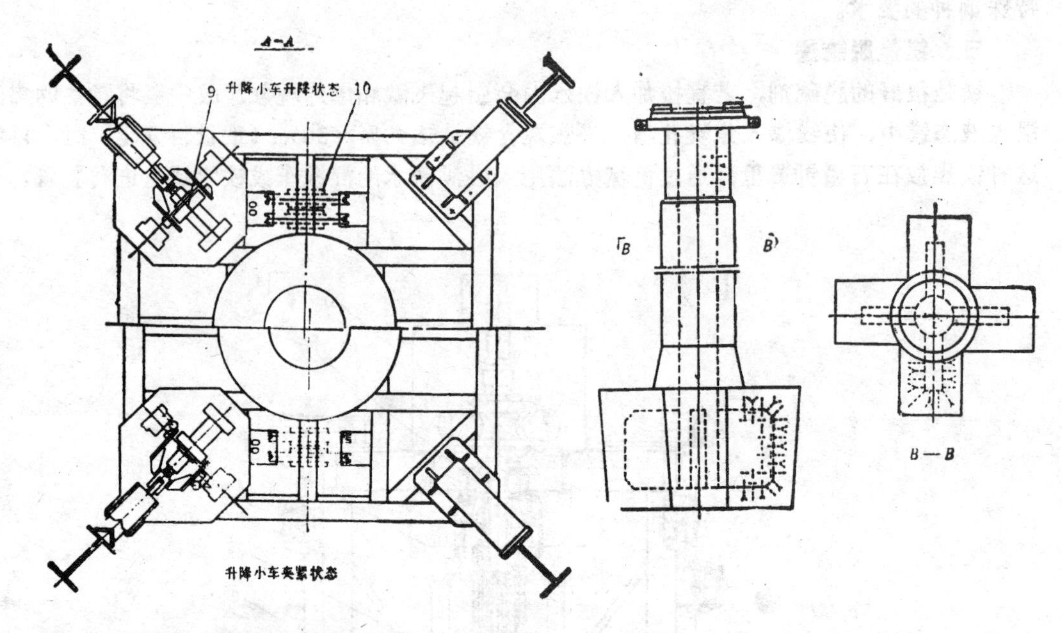

图 7-3b 机械搅拌装置结构图
9—小车夹紧装置；10—提升滑轮

图 7-4 搅拌头结构示意图

第二节 铁水预处理设备

铁水预处理的机械设备包括机械搅拌装置、除尘设备、碳化钙输送装置和扒渣机等。

一、机械搅拌装置

机械搅拌装置由搅拌器升降小车及其传动机构；搅拌器旋转机构；搅拌器升降小车夹紧机构和搅拌器更换装置等组成。

机械搅拌器升降小车结构见图7-3a、b。搅拌器由液压马达1带动旋转。液压马达通过主联轴器2与搅拌器主轴3联接，并将搅拌力矩传给搅拌器主轴。搅拌器主轴又通过上、下轴承5、7支承在升降小车6上。这样搅拌器主轴既可相对升降小车旋转，又能随升降小车升降。升降小车通过滑轮系统10由电动卷扬机驱动，沿固定框架上的四根轨道作升降运动。在提升装置上设有松绳检查装置，并备有事故提升设备。当提升卷扬机的交流电动机断电时，用手动离合器把直流电动机和辅助减速器接到主提升电动机轴端，以0.62m/min的慢速提升升降小车（正常的提升速度为6m/min)。

搅拌器升降小车夹紧装置9是由装在小车上的四套液压装置组成。见图7-3b A-A剖视。当搅拌器主轴旋转搅拌铁水时，夹紧装置把小车夹紧在框架轨道上，以减少搅拌器旋转时所产生不规则的振动。

搅拌器主轴下部连接着搅拌头，搅拌头由耐火材料通过双头销钉浇注在钢管上（见图7-4)，中空钢管用于通风冷却。搅拌头容易被高温的铁水浸蚀，要经常卸下修理或更换。因此搅拌头和搅拌主轴的联接结构必须考虑易于对中，方便快速更换。其结构是在搅拌头的上法兰凸出四个梯形块和搅拌主轴下部法兰相对应的凹槽相配合，然后用8个螺栓联接。搅拌器更换装置由两台更换小车，活动轨道和轨道提升装置组成。两台搅拌器更换小车的作用是一台把旧的搅拌头卸下运走，而另一台把新搅拌头运来装上。

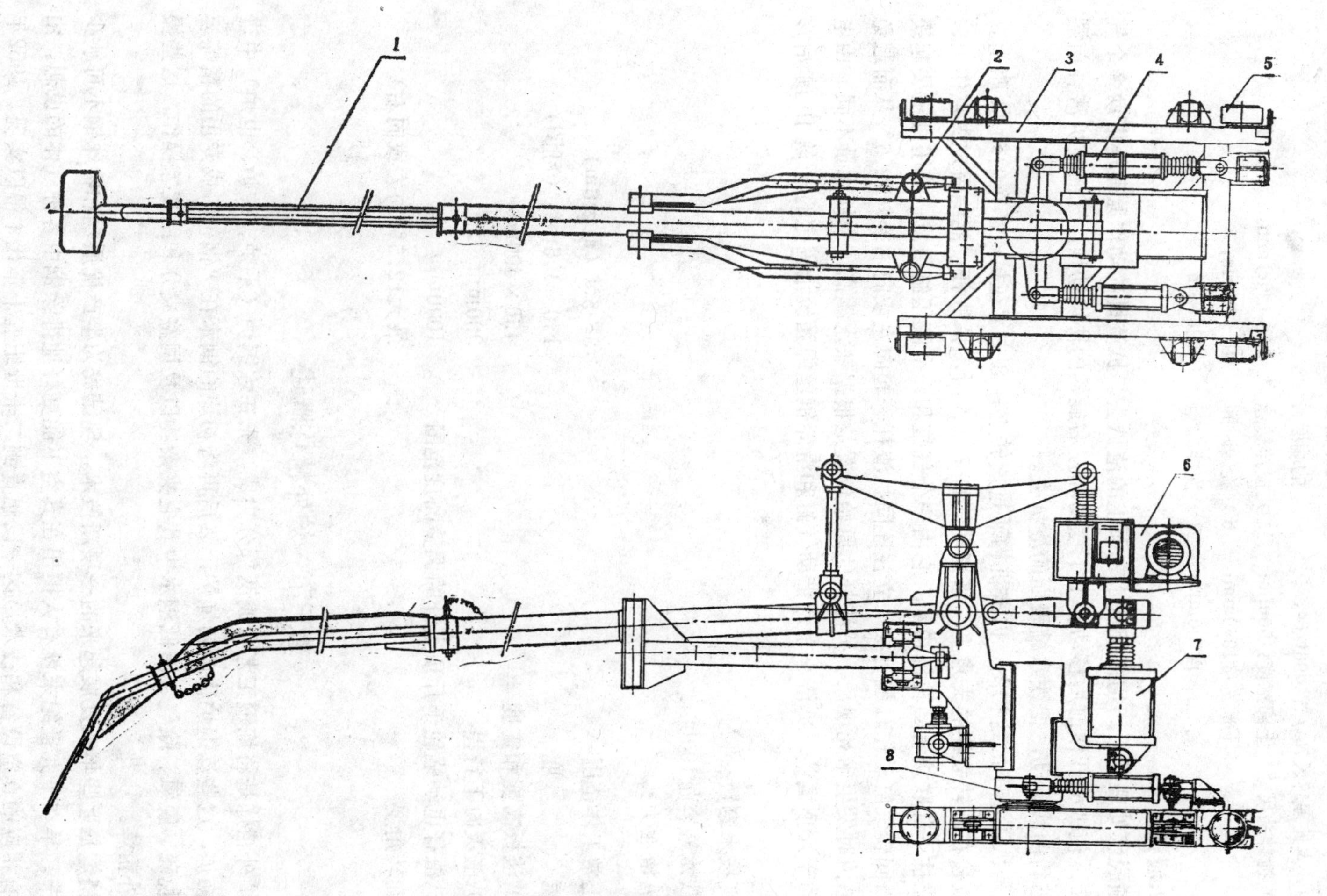

图 7-5 扒渣小车结构图

1—扒渣杆；2—夹紧机构；3—扒渣小车车架；4—立柱旋转机构；5—扒渣小车车轮；6—扒渣杆高度调整电动蜗轮千斤顶；7—扒渣杆上下摆动气缸；8—旋转立柱

机械搅拌装置的技术参数：

1）铁水罐容量100t；

2）KR处理容量70t/罐～90t/罐；

3）搅拌头尺寸　上部宽度1150mm；下部宽度1050mm；高　度700mm；

4）搅拌器浸入深度600mm（从铁水面到搅拌器的端面）；

5）搅拌转速　90～120r/min；

6）旋转时间　10～15min；

7）搅拌力矩　8036N·m

二、扒渣机

铁水预脱硫处理前后，均需把铁水表面上的渣扒去。扒渣机的动作原理是借助多个气缸同时动作，使扒渣杆作前后移动、上下摆动和左右旋转的协调动作，进而使扒渣杆前端的扒渣板进行曲线运动，把铁水罐表面的渣扒去。

图7-5是扒渣小车的结构图。扒渣机构通过旋转立柱 8 支承在扒渣小车的轴承座上。扒渣杆 1 铰接在旋转立柱的支点上，当摆动气缸 7 动作时，扒渣杆就能绕固定支点作上、下摆动。立柱下部联接着回转机构 4，它由一个气缸和一个液压缸组成，液压缸主要起缓冲作用。当回转气缸动作时就可推动立柱连同扒渣杆一起向左或向右旋转12.5°，从而避免扒渣板在扒渣时发生卡死现象。扒渣杆的原始位置是根据铁水罐高度和铁水量不同，由电动蜗轮传动千斤顶调整。扒渣小车是借助气缸和滑轮钢丝绳系统沿固定的导轨作前后移动。

扒渣机技术参数：

1）铁水罐容量100t;

2）扒渣能力：

正常工作范围	3～5m（最大6m）
速　　度	1.0～1.5m/s（可调）
扒渣板高度和宽度	450×400mm
扒渣板向下行程	900mm
扒渣杆电动蜗轮千斤顶上升的调整高度范围	1000mm
旋转角度	最大12.5°(向左或向右)

第三节　炉外精炼概述

钢的炉外精炼是将炼钢工艺分成两部分完成，先在炼钢炉（平炉、转炉、电炉）中进行熔化和初炼，这些炼钢炉称为初炼炉，然后再将初炼的钢水在“钢包”或专用的精炼容器中进行脱硫、脱氧、除气、降低钢水中其它夹杂物以及调整成分和温度等操作，这些操作称为炉外精炼。

炉外精炼是近些年来发展起来的一项新技术，现已成为生产优质钢和特殊钢不可缺少的工艺环节。早在十九世纪末就有人提出在真空下能更好地排除钢中各种气体的设想。由于当时没有相应的真空设备和技术，这一设想直到二十世纪五十年代才得以实现。1952年西德博胡姆公司第一次建成了一台工业性的40～150t真空浇铸设备，此后真空处理设备的形式，初期是以真空浇铸为主，到六十年代后期就以DH法和RH法为主了。

DH和RH真空处理法取得了降低钢中气体含量的效果，但伴随而来的是不可避免的降温问题，为了获得纯洁度更高的钢种，必须对钢水进行热量的补偿、加入合金、调整成分和搅拌等措施。这样在生产实践中便产生了许多种炉外精炼方法。

第四节 真空处理方法及设备

一、真空处理方法

钢水的真空处理也是一种炉外精炼，真空处理方法综合起来分为三类。

1．滴流处理法 钢水从真空室上方盛钢桶或中间罐以流束状下落到真空室时，由于其周围压力急骤下降而使钢水流束膨胀，表面积增大，这样溶解在钢水中的气体就容易逸出而达到除气的目的。

图7-6*a*是倒包处理法，其过程是先把盛钢桶放在真空室中，并通过阀门把连通口封闭。在倒包前，先将真空室抽真空。倒包开始后，打开阀门使钢水倒入真空室的盛钢桶中。

图7-6*b*是真空浇铸法。该法与倒包处理法不同处在于这里用钢锭模代替了真空室中的盛钢桶。

图7-6*c*是出钢处理法。钢水由炼钢炉出来通过中间罐直接流入抽真空的盛钢桶中。

2．盛钢桶处理法 图7-6*d*是盛钢桶处理法。装有钢水的盛钢桶放入真空室，然后将真空室抽成真空。由于真空室内压强下降，则气体可从钢水中逸出达到除气的目的。对吨位较大的盛钢桶，因受钢水本身静压力的影响，盛钢桶底层气体不易逸出，则须用惰性气体搅拌以提高其除气效果。

3．部分处理法1956年西德Dortmund H rder冶金联合公司首先使用真空提升除气

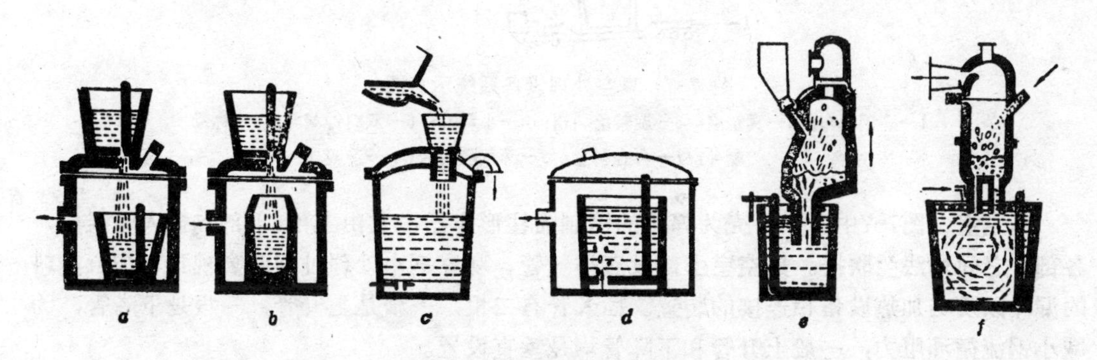

图 7-6 真空处理的基本形式

法，故又称为DH法，如图7-6*e*所示。其真空室下部有一个吸入管，当把吸入管插入钢水后，真空室抽成真空，并与外界有压力差，钢水在此压力差的作用下，沿吸入管升入真空室而达到除气目的。当压力差一定时，盛钢桶与真空室之间的液面差保持不变，然后提升真空室（或下降盛钢桶），便有一定量的钢水返回到盛钢桶里。DH法就是这样将钢水经过吸入管分批送入真空室内进行脱气处理。真空室多次升降，就可使全部钢水得到处理。

1957年西德Ruhrstahl公司与Heraeus公司首先使用真空循环除气法，故又称RH法，如图7-6*f*所示。真空室下部有二个插入钢水中的管，即上升管和下降管。通过上升管侧壁吹入氩气，由于氩气气泡的作用，钢水被带动上升到真空室进行除气。除气后的钢水由下降管返回到盛钢桶里。这样使盛钢桶中的钢水连续地通过真空室而进行循环，达到除气

的目的。这种方法设备简单，故广泛应用于工业生产。

二、真空处理设备

图7-7为真空循环除气法设备系统示意图。它主要由真空室、真空室加热设备、升降设备和旋转设备、合金加料设备、真空泵系统和电气设备以及测量控制仪表等组成。

1．真空室 真空室是整个脱气系统中的重要设备，它直接影响着钢水脱气的效果，影响着真空泵的选择。

对真空室的要求是：应使钢水在真空室中有足够的停留时间、足够大的脱气表面积以及脱气过程热损失要小，同时要易于维护和生产率要高。

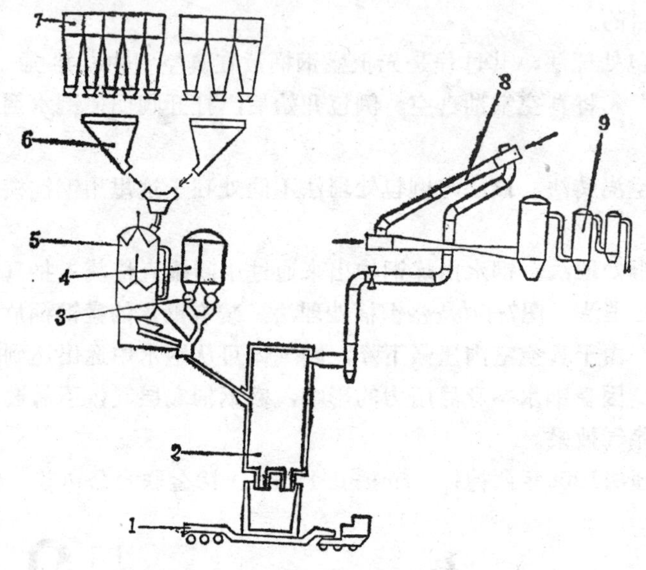

图 7-7 真空处理设备系统示意图

1—盛钢桶车；2—真空室；3—旋转给料器；4—小料斗；5—双料钟漏斗；6—称量漏斗；7—合金料仓；8—蒸气喷射泵；9—冷凝器

真空室（图7-7中2）外壳为焊接的钢制圆柱形容器，它由上部、下部和插入管组成，各部分之间用法兰联接。真空室上部设有排气管、观察钢水处理过程的窥视孔、加合金料的漏斗以及与加热设备相连接的装置。插入管有二根，一根是上升管，一根是下降管。为减小钢流循环阻力，一般上升管和下降管均是垂直设置。

真空室内部衬有耐火材料，其内形常见有圆柱形和倒锥形两种。倒锥形便于室内脱气，但考虑炉衬修砌方便，目前一般均采用圆柱形。而真空室底部一般采用平底。

真空室主要尺寸是它的内径和高度。真空室内径尺寸大小与钢水循环流量、插入管直径及钢水在真空室内的停留时间等因素有关。真空室高度主要适应钢水处理时喷溅所需要的自由空间。

国内外某些RH装置的工艺参数及真空室的几何尺寸列入表7-1中。

2．真空室加热设备 为降低真空处理过程中钢水温度的损失，提高真空室耐火材料的寿命，在处理前及处理停歇时期，真空室应预热保温。目前真空室烘烤加热主要采用气体（或液体燃料）加热和电加热。比较上述两种加热方法可知，采用燃料加热时，设备简单、设备投资费和操作费用都较低。但电加热法适应性较强、易于控制和调整钢液温度，

表 7-1

国内外RH设备工艺参数及真空室几何尺寸

序号	国名	处理钢水量(t)	循环流量(t/min)	处理时间(min)	工作真空度(Pa)	真空室尺寸					插入管尺寸			
						形状	外壳尺寸		内衬尺寸		上升管内径(mm)	下降管内径(mm)	插入管长度(mm)	插入管分布
							直径(mm)	高度(mm)	直径(mm)	高度(mm)				
1	中国	60～100		20～25	66.66	圆柱形平底	1700	5105	1164	4732	200	200	635	均外倾5°
2	中国	100			66.66	圆柱形平底	1564	5000	1060	4170	200	200		均垂直
3	中国	30～100			66.66	圆柱形平底			1100	4820	200	200		均垂直
4	中国	270	40		66.66	圆柱形平底	2650	6100	2136	5433	2×250	350①	600	上升管外倾5° 下降管垂直
5	中国	70	20	13～24		圆柱形平底	1800	5200	1274	4950	265	235	1000	均垂直
6	西德	100			66.66	圆柱形平底	1498	5200	968	4750	200	200	650	均外倾5°
7	西德	100				圆柱形平底	1400	3000	892		200	200		
8	日本	50～70		20～25	66.66	圆柱形平底			1150	4400	200	270	634	
9	日本	100	19.5	20	66.66				1060	5404	200	150		
10	美国	60				倒锥形					208	208		
11	美国		15/30		26.66	圆柱形平底	2112	8000	1270	6100	254/330	210/273		上升管垂直 下降管外倾5°
12	英国								1070	5030	203	203		均外倾5°
13	英国	60							1168	4725				
14	日本	150～160	36～40		66.66		2265	7980			280	280	650	
15	西德	100～150	50			圆柱形平底	2500	7525	1730		385	385	1000	均垂直
16	西德	100～150	13.5	20～30	66.66	圆柱形平底		4950	1000		200	200	670	均外倾5°

① 三管均匀分布。

故目前也得到广泛应用。

3．真空室升降和旋转设备　真空处理时，真空室需转到处理位置上方，然后降下将插入管插入钢水中，这种方法称为上动法。或者真空室不动，而使盛钢桶升降，此法称为下动法。

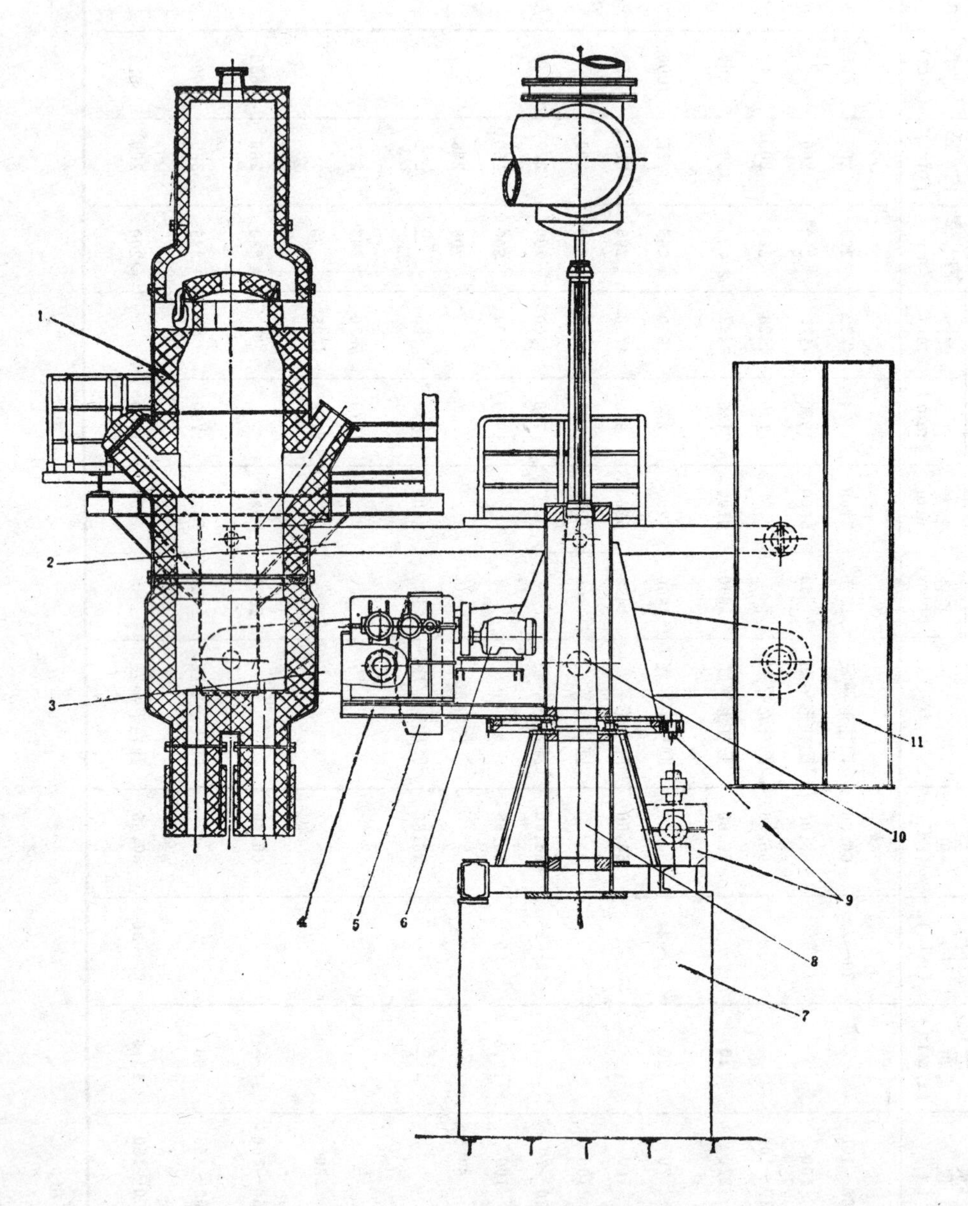

图 7-8　真空室升降和旋转机构

1—真空室；2—上摆动臂；3—下摆动臂；4—旋转平台；5—弧形齿轮；6—升降机构；7—设备基础；8—立柱；9—旋转机构；10—摆动臂转轴；11—平衡重

上动法的真空室需具有升降机构和旋转机构，如图7-8所示。真空室1通过金属结构悬挂在两个摆动臂2和两个下摆动臂3上，摆动臂可绕轴10转动，摆动臂后部有平衡重

11。真空室升降机构6固定在旋转平台4上。电动机通过减速器转动两个相同的小齿轮，再转动两个弧形齿轮5。弧形齿轮固定在下摆动臂上，因而可使摆动臂绕轴10摆动，达到升降真空室的目的。

真空室的旋转运动是由旋转机构9通过电动机、减速器和开式齿轮传动使旋转平台4绕立柱8转动完成的。

下动法常用液压装置来升降盛钢桶。

比较上述两种方法可知：上动法的设备比较简单、重量也较轻，但随着盛钢桶容量的增大，真空室也加大，使整个设备加大。同时由于真空室运动，连接管处密封问题一般不易解决。因而上动法适用于小型设备，当盛钢桶容量较大时，一般采用下动法。

4．合金加料设备　合金加料设备系统示于图7-7。合金料仓7下口处有电磁振动给料器，可使合金进入称量漏斗6内，当合金达到预定重量后，将其送入真空室顶部的双料钟真空漏斗5内，再经电磁振动给料器、溜槽加入真空室内。合金加入真空室时，是通过双层料钟来进行密封的。因此加料是在真空条件下进行的。

对碳、铝等加入剂，由于用量较少，故将其装在几个容积较小的小料斗4内，由小料斗下面的旋转给料器3向真空室内加料。旋转给料器可以精确地微调加入剂的用量。

5．真空泵系统　钢水真空处理不需要太高的真空度，一般真空度在13.33～133.32Pa就能满足生产工艺要求。真空泵系统参看图7-7。真空泵系统一般由4～6级蒸气喷射泵、中间冷凝器、控制仪表和闸阀管道等组成。

钢水真空处理时，被抽气体中含有大量的烟尘，而且其温度较高，由于蒸气喷射泵无运动件，故它不受烟尘及高温的影响。同时，蒸气喷射泵具有结构简单、运转维护费用较低、抽气量大和占地面积小等优点。因此冶金工厂广泛采用蒸气喷射泵。

蒸气喷射泵的构造原理如图7-9所示。工作蒸气通过喷嘴渐扩部分而得到膨胀，蒸气的压力能转变成动能，减压增速，并获得超音速。被抽气体从真空室2引入，在混合室3内与高速喷射蒸气混合。然后通过扩压器4，混合气体压缩，压强回升，从出口喷出。

为满足一定的真空度要求，常将喷射泵串联工作。从前一级喷射泵喷出的气流中有被抽气体和工作蒸气，采用中间冷凝器是使蒸气被冷凝后排出，这样可显著地减轻下一级喷射泵的负荷及减少蒸气的耗量。

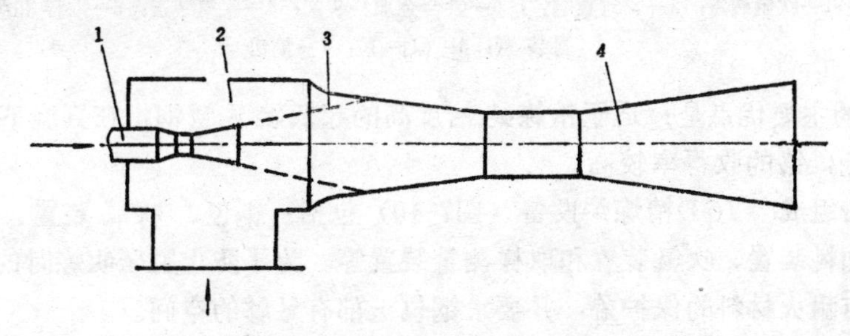

图 7-9　蒸气喷射泵构造原理

1—喷嘴；2—真空室；3—混合室；4—扩压器

第五节　炉外精炼方法及设备

真空处理方法存在钢水温降的问题，钢水的浇铸温度对钢锭的质量有决定性的影响，故必须将其保持在合适的范围内。在生产实践中已研制成功的炉外精炼方法很多，但就其基本工艺原理不外乎是：搅拌、加热、真空或气体稀释的不同组合。下面仅介绍几种设备较简单、精炼效果较好的精炼方法及设备。

一、真空吹氧脱碳法（VOD法）设备

VOD法是西德维顿特殊钢厂在梅索公司协助下研制成功的，并于1965年正式投入工业性生产。

VOD法具有真空脱气、吹氧脱碳、吹氩搅拌和加合金等功能。VOD法适合精炼超低碳不锈钢，因在低压下脱碳时，铬几乎是不氧化的。

1．精炼方法　将初炼的钢水进行吹氧降碳，使碳降到0.4～0.5%，再调整其它成分和钢水温度。各项达到要求后，将钢水放到碱性钢包内，然后将钢包置于真空室内（图7-10），从钢包顶部吹入氧气、从钢包底部经多孔塞吹入氩气搅拌钢水，待压力降到6666.1Pa后开始吹炼。吹炼过程中应逐渐提高真空度，吹炼末期可低至几百帕的压力。根据排出气体和钢水成分来确定停吹时间，停吹时应控制碳的含量稍高于规定范围。在较高真空度下，利用碳氧反应进一步脱氧，可获得纯度高的钢。停吹后，可在真空或大气下脱气、加合金调整成分、取样和测温等操作，最后取出钢包进行浇铸。

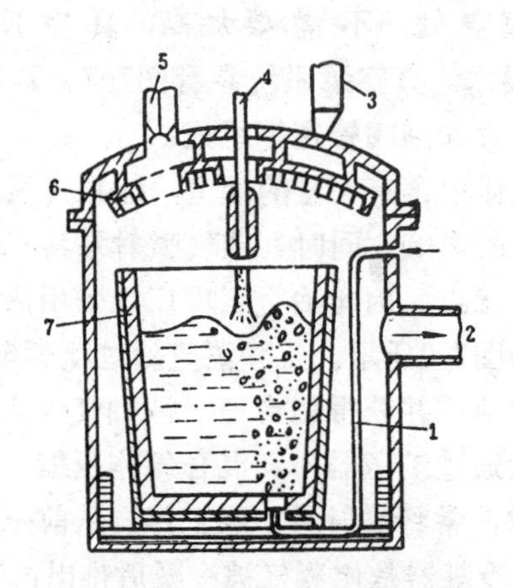

图 7-10　真空吹氧脱碳法示意图

1—吹氩装置；2—脱气真空室；3—铁合金加料装置；4—吹氧装置；5—取样和测量装置；6—保护盖；7—钢包

VOD法的主要优点是：适于精炼纯洁度高的超低碳不锈钢；在真空下精炼，其产品的含气量较低；铬的收得率较高。

2．设备组成　VOD精炼炉设备（图7-10）包括：钢包、吹氧装置、真空室及真空系统、合金加料装置、吹氩装置和取样测量装置等。为了防止脱碳吹炼时的喷溅，在钢包上方设置衬有耐火材料的保护盖，并要求钢包上部有足够的空间。

二、钢包精炼法（ASEA-SKF法）设备

为了克服钢包真空脱气所存在的温降大的缺点，并防止电弧炉钢渣混出而造成钢中夹杂物，瑞典滚珠轴承公司（SKF）与佛斯特罗电炉制造厂（ASEA）合作，于1965年研制成功了钢包精炼法，称为ASEA-SKF法。

1．精炼方法　工艺流程如图7-11所示，初炼炉溶化的钢水，当其含碳量和温度合适后倒入钢包中，将钢包吊入搅拌器内，除掉初炼炉溶渣、造新渣。在电磁搅拌的钢包内进行电弧加热1.5h左右，盖上真空盖进行真空脱气15～20min，同时进行搅拌。脱气后加合金调整钢水成分，必要时还进行脱硫、真空吹氧脱碳，最后再将钢水加热到合适的温度进行浇铸。精炼时间一般为1.5～3h。

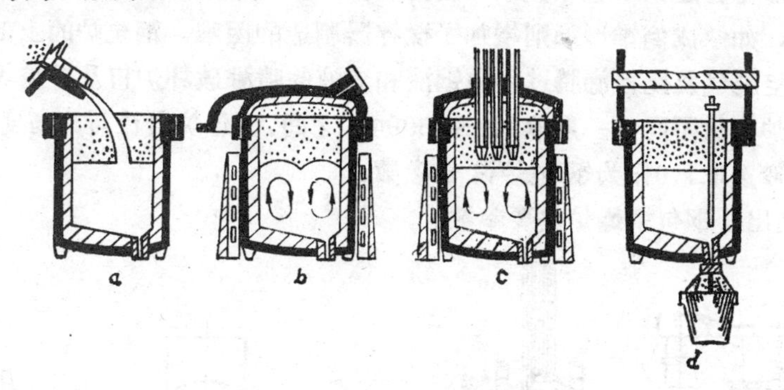

图 7-11 钢包精炼法流程

a—盛接钢水；*b*—脱气搅拌；*c*—电弧加热搅拌；*d*—铸锭

钢包精炼法主要特点是：由于采用电磁搅拌，钢水成分均匀、偏析少，真空脱气效率高；生产品种多，如优质碳素钢和各种合金钢。设置吹氧装置时还能精炼出含碳量极低的不锈钢。但此法精炼时间比较长，故生产率低，电磁搅拌装置较贵，钢包结构复杂。

日本大森厂把钢包精炼法设备中昂贵部分——电磁搅拌装置改用氩气搅拌，该法称为LF法。

2. 设备组成　钢包精炼炉设备一般包括：非磁性钢板制造的真空密封炉体、感应搅拌装置、电弧加热装置、真空密封炉盖及真空系统、铁合金加料装置、吹氧装置、辅助设备以及仪表控制系统等。

钢包精炼炉设备结构形式有两种：一种是固定式钢包炉（图7-12*a*），钢包放在固定的感应搅拌器内，加热炉盖与真空炉盖交替旋转与钢包炉口盖合。另一种是移动式钢包炉（图7-12*b*），钢包和感应搅拌器均放在钢包车上，移动钢包车使钢包炉分别与固定在一定位置的加热炉盖或真空炉盖盖合，而加热炉盖和真空炉盖只相对于钢包车作上下移动。生产实践表明移动式钢包炉比较机动，应用较多，而固定式钢包炉只用于吨位较小的炉子。

钢包精炼炉炉体主要参数　　**表 7-2**

参数 \ 炉容量（t）	30	60	100	150
炉壳直径（mm）	2300	2800	3300	3560
砌砖直径（mm）	1770	2270	2760	3110
总高度（mm）	3640	4060	4290	4750
熔池深度（mm）	1740	2130	2360	2820
空间高度（mm）	1300	1300	1300	1300
耳轴直径（mm）	180	225	250	280
两钩中心距离（mm）	3100	3600	4250	4750
炉衬重量（kg）	13900	22700	29400	36800
钢包总重量（kg）	25100	38000	50100	65300
盛钢水时总重量（t）	55	100	150	200

其主要设备分述如下：

1）钢包炉　钢包炉是特殊设计的钢包，它既是运送和浇铸用的钢包，又是加热用的炉体、脱气用的真空室。它是钢包精炼炉的主要设备。

钢包炉外形与普通钢水包相似，一般为圆柱形，通常不做成倒锥形，这是因为它要放置在搅拌器中，如做成倒锥形，则增加了搅拌器制造的困难。钢包炉的上部应有足够的空间，以免在真空脱气及搅拌沸腾过程中钢液和渣液的喷溅破坏炉口及炉盖等构件，这一空间高度依钢包炉容量不同，一般取900～1500mm之间。钢包炉内径与其高度的比值D/H＝0.9～1.2，一般选取1.0作为钢包炉设计参数。

表7-2中列出了钢包精炼炉主要参数。

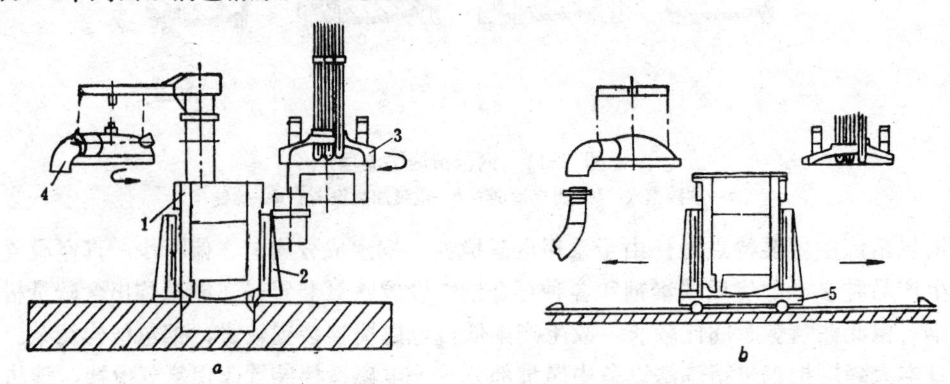

图 7-12　钢包精炼炉设备结构示意图

a—固定式钢包炉；*b*—移动式钢包炉

1—炉体；2—感应搅拌装置；3—电弧加热装置；4—真空密封炉盖；5—钢包车

为保证脱气时的真空密封效果，炉口的结构为一空心矩形截面的水冷圆环，炉口上法兰为真空密封面与真空炉盖的密封胶圈密合，因此要求加工平整，以防漏气。在钢包炉底部设置三个孔；二个浇铸孔和一个吹氩孔。

钢包炉外壳由钢板焊成，容量为20～60t的钢包炉钢板的最小厚度为20mm，容量为70～150t的钢包炉钢板最小厚度为25mm。为了适应感应搅拌，使搅拌器的磁场能穿透到钢液中去，避免炉壳因感应电流发热，钢包炉被搅拌器包围的部分用非磁性不锈钢板制成，其余部分用压力容器钢板制成。

2）钢包车　钢包车用来载运钢包和电磁感应搅拌器，将钢包运送到精炼工艺所需的位置上，典型的工艺位置有：进出钢包位置、扒渣位置、装塞杆位置、加热位置和脱气位置。钢包车上设有倾动架，用于倾动钢包进行扒渣操作。

钢包车装有行走机构、倾动机构和定位机构。车体上安装的定位机构是用来保证钢包车能在每个工艺位置上有准确的定位。

3）电磁感应搅拌装置　电磁感应搅拌的作用是在脱气和加热过程中，对钢液进行搅动使其充分脱气，促进钢渣化学反应，加快钢液中气体和非金属夹杂物的上浮及钢水温度和合金的均匀化。

感应搅拌装置实质上与交流感应电动机相似，而转子则是钢水，由于其间隙比电动机大许多倍，因此，定子磁场强度在此空隙中的衰减也很大，为了使磁场渗透到金属液体的深处，所以定子线圈负荷特别大，其电源频率也要求特别低，频率的赫兹数与钢包直径大小成反比，一般为0.5～3Hz。钢水运动速度可达1 m/s。

感应搅拌装置主要由变压器、低频变频器和感应搅拌器所组成。感应搅拌装置用的变压器一般采用油浸式自然冷却三相变压器，经过水冷电缆将变压器二次交流电供给变频器。变频器的额定功率根据设计要求进行选择。目前采用可控硅低频变频器，由可调式配电盘调整电源的频率和输入功率，以达到各种不同要求的搅拌强度。

感应搅拌器的型式，常用的有两种：一是圆筒形；一是片形（或称单向型）。图7-13示出了感应搅拌器的型式、布置及其产生的钢水流动状态。图7-13*a*为圆筒形搅拌器及钢水流动状态，图7-13*b*示出一片单向型搅拌器及其产生的钢水流动状态，图7-13*c*示出两片单向型搅拌器使用同一磁力方向所产生的双回流，图7-13*d*示出单向型搅拌器串联时产生的单一回流情况。

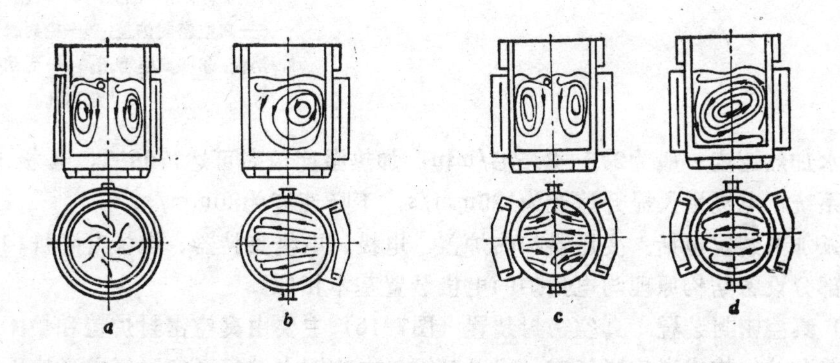

图 7-13　搅拌器的位置和钢水流动状态

圆筒形搅拌器的缺点是产生搅拌双回流，增加了流动阻力。一片单向型搅拌器可以只产生一个单向循环力，但力量较弱。而两片单向型搅拌器，以同一位相操作时，产生一种类似于圆筒形搅拌器的双回流，如果一个搅拌器的方位颠倒过来，即进行串联时则产生单向旋流，流动阻力小、搅拌力大、没有死区，可提高搅拌效果。

片形搅拌器在使用上较为方便，因它可设计成侧向移动，当放入钢包炉时可使它移开或张开，让炉体从旁侧进入，不致把搅拌器碰坏。炉体入座后，再将它向炉体靠拢，使感应线圈与炉体间距减至最小，以提高搅拌效果。当发生漏钢事故时，又可立即将它移开或张开避免损坏。这些方面在圆筒形搅拌器上都受到一定限制，而且在炉体入座时，需将炉体提高到搅拌器上方后再放入搅拌器内，因此需要较大的提升高度。

目前一般都采用单向型搅拌器，中小型钢包炉采用单片，大容量钢包炉采用两片单向型搅拌器。

除了上述感应搅拌装置外，在钢包精炼炉上也采用氩气搅拌钢水。吹氩搅拌与感应搅拌相比，设备简单、投资省和操作简便。

4）电弧加热装置　钢包精炼炉的电弧加热装置与一般电弧炉相似。图7-14为加热状态示意图，三根电极通过炉盖插入炉内，这里的加热仅用于补偿在精炼过程中热量的损失，它与电弧炉相比所需功率较小，因此所用的电极也较细，变压器功率也较小，钢包精

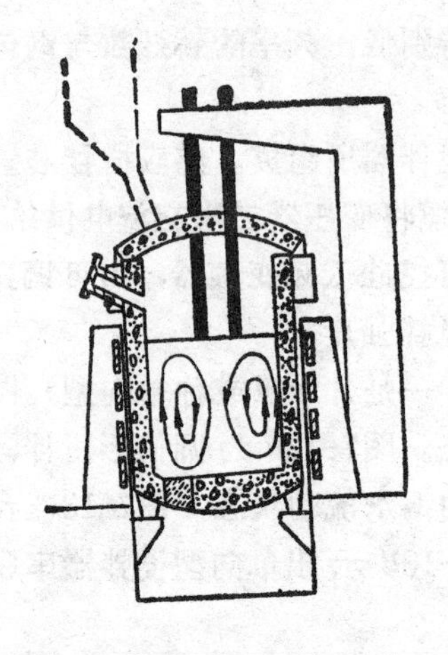

图 7-14 ASEA-SKF精炼炉加热状态示意图

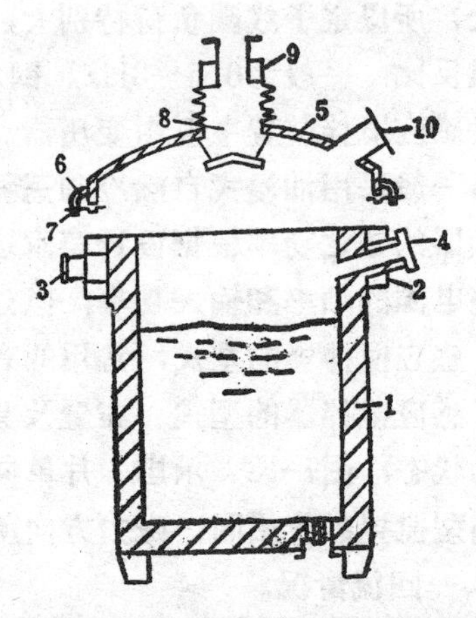

图 7-15 真空密封结构示意图

1—炉体；2—凸缘；3—耳轴；4—取样孔；5—真空密封炉盖；6—密封胶圈；7—防热挡板；8—真空管道；9—活动密封；10—窥视孔

炼炉钢水加热速度一般为2.5～3.5℃/min，加热温度最高可达1700℃。电极控制采用液压调节系统，电极最大提升速度为120mm/s，下降速度为80mm/s。

电弧加热装置包括：变压器加热炉盖、电极、电极夹持器、电极升降机构和液压系统等。这部分设备结构原理与电弧炉的电极装置基本相似。

5）真空密封装置 真空密封装置（图7-15）主要由真空密封炉盖和炉体组成。真空密封炉盖和炉体构成真空脱气室，用以对钢包内的钢水进行真空脱气或真空下吹氧脱碳。

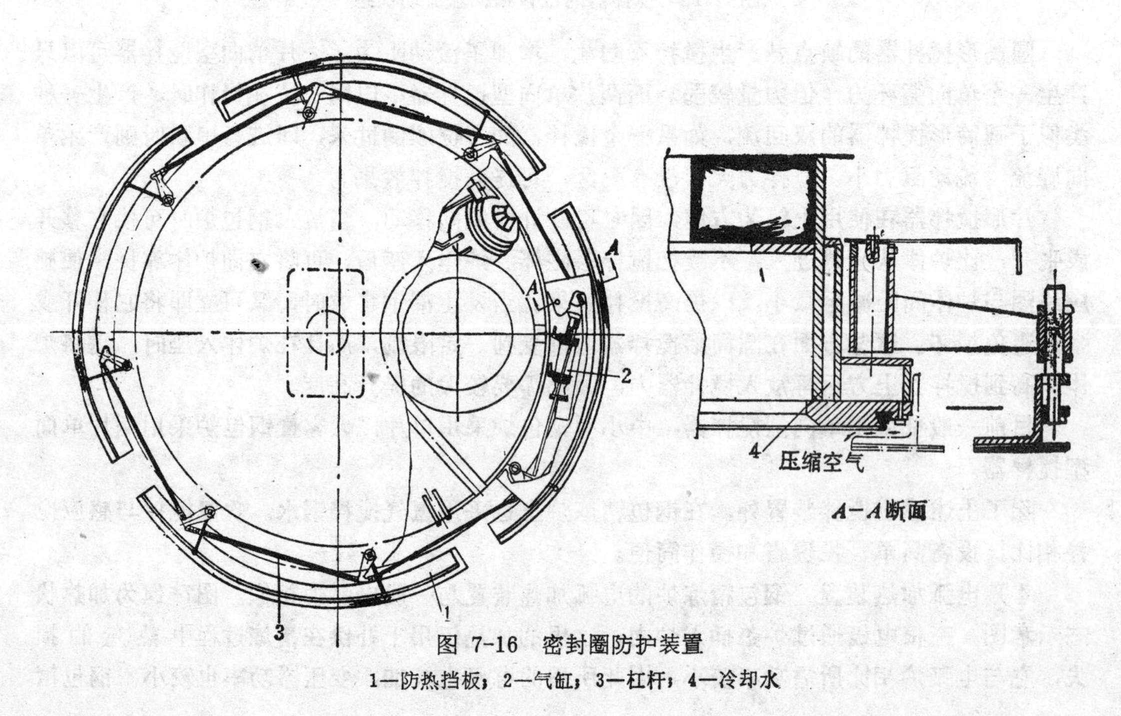

图 7-16 密封圈防护装置

1—防热挡板；2—气缸；3—杠杆；4—冷却水

真空密封炉盖由压力容器钢制成，其上有与钢包炉体、真空管道、取样窗、电视摄象窗及吹氧装置相联接的水冷法兰，炉盖的下缘法兰设有密封胶圈与炉口凸缘法兰相盖合，为了防止打开炉盖时钢水辐射热烘烤密封胶圈，在真空炉盖上设有活动防热挡板，其结构如图7-16所示，炉盖上共有四块弧形防热挡板，炉盖离开炉体时，四块弧形防热挡板1由气缸2驱动，互相合拢形成一个连续的圆弧挡在密封圈上，如图中A—A断面虚线所示的位置。炉盖法兰和炉口法兰内均有冷却水槽，用以冷却法兰及密封圈。

在炉盖法兰上沿圆周均布有若干个小孔，当炉盖下降时，用压缩空气吹扫炉口法兰上的灰尘，保证密封接触面上干净，然后盖合。炉盖上设有抽气孔、窥视孔、取样孔和电视摄象孔。

炉盖上的抽气孔与真空管道间采用活动密封结构（图7-17），这种结构可解决炉盖大行程升降时，炉盖与真空管道相对运动的密封问题和补偿真空密封炉盖与炉体间的不同轴度，不平行度误差，从而提高了真空系统的密封性能。

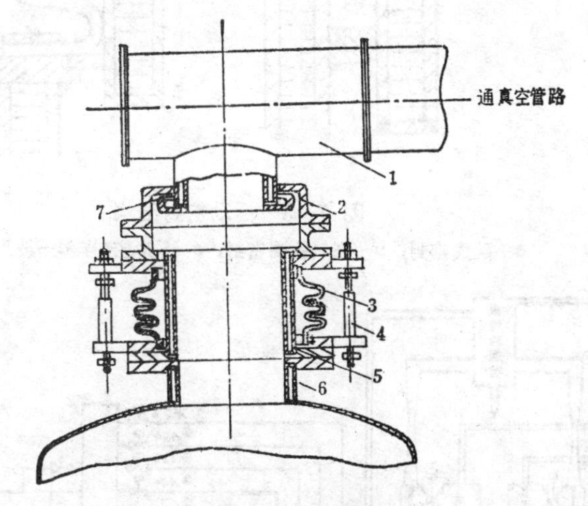

图 7-17　活动密封和补偿器结构

1—真空管道；2—凸缘法兰；3—波纹管；4—波纹管限位器；5—波纹管保护套；6—炉盖；7—活动密封圈

活动密封是靠活动密封圈7与凸缘法兰2之间进行密封的，件号2、3、4、5与6是一体的，并通过炉盖升降机构随炉盖一起升降。它与真空管道之间通过密封圈7密封，形成一个良好的真空系统。当炉盖上升时，2与7脱离，并可沿垂直管路作升降运动，当抽气时，炉盖下降，2与7结合，在炉盖自重和大气压的作用下把2与7压紧，形成密封。

对于炉盖和炉体间产生的对中误差需进行微量调节，而设置了补偿器。补偿器系由十层0.25mm厚的不锈钢板迭制成的波纹管，安装在炉盖的上部，如图7-17中件3。为使波纹管不直接受高温炉气的烘烤，在内圈设有水冷保护套管5。波纹管限制器4是用来限制波纹管在弹性限内工作。

活动密封结构有下述几种形式（图7-18）：碗式密封（图7-18a），其结构较复杂，密封圈制作也较难；充气胶圈密封（图7-18b），其结构和制作均较简单；U形胶管密封(图7-18c），结构较简单；波纹管密封（图7-18d），波纹管是由数层较薄的不锈钢板叠制而成，其结构较简单，但此密封不能作较大的移动，只能作微量的补偿。

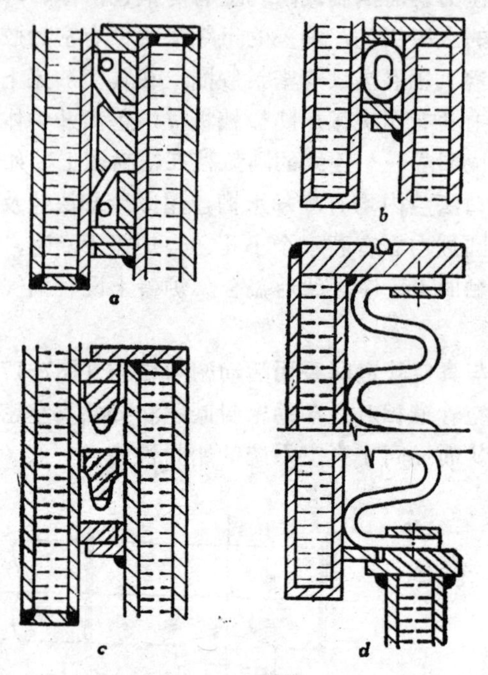

图 7-18　活动密封结构

a—碗式密封；*b*—充气胶圈密封；*c*—U形密封；*d*—波形密封

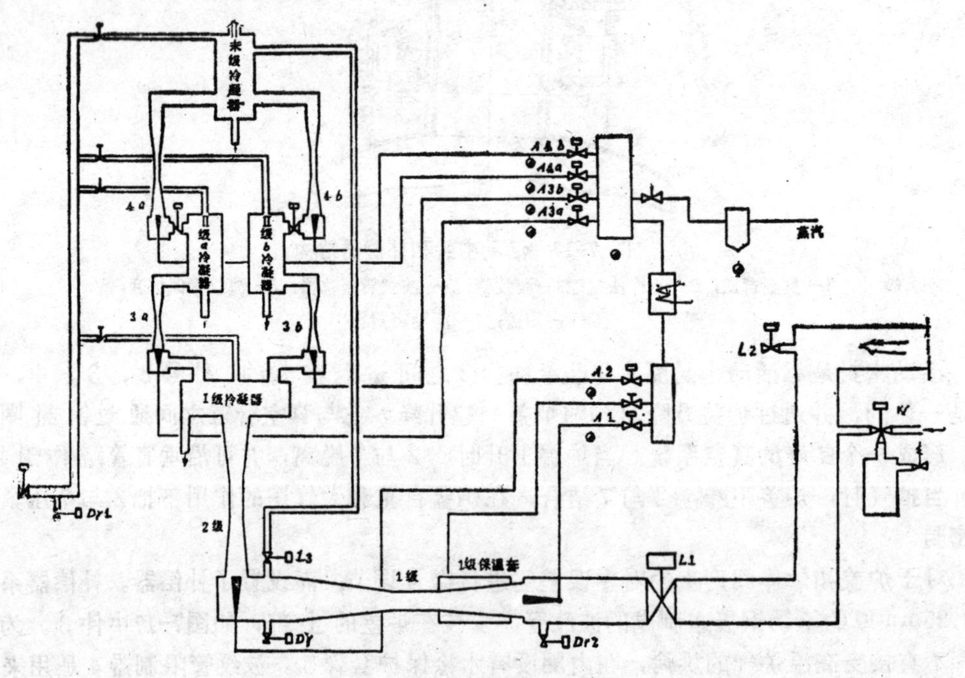

图 7-19　真空系统示意图

6）真空系统　真空系统是用于对钢包中的钢液进行真空脱气，真空系统示意图如图7-19所示。

钢包精炼炉脱气装置采用蒸汽喷射泵，这是因为蒸汽喷射泵是以蒸汽为工作介质，真空度范围宽、抽气量大、结构简单制作方便、泵体无运动件、运转可靠、使用寿命长以及适合抽含尘气体。

100t钢包精炼炉工作真空度为66.66Pa，抽气量为180kg/h，采用四级蒸气喷射泵，即一级泵、二级泵及双三级泵和双四级泵组成。三级和四级设双泵用于快速启动和吹氧。系统共有四个冷凝器，二级泵后面配一个，双三级泵后面配二个，双四级泵后面共配一个。

当需要除去真空时，先将氮气充入真空系统，以免直接充入大气引起爆炸的危险。另外在脱气过程中也需充氮以形成氮幕，用以冷却设备并防止回火爆炸。

启动真空泵时必须逐级启动，先开4级泵，待真空度达到13332Pa以下再开3级，真空度到3999.6Pa时开2级泵，真空度达到533.28Pa时才能开1级泵。停泵时应按1、2、3、4级顺序关闭。

7）合金加料系统　加料系统示意图如图7-20所示，加料系统中包括：料仓、振动给料器、称量车、皮带运输机、布料器和加料器等。

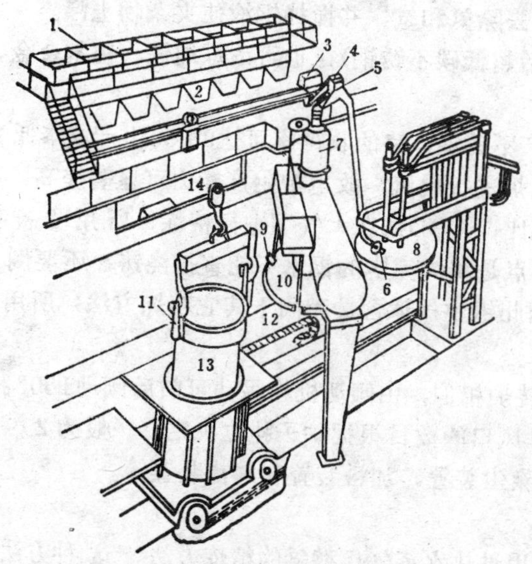

图 7-20　加料系统示意图

1—高架式料仓；2—振动给料器；3—称量车；4—皮带运输机；5—布料器；6—加料孔；7—真空罐；8—加热炉盖；9—窥视孔；10—真空炉盖；11—吊耳；12—电缆车；13—钢包炉；14—操纵室

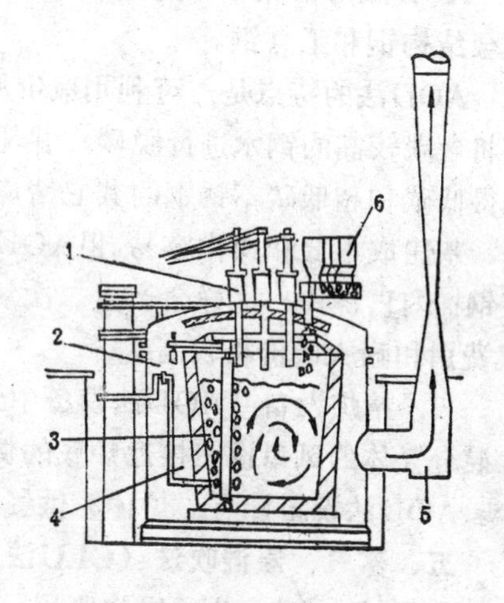

图 7-21　VAD法设备简图

1—电极；2—真空室；3—钢包；4—吹氩管；5—抽气管道；6—合金加料装置

合金料贮存在高架式料仓中，根据精炼配料的需要量，合金料经给料器装入自动称量漏斗车内，称量后停止给料，称量车运行至皮带运输机处卸下，经布料器和加料孔6将合金料加入钢包炉内。合金料也可从布料器经真空罐7在真空下加入炉内。

真空炉盖上的加料装置是设有双层密封的真空罐，罐内设有密封卸料阀。合金料倒入罐内通过卸料阀加入炉内，以实现在真空下加料。

8）吹氧装置　精炼不锈钢时，在真空下吹氧脱碳，可精炼出高质量低成本的不锈钢。吹氧装置用于调节和输送氧气来进行钢液脱碳，它包括：氧枪、氧枪升降机构、氧气调节机构和氧枪行程指示器等。

三、真空电弧加热法（VAD法）设备

VAD法是1968年美国芬克尔公司发明的，该法是在真空条件下用电弧加热，并以钢包底部的多孔砖吹氩搅拌，因它具有良好的脱硫和脱气条件，故适于精炼各种合金钢。目前国外已投产的容量为16～155t。

1．精炼方法　VAD法精炼过程与VOD法基本一样。

VAD法主要优点是在真空下电弧加热，真空处理时间不受限制；脱气效果好，加入合金量大，可精炼的钢种范围广。其缺点是设备费用高、处理时间长和操作费用高。

2．精炼设备　VAD法设备简图如图7-21所示。它包括：电弧加热装置、真空脱气装置、钢包、吹氩搅拌装置、合金加料装置、测温和取样装置等。

四、氩氧混吹法（AOD法）设备

AOD法是1968年在美国首先投产的，至1978年国外投产的最大容量为135t。

1．精炼方法　AOD法是在常压下向钢液中吹入惰性气体氩气稀释的方法降低CO的分压来加速碳氧反应，精炼末期吹入氩气以去除氮和氢，并搅拌钢液使夹杂物上浮。

AOD法可精炼各种类型的不锈钢（包括超低碳不锈钢），也可冶炼纯铁、镍基合金、合金结构钢和工具钢。

AOD法的特点是：可利用廉价原料生产不锈钢，铬的收得率可达98%，生产成本低；可将含碳较高的钢水进行脱碳，并能代替电炉进行脱硫，故电炉生产能力可显著提高；与获得低碳和超低碳不锈钢的其它精炼方法相比，AOD法在大气下进行精炼，所用设备简单、基建成本低和操作容易。但AOD法的缺点是精炼完毕的钢水不能直接浇铸，还要倒入盛钢桶内再浇铸，这样会产生二次氧化，因此钢中气体含量稍高于其它精炼方法；所用氩气费用和耐火砖价格较高。

2．精炼设备　AOD法设备中炉体与转炉相似，由倾动机构驱动可前后倾动180°。喷吹混合气体的风口设在接近炉底的侧壁上，风口的数目根据炉子吨位决定，一般为2～5个。AOD法设备计有：炉体、供气装置、除尘装置、加料装置和加热装置等。

五、蒸气、氧混吹法（CLU法）

为了减少AOD法的操作费用，出现了用过热水蒸气代替氩的精炼方法。这种方法是由法国的克勒索-卢瓦尔公司和瑞典的乌德霍尔姆公司研制的，目前，此法主要用于生产不锈钢和高铬合金钢。1972年以来瑞典和美国都分别建立了70t的工业生产炉。

CLU法工艺原理与AOD法相同，其差别是蒸气与氧混吹。这种方法特点是降低了惰性气体费用，但近年来并未得到大量推广，是由于其它费用高，其成本并不比AOD法便宜。

六、真空加热，吹氧脱碳法（VHD/VOD法）

VHD/VOD法是西德莱伯特-海拉斯公司在综合VOD和VAD两种精炼法的基础上研制成功的，它具备了VOD和VAD两种精炼方法的特点，此法具有真空下电弧加热、真空脱气、吹氩搅拌、真空下加合金料、真空下测温取样和吹氧脱碳等功能。因此真空处理时间不受限制，保证脱气效果，便于调整浇铸温度，在真空加热条件下加入合金量较大和脱碳效果好等。它适于精炼各种钢。

VHD/VOD法主要设备如下：

1．真空加热脱气部分（VHD法）　如图7-22所示。它包括：电弧加热装置、合金加料装置、炉盖及旋转小车、真空罐及真空系统、钢包和测温取样装置等，这是一套独立的完整的精炼设备。

（1）真空电弧加热装置　根据精炼需要采用电弧加热装置，可使钢水以2～3℃/min的加热速度进行加热，这种在真空下的加热方法在设备上产生一个突出的问题是电极与炉盖接触处的动密封问题。解决这一动密封问题是比较困难的，一是温度高，由于我国目前生产的电极质量较差，密封处电极常呈现红色；二是直线运动副密封较困难，而且电极又需要经常更换。因此设计密封结构时必须考虑上述两个特点，解决这种动密封的结构方案主要有两种型式：

1）假电极结构（图7-23)。在电极5上部联接一个拉杆1，用罩子4将拉杆及电极罩起来，罩子固接在炉盖上，拉杆通过罩子上部中央密封装置3处伸出，电极夹头2夹持在拉杆上部，使电极得到升降运动和输送电流，故这个拉杆起到加长电极的作用。使密封处向上移至拉杆与罩子接触处，这样一方面由于密封处上移温度较低，另一方面拉杆加工较精确，故易于密封，使密封效果得到改善。但增加了设备的高度，同时由于电极与拉杆采用螺纹联接，这对经常需要更换的电极来说，其拆装均较困难。

2）气封结构（图7-24)。电极夹头装置5与内管8联接，炉盖上装有外管1，电极7升降时可借助内、外管之间的密封装置对炉顶进行密封，其密封结构为迷宫式密封环4和橡胶密封圈2双层密封，为了保证密封效果，当密封件磨损产生间隙时可使张紧钢带3使密封环和密封圈紧贴在内管上。这就解决了内、外管之间的密封问题。此外还有内管与电极之间的密封问题，由于电极工作过程中与内管间无相对运动，这里采用在电极上部设有充气胶管6密封结构，电极工作过程中胶管充气使内管与电极之间进行密封，当更换电极时将胶管中的气体放掉，即可进行电极的更换工作。这种密封装置使用效果良好，某厂从国外引进的VHD/VOD精炼炉上就是采用这种气封结构。

（2）炉盖及其旋转小车　VHD的炉盖与真空罐组成一个真空室。由于VHD/VOD精炼法是采用两套装置联合，共用一套真空系统，故新研制的设备采用共用一个真空罐，这样既可独立进行精炼，又可节省设备和减少厂房面积。精炼时将进行真空加热处理的钢包放在真空罐内，然后将置于真空罐一侧的炉盖用旋转小车旋转过来，停在真空罐正上方后用液压缸将炉盖以2.4～3.5m/min的速度下降盖在真空罐上，盖合后可进行抽真空、加热等精炼操作。

为解决炉盖与真空罐盖合处的密封问题，在真空罐凸缘法兰上做一凹槽，将充气密封胶管放在凹槽内以此胶管与炉盖上的法兰盖合进行密封。当炉盖移开后，为防止辐射热对密封胶管的影响，应将冷却水放入凹槽内使胶管淹没在冷却水中，这样密封胶管基本上不受辐射热的影响。这种密封结构较ASEA-SKF精炼炉有很大改进。

（3）加料装置　精炼炉的主要任务之一是合金化，为此在VHD和VOD炉盖上均设有双层料仓解决在真空条件下加料的问题。在真空加热条件下进行加料，使加入的合金量不受时间和温度的限制，同时合金的收得率也高。

2．真空吹氧脱碳部分（VOD法）　如图7-25所示。这部分的精炼工艺过程、设备的组成和精炼的特点等都与前述的VOD法是一样的，故不再重复。

3．VHD/VOD法的特点　新研制的精炼设备特点是：

1）共用一个真空系统和一个真空罐，节省了设备和厂房面积；

2）采用氩气搅拌，氩气来源一般厂均可解决，因而去掉昂贵的电磁搅拌装置；

3）采用真空条件下加热是解决合金化和提高生产率的有效办法，每炉钢精炼时间可在1～2 h左右；

4）钢包结构简单，故可多制造一些钢包，不致因维修钢包影响生产；

5）由于两种方法联合生产，故精炼的钢种范围广、方法灵活和适应性强。

4．25tVHD/VOD精炼设备主要技术参数如下：

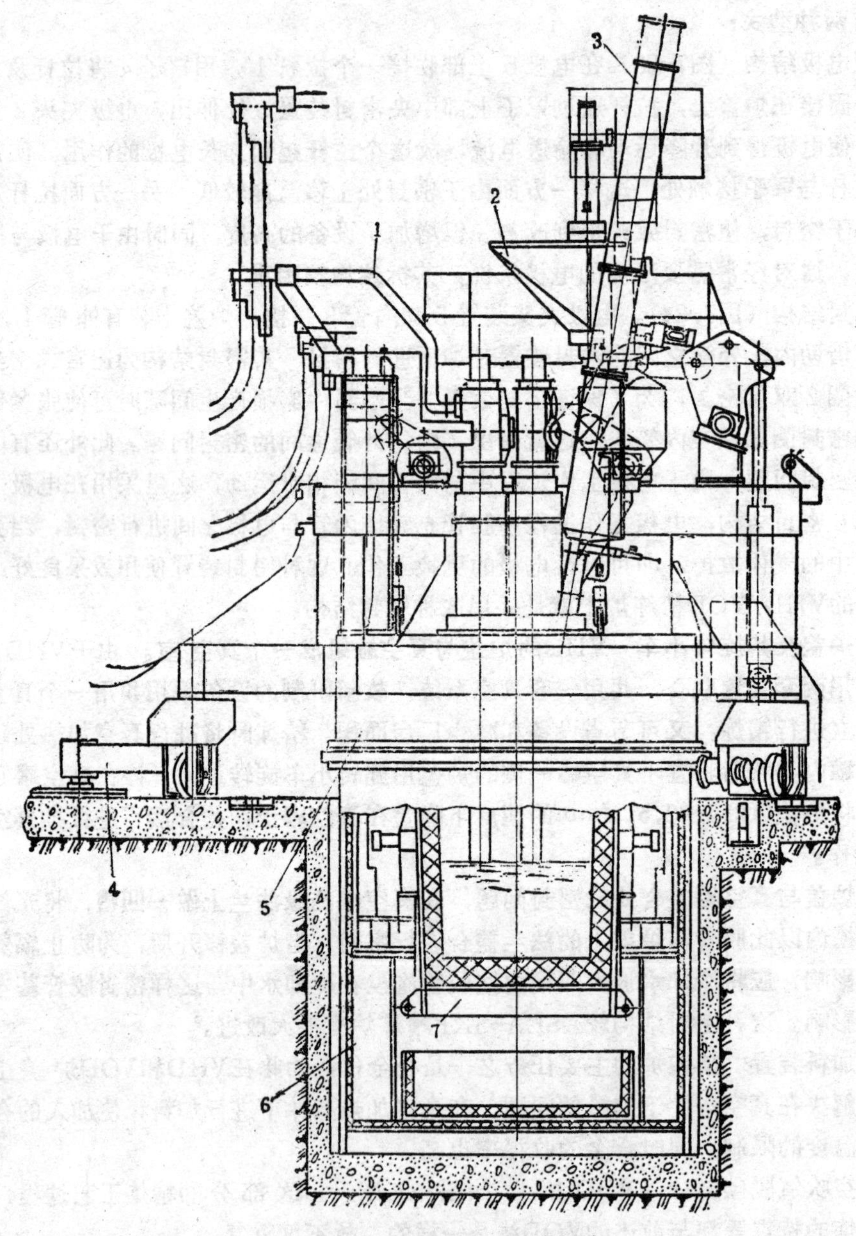

图 7-22　真空加热脱气设备

1—电弧加热装置；2—合金加料装置；3—测温取样装置；4—炉盖旋转小车；5—VHD炉盖；6—真空罐；7—钢包

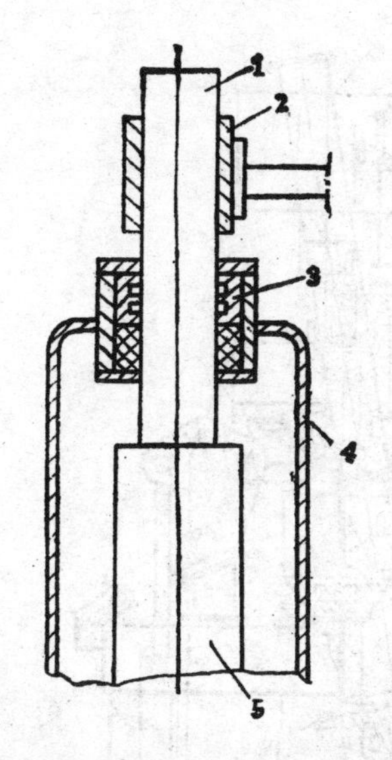

图 7-23 假电极结构示意图

1—拉杆；2—夹头装置；3—密封装置；4—罩子；5—电极

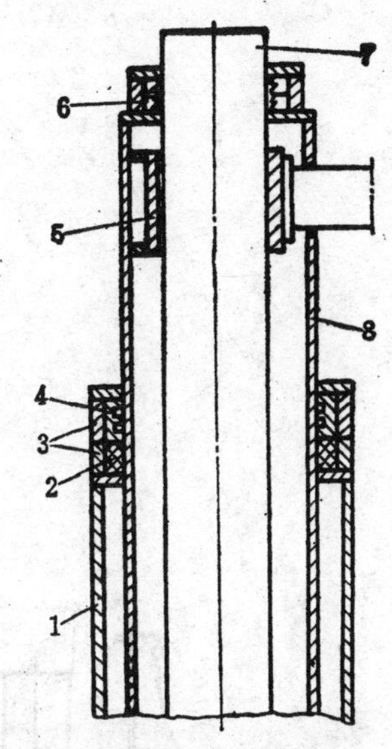

图 7-24 气封结构示意图

1—外管；2—密封圈；3—张紧钢带；4—密封环；5—夹头装置；6—气封胶管；7—电极；8—内管

钢包容量　25t

真空室　容积$V=57m^3$，外形尺寸 $\phi4000\times6325mm$

炉盖旋转小车　双驱动、液压马达，旋转线速度$v=3\sim5m/min$

炉盖升降装置　液压缸升降，行程500mm，速度$v_{升}=8\sim12m/min$

$v_{降}=2.4\sim3.5m/min$

电弧加热装置　电极直径ϕ250mm，变压器型号HSSP-5000/10，

钢水温升速度 2°C/min，电极升降行程1500mm

七、各种精炼方法的经济技术方面的比较

1．设备费用　VOD法、ASEA-SKF法、VAD法和RHOB法等几种精炼方法都需要有足够抽气能力的真空系统，所以设备费用较高，其中最贵的是ASEA-SKF法，因为它还有电弧加热装置和电磁搅拌装置。日本对VOD法与AOD法作过对比，认为同样容量的装置，VOD法为AOD法设备费用的三倍。

2．操作费用　ASEA-SKF法精炼操作费用为6.25美元/t钢，AOD法为8～10美元/t钢。AOD炉的操作费用主要用在氩气和耐火材料上，其中氩气消耗费占30～40％，耐火材料费占40～50％。因此为了降低AOD炉操作费用，当AOD精炼不锈钢时，一般采用一部分氮气来取代氩气（约占20～40％），也有吹一部分过热水蒸气的。另外采用各种措施来提高炉衬寿命，以降低耐火材料的消耗。

3．生产效率　VOD法和ASEA-SKF法要求精炼前的钢水质量较高（碳、硅、硫等含量不能太高），故必须在电炉内进行部分精炼后再转入炉外精炼。而AOD炉对精炼前的钢水中的碳、硅和硫等含量多少的准确程度要求不高，故熔化后即可转入炉外精炼。对精炼前钢水成分要求的程度决定了熔化炉的生产率。各种炉外精炼法对熔化炉生产效率的影响如表7-3所示。

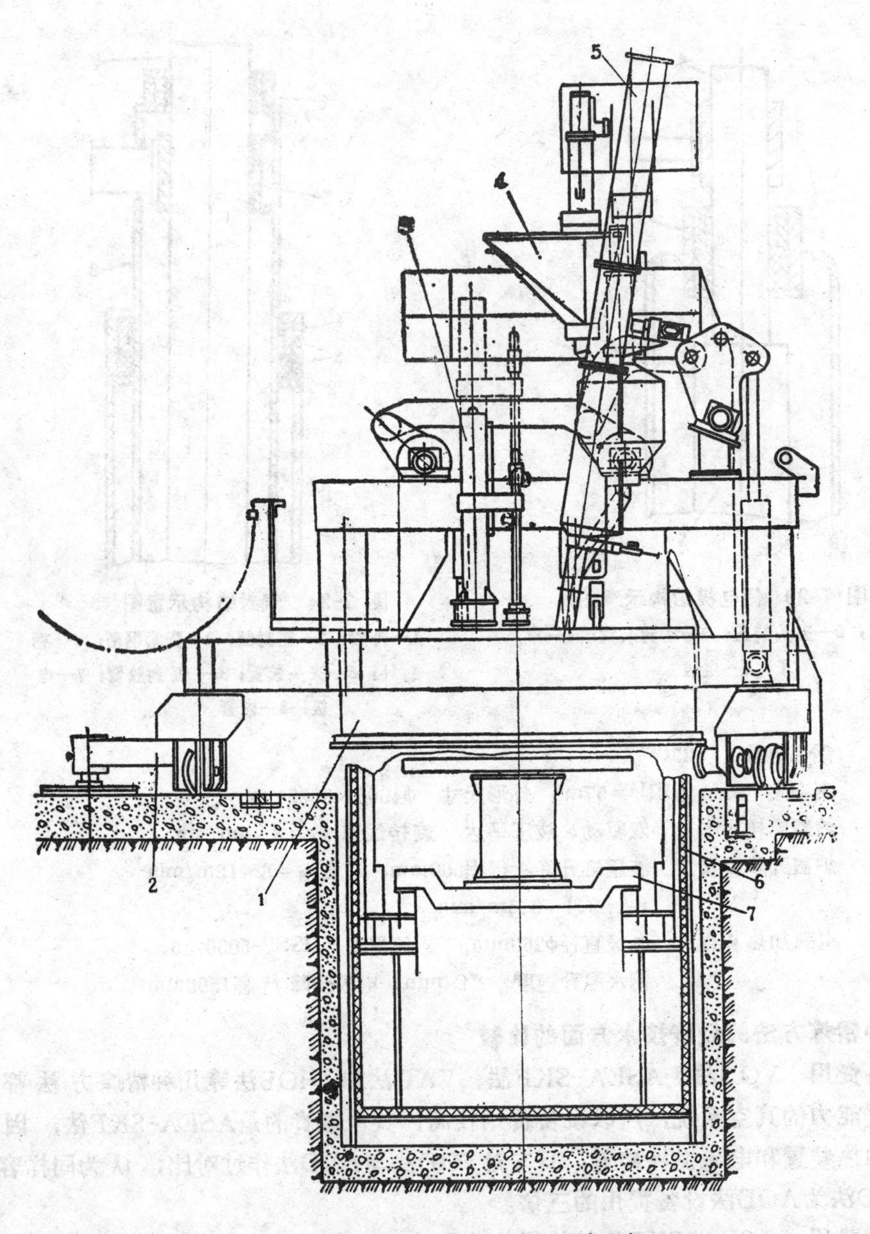

图 7-25 真空吹氧脱碳设备

1—VOD炉盖；2—炉盖旋转小车；3—吹氧装置；4—加料装置；5—测温取样装置；6—真空罐；7—保护盖拆卸装置

几种精炼法对熔化炉生产率的影响 表 7-3

精炼方法	炉外精炼周期(min)	比一次熔炼生产效率提高（%）	一次熔炼的作用	适应钢种
VOD	60～90	50	熔化+部分精炼	各种不锈钢和部分合金钢、低碳钢、工具钢
ASEA-SKF	120～180	20～50	熔化+部分精炼	各种钢
RH·OB	60～90		熔化+部分精炼	与氧气转炉双联生产不锈钢
AOD	60～120	100	熔　化	各种不锈耐热钢、碳素钢、滚珠钢、模具钢、工具钢、低合金钢、电工钢
CLU	150～180	100	熔　化	各种不锈钢

4．精炼质量　上述几种精炼方法，从钢的质量来看以ASEA-SKF法最好，而且适于精炼各种钢；VOD法适于精炼纯洁度高的超低碳不锈钢；RH-OB法与氧气转炉双联，由于铁水中低熔点有害杂质少，铁水又经过脱硫去磷处理，所以成品钢中有害杂质很少。

上述几种精炼方法精炼后，钢中气体与电炉相比降低的情况和实际含量见表7-4。

5．生产成本费　炼钢生产中使用的金属料占生产成本的70%左右，采用炉外精炼方法生产不锈钢，由于使用廉价的合金料，可使钢的生产成本降低。以生产18-8型不锈钢为例，与用电炉直接生产成品钢相比：VOD法可降低生产成本费13～17%，AOD法降低19～22%。

几种精炼法精炼的脱气效果　　**表 7-4**

气体		VOD	ASEA-SKF	RH-OB	AOD	CLU	钢包吹氩
氢	精炼后含量(%)	⩽0.0002	⩽0.0002	0.0001～0.0003	0.0001～0.0004	⩽0.0008	0.0002～0.0005
	降低（%）	⩾70	⩾70	50～80	30～70		30～70
氧	含量(%)	0.003～0.006	0.0015～0.003 (0.03～1.0%C)	0.003～0.006	≈0.0085	≈0.0085	
	降低(%)	～40	40～60	～40			～40
氮	含量(%)	0.008～0.012	0.008～0.010	0.003～0.012	≈0.0186	≈0.0186	
	降低(%)						10

综上所述，从经济和技术上来看，考虑选择精炼方法时，必须根据具体情况来确定。如ASEA-SKF法基建投资较高、设备费用也高，但它的优点是适于精炼各种钢、操作费用低、精炼质量好。AOD炉的基建费用低，但必须具备供氩条件，生产操作费用高，它也可精炼各种特殊钢。对于已有RH真空处理设备的工厂，将其改造成为RH-OB法，基本上不需要基建投资，在现有的RH真空处理设备上稍加修改即可实现。

几种炉外精炼法的逐年发展情况如图7-26所示。几种炉外精炼方法的平均发展速度如图7-27所示。

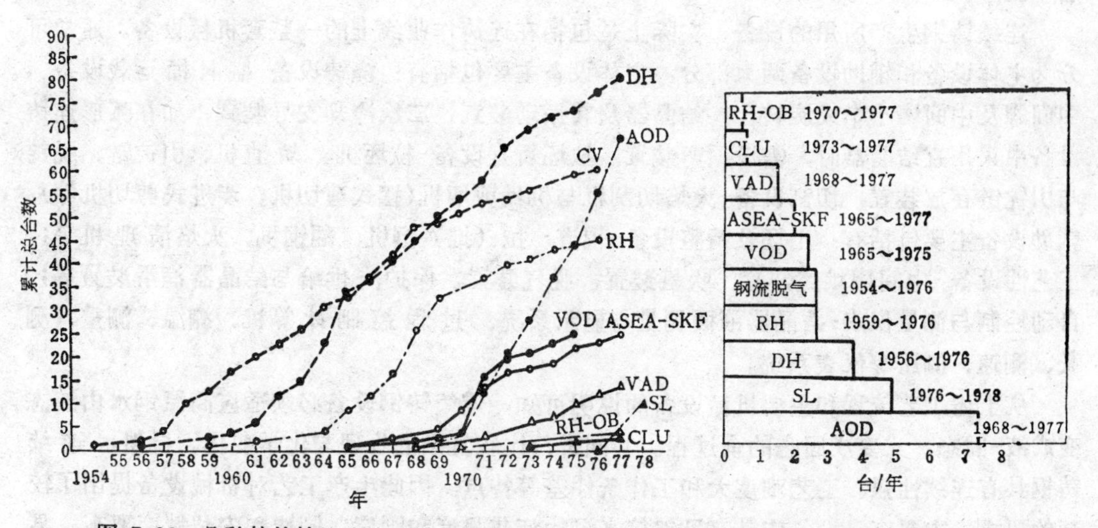

图 7-26　几种炉外精炼法的逐年发展情况　　　图 7-27　几种炉外精炼方法的平均发展速度

第三篇　连续铸钢设备

第八章　连续铸钢及连铸机主要参数的确定

第一节　连　续　铸　钢

连续铸钢与普通模铸不同，它不是把高温钢水浇铸在一个个钢锭模内，而是将高温钢水连续不断地浇铸到一个或一组实行强制水冷带有“活底”的铜模内。待钢水凝固到具有一定厚度的坯壳后（这时钢水也和“活底”凝结在一起），则从铜模的另一端拉出“活底”，这样铸钢坯就会连续从铜模下口被拉出来。这种使高温钢水直接浇铸成钢坯的新工艺，就是连续铸钢。它完全改变了在钢铁生产中一直占统治地位的“模铸-开坯”工艺，大大地简化了从钢水到钢坯的生产工艺流程。

连续铸钢的一般生产工艺流程，如图8-1所示。由炼钢炉炼出的合格钢水，经盛钢桶运送到浇铸位置，通过中间罐铸入强制水冷的铜模-结晶器内。结晶器是无底的，在铸入钢水之前，必须先装上一个“活底”，它同时也起引出铸锭的作用，这个“活底”就叫引锭链。铸入结晶器的钢水在迅速冷却凝固成形的同时，其前部与伸入结晶器底部的引锭链头部凝结在一起。引锭链的尾部则夹持在拉坯机的拉辊中，当结晶器内钢水升到要求的高度后，开动拉坯机，以一定的速度把引锭链（牵着铸坯）从结晶器中拉出。为防止铸坯坯壳被拉断漏钢和减少结晶器中的拉坯阻力，在浇铸过程中既要对结晶器内壁润滑又要它做上下往复振动。铸坯被拉出结晶器后，为使其更快的散热须进行喷水冷却，称之为二次冷却，通过二次冷却支导装置的铸坯逐渐凝固。这样，铸坯不断地被拉出，钢水连续地从上面铸入结晶器，便形成了连续铸坯的过程。当铸坯通过拉坯机、矫直机（立式和水平式连铸不需矫直）后，脱去引锭链。完全凝固的直铸坯由切割设备切成定尺，经运输辊道进入后步工序。

连续铸钢生产所用的设备，实际上是包括在连铸作业线上的一整套机械设备。通常可分为主体设备和辅助设备两大部分。主体设备主要包括有：浇铸设备-盛钢桶运载设备、中间罐及中间罐小车或旋转台；结晶器及其振动装置；二次冷却支导装置，如在弧形连铸设备中采用直结晶器时，需设顶弯装置；拉坯矫直设备-拉坯机、矫直机、引锭链、脱锭与引锭链存放装置；切割设备-火焰切割机与机械剪切机(摆式剪切机、步进式剪切机等)。辅助设备主要包括有：出坯及精整设备-辊道、拉（推）钢机、翻钢机、火焰清理机等；工艺性设备-中间罐烘烤装置、吹氩装置、脱气装置、保护渣供给与结晶器润滑装置等；自动控制与测量仪表-结晶器液面测量与显示系统、过程控制计算机、测温、测重、测长、测速、测压等仪表系统。

从上述工艺流程和主要机械设备的说明可知，连续铸钢设备必须适应高温钢水由液态变成液-固态，又变成固态的全过程。其间进行比较复杂的物理与化学变化。显然，连续铸钢具有连续性强、工艺难度大和工作条件差等特点。因此生产工艺对机械设备提出了较高的要求，主要有：设备应具有足够抗高温的疲劳强度和刚度，制造和安装精度要高，易于维修和快速更换，要有充分的冷却和良好的润滑等。

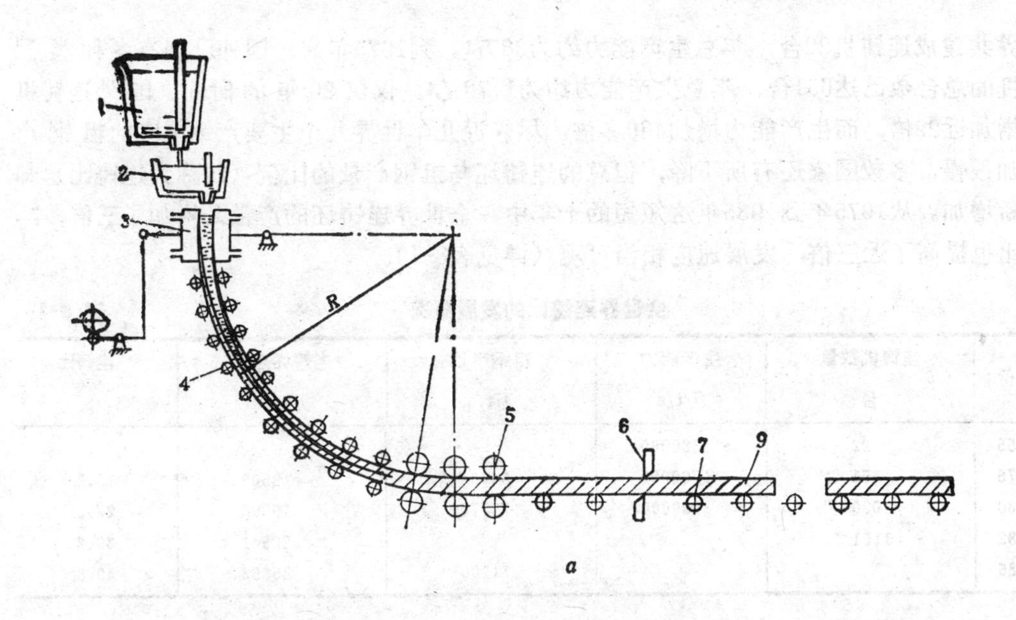

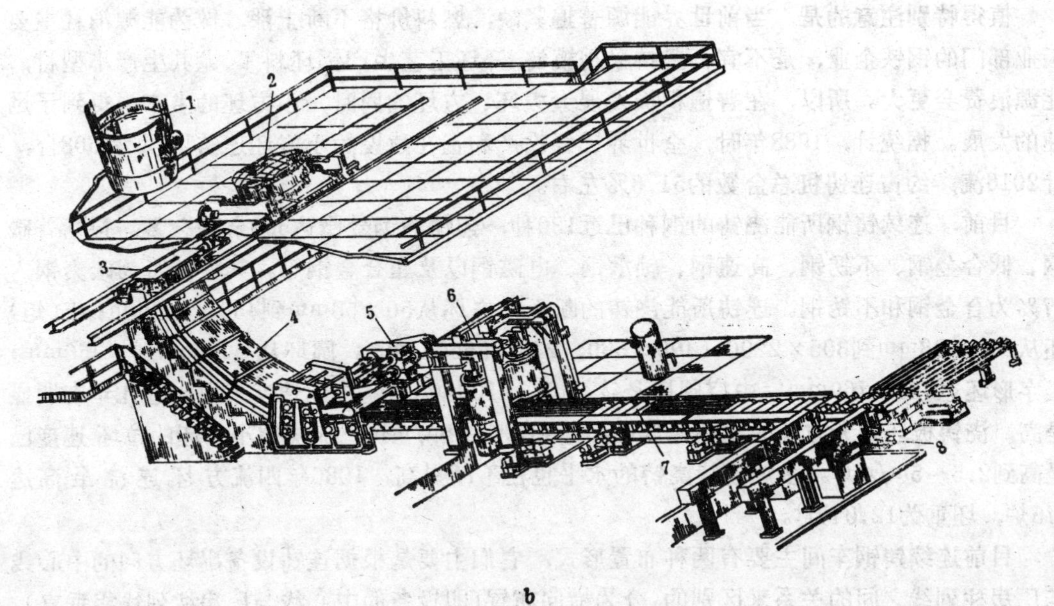

图 8-1 弧形连续铸钢设备

a—生产流程示意图；*b*—设备布置图

1—盛钢桶；2—中间罐；3—结晶器及其振动装置；4—二次冷却支导装置；5—拉坯矫直机；6—切割设备；7—辊道；8—推钢机；9—铸坯

第二节 连续铸钢的发展概况

早在一百多年以前，人们就提出了连续浇铸的问题，也曾经做了各种尝试，其中英国的贝塞麦对钢做了反复的试验，终因当时总的科学技术水平较低，限制了连续铸钢的成功。直到本世纪五十年代才作为一种新技术开始在钢铁生产中得到应用。由于连铸有着能从钢水一次直接浇铸成坯的巨大优越性，很快得到了迅速发展与推广。据统计，到1955年全世界共建成连铸机22台，年总生产能力约为38万t。到1975年底，国外已拥有各种类型连铸机的总台数已达651台，年总生产能力约为1.76亿t。仅仅20年的时间，国外连铸机台数增加近29倍，而生产能力增加460多倍。尽管近几年世界几个主要产钢国家的粗钢产量增加很慢，多数国家还有所下降，但总的连铸坯与粗钢产量的比例（统称为连铸比）却在不断增加。从1975年到1985年这短短的十年中，全世界连铸坯的产量又增加了三倍多，连铸比也提高了近三倍，发展速度相当可观（详见表8-1）。

全世界连铸比的发展概况　　**表 8-1**

年　份	连铸机数量 台	生产能力 万t/a	粗钢产量 万t/a	连铸坯产量 万t/a	连铸比 %
1955	22	380000			
1975	651	1760000	64630	8500	13.1
1980	1020	3009000	71770	19500	27.2
1982	1131			22541	39.2
1985			71700	35563	49.6

值得特别注意的是，当前世界能源普遍紧缺，燃料价格不断上涨，做为能源消耗主要工业部门的钢铁企业，是不宜再坚持采用模铸-开坯工艺生产钢坯料了，尤其生产小型材，能源浪费会更大。所以，在普遍积极发展大板坯、方坯的同时，小方坯的生产也得到了迅速的发展。据统计，1983年时，全世界已经投产和正在建设的小方坯连铸机共有608台，计2016流，约占连铸机总台数的51.6%左右。

目前，连续铸钢所能浇铸的钢种已近130种，连铸的钢号已达500余种之多，包括普碳钢、低合金钢、不锈钢、高速钢、轴承钢、电磁钢以及超合金钢等。其中63%为碳素钢，37%为合金钢和不锈钢。连铸所能浇铸的断面：方坯从50×50mm到450×450mm；板(矩)坯从50×108mm到305×2200（400×560，240×2650）mm；圆坯从ϕ50mm到ϕ450mm；工字形坯达350×760mm；中空圆坯是ϕ450×ϕ100mm。就拉坯速度来说，近几年有明显提高，浇铸板坯和大方坯的拉坯速度已经达到1.5～2m/min，而浇铸小方坯的拉坯速度已提高到2.5～5m/min。多炉连续浇铸的水平也在不断提高，1980年四流方坯连浇最高达775炉，坯重为12.04万t。

目前连续铸钢车间主要有两种布置形式，它们主要是根据连铸设备出坯方向的中心线与厂房柱列线之间的关系来区别的，分为横向布置(即设备的中心线与厂房柱列线相垂直）和纵向布置(即设备中心线与厂房柱列线平行)。前者较适合于生产规模较大同时又配置多台连铸设备的炼钢车间，后者则多在旧厂改建或配置连铸设备台数较少的情况下采用。

在连续铸钢的发展过程中，连续铸钢设备（以下简称连铸机）先后出现了立式、立弯、弧形、水平式等多种型式的连铸机。世界各国最早采用的是立式连铸机，组成它的一整套设备全都配置在一条铅垂线上。由于它的设备高度过大以及由此带来的一系列问题，近年来这种连铸机只有苏联等少数几个国家还在兴建外，其他国家很少采用。为克服立式连铸机存在的问题，出现了一种过渡的立弯式连铸机。它是在立式的基础上，当连铸坯出拉坯机后将铸坯顶弯，接着在水平位置上将铸坯矫直、切断、出坯。这种改进在拉坯速度不断提高的条件下，其优越性并不明显。在为进一步降低设备高度的探索中，出现了弧形连铸机。它是目前应用最广、发展最快的一种型式。其特点是组成连铸机的各单体设备均布置在1/4圆弧（或多半径弧）及其水平延伸线上，故称为弧形（或椭圆形）连铸机。它基本上保持了立式（或立弯式）连铸机的长处，并且大大地降低了设备的总高度。但弧形连铸机的工艺条件不如立式（或立弯式），且它的各单体设备配置在弧线上必然带来各种困难。由于近年来在弧形连铸机上采用直结晶器，使其工艺条件又有所改善。表8-2为以上几种型式连铸机的比较。据统计各种型式连铸机占总连铸机台数的比例为：立式15%，立弯式6%，弧形及椭圆形78%，其他1%。

几种型式连铸机的比较 **表 8-2**

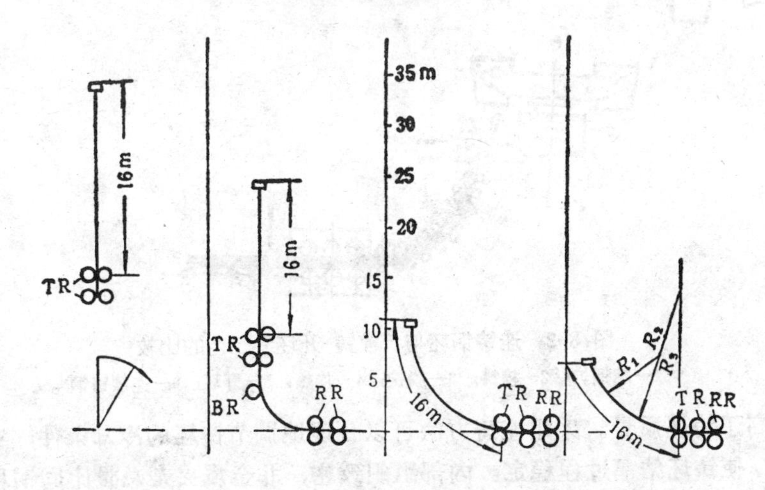

第三节 连续铸钢的优越性及其在我国的发展

一、连续铸钢的优越性

连续铸钢的迅速发展，是因为它与传统的“模铸-开坯”工艺法相比，具有下述优点：

1）简化了生产钢坯的工艺流程，节省大量投资。由图8-2可见，连续铸钢可直接从钢水浇铸成钢坯，省去了脱锭、整模、均热、开坯等一系列中间工序和设备。从现代世界连续铸钢的生产水平来看，据统计，基建投资和操作费用均可节省40%，占地面积约减少50%，设备费用减少约70%，耐火材料的消耗降低15%左右。

2）节省大量能源。近年来，世界性能源危机有增无减，各国对降低能耗都十分重视，连续铸钢对节能有极其明显的效果。据日本资料介绍，钢的连铸能耗仅为模铸-开坯法的20.8～13.5%。国际钢铁协会技术委员会最近对109个钢铁企业调查结果表明，每吨钢坯可节约能源相当于20～50kg标准煤（我国通常在50～90kg标准煤）。如若实行热送新工艺，还可再节省5kg左右的标准煤。

3）提高了金属收得率和成材率。由于连铸从根本上消除了模铸的中注管和汤道的残钢损失，因而使钢水收得率提高。又因连铸钢坯没有热帽也不需切去7～8%的坯头，因而成材率也提高了10～15%，成本还降低了10～12%。

4）连铸将生产钢坯的许多工序，统一到一个整机上进行这样为实现连续生产和采用计算机自动控制创造了有利条件，从根本上改变了工人在高温、多尘环境中工作的不良状况，极大地改善了劳动条件，可提高劳动生产率近30%。

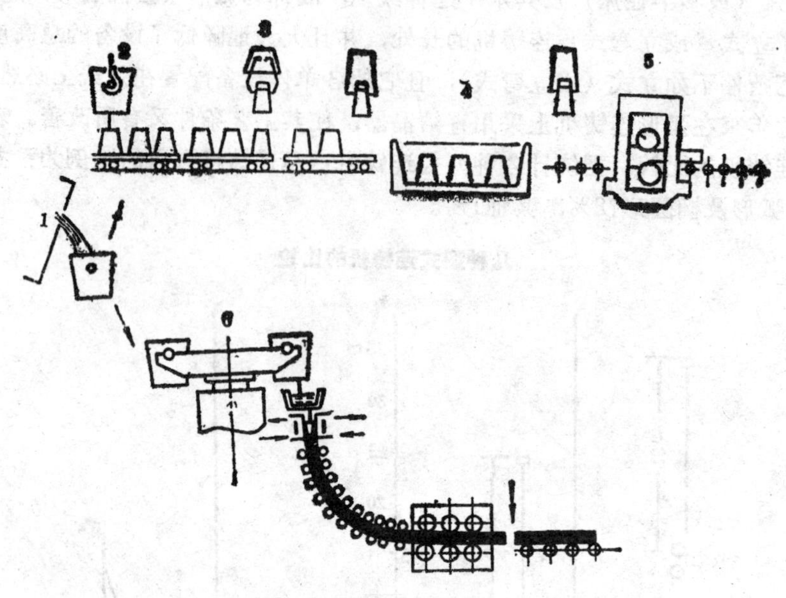

图 8-2 连铸钢坯与“模铸-开坯”工艺的比较

1—炼钢炉；2—模铸；3—脱锭；4—均热；5—开坯；6—连续铸钢

5）提高了铸坯质量。采用连铸方法可以合理地调节铸坯的冷却条件，实现比较合理的冷却速度，使铸坯结晶过程稳定。内部组织致密，非金属夹杂总量比同钢种钢锭低20%左右。化学成分偏析及低倍组织缺陷等都减少了。还提高了金属的机械性能，改善了连铸坯的质量。

尽管连续铸钢是一项先进的新技术，新设备，且发展很快。但是目前还存在一些问题：连铸工艺对钢水的要求比较高，无论是化学成分，钢水温度，还是对炼钢炉出钢时间与连铸机的配合，都有严格的要求；在实行多炉连浇的生产条件下，连铸机如何才能适应长期在高温条件下作业而不出事故，或一旦出现问题又怎样才能在短时间内排除，恢复正常生产；连铸的操作工艺有待进一步稳定，浇铸品种尚需扩大，浇铸板坯时的某些缺陷有待于改进，设备作业率和拉坯速度还必须提高等。

二、连续铸钢在我国的发展

我国是世界上最早开发连续铸钢技术的国家之一，自1955年开始探索性试验。1957年第一台工业试验立式连铸机在上海建成，由3t电弧炉供应钢水。1958年我国第一台双流大方坯（170×250mm）立式连铸机在重钢三厂建成投产，由摆动机械剪来切断铸坯。并在1964年投产了第一台弧形连铸机，它可以浇铸（110～180）×(600～1500)mm的板坯，采用了复合齿轮差动振动机构，带钩式引锭头的大节距引锭链，同时配备了1500t液压摆动飞剪。这是当时世界上最早用于工业生产的弧形连铸机之一。1967年又在重钢公司建成了一台大型板坯连铸机，不但可以浇铸（250～300）×(1500～2100)mm的板坯，而且还能浇铸四流250×250mm的大方坯。总之，在七十年代以前，我国的连铸技术一直处在封闭状态中摸索徘徊，国家虽花了不少投资，自己设计制造了50多台连铸机，总设计能力约为65万t/a，但多数不能正常生产，由于多种原因，致使连铸难以生产出轧钢所要求的合格的连铸坯。直到1977年全国连铸坯的总产量只有84.7万t/a，连铸比还不到4%。

七十年代以来，我国开始引进了三台单机单流$R10.3m$的板坯弧形连铸机，之后又相继引进与合作制造了一批小方坯连铸机，通过引进技术改造现有连铸机。以武钢二炼钢为先锋，在1984年9月已达到全连铸的水平，连铸比达98.93%，到1985年3月实现了连铸比100%，彻底甩掉了模铸，实现了高水平的全连铸，开始跨入世界连铸生产的先进行列。到1985年我国大陆已拥有56台连铸机在生产（台湾省83年底已有23台），连铸坯的产量猛增到502万t/a，比1977年又增加了近5倍，连铸比已达10.75%是1977年的2.7倍。我国的连续铸钢正在迅速的向前发展着，近年来对水平连铸的研究已取得了可喜的成果，对轮带式连铸机也进行了试验研究。所能浇铸的最大断面和最小断面均已达到世界先进水平。浇铸的断面形状和品种在逐步扩大，连铸坯的质量也在不断改善。连铸设备的设计和制造水平正日益提高。在生产自动化方面也取得了可喜的成果。预计到2000年，我国的连铸坯产量可达4000万t/a，连铸比将达到50%。

第四节　连铸机主要参数的计算与确定

连铸机的主要设计参数是机械设备设计的主要依据，是决定设备性能和尺寸的基本因素。主要设计参数包括铸坯断面，拉坯速度，曲率半径以及连铸机的流数等。这些参数之间有相互密切的联系，且随连铸工艺和设备的不断发展而变化。现仅就弧形连铸机进行讲述。

一、铸坯断面

在确定浇铸钢种之后，铸坯断面的形状和尺寸是首先要解决的问题。确定断面的主要依据：一是根据生产的需要（轧制、锻压或其它）；二是考虑目前弧形连铸机所能浇铸断面的实际可能性。

目前生产的铸坯断面多为方形坯，矩形坯（扁坯和板坯），其次是圆形坯，还有少量的异形坯。已生产的各种连铸坯的断面形状和极限尺寸如表8-3所示。

铸坯断面形状与极限尺寸表　　表 8-3

断面形状		断面尺寸　(mm)
方坯	最小	50×50
	最大	450×450
矩形坯	最小	50×108
	最大	305×2200 (400×560) 304×2640
圆形坯	最小	ϕ40
	最大	ϕ450
异形坯	椭圆形	120×240
	工字形	460×400×120 (350×700)
	中空圆形	$\phi450\times\phi100$

铸坯断面的大小和形状对连铸机的生产率有直接的影响。一般说来，在拉坯速度相等的条件下，断面越大，连铸机的生产能力越高。显然，在铸坯断面内切圆半径相同的条件下，矩形铸坯连铸机的生产能力较高。但铸坯断面过大，过小或宽厚比（即铸坯的宽度与厚度之比）过大时，由于对浇铸操作技术要求较高，因而连铸机的实际生产能力又依具体

操作水平而异。若铸坯断面积相等且其形状不同时，铸坯的结晶凝固机理也不同。冷却表面积大小不等，则冷却速度亦异。虽然椭圆形断面的铸坯有利于结晶凝固过程的进行，但给设备和生产上带来许多不便。而圆形坯较方坯或矩形坯的冷却表面积小，结晶凝固时又易产生中心疏松，偏析和内裂等质量缺陷。

依据上述原则确定的铸坯断面，还必须考虑和盛钢桶容量，炼钢炉容量及其生产周期的协调配合而不致互相影响。同时，还要考虑到连铸机和轧钢机的配合，以保证连铸坯在轧制后轧材的质量，一般压缩比应大于8～10，其具体的铸坯断面与轧钢机的合理配合，参照表8-4选用。

铸坯断面与轧机的配合情况 **表 8-4**

铸坯断面（mm^2）		轧钢机
方坯	扁坯	
90×90～120×120	100×150	400/250 轧机
120×120～150×150	150×180	500/350 轧机
140×140～200×200	160×280	650 轧机
板坯 120×600		700，750 带钢轧机
120～200×700～1000		2300 中板轧机
200～250×1200～1500		1450，1700 热连轧机
300×2000		4200 特厚板轧机
100～110×600		700，1200 行星轧机
140×1100		

二、拉坯速度

拉坯速度是设计连铸机的重要参数之一。在铸坯断面确定之后，拉坯速度对连铸机的生产能力起决定的作用。通常，拉坯速度是以连铸机每一流每分钟拉出铸坯的长度（m）来表示。而国外文献则经常用浇铸速度这一概念，它是以每一流每分钟浇铸钢水的重量（t）来表示的。显然，拉坯速度越高，浇铸速度也越大，连铸机的生产能力就越高。但它有一定限度，因为钢水的凝固速度限制了铸坯出结晶器时的坯壳厚度。拉速越快坯壳越薄，易发生过大变形甚至漏钢。同时又会造成铸坯内部的疏松和缩孔，使质量变坏反倒降低产量。在一定的工艺条件下，为得到最好的经济效果，在寻求最佳拉坯速度时，必须满足两个最基本的要求：一是铸坯出结晶器下口时坯壳具有一定的厚度，以防变形太大甚至漏钢；二是铸坯内、外部质量良好，满足生产要求。

经大量试验得出，结晶器内钢水凝固坯壳厚度δ，可按下式计算：

$$\delta=\eta\sqrt{\tau_{结}}\quad(mm) \tag{8-1}$$

式中 $\tau_{结}$——铸坯在结晶器内停留的时间（min）；

η——凝固系数（$mm/\sqrt{min}$）。它主要取决于冷却条件、铸坯断面尺寸、钢水的温度与性质。其值波动在20～24$mm/\sqrt{min}$范围内。

试验表明，铸坯宽厚比对结晶器内钢水的凝固速度影响较大。并发现铸坯宽边的绝对收缩量大于窄边的绝对收缩量。因此，窄边必然较早的脱离结晶器内壁，形成气隙，致使散热速度和凝固速度降低。所以铸坯宽厚比较大时，η要取较小值。随着宽厚比的减小使冷却条件趋于一致，则η可取较大值。

钢水的凝固速度可由公式8-1导出：

$$v=\frac{d\delta}{d\tau_{s}}=\frac{1}{2}\eta\tau_{s}^{-1/2}(\mathrm{mm/min}) \tag{8-2}$$

设结晶器的有效接触长度为l'_m，则拉坯速度的理论计算公式为：

$$V=\frac{l'_m}{\tau_s}(\mathrm{m/min}) \tag{8-3}$$

由公式（8-2）和公式（8-3）可见，当铸坯宽厚比较小时，η值较大，则τ_s值较小，故拉速可大些。相反，拉速应小些。

在一定条件下，提高拉速有益于改善铸坯的表面质量。国外某厂的试验表明，大型板坯拉速提高到2m/min时改善了铸坯内外部质量，但拉速过高又易使铸坯内部产生疏松和缩孔。实际上，影响拉坯速度的因素是多方面的：浇铸钢水的温度越高，则冷凝成一定厚度坯壳的时间越长，拉速就要越慢。相反，则拉速可快些；不同钢种冷凝时，高温强度较高的钢种其拉速可大些，而高温强度较低的钢种拉速要小些；铸坯断面形状和尺寸不同，冷却表面的大小不同，则冷凝速度也不同。同时，不同断面形状的铸坯又有不同的结晶凝固特点。由“铸坯断面”的论述可知，由于圆形断面铸坯的结晶凝固特点和冷却表面积较小，因而，在相同的条件下，它的拉速一般较方坯和矩形坯要低些；在连铸的生产过程中新工艺的采用，如吹氩搅拌、“气洗水口”、伸入式水口与保护渣浇铸等都有利于提高拉速；连铸机结构的改进、冷却和防变形能力的加强、安装对中精度的提高等等对不断提高拉速都是必不可少的。因此，应将拉坯速度的提高看成是冶炼技术和连铸技术综合提高的结果。拉速的增长情况，如图8-3所示。

在实际计算时，拉坯速度常按如下经验公式求得：

$$V=K\frac{L}{S}(\mathrm{m/min}) \tag{8-4}$$

式中 L——铸坯断面周边长（mm）；

S——铸坯断面面积（$\mathrm{mm^2}$）；

K——速度换算系数（m·mm/min），其值由钢种、结晶器尺寸和冷却状况等因素决定，具体可按表8-5选取。一般小断面铸坯可取较大值，大断面或宽厚比较大的铸坯取较小值。

在进行设计计算时，可按所计算的拉速参照经验类比选取。

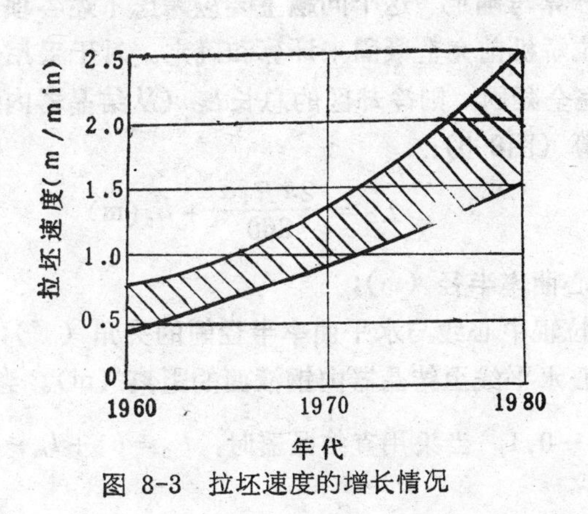

图 8-3 拉坯速度的增长情况

速度换算系数 **表 8-5**

断面形状	小方坯	大方坯	板坯	圆坯
K	65～85	55～75	55～65	45～55

三、曲率半径

连铸机的曲率半径主要是指铸坯弯曲时的外弧半径(是弧形连铸机的重要参数之一)，通常以多少米表示。在一般圆弧形连铸机中也常称圆弧半径。它标志着连铸机的型式和可能浇铸的铸坯厚度范围，同时也直接关系到连铸机的总体布置、高度以及铸坯的质量。弧形连铸机的曲率半径主要取决于铸坯的厚度，但通常在确定曲率半径时所考虑的无论是工艺上或质量上的要求，其实质都与液心长度有较密切关系。

1．**铸坯的液心长度** 铸坯的液心长度（即冶金长度）是从结晶器内钢液面开始到铸坯全部凝固完毕所走过的路程。它是确定弧形连铸机曲率半径的重要工艺参数之一，也是连铸机总体设计和布置的基本参数。

铸坯全部凝固的时间τ_H与坯厚H的关系可由凝壳公式（8-1）导出：

$$H=2\eta\sqrt{\tau_H}\quad(\text{m})\text{或}\tau_H=\frac{H^2}{4\eta^2}\quad(\text{min})\qquad(8\text{-}5)$$

设拉坯速度为V，则铸坯液心长度L_e的计算式为：

$$L_e=V\tau_H=\frac{H^2}{4\eta^2}V\quad(\text{m})\qquad(8\text{-}6)$$

式中 η——凝固系数。由于铸坯大部分时间是通过直接喷水冷却的弧形区，因此冷却条件比在结晶器内的间接冷却要好，所以可取η 在$0.024\sim0.033\text{m}/\sqrt{\text{min}}$之间。方坯取$\eta=0.030\sim0.033\text{m}/\sqrt{\text{min}}$，而圆坯和矩形坯均可取$\eta=0.024\sim0.028\ \text{m}/\sqrt{\text{min}}$。

液心长度也可根据铸坯的断面形状、尺寸和拉坯速度，查图8-4确定。

由公式（8-6）和图8-4可知，铸坯的液心长度与其断面形状、尺寸及拉速密切相关。铸坯越厚，宽厚比越大，拉速越快，则液心长度就越长，连铸机的长度也就越长。虽然增加冷却强度能缩短液心长度，但这是有限的，尤其对某些合金钢冷却强度过大是不允许的。在计算液心长度时，应从可能浇铸的最大坯厚和可能达到的最高拉速出发。

2．**曲率半径的计算与确定** 这个问题主要应考虑下述各项要求：

1）按铸坯进入拉矫机前完全凝固来计算和确定。对于采用一般拉矫机的连铸机，铸坯进入拉辊前通常须完全凝固，则冷却区的总长L_C（从结晶器内钢液面到第一对拉辊间的弧线长）可按下式计算（图8-5）：

$$L_C=\frac{2\pi R_1\alpha}{360}+h_0(\text{m})\qquad(8\text{-}7)$$

式中 R_1——铸坯中心曲率半径（m）；

α——第一对拉辊中心线与水平曲率半径间的夹角（°）；

h_0——圆弧中心水平线至结晶器内钢液面的距离（m）。当采用弧形结晶器时，$h_0=\frac{l_m}{2}-0.1$，当采用直结晶器时，$h_0=h_1+l_m-0.1$。h_1为二次冷却区的

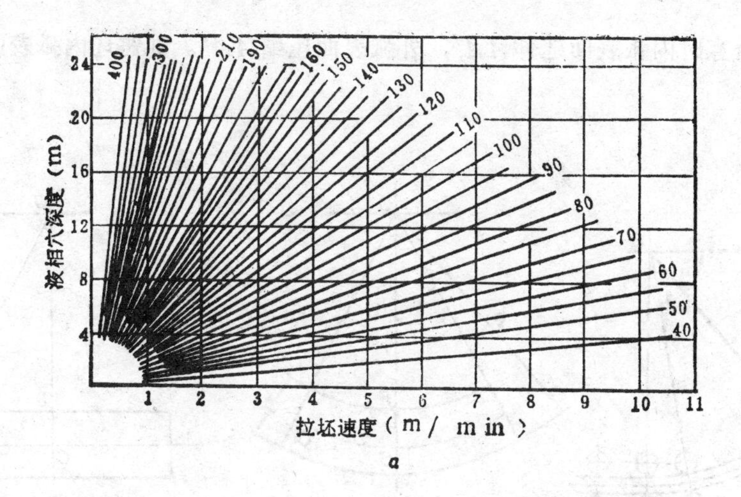

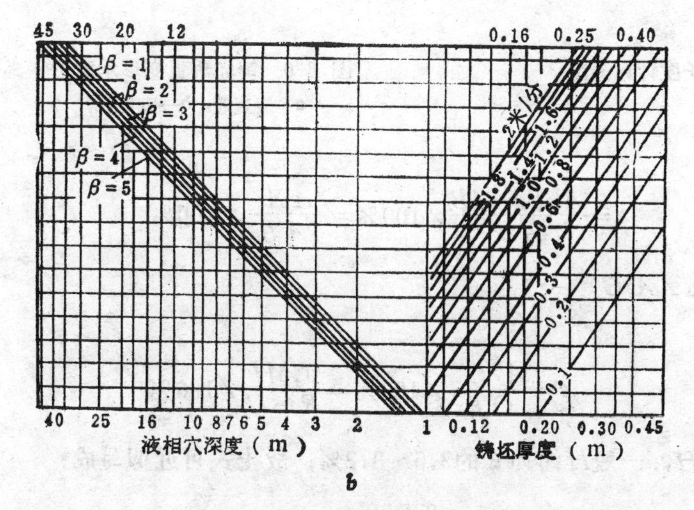

图 8-4 确定连铸坯液心长度列线图

a—方坯（列线上数字表示坯厚）；*b*—扁坯、圆坯和方坯（β 为断面的宽厚比，对圆坯和方坯β＝1 列线上数字表示拉速）

直线段长度（m）；l_m为结晶器的长度（m）。

连铸机曲率半径应确保冷却区总长等于或大于液心长度，即：

$$\frac{2\pi R_1 \alpha}{360}+h_0 \geqslant \frac{H^2}{4\eta^2}V$$

则
$$R_1 \geqslant \left(\frac{H^2}{4\eta^2}V-h_0\right)\times\frac{57.3}{\alpha}\ (\mathrm{m}) \tag{8-8}$$

当连铸机采用“液心拉矫”或“压缩矫直”等新工艺时，在计算冷却区总长度时，应注意把拉矫区内所应包含的长度计算在内。

2）按弧形铸坯在矫直时所允许的表面延伸率计算和确定。当铸坯通过拉矫机进行矫直时，铸坯内弧表面受拉，外弧表面受压。假定铸坯在矫直时断面的中心线长度保持不变，断面仍为平面。设连铸机曲率半径为R，铸坯厚度为H，在铸坯上取一小段CC'来研究（图8-6），矫直时内弧表面延伸AA'，外弧表面压缩AA'。则铸坯内弧表面延伸率ε为：

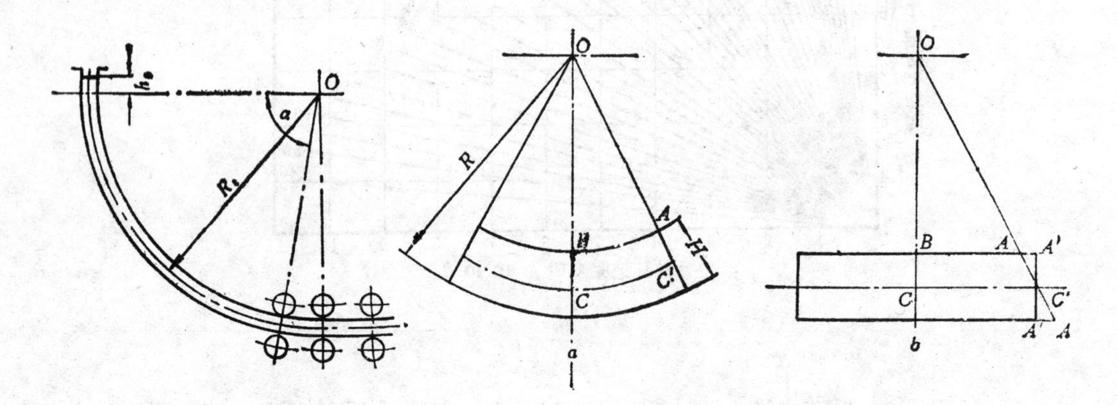

图 8-5 冷却区长度计算简图

图 8-6 铸坯矫直变形示意图
a—矫直前；b—矫直后

$$\varepsilon=\frac{A'B-AB}{AB}\times 100\%=\frac{AA'}{AB}\times 100\%$$

由$\triangle OAB\backsim\triangle AA'C'$

则：

$$\varepsilon=\frac{A'C'}{OB}\times 100\%=\frac{0.5H}{R-H}\times 100\% \qquad (8\text{-}9)$$

实践上，$R\gg H$，一般H约为R的2.5～3.3%，故上式可近似写成：

$$\varepsilon=\frac{0.5H}{R}\times 100\% \qquad (8\text{-}9)$$

为满足质量要求，必须使$\varepsilon\leqslant[\varepsilon]_1$，则连铸机的曲率半径应保证：

$$R\geqslant\frac{0.5H}{[\varepsilon]_1}\ (\mathrm{m}) \qquad (8\text{-}10)$$

式中 $[\varepsilon]_1$——铸坯表面允许延伸率，它主要取决于浇铸钢种、铸坯温度以及对铸坯表面质量的要求等。由试验得出，对普碳钢和低合金钢均可取为1.5～2.0%。

3）按铸坯进入拉矫机的温度不低于800℃来计算和确定。铸坯表面温度t(℃)与凝固时间τ(min)的关系，可用如下经验公式计算：

$$\tau=(13.5-0.01t)^2(5H-0.2)+2\ (\mathrm{min}) \qquad (8\text{-}11)$$

当铸坯表面温度为800℃，坯厚为H(m)，铸坯中心曲率半径为R_1(m)，拉坯速度为V(m/min)时，如按铸坯完全凝固时间τ_H内走过四分之一圆弧长度来计算连铸机的曲率半径R，则得：

$$R-\frac{H}{2}+R_1\leqslant\frac{2V}{\pi}[30.25\times(5H-0.2)+2]\ (\mathrm{m}) \qquad (8\text{-}12)$$

总之，连铸机曲率半径的最后确定，通常是根据以上几个方面的计算结果，并结合使用单位的要求和具体情况，使其大于或等于其中最大值。

连铸机的曲率半径通常都按铸坯厚度的若干倍来做初步计算：

$$R=CH\ (\mathrm{m}) \tag{8-13}$$

式中 C——系数。据目前连铸机设计水平，C值波动在30～40间，一般中小型铸坯取 $C=30\sim36$，对大板坯可取$C\geqslant40$左右。

随着连铸技术的不断发展，拉坯速度在不断提高，较多的板坯连铸机实行了“液心拉矫”。这时，在确定曲率半径时，应使铸坯凝壳内层表面的延伸率ε_n控制在允许的范围内。否则铸坯将出现内裂，这点对铸坯质量的影响比在铸坯表面产生裂纹更值得重视。在实行带液心拉矫的多次矫直中，其内层表面延伸率ε_n与铸坯中心的曲率半径R_n，R_{n-1}的关系

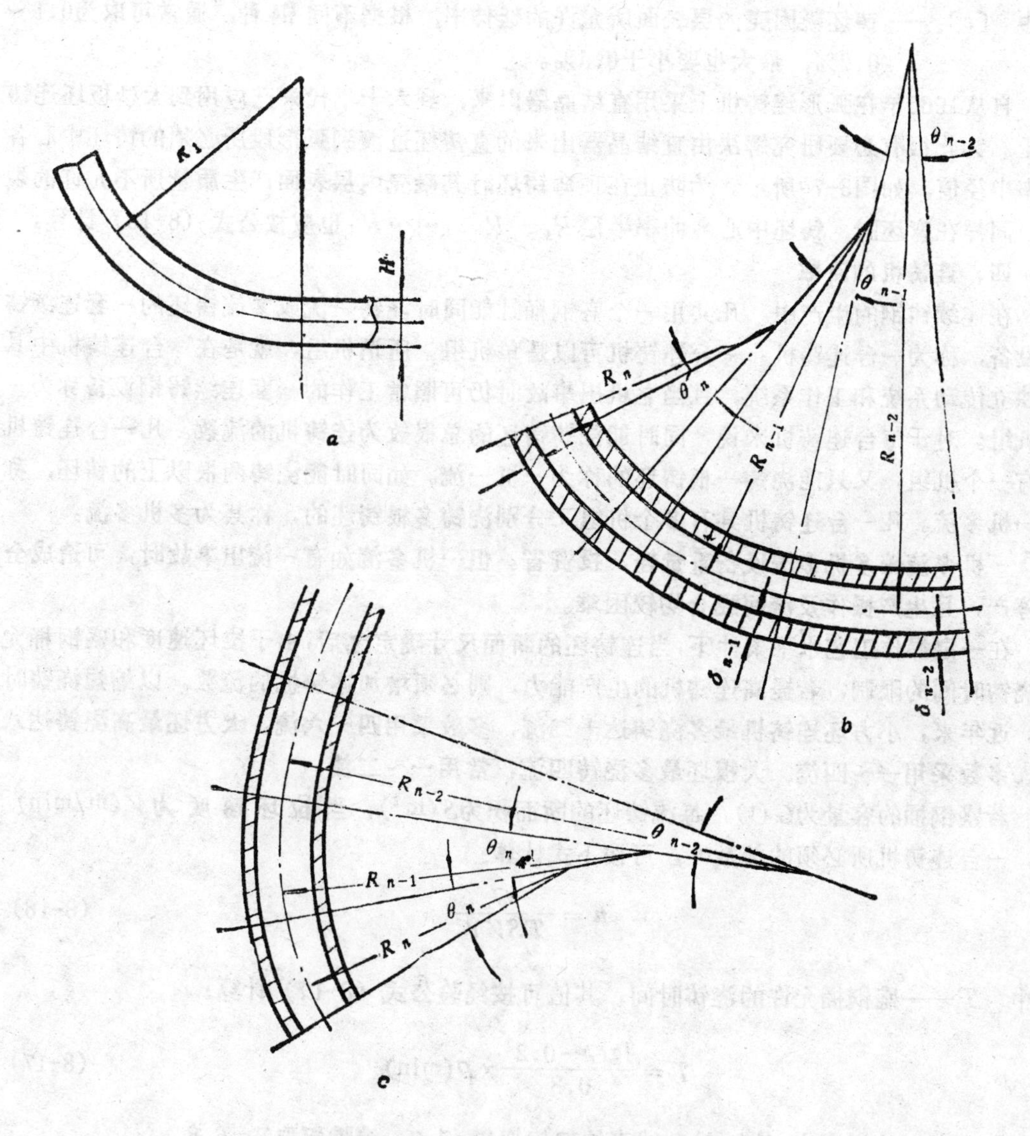

图 8-7 弯曲和矫直时凝壳的延伸率

a—一次矫直；b—多次矫直；c—多次弯曲

可由图8-7b导出：

$$\varepsilon_n=\left(\frac{H}{2}-\delta_n\right)\left(\frac{1}{R_n}-\frac{1}{R_{n-1}}\right)\ (\%) \tag{8-14}$$

式中　δ_n——曲率半径R_n处的铸坯凝固壳厚度（mm）。

为满足铸坯的质量要求，不产生内裂，必须保证ε_n小于或等于凝固壳内层表面允许的延伸率$[\varepsilon]_2$。由此可导出在实行“液心拉矫”的条件下，采用多次矫直时，连铸机必须的铸坯中心各曲率半径值为：

$$P_n\leq\frac{1}{\frac{1}{R_{n-1}}-\frac{[\varepsilon]_2}{0.5H-\delta_n}} \tag{8-15}$$

式中　$[\varepsilon]_2$——铸坯凝固壳内层表面所允许的延伸率，根据不同钢种，通常可取为0.1～0.2%，最大也要小于0.5%。

自从1965年在弧形连铸机上采用直结晶器以来，到六十年代末已应用到大型板坯连铸机上。为此很有必要研究解决由直结晶器出来的直铸坯过渡到弧形段所必须的铸坯中心各曲率半径值，如图8-7c所示。为防止在顶弯铸坯时其凝壳内层表面产生质量所不允许的裂纹，同样在弯坯时，铸坯中心各曲率半径R_n、R_{n-1}……R_1也应按公式（8-15）计算。

四、连铸机的流数

在连续铸钢的生产中，凡共用一个盛钢桶且能同时浇铸一流或多流铸坯的一套连续铸钢设备，称为一台连铸机。一台连铸机可以是单机组。所谓机组，就是在一台连铸机中具有独立传动系统和工作系统，且当它机出事故时仍可照常工作的一套连续铸钢设备称为一个机组。对于每台连铸机来说，同时能浇铸铸坯的总根数为连铸机的流数。凡一台连铸机只有一个机组，又只能浇铸一根铸坯的称为一机一流。如同时能浇铸两根以上的铸坯，称为一机多流。凡一台连铸机具有多个机组又分别浇铸多根铸坯的，称其为多机多流。

一机多流较多机多流设备重量轻，投资省。但一机多流如有一流出事故时，可造成全机停产，且生产操作及流间配合均较困难。

在一定操作工艺水平条件下，当连铸坯的断面尺寸确定之后，由于拉坯速度和盛钢桶允许浇铸时间的限制，若提高连铸机的生产能力，则必须增加连铸机的流数，以缩短浇铸时间。近年来，小方坯连铸机最多浇铸达十二流，多数采用四～六流。大方坯最高浇铸达八流，多数采用一～四流。大板坯最多浇铸四流，常用一～二流。

若盛钢桶的容量为G(t)，每流铸坯的断面积为S(m²)，当拉坯速度为V(m/min)时，一台连铸机所必须的流数n，可按下式计算：

$$n=\frac{G}{TSV\gamma} \tag{8-16}$$

式中　T——盛钢桶允许的浇铸时间，其值可按经验公式（8-17）计算：

$$T=\frac{\lg G-0.2}{0.3}\times\rho(\text{min}) \tag{8-17}$$

γ——铸坯密度（t/m³），碳素镇静钢取$\gamma=7.6$，沸腾钢取$\gamma=6.8$。

ρ——是铸坯质量系数，其值为10～16，如图8-8所示。

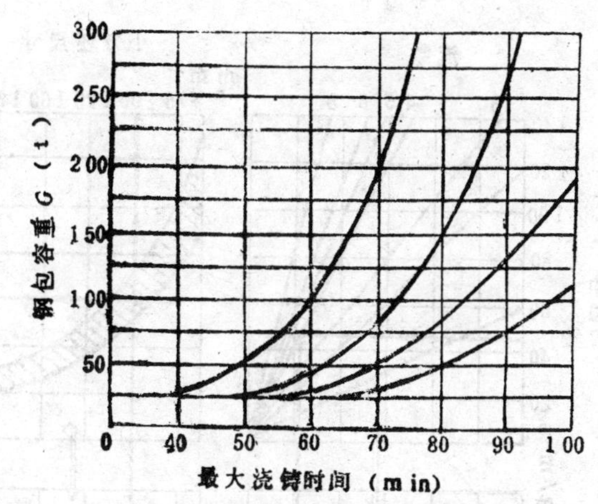

图 8-8 盛钢桶的最大允许浇铸时间

连铸机的流数主要取决于盛钢桶的容量，冶炼周期、铸坯断面和连铸机的允许拉坯速度。

在设计连铸机时，板坯连铸机的流数也可由图8-9*a*查得。在已知盛钢桶容量、铸坯断面尺寸和拉坯速度的条件下，由诺模图便可查出连铸机的流数。例如，已知盛钢桶容量为200(t)，浇铸的铸坯断面为200×1800(mm)，拉坯速度为0.8(m/min)，连铸机的流数可由图8-9*a*中的①图开始查，按顺时针方向转查至④图止，则可确定连铸机的流数为两流。同时，若确定小方坯连铸机的流数时可查图8-9*b*。

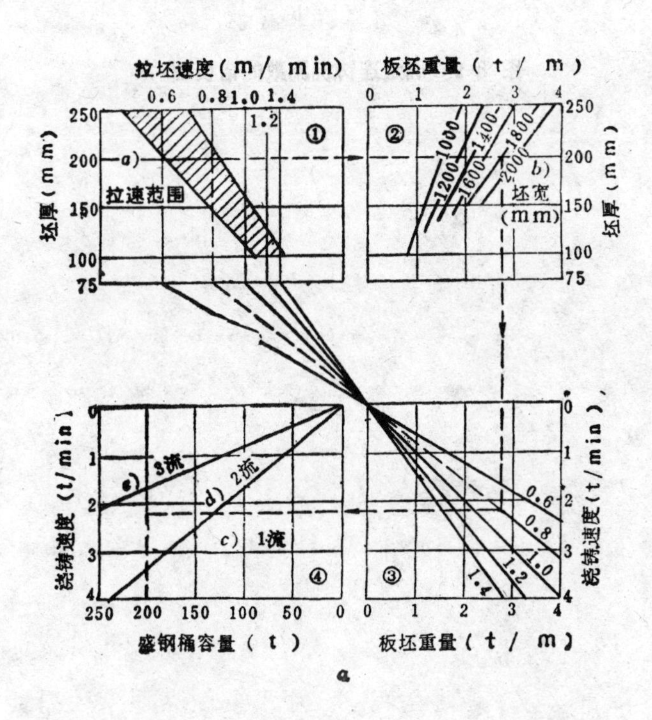

a

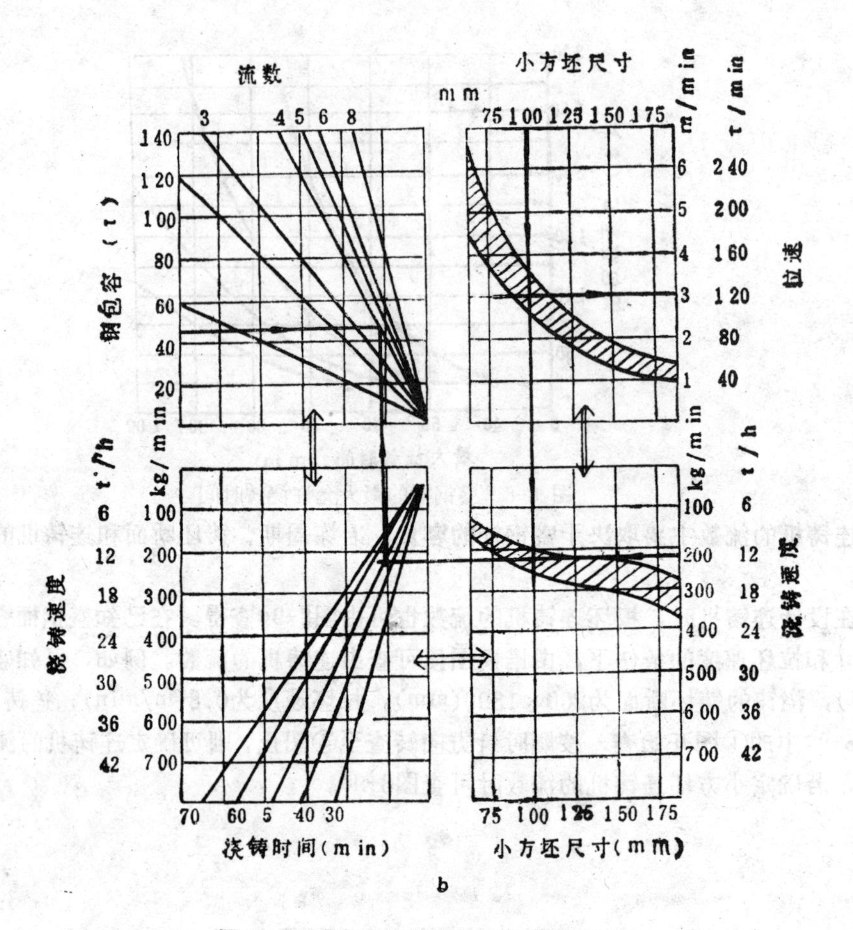

b

图 8-9 确定连铸机流数的诺模图

第九章 浇铸设备

炼钢炉炼出的连铸用合格钢水装入盛钢桶，经吹气（通常用惰性气体）调温或真空脱气处理后，由盛钢桶运载设备送至连铸机浇铸平台。按工艺要求将钢水注入中间罐，以便使钢水铸入结晶器进行浇铸。

第一节 盛钢桶运载设备

盛钢桶运载设备的任务是将盛钢桶运送到浇铸位置，供给中间罐所必须的钢水。目前，生产上使用的主要有以下四种型式的设备：专用起重机或借用铸锭起重机、固定式座架、浇铸车和旋转台。

早期，连铸机多设在模铸跨内，只进行单炉浇铸。如调度上没有困难，可借用铸锭起重机，一机多用，经济上合算，操作也方便。为解决连铸时占用铸锭起重机影响模铸或其他工艺操作的问题，而设置了固定式盛钢桶座架（图9-1）。近年来，随着车间内连铸机台数的增多和多炉连浇对快速换罐的要求，趋向于盛钢桶的处理、运送与连铸机浇铸分成并列的两跨，以避免操作上的干扰。盛钢桶的运送多采用浇铸车（可过跨浇铸）或旋转台。

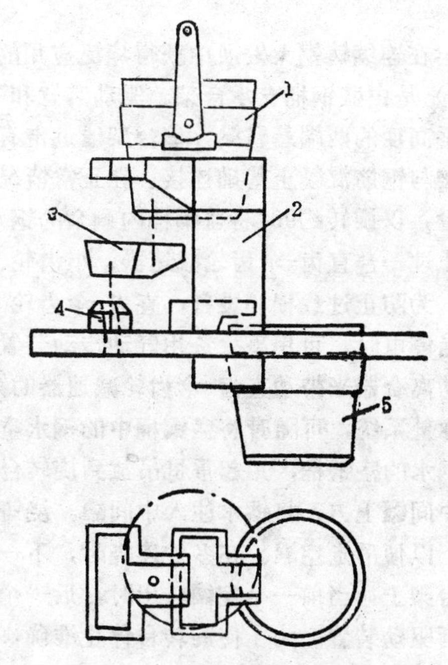

图 9-1 固定式盛钢桶座架

1—盛钢桶；2—支座；3—中间罐；4—结晶器；5—事故钢包

一、浇铸车

它是配置在浇铸平台上的连铸专用设备。主要有门式和半门式两种型式。门式浇铸车（图9-2）与桥式起重机有某些类同点。浇铸车两侧车轮均支承在浇铸平台的轨道上。当连铸机不在铸锭跨内时，可把它布置在两跨之间。可将盛钢桶支架做成活动小车形式，以便把盛钢桶由铸锭跨直接运送到连铸机的中间罐上方进行浇铸。与门式浇铸车相比，半门式浇铸车（图9-3）用得较多。因为半门式浇铸车只有一侧车轮支承在浇铸平台上的轨道上，另一侧则支承在厂房柱子或其他结构上。这样既减轻浇铸平台负荷，操作又方便。

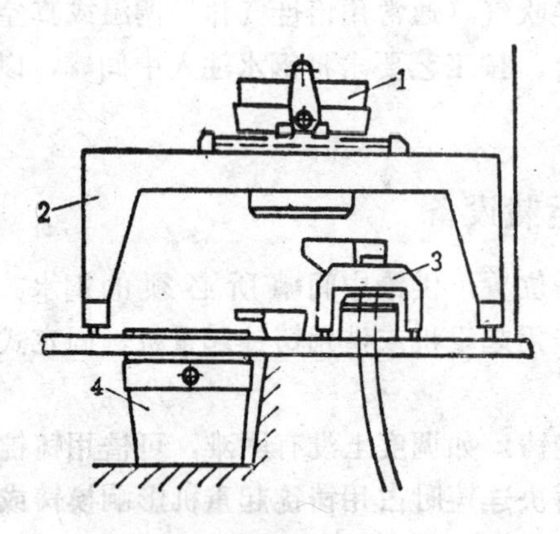

图 9-2 门式浇铸车

1—盛钢桶；2—门式浇铸车；3—中间罐与中间罐小车；4—事故钢包

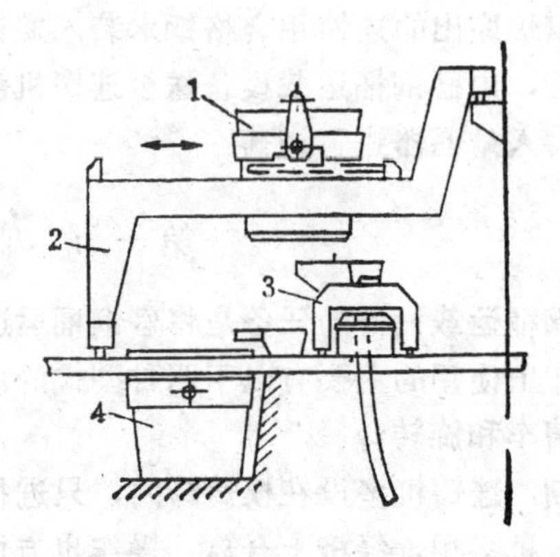

图 9-3 半门式浇铸车

1—盛钢桶；2—半门式浇铸车；3—中间罐及中间罐小车；4—事故钢包

二、盛钢桶旋转台

盛钢桶旋转台是近几年在连续铸钢大发展中获得广泛应用的。

盛钢桶旋转台（图9-4）是由盛钢桶支承台架、驱动装置和下部结构组成，盛钢桶支承台架是一个具有同一水平高度的两端悬臂梁，该台架通过带有滚动轴承的齿圈支承在下部结构上，而下部结构直接与钢筋混凝土基础连接。在正常情况下，盛钢桶支承台架由电动机驱动旋转180°。事故时，仅旋转约90°将盛钢桶内剩余的钢水流入事故钢包内。其传动是由电动机经挠性联轴器通过一台直齿-伞齿轮减速器、小齿轮、中间齿轮而带动固定于支承台架下部的齿圈旋转。为防止过载损坏设备，直齿-伞齿轮减速器是通过摩擦联轴器把作用力传给小齿轮的。当停电时，可用事故备用气动传动装置带动旋转台旋转。该装置是由一个气动马达通过气动离合器来带动直齿-伞齿轮减速器的第二个输入轴。另外在每一个悬臂上，还装了一套称量系统，可随时将盛钢桶中的钢水重量以数字显示出来。

由炼钢炉运来的盛满钢水的盛钢桶，用起重机吊放到旋转台的支承台架上，然后将其旋转180°到浇铸位置停在中间罐上方，将钢水注入中间罐。浇铸结束后，再将盛钢桶支承台架反转180°至接受位置，以便吊走空罐。在多炉连浇时，下一个盛满钢水的盛钢桶吊放在旋转台的另一端的支承台架上，当前一个空罐转出时，后一个同时转到浇铸位置。

为了可靠，一般有两套驱动装置。为了使旋转台停止准确，而采用了制动器，并设有夹紧装置，可将转臂锁紧在所需的位置上。

盛钢桶旋转台还有其他型式，如图9-5所示。这种型式的旋转台，它有两个独立的转臂分别来支承两个盛钢桶，且两个转臂各有独立的驱动系统。这样，两个盛钢桶的相对位置是可以变化的，转角可达260°，操作灵活可缩短换罐时间，结构也不太复杂。

总之，采用浇铸车和旋转台与采取专用起重机或铸锭起重机吊运盛钢桶进行浇铸相比，车间的调度灵活且避免了起重机之间的相互干扰，盛钢桶更换迅速，从而更有利于实

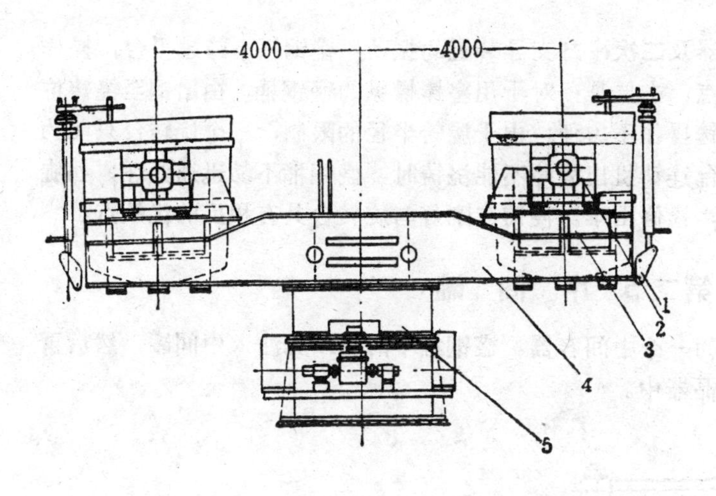

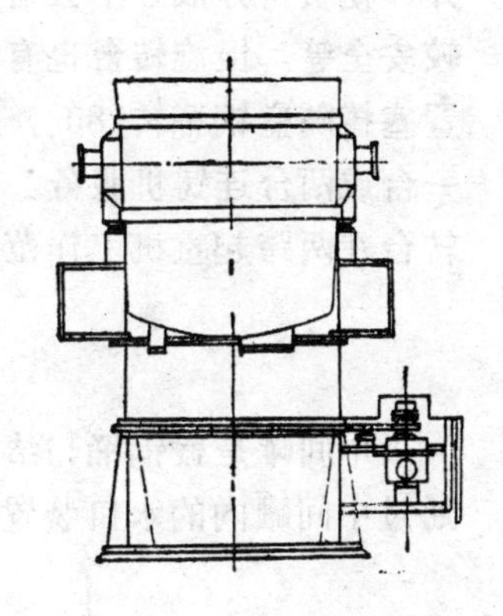
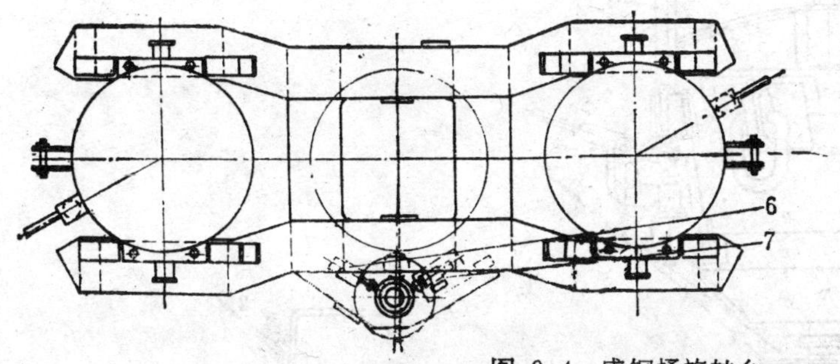

图 9-4 盛钢桶旋转台

1—盛钢桶塞棒机构；2—盛钢桶；3—称量系统；4—回转支臂；5—带齿的旋转圈；6—电动机；7—气动马达

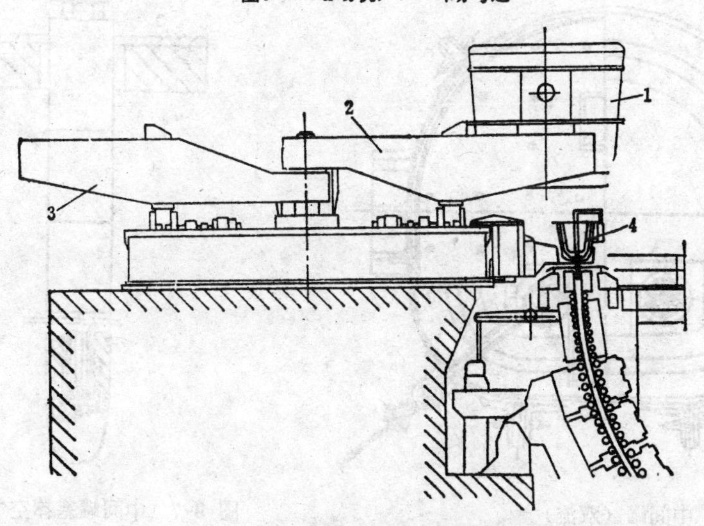

图 9-5 双臂旋转台

1—盛钢桶；2—上转臂及驱动装置；3—下转臂及驱动装置；4—中间罐

行多炉连浇和浇钢事故的处理等。

至于旋转台与浇铸车相比又各有优缺点。旋转台的主要优点是：盛钢桶更换迅速，便于多炉连浇；结构紧凑且两台连铸机之间的距离可小一些；它的基础与浇铸平台的基础分开，使负荷分散且不会造成结晶器及二次冷却支导装置的振动；盛钢桶不跨越平台，操作较安全等。但旋转台也有若干缺点，主要是：对于用塞棒操纵的盛钢桶，由出钢至浇铸位置塞棒随盛钢桶转180°，造成浇铸操作不方便；由于旋转半径的限制，一个旋转台只能为一台或两台连铸机服务。当有一台连铸机出故障不能浇铸时，盛钢桶不易迅速处理；如旋转台在两跨起重机工作范围之外，检修困难。浇铸车刚好与旋转台具有相反的优缺点。

第二节 中 间 罐

中间罐是盛钢桶与结晶器间的一个中间容器。盛钢桶中的钢水先注入中间罐，然后再通过中间罐内的水口装置铸入结晶器中。

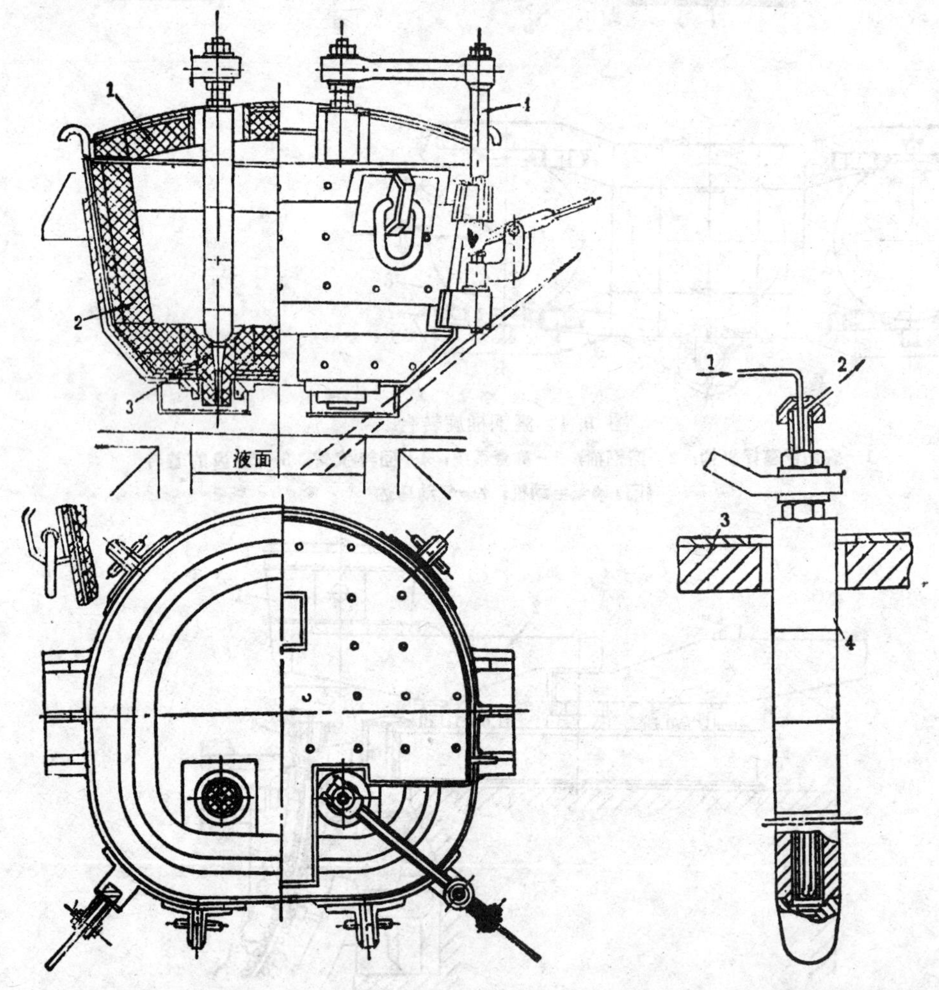

图 9-6 中间罐（双流）

1—罐盖；2—罐体；3—水口；4—塞棒机构

图 9-7 中间罐塞棒空气冷却图

1—空气入口；2—空气出口；3—罐盖；4—塞棒

在连铸时，采用中间罐可保持其中有一定的钢液深度，以便保证钢水能在较小和稳定的压力下平稳地铸入结晶器，减少钢流冲击所引起的飞溅、紊流，进而可获得稳定的钢液面。同时，钢水在中间罐内停留的过程中，非金属夹杂物有机会上浮。在多流连铸机上，又可通过中间罐将钢水分配给每个结晶器。在多炉连浇时，中间罐还能贮存一定数量的钢水以保证在更换盛钢桶时不停浇，为实现多炉连浇创造了条件。可见，中间罐的作用是减压、稳流、除渣、储钢和分流。

因此，在设计中间罐时，应满足下述工艺要求：在易于制造的前提下，力求散热面积小，保温性能好，外形简单；其水口的大小与配置应满足铸坯断面、流数和连铸机布置形式的要求；便于浇铸操作、清罐和砌砖；应具有在长期高温作用下的结构稳定性。

一、中间罐的总体结构

目前，绝大多数连铸机上均采用底铸式中间罐。它由罐体、罐盖、塞棒和水口等几部分组成，如图9-6所示。常用的中间罐有长圆形、椭圆形以及三角形等。

1．罐体和罐盖　罐体包括罐壁和罐底。罐壁由外壳和内衬组成。外壳一般用12～20mm厚的钢板焊成，易于制造。或用铸钢结构，刚性好但重量较大。外壳上设有吊放罐用的吊钩（环）、安放对准用的支架和供烘烤罐时散发水蒸气用的排气孔。内衬由耐火砖砌成，其内应有一定的倒锥度，以便清渣和砌砖牢固。内衬主要包括：工作层、永久层和绝热层。一般绝热层为10mm左右，用石棉板砌筑；永久层为30～40mm左右，用粘土砖砌筑；工作层如用耐火砖（粘土质、高铝质等）砌筑时厚度在100mm以上，用绝热板砌筑时视绝热板的厚度而定，一般在30～40mm左右。

在方坯连铸机上，近年来普遍采用了“冷”中间罐，它的工作层是用绝热板（酸性或碱性）和胶泥砌成。绝热板的大小按已砌好永久层的内型制作。绝热板一般壁厚取为30mm，底部为40mm。这种罐的特性是除水口外都不用烘烤，节省能耗，减少温降与残钢，装砌方便，可节省人力约为70％。

中间罐应设有罐盖，一是为了保温，二是用以保护盛钢桶的桶底不致过分受热而变形，中间罐的寿命主要取决于耐火砖和砌筑的质量。

2．中间罐的水口与塞棒　在浇铸板坯和大方坯时，常用塞棒来调节水口的钢流量。浇铸小方坯时则多用定径水口。滑动水口也常应用在中间罐上。

（1）塞棒　与盛钢桶上的塞棒一样，它是由钢联杆及多节袖砖组成的，近来正为等静压成形的整体塞棒代替。塞棒长时间在高温钢水中浸泡，容易软化，变形甚至断裂。为提高使用寿命，除采用高质量的耐火砖外，一般都在塞棒中通入压缩空气或氩气进行冷却，如图9-7所示。

（2）水口　在中间罐上，水口是不可缺少的。一般情况下，多由含三氧化二铝70～75％的莫来面制作。依浇铸钢种不同，也有用氧化镁、氧化锆，还有用高铝石墨质或氧化锆质制作的。

水口是中间罐的薄弱环节，寿命最短。自应用滑动水口以来，寿命大大提高了。依活动滑板工作方式不同，主要有插入式滑动水口（图9-8）和往复式滑动水口（图9-9），近年来又出现了旋转式滑动水口。

它们的共同特点都是采用三块滑板，上、下两块滑板固定不动，中间加一块活动滑板，用以控制钢流。其主要区别在于：插入式滑动水口是按照需要的顺序，将活动滑板一块接一块的由一侧插入两固定滑板之间，再从另一侧推出用过的活动滑板（共有两种，一种是调节钢流用的带有水口的活动滑板，另一种是关闭水口用的无水口的活动滑板）。而往复式滑动水口在两块固定滑板间只有一块带有水口的活动滑板，通过其往复运动达到控制钢流的目的。在旋转式的滑动水口上有一旋转托盘，上装有八块可动滑板，以备替换。

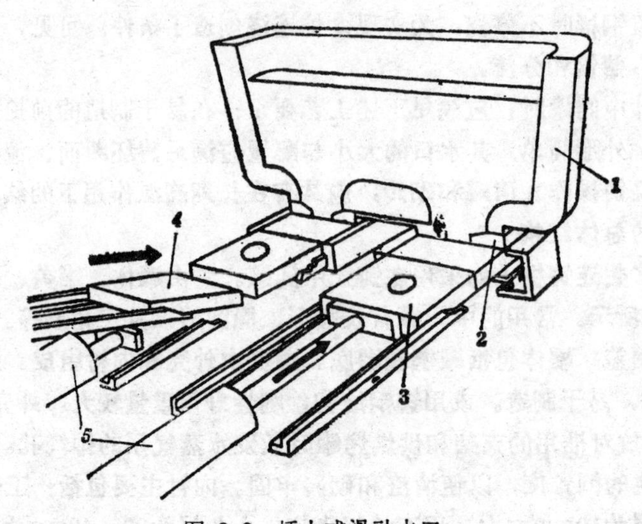

图 9-8 插入式滑动水口

1—中间罐；2—固定滑板；3—带水口活动滑板；4—无水口活动滑板；5—液压缸

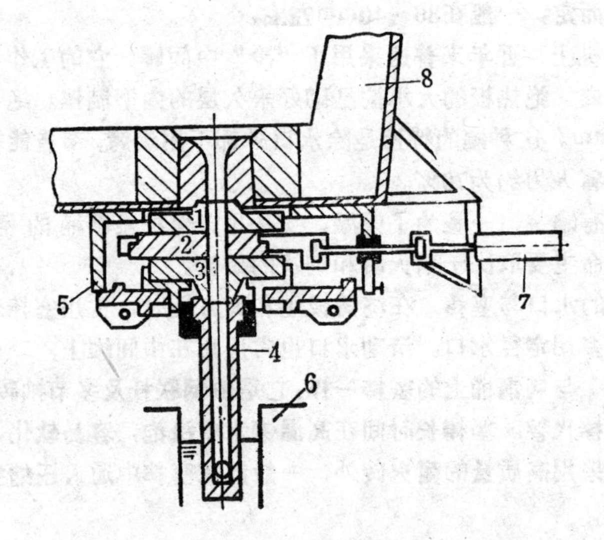

图 9-9 往复式滑动水口

1—上固定滑板；2—活动滑板；3—下固定滑板；4—浸入式水口；5—活动水口箱体；6—结晶器；7—液压传动；8—中间罐

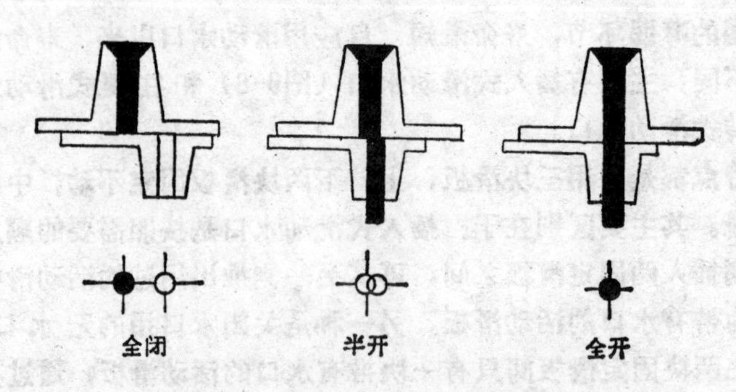

图 9-10 滑动水口的工作原理图

滑板尺寸与水口直径的关系 **表 9-1**

滑 板 尺 寸 (mm)	最大水口直径 (mm)	最大浇注速度 (t/min)
124×124	20	0.5
161×174	38	1.25
202×227	53	2.50
236×274	68	5.0

每块可动滑板水口的两边都能用来控制钢流。由于插入式和旋转式滑动水口在浇铸过程中可以更换滑板，故比往复式滑动水口更适于中间罐长期连续使用的要求，效果较好。它们的工作原理如图9-10所示。

表9-1为滑板尺寸与水口直径的关系。实践证明，滑动水口工作比较安全可靠，寿命较长，能精确的控制钢流，有利于实现自动控制。

当钢水从中间罐铸入结晶器时，无论是普通的塞棒式水口还是滑动式水口都不能消除钢水的氧化、飞溅和热量的散失等原因对铸坯质量的影响。近年来开始广泛使用浸入式水口。国内外的实践证明，浸入式水口和保护渣结合使用（图9-11）效果显著。因工作条件决定，要求浸入式水口应采用耐急冷急热，耐腐蚀并具有一定机械强度的耐火材料制成，通常用高铝石墨，熔融石英或高氧化铝陶瓷等。浸入式水口的形状和尺寸对铸坯质量有直接影响，可根据铸坯断面大小等具体条件选用，多用于大方坯和板坯连铸机上。按浸入式水口出口孔的方向和数目不同，可将其分为直孔式、双侧孔式和多孔式三种。目前只有双侧孔式水口应用较广。侧孔对水平的倾角是浸入式水口的一个重要参数，一般不超过30度。

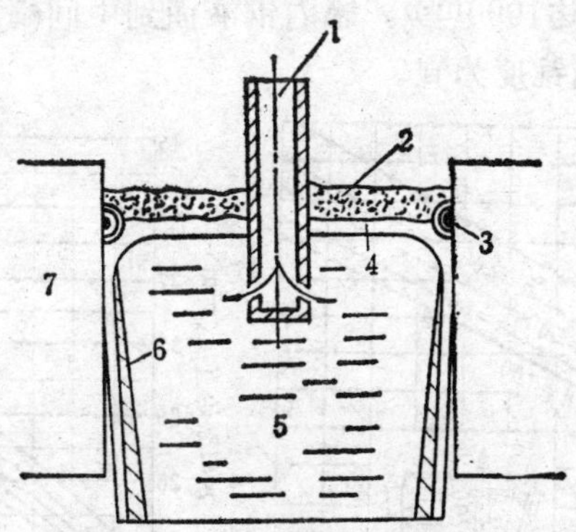

图 9-11　保护渣浇铸模式图

1—浸入式水口；2—粉末层；3—熔渣带；4—熔渣层；5—钢液；6—凝壳；7—结晶器

中间罐除具有上述基本结构组成外，为防止盛钢桶可能漏钢，在中间罐上也有设溢流槽的，以便将溢出的钢水流入事故钢包。为促使非金属夹杂更多的吸附于渣中，在中间罐里增加隔墙是很有必要的。

连铸比模铸增加了中间罐，使钢水温降较多。为减少钢水热量损失，浇铸前中间罐必须充分预热，一般可用燃烧煤气、天然气或柴油等烘烤。国内多用柴油作燃料，压缩空气雾化，鼓风助燃。预热温度为1000～1300℃，烘烤时间一般为1.5～2h。烘烤时应特别注意水口的预热。

二、中间罐主要参数的确定

中间罐的容量、水口和罐体的主要尺寸都是它的主要参数。

1．中间罐的容量 中间罐的容量要选择适当，尤其在多炉连浇时，在不降低拉速又要保证罐内必须的最低液面高度（大于250mm）的前提下，应使罐的容量大于更换盛钢桶期间连铸机所必须的钢水量。容量过大钢水在罐内停留时间长，钢水温降较多且浪费烘烤用燃料，一旦出浇铸事故时罐内残存的钢水也多。容量过小不能满足工艺要求。为此，中间罐的容量主要应根据盛钢桶容量、铸坯断面大小和浇铸的速度与流数来确定。若铸坯断面积为$S(m^2)$，平均拉速为$V(m/min)$，更换盛钢桶的时间为$t(min)$，流数为n，钢水密度为$\gamma(t/m^3)$时，则中间罐的容量$G_{中}$应为：

$$G_{中}=1.3SV\gamma tn \quad (t) \qquad (9\text{-}1)$$

目前多数工厂，中间罐的容量按盛钢桶的容量确定。通常按表9-2选取。当盛钢桶容量较小时，中间罐容量可取较大值。反之取较小值。

中间罐容量与盛钢桶容量比值 表 9-2

盛钢桶容量 （t）	中间罐容量占盛钢桶容量的百分数（%）
40 以下	20～40
40～100	15～20
100 以上	10～15

2．中间罐的高度与罐壁斜度 中间罐的高度取决于钢水在罐内的深度。据实践经验，钢水深度一般不应小于400～450mm。近年来由于浸入式水口的应用，钢水深度可加大到500～600mm以上，最大可达1000mm。罐内钢液面到中间罐上口应留有200mm左右的高度。罐壁以有10～20%的倒锥度为宜。

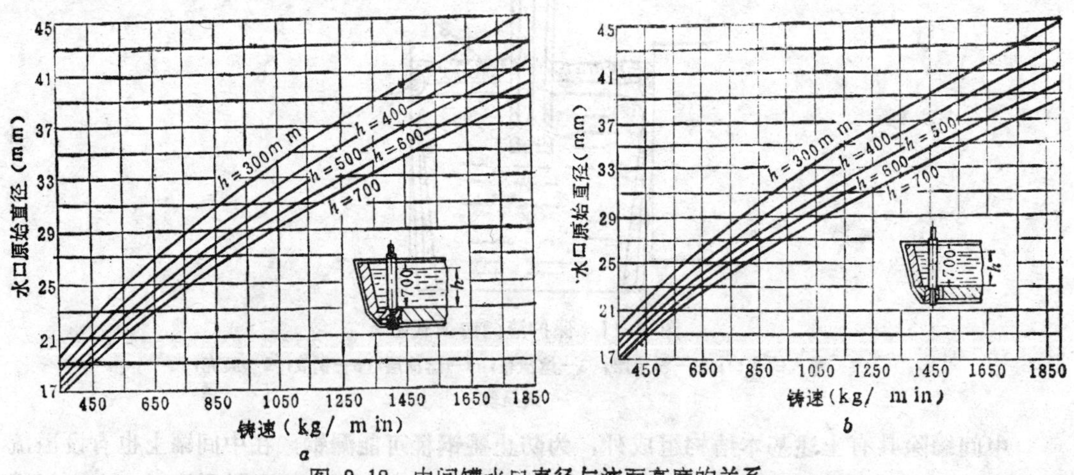

图 9-12 中间罐水口直径与液面高度的关系

a—镇静钢；b—沸腾钢

3．水口参数 水口直径应根据最大浇铸速度来确定，要保证连铸机在最大拉速时所需的钢流量。水口全开时钢流要圆滑而密实，不产生飞溅或涡流。浇铸时必须经常控制水口开度，如用塞棒式水口，水口过大，则塞头易冲蚀，钢流易发散。若浇小断面铸坯时，结晶器还容易溢钢。而水口过小又会限制拉速，水口也易“冻结”。若中间罐内钢液深度为

h(m)，最大拉速时的钢流量为G(t/min) 时，则中间罐的水口直径d(m) 可按下式计算：

$$d=\sqrt{\frac{4G}{\pi\gamma\sqrt{2gh}}}\quad(\text{m})\qquad(9\text{-}2)$$

式中 g——重力加速度（m/s^2）；

γ——钢液密度（t/m^3）。

当连铸机浇铸大方坯或板坯时，水口直径也可按浇铸速度、中间罐内钢液深度等数据由图9-12查得。

浇铸小方坯时，可根据铸坯断面，拉速及中间罐内液面高度由图9-13查出定径水口直径（mm）。

水口个数和间距。当铸坯宽度小于500mm时，一流只用一个水口。在这种情况下，水口的个数和所浇铸的铸坯流数一样，水口间的距离即为结晶器的中心距，也是流间距，为

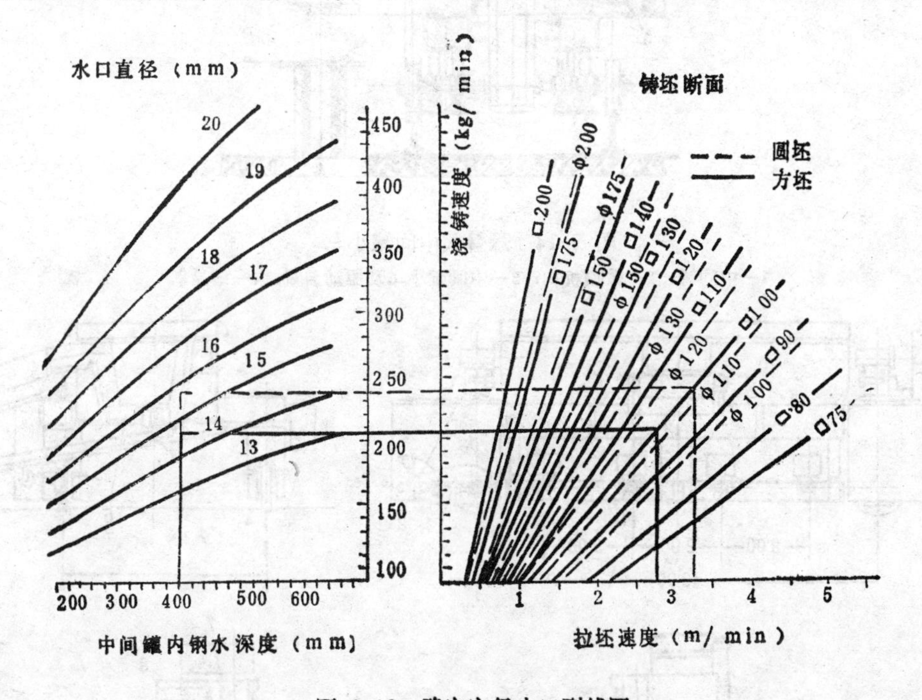

图 9-13 确定定径水口列线图

便于操作其值应大于600～800mm。当铸坯宽度大于700mm时，依具体尺寸适当增加水口个数。

第三节 中间罐小车

中间罐小车是在浇铸平台上放置和运送中间罐用的。在浇铸前，小车载着烘烤好的中间罐开至结晶器上方，使中间罐水口对准结晶器中心或结晶器宽度方向的对称位置（当结晶器需要两个以上水口同时铸钢时）。浇铸完毕或发生事故不能继续浇铸时，它载着中间罐迅速离开浇铸位置。

生产工艺对中间罐小车的主要要求是：运行迅速，停位准确，易于调整水口与结晶器

的相对位置。用一般水口时，它的作用是既要尽量减小二者间的距离，又要便于观察结晶器内的钢液面，捞渣和水口烧氧等操作。

一 中间罐小车的型式

一般说来，中间罐小车的构造和起重机小车类似。目前生产上使用的小车，根据中间罐水口相对于小车主梁（或小车运行轨道）的位置，基本上可分为悬臂式和门式两种型式。

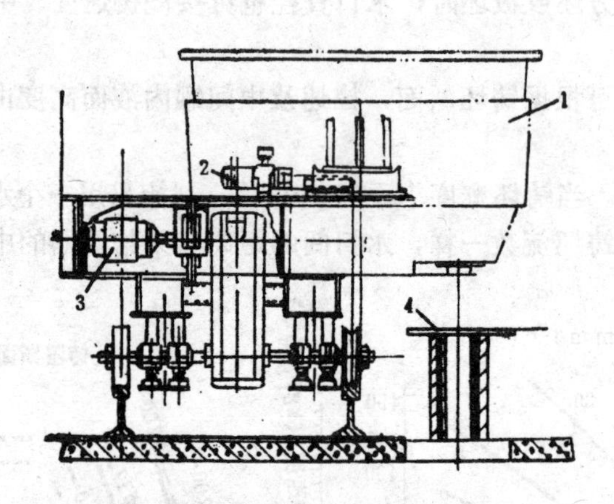

图 9-14 悬臂式中间罐小车

1—中间罐；2—微调机构；3—中间罐小车及驱动装置；4—结晶器

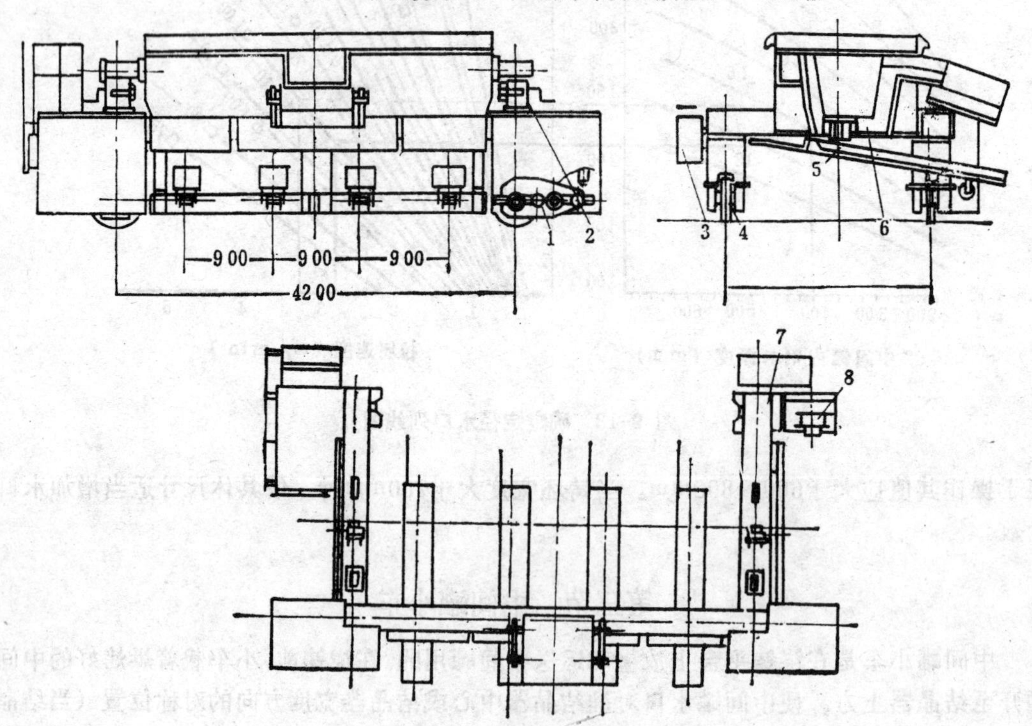

图 9-15 中间罐小车(多流)

1—传动装置；2—横移机构；3—电控箱；4—车轮；5—摆动流槽；6—中间罐；7—车架；8—电缆卷筒

悬臂式中间罐小车（图9-14）的主要特征是，中间罐的水口位于小车主梁之外。采用这种型式的小车浇铸时，小车位于结晶器的一侧，便于观察结晶器内的钢液面和浇铸操作，结构简单，但小车承受偏心载荷，稳定性差。一般需增加配重或在外侧车轮上部增设护轨以平衡小车的倾翻力矩。

门式中间罐小车的主要特点是，浇铸时中间罐水口位于小车主梁之内，即结晶器位于小车运行轨道之间。因而重心稳定，易于实现中间罐升降，但对结晶器内钢液面的观察和有些操作不便。图9-15是多流小方坯连铸机所用的门式中间罐小车，其上配有与流数相等的摆动流槽用以控制钢流。图9-16是用于单流大板坯连铸机上的门式中间罐小车。

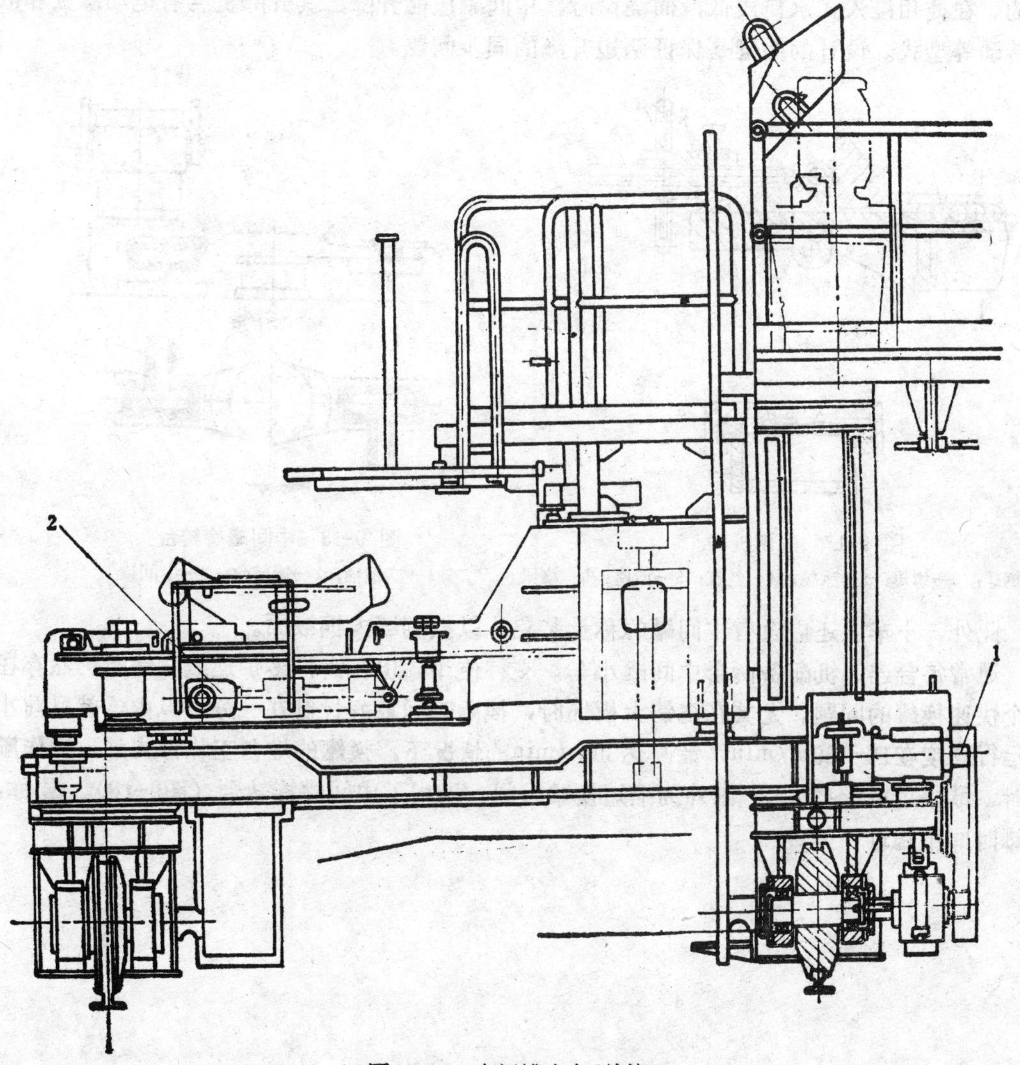

图 9-16　中间罐小车(单流)

1—走行机构；2—升降横移机构

二、中间罐小车的总体结构

中间罐小车由车体和位于车体上的运行机构、调整机构等部分组成。

中间罐小车运行机构配置方案的选择，应该以和结晶器不发生干涉为基准。其运行机构主要有单侧驱动，双侧集中驱动和两侧单独驱动三种型式。设计小型中间罐小车时，可采用单侧驱动。设计大型中间罐小车时，最好采用两侧单独驱动。对于悬臂式中间罐小车运行机构配置方案的选择则比较方便，通常采用低速轴传动。

调整机构在中间罐小车工作的全过程中占有十分重要的位置。中间罐水口与结晶器的相对位置是通过不同的机构实现调整的。在垂直于拉坯方向，水口的位置是直接通过小车运行机构实现调整的。在拉坯方向上，水口的位置是通过微调机构进行的，有的采用液压传动，但目前多数是采用丝杠和螺母来实现微调。为减少微调中的阻力，中间罐支座作成滚子滑座结构（图9-17)。在高度方向上，水口的位置是由中间罐小车的升降机构实现调整的。在使用浸入式水口或低液面浇铸时，中间罐应能升降，其升降机构有电动螺旋和液压传动等型式。设计的关键是保证两边升降的同步问题。

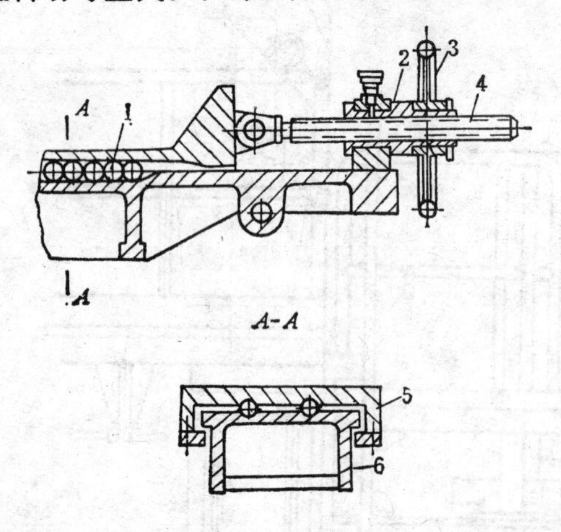

图 9-17 微调机构

1—钢球；2—螺母；3—手轮；4—丝杠；5—滑座；6—横梁

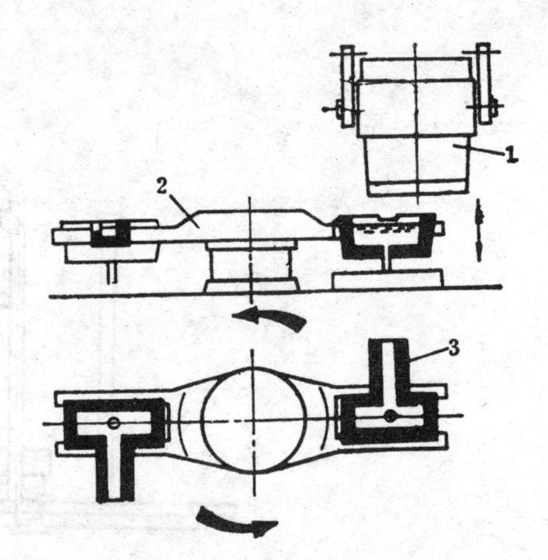

图 9-18 中间罐旋转台

1—盛钢桶；2—旋转台；3—中间罐

此外，小车上还应设有中间罐的称量装置，以控制罐内钢液面。

通常每台连铸机配备两台中间罐小车，交替使用。但在实行多炉连续浇铸时仍然存在一个快速换罐的问题。尤其在浇铸大板坯时，换罐时间最好控制在一分钟以内。就目前小车运行速度在10～20m/min，最高达30m/min的情况下，换罐的准备工作做得好，操作顺利时，最快也需2～3min。国外为缩短换罐时间，采用了中间罐旋转台（图9-18)。据称，换罐时间不超过一分钟。

第十章 结晶器及其振动设备

由中间罐水口流出的高温钢水铸入结晶器的同时就须进行间接的强制冷却，当钢液在结晶器内上升到一定高度时，结晶器开始振动，同时拉坯机开始拉坯。这一工艺过程的突出特点是：液态钢水和具有一定厚度坯壳的铸坯经引锭，在与结晶器连续不断地相对运动中实现连续浇铸。显然，结晶器及其振动设备是连铸机中的重要组成部分。

第一节 铸坯成形的热工过程

结晶器内高于液相线温度的钢水，在不断地强制冷却中经结晶器内壁导出过热的热量，逐渐沿结晶器内壁形成初生的坯壳。起初，钢水的固液相很不规则，呈现出明显的凹凸不平现象（图10-1）。随着冷却的继续进行，坯壳逐渐增厚和收缩，企图离开结晶器内壁。由于坯壳较薄，在内部高温钢水的静压力作用下仍紧贴结晶器内壁。在继续冷却向下运动过程中，坯壳进一步增厚，直到坯壳本身的强度和刚度完全能承受其内钢水的静压力时，坯壳才能脱离结晶器内壁，形成气隙。

由于坯壳的四角比表面受到更强的冷却，它先从内壁收缩回来，在结晶的四角形成气隙。实践证明，铸坯宽厚比对结晶器内钢水的凝固速度有显著地影响，当宽厚比较大时，宽窄边的冷却条件不同，宽边的绝对收缩量大于窄边，故窄边脱离内壁较早且气隙大些。随着宽厚比的减小，使冷却条件趋于一致，则坯壳厚度和气隙也随之趋于均匀。

结晶器内钢水的热量除由钢液面向上辐射和由坯壳向下传导外，主要是通过几层导热能力很不相同的介质进行的，即由钢水经凝固坯壳、坯壳与内壁间的薄层（润滑油或保护渣），结晶器内壁和冷却水导出热量。在结晶器里通过冷却水带走的热量占结晶器总散热量的96%以上。实测结果证明，在凝固过程初期，结晶器内的导热系数与一般钢锭在钢锭模内凝固时一样，都变化在5024～5862kW/m·℃之间。当坯壳脱离结晶器内壁形成气隙

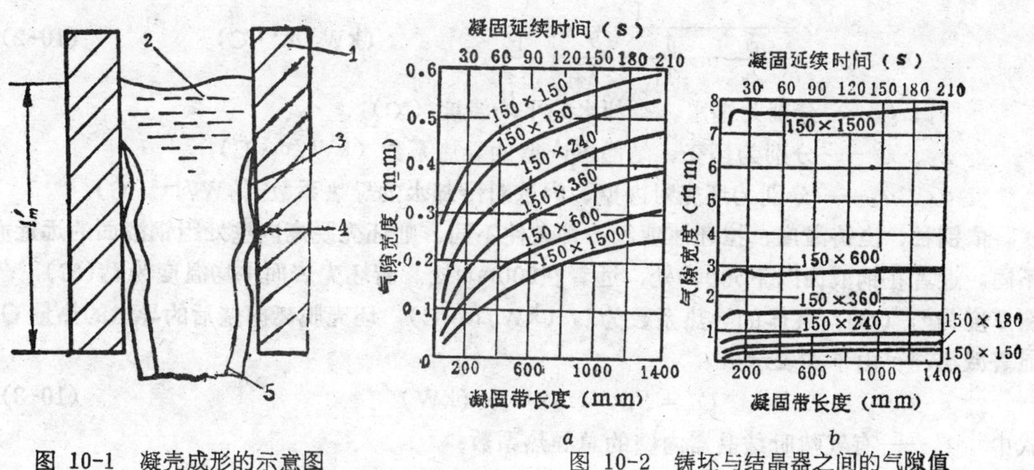

图 10-1 凝壳成形的示意图

1—结晶器；2—钢液面；3—凝固收缩；4—膨胀（温度回升与压靠）；5—凝壳

图 10-2 铸坯与结晶器之间的气隙值

a—在宽边上；b—在窄边上

后，导热系数将急剧地减少到836～1673kW/m·℃。当采用拉坯速度为0.4m/min时，结晶器宽边和窄边上的气隙值，如图10-2所示。

根据统计计算可得出，由钢水至冷却水各层介质热阻所占的百分比约为：坯壳占26%、坯壳与器壁间的气隙占71%、结晶器壁1%、器壁与水的界面占2%。可见，气隙的热阻占其总热阻（导热系数的倒数）的70%以上。显然，气隙的存在对结晶器的热工条件非常不利，对延缓坯壳的增厚起决定性作用。结晶器内坯壳、冷却水及内壁的温度分布如图10-3所示。

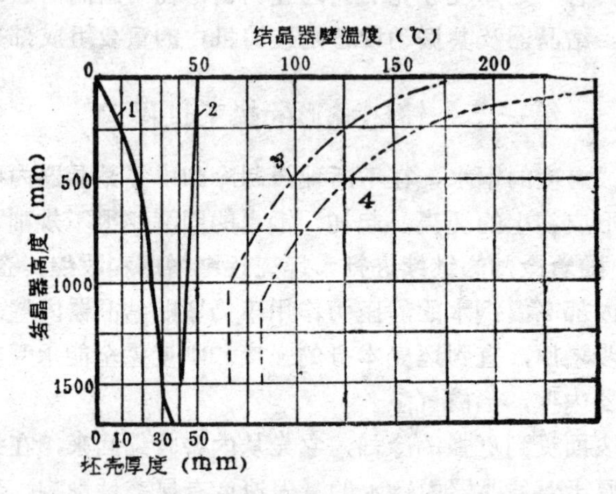

图 10-3　凝壳、结晶器冷却水及结晶器壁的温度分布

（拉速为0.8m/min时）

1—凝壳厚度沿结晶器高度上的分布情况；2—结晶器出水温度；3—结晶器壁朝冷却水一面的温度；4—结晶器壁面朝钢液一面的温度

当坯壳厚度为δ(m)，结晶器内壁厚度为b_2(m)、导热面积为S_m(m²)时，直到坯壳与内壁脱离前结晶器所导出的热量Q_h，可由下式表示：

$$Q_h = S_m \alpha (t_1 - t_2) \quad (\text{kW}) \tag{10-1}$$

式中　α——结晶器内壁的总导热系数：

$$\alpha = \frac{1}{\frac{\delta}{\lambda_1} + \frac{1}{\alpha_1} + \frac{b_2}{\lambda_2} + \frac{1}{\alpha_2}} \quad (\text{kW/m}^2\cdot℃) \tag{10-2}$$

t_1、t_2——分别为钢水、冷却水的平均温度（℃）；

λ_1、λ_2——分别为坯壳、结晶器内壁的导热系数（kW/m·℃）；

α_1、α_2——分别为坯壳对内壁、内壁对冷却水的导热系数（kW/m²·℃）。

依钢种、浇铸温度、拉坯速度和冷却条件不同，则坯壳脱离内壁处距钢液面的远近亦不同。近者在钢液面以下50mm处，远者在200mm处。若坯壳表面平均温度为t_3(℃)，气隙厚度为b_3（m），气体的导热系数为λ_3（kW/m·℃），坯壳脱离内壁后的导出的热量Q_h'显著减小，可由下式表示：

$$Q_h' = S_m \alpha' (t_3 - t_2) \quad (\text{kW}) \tag{10-3}$$

式中　α'——有气隙时结晶器内壁的总导热系数：

$$\alpha' = \frac{1}{\delta/\lambda_1 + 1/\alpha_3 + b_3/\lambda_3 + 1/\alpha_4 + b_2/\lambda_2 + 1/\alpha_2} \quad (\text{kW/m}^2\cdot℃) \tag{10-4}$$

α_3、α_4——分别为坯壳对气隙、气隙对内壁的导热系数(kW/m²·℃)。

总之，结晶器的导热能力受许多因素影响：如浇铸速度、浇铸温度、各层导热系数以及结晶器内壁尺寸等。在结晶器的实际工作中，上述两种情况下的导热总是同时进行的，故要同时考虑。

设计结晶器时，应从铸坯成形的基本热工过程出发，结合生产工艺的基本要求，对结晶器提出以下主要要求：应具有良好的导热性、耐磨性和在巨大温差时的刚性；结构简单、易于制造、调整和维修方便；重量要轻，以减小振动时的惯性力，使运动平稳可靠。

第二节 结晶器的型式和构造

根据拉坯方向断面内壁的线型，结晶器的型式有弧形和直形两种。就其总体构造来说，无论是弧形结晶器还是直形结晶器，均可分为整体式，套管式和组合式三种。目前，已制成可调内腔宽度或宽厚均可调的组合式结晶器。我国绝大多数连铸机上都采用组合式结晶器，只有部分方坯连铸机上用套管式结晶器。通常结晶器由内壁、外壳、冷却水路以及支承臂（或框架）等几部分组成。

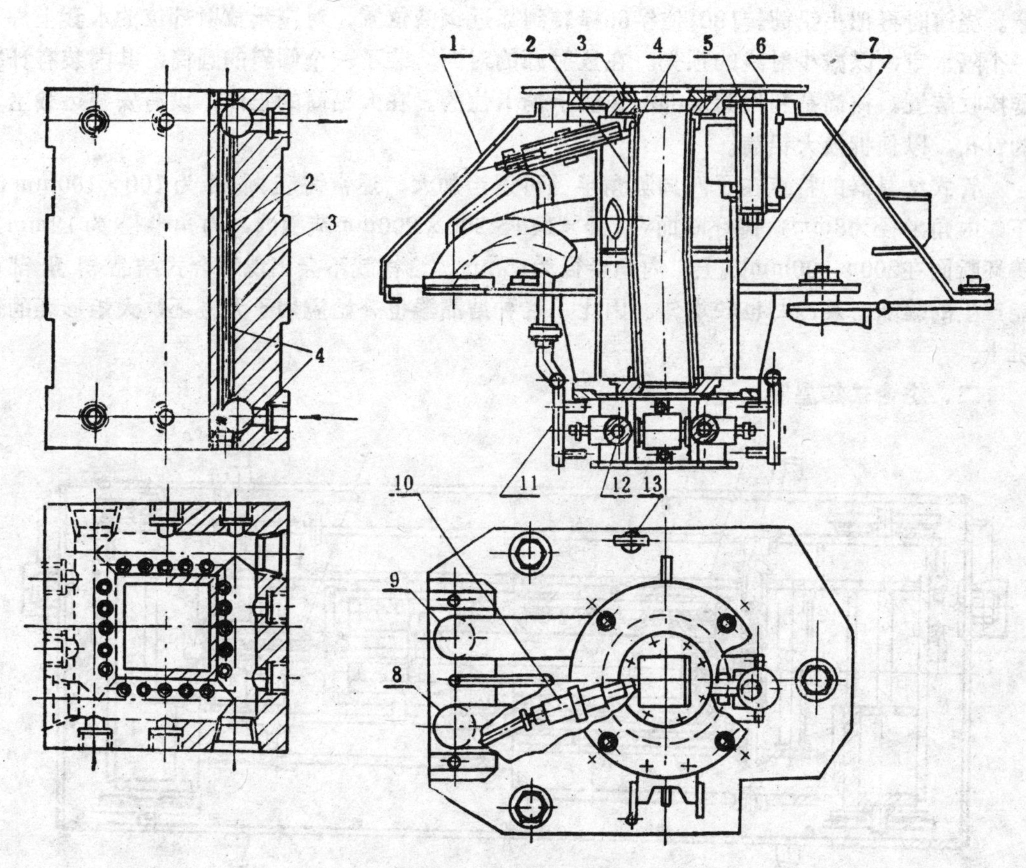

图 10-4 管式结晶器

1—外罩；2—内水套；3—润滑油盖；4—铜管；5—放射源容器；6—盖板；7—外水套；8—给水管；9—排水管；10—接收装置；11—水环；12—足辊；13—定位销

一、套管式结晶器

这种结晶器（图10-4）内壁为一整体的无缝铜管，在铜管外面离开一定距离（7mm左右）套着钢质的内水套2，其间形成冷却水缝，利用隔板及橡皮垫与外水套7相联，并形成上、下两个水室，利用上下两个法兰把铜管压紧。在上法兰与外水套联结螺栓上，装有碟形弹簧，以使铜管膨胀时不致产生太大的压应力（≤铜管的许用压应力），在冷状态下又不能漏水。冷却水以0.39～0.59MPa的工作压力从给水管8往下进入下水室，以6～10m/s的速度流经水缝，进入上水室，从排水管9排出。为了安全和提高导热效率起见，在水缝上部应留有排气装置以放出因过热产生的少量水蒸气。

结晶器的外套是圆筒形的，其中部设有底脚板，用以固定结晶器在振动台架上。在底脚板上有两个定位销孔和三个固定螺栓孔，保证以外弧为基准安装，并与二冷支导装置的导辊对中。在底脚板上还有冷却水管的接口，所有给水、排水及足辊的冷却水管路都汇集于其上。这样，当结晶器固定在振动台架上时，全部冷却水管同时接通并密封好。

为自动显示并控制结晶器内的钢液面，在水套上部装有钴60放射源容器及信号接收装置。钴60棒偏心地插在一个可转动的小铅筒内，后者又偏心地装在一个大铅筒内。不工作时，将小铅筒内的钴60棒转到大铅筒中心，这是最安全位置，因为四周都得到较厚的屏蔽。浇铸时再把小铅筒转180°使钴60棒转到靠近钢液位置，对应于放射部位的水套上焊了一个隔水室，以减少射线的损失。在放射源的对面，装了一个倾斜的圆筒，其内装有计数器接收装置，该筒是利用其端部的弹簧卡销卡住的。在大铅筒的正面，设有安装运载工具的钉孔，以便拆换大铅筒。

管式结晶器的特点在于四周圆角半径可适当加大，通常铸坯断面为100×100mm以下，内角半径为8mm；铸坯断面在140×140～200×200mm范围内，内角半径为12mm；铸坯断面在200×200mm以上，内角半径为15mm。这样就不会出现组合式结晶器角部可能产生的缝隙，且冷却也较均匀。因此，这种结晶器也开始应用于大方坯，大矩形坯的铸机上。

二、组合式结晶器

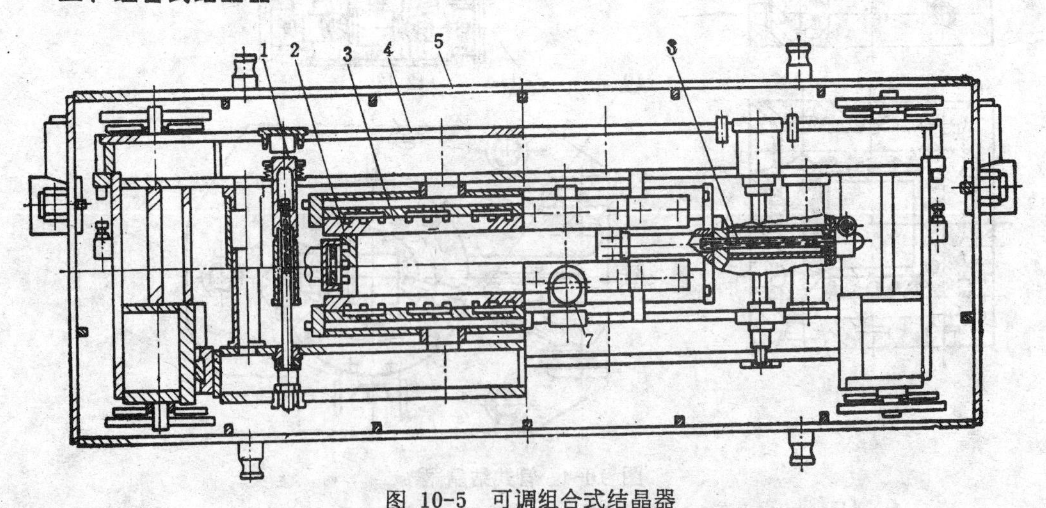

图 10-5 可调组合式结晶器

1—调厚与夹紧机构；2—窄面内壁；3—宽面内壁；4—结晶器外框架；5—振动框架；6—调宽机构；7—装放射源处

在大型连铸机，特别是板坯连铸机上广泛采用组合式结晶器。近年来，已发展到采用可调宽度或宽厚均可调的组合式结晶器。

图10-5是浇铸板坯用的在线可调组合式结晶器。它由四块复合壁板组装而成，每块壁板都是由内壁（外侧铣出水沟的铜板）和钢制外壳两部分组成，用双头螺栓联结，中间形成水缝．以便通水冷却结晶器。为使其冷却均匀，四个面上的冷却各自独立，冷却水由下部进入，经水缝由上部排出。

结晶器内腔的形状和大小，取决于铸坯断面的形状和尺寸。宽面（即与连铸生产线垂直的面）两块复合壁板的内侧即铜内壁做成弧面（或直面）。窄面（即侧面）两块复合壁板的侧面制成弧面（或直面），内壁的内侧作成弧面。而四块复合壁板的外壳内侧只在与内壁相联接的螺栓处有筋条。通常，四块复合壁板的组装方式大都采用宽面压窄面，在宽面外壳的两侧上下各用两组碟形弹簧压紧。为了实现结晶器在线调宽以及形成所要求的倒锥度，特在结晶器的侧面壁板的上部和下部分别装有四组调整装置。其调整过程是：通过软管快速接头将结晶器操作车上的液压装置与结晶器联接起来，用液压缸压缩碟形弹簧使与螺栓相联的宽面框架和壁板向外弧侧松开，这时再用气动马达（或手动），转动蜗杆蜗轮，经螺旋转动带着结晶器窄面壁板沿宽度方向移动所要求的距离后，放好定距块。

当组装好的结晶器及其框架放到振动台架上时，所有进、出水管自动接通。借助导向装置能准确地使结晶器对弧，同时用液压装置自动锁紧。

在结晶器的外弧壁面上装有钴60放射源及信号接收装置，通过相应的控制系统控制中间罐塞棒的液压系统以实行自动控制。

为使方坯或矩形坯的角部得到较好的冷却，结晶器四角应为圆角。但因不易加工，因此，一般在宽面和窄面壁板的结合处垫上厚3～5mm带45°倒角的紫铜片。这种型式的结晶器制造、安装都较方便，使用效果也好。

结晶器的结构和工作性能日趋完善。最新发展已能实现在浇钢过程中实行在线调宽，比上面讲到的在线调宽的组合式结晶器又前进了一大步。其结构形式两者基本相同。绝大多数结晶器由宽往窄调时，要适当降低拉速，而当由窄往宽调时，相对前者拉速降低的要更多一些，这是为了防止拉漏。目前高水平的生产连铸机，在调宽时，根本不必降低拉速。但一定要根据所要调整的宽度、拉坯速度确定适当调宽速度并同时调整好窄面的倒锥度。

为了更好地保护好结晶器的下口，以防过早、过快、过大的磨损，紧挨着结晶器的下口或装有足辊（也称带足辊的结晶器），或装有保护栅板。直到目前为止，对两种型式(弧形和直形）的结晶器仍然有两种截然不同的看法。究竟哪种型式更好，根据不同的实践和理论，他们都有比较充分的理由说明其中一种型式好，但又不能得到公认而否定另一种型式的结晶器。这里仅做概要说明。

采用直结晶器的主要理由是：从工艺角度来看，钢水流入直结晶器时基本对称，易于形成均匀坯壳，且在铸坯断面相同的条件下浇铸面积较大。铸坯中非金属夹杂物分布也比较均匀；从机械设备角度来看，直结晶器的结构比较简单、易于加工制造，耗铜少、工作寿命较长且安装时容易对中；从导热性能来看，它的导热率比弧形结晶器高。

采用弧形结晶器的主要理由是：从工艺角度来看，一般大型连铸机的曲率半径通常在10m以上，对于长度只有700mm左右的结晶器来说，可以认为是相当接近直结晶器的；由于浸入式水口的应用，使得非金属夹杂物的不均匀性不很突出；而其突出的优越性是在于高温薄壳铸坯不必过早的承受带液心弯曲，故可在很大程度上避免内裂，同时也不致发生带液心弯曲后的形状变形；从机械设备角度来看，由于至今大断面无缝铜管仍很难获得，故直结晶器在加工制造方面的优点并不明显；从导热性能来看，有些研究资料表明两者并没有明显的差别。

从目前可获得的资料来看，我国有不少弧形连铸机采用直结晶器、浇铸中小断面方坯和扁坯。对大断面铸坯采用直结晶器的问题尚待实践。目前世界上有80%以上的不锈钢板坯连铸机是采用弧形结晶器的。

第三节　结晶器的尺寸参数

一、结晶器的断面尺寸及长度

1．结晶器的断面尺寸　结晶器的断面尺寸应根据冷连铸坯的公称断面尺寸确定。但由于连铸坯在冷却凝固过程中逐渐收缩以及矫直时都将引起半成品铸坯的变形，为此，要求结晶器的断面尺寸应当比连铸坯断面的公称尺寸大一些，通常约大1～3%左右。

2．结晶器的长度　确定结晶器的长度，主要的根据是铸坯出结晶器时坯壳要有一定的厚度。若坯壳厚度较薄，铸坯就容易出现鼓肚，甚至拉漏，这是不允许的。根据实践，结晶器的长度应保证铸坯出结晶器下口时的坯壳厚度大于或等于10～25mm。通常，生产小断面铸坯时可取下限，而生产大断面铸坯时，则应取上限。由公式（8-1）和公式（8-3）导出：

$$l'_m = V\tau_s = V\left(\frac{\delta}{n}\right)^2 \text{ (mm)} \tag{10-5}$$

考虑到浇铸操作时结晶器内钢液面的波动，通常在钢液面与结晶器顶面之间要留出80～120mm的空位。故结晶器的实际长度l_m应为：

$$l_m = l'_m + 80\sim120 \text{ (mm)} \tag{10-6}$$

尽管如此，结晶器的长度在世界各国还很不一致。一般结晶器的长度为500～1200mm。康卡斯特设计的结晶器长度为300～700mm，我国使用的结晶器长度为600～800mm，而苏联一般采用的结晶器长度为1200～1500mm。总的趋势是使用短结晶器。由于实行高速浇铸，结晶器还需适当加长，但过长既会延缓铸坯的进一步冷却凝固又会造成浪费。

3．结晶器的倒锥度　由铸坯成形热工过程的分析中可知，钢水在结晶器中冷却生成坯壳，进而收缩脱离结晶器壁。为减少气隙，以尽可能保持良好的导热条件加速坯壳的生长，通常将结晶器制成下口断面比上口断面略小，可称为结晶器的断面倒锥度。若结晶器上口断面积为S_1（mm²），下口断面积为S_2（mm²），结晶器的长度为l_m（m）时，则倒锥度为：

$$\nabla = \frac{S_1 - S_2}{S_1 l_m} \times 100\% \text{ (\%/m)} \tag{10-7}$$

式中　∇——结晶器每米长度的断面倒锥度。

对于板坯连铸机的结晶器，由于铸坯厚度方向的收缩较宽度方向的收缩小得多。为便于安装找正，近年来，结晶器的宽面一般都做成平行的。这时窄面倒锥度可按对应进行计算，如下式：

$$\nabla=\frac{x_1-x_2}{x_1 l_m}\times 100\% \ (\%/m) \tag{10-7}$$

式中 x_1、x_2——分别为结晶器上、下口的宽边边长（mm)。

但宽面也要充分考虑铸坯冷凝收缩，通常用上口窄边边长给正偏差，下口窄边边长给负偏差，以实现宽面倒锥度。

倒锥度是十分重要的参数。过小，坯壳会过早的脱离结晶器内壁，严重降低冷却效果，坯壳在其内钢水静压力作用下易出现鼓肚变形，甚至在铸坯出结晶器时会发生漏钢。过大，在拉坯速度较高时，易发生铸坯坯壳和结晶器内壁挤压力过大，并加速结晶器内壁的磨损。

为选择合适的倒锥度，设计结晶器时，要对高温状态下各种钢的收缩系数有全面的试验研究。根据实践，一般套管式结晶器的倒锥度，依据钢种不同，应取0.4～0.9%/m。对于板坯结晶器，一般都使宽面相互平行或有较小的倒锥度，使窄面有0.9～1.3%/m的倒锥度。通常小断面的结晶器上下口尺寸可不改变。

二、结晶器的水缝面积

钢水在结晶器中形成坯壳时所放出的热量主要由冷却水带走。设计时，合理确定结晶器水缝的横断面积是非常必要的。若水缝内冷却水的流速为v_w (m/s)，结晶器单位周边长度的耗水量Q_w为$m^3/h\cdot m$，周边长为L_w (m) 时，则水缝的表面积按下式计算：

$$S_w=\frac{10000Q_w\cdot L_w}{36v_w} \ (mm^2) \tag{10-8}$$

通常结晶器内的耗水量根据经验确定。水量过大，铸坯会产生裂纹，过小，又易造成铸坯鼓肚或漏钢。一般可按结晶器每米周边长耗水量为100～160m^3/h来确定，小断面取上限。根据我国连铸的实践，水缝内冷却水的流速一般为6～10m/s（“一”字型水缝取上限)，进水压力为0.29～0.59 MPa。近来，国外有许多文献报导，认为冷却水的流速超过6 m/s效果不大。

第四节　润滑与保护渣浇铸

在连铸生产中，对结晶器内壁进行润滑是保证连铸机正常生产的一项重要措施。其目的在于防止冷凝中的钢水与结晶器内壁粘结、减少与器壁间的摩擦力、改善铸坯表面质量以延长结晶器的使用寿命。

润滑的基本原理，如图10-6所示。用具有沸点高于结晶器内壁温度（据实测，结晶器内壁温度约200℃左右）的润滑剂，它在结晶器的振动过程中，不断被带入钢液面以下，并在钢水或坯壳与结晶器内壁间形成一层0.025～0.05mm左右的油膜或油气膜，从而实现润滑。

常用的润滑剂有：菜籽油、棉籽油、液体石蜡、变压器油、10号和20号机油等。实践证明，使用植物油效果较好，没有烟雾，但价格昂贵。10号和20号机油虽有少许烟雾，但能满足生产要求，价格便宜。

润滑装置由给油盒和供油系统两部分组成。油缝式给油盒（图10-7）是目前使用最广泛的一种。它供油均匀，不易堵塞，工作可靠。供油系统又可分为重力供油（通过油缸或压缩空气将油送入高位油箱）和油泵直接供油两种类型。前者设备简单可靠，应用较多。

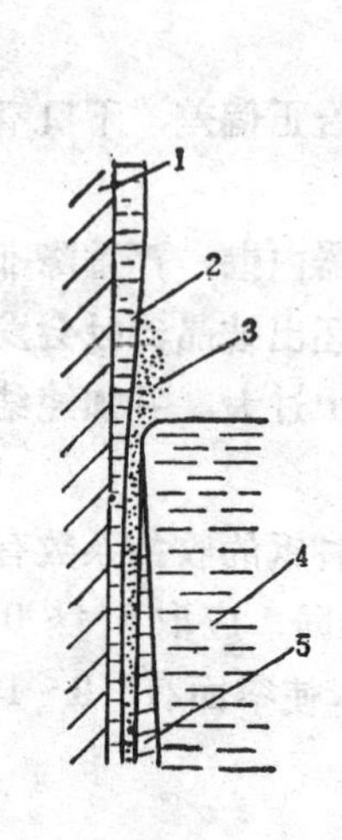

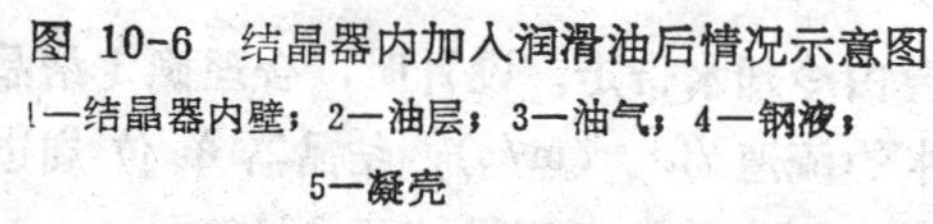

图 10-6　结晶器内加入润滑油后情况示意图

1—结晶器内壁；2—油层；3—油气；4—钢液；5—凝壳

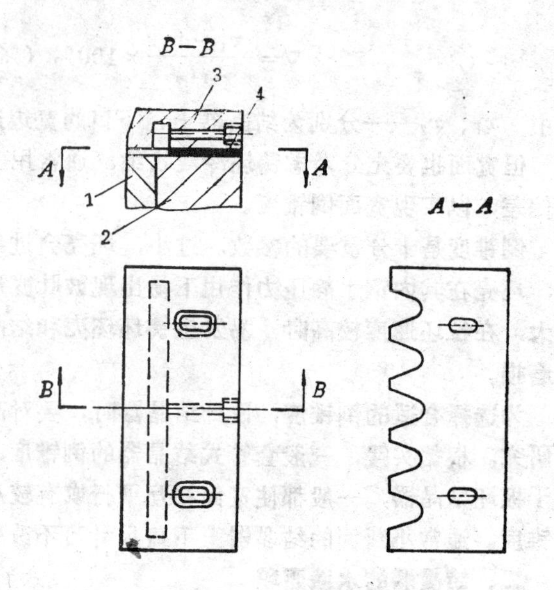

图 10-7　油缝式给油盒

1—结晶器内壁；2—结晶器外壁；3—给油盒；4—垫片

润滑油的耗量，一般为0.1～0.2kg/t钢，或按结晶器每厘米边长耗油0.5～1.0ml/min考虑。

近年来，已普遍采用保护渣浇铸大型铸坯。其方法是：当钢水铸入结晶器后，尽快撒上保护渣，使钢液表面附近的夹渣熔解形成浮渣，这时钢液表面为熔渣层和粉末层所覆盖。因而，可防止钢水被氧化和钢液表面热量的辐射散失，同时，熔渣层在钢水静压和结晶器振动的作用下随坯壳下移，被带入结晶器内壁和钢水、内壁与坯壳间，形成熔渣薄膜起润滑作用，如图9-11所示。

第五节　结晶器的材质和寿命

结晶器的材质，主要是指结晶器内壁的材质。目前所用的材质主要是铜或铜基合金。据统计，全世界有70%以上是采用银铜合金，20%左右用纯铜制作，还有10%是由铜-铬-锆合金材料制成。

铜质结晶器并不是最理想的材质。因为铜在高温下的膨胀系数较大，强度和耐磨性都较差。所以，常在铜板表面镀上薄薄的一层铬，以增加其抗磨性，或在铜合金中加入银，以增加铜板的抗拉强度和高温蠕变强度。此外，人们正在积极地研制新材料以代替铜。

结晶器的寿命，主要是指结晶器内壁的使用寿命。直至目前，对结晶器的寿命尚没有一个统一的提法。通常有以下三种表示方法：每个内壁的寿命为次/个，t/个和m/个等单位表示。但不管用哪种表示方法，一定要在其它条件相同时才具有相对比较的意义。如用经过同一结晶器内壁铸坯的米数来确定。在一般操作条件下，一个结晶器可浇铸板坯10000～15000m长，其表示单位就是m/个。如用结晶器内壁直到修理前，所能浇铸的次数，一般为100～150次。结晶器的寿命变化如此之大，其原因就是实际浇铸的钢水量和断面不同所致，显然前一种规定比较科学一些。

实际上，影响结晶器寿命的因素很多，诸如材料的性能与质量、结晶器的横断面大小、形状、构造型式和冷却条件以及操作上的因素（钢流偏离结晶器的中心线、钢流的冲刷与振动、润滑不及时以及多次发生拉断事故）等，都直接影响结晶器的实际使用寿命。

目前，在设计结晶器时，都要考虑到铜内壁能拆下进行多次修理加工，反复使用的可能性。当结晶器内腔尺寸的变形、表面的粗糙程度、角部的裂纹大于或等于0.3mm或者底部厚度磨损超过1.5～2mm足以引起产品的缺陷过大时，就要拆下结晶器，将铜板进行加工修复。通常，结晶器窄边的寿命比宽边低。有资料介绍，窄边壁板的寿命只有宽边寿命的40%左右。一般窄边在浇铸5000到7500m之后要重新加工修复。因此，结晶器内壁厚度（结晶器的一个参数）的确定，应主要以提高结晶器的使用寿命为依据。大断面结晶器的内壁厚度一般取为20～50mm，它在经过多次加工修复后使用时，最薄也要大于或等于10mm。对小断面结晶器，铜壁最薄时也要大于或等于3～5mm，一般套管式结晶器壁厚常取6～12mm。

第六节 结晶器的振动与振动规律

一、结晶器的振动作用及振动过程

由于结晶器的振动，使其内壁获得良好的润滑条件，减少了摩擦力又能防止钢水与内壁的粘结，同时还可以改善铸坯的表面质量。当发生粘结时，振动能强制脱模，消除粘结。如在结晶器内坯壳被拉断，因振动又可在结晶器与铸坯的同步运动中使其得到愈合。

在连铸生产时，结晶器一直在振动，其速度的大小、方向都是变化的，振动的过程如图10-8所示。如在A点发生粘结，若结晶器以速度V_m向下振动，且V_m大于拉坯速度V，则振动起强制脱模作用，可消除A处粘结，如图中a、b所示。若这时结晶器以速度V_m向上振动，则坯壳可能在粘结点A处被拉裂（如图中c所示），且钢液同时充填到断裂处（如图中d所示），并开始形成新的坯壳。这时结晶器向下振动，若$V_m>V$时，可将断裂部分压合，如图中e所示。若$V_m=V$时，即结晶器与铸坯同步下降，在这期间新的坯壳将得到加强，把断裂的部分联结起来，如图中f所示。当结晶器再次向上振动时，如新的坯壳有足够的强度，就能将粘结部分拉离结晶器内壁，从而实现脱模。

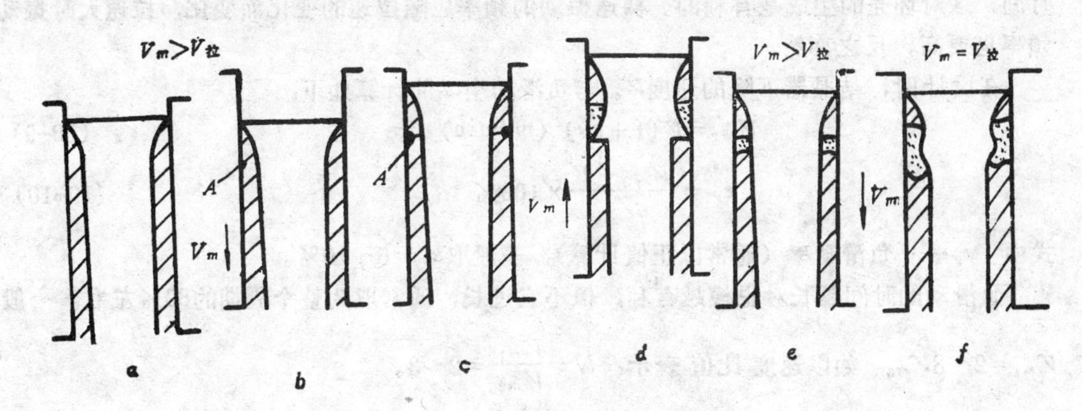

图 10-8 结晶器振动过程示意图

二、结晶器的振动规律

结晶器的振动规律是指在振动中结晶器运动速度的变化规律。早期曾广泛应用同步振动，其主要特点是：结晶器在下降时与铸坯同步运动，下降速度$V_{m2}=V$，然后再以三倍的拉速上升，即上升速度$V_{m1}=3V$（图10-9）。结晶器在下降过程中转为上升时，其转折点处速度变化很大，在理论上这点的瞬时加速度为无限大，这对铸坯质量和设备都是不利的。特别是为实现严格的同步运动，必须保证在振动机构与拉坯机构间实行严格的联锁。同时还必须采用设计和制造都比较复杂的凸轮机构来实现。虽然同步振动对顺利拉坯起到过有效的作用，但终因存在上述难以克服的问题在新设计中已不再采用，目前在我国主要采用正弦振动。

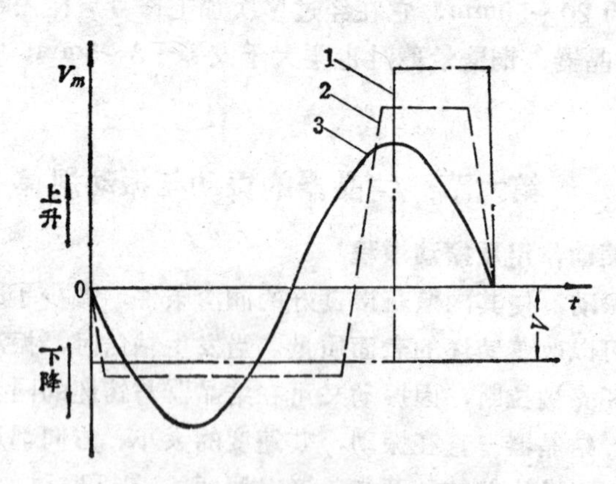

图 10-9 结晶器的振动规律

1—同步振动；2—梯速振动；3—正弦振动

1．梯速振动 当结晶器在振动中的速度是按梯形规律变化时，这种振动称为梯速振动（图10-9），也称为负滑动振动。其主要特点是：结晶器先以比拉速稍高的速度下降一段时间，即负滑动或负滑脱。此时坯壳处于受压状态，这既有利于强制脱模又有利于断裂坯壳的压合，然后再以较高的速度上升。结晶器在下降或上升过程中都有一段稳定运动的时间，这对坯壳的生成是有利的。梯速振动的频率应随拉速的变化而变化，拉速大时振动频率也要高，反之亦然。

在设计时，结晶器下降的速度V_{m2}与负滑动率ε_V的计算如下：

$$V_{m2}=V(1+\varepsilon_V)\ (\mathrm{m/min}) \tag{10-9}$$

$$\varepsilon_V=\frac{V_{m2}-V}{V}\times 100\% \tag{10-10}$$

式中 ε_V——负滑动率（通常以正值计算），一般取$\varepsilon_V=5\sim10\%$。

负滑动的时间越长对脱模越有利，但不宜过长，通常取为整个周期的60%左右。一般$V_{m1}=2\sim3V_{m2}$，如以速度比值表示：$N=\dfrac{V_{m1}}{V_{m2}}=2\sim3$。

结晶器运动的加速度。由结晶器振动过程的分析可知，当结晶器开始上升时，坯壳承受拉力，因此上升加速度a_{m1}应取小些。当结晶器开始下降时，坯壳承受压力，所以下降加速度a_{m2}可取大些。通常取a_{m2}为a_{m1}的2～3倍。如以加速度比值表示：$K=\frac{a_{m2}}{a_{m1}}=2\sim3$。

梯速振动能满足连铸工艺的要求，但它同样要求振动频率要比较严格的随拉速有相应的变化。故仍须采用凸轮机构以实现上述振动规律。

2．正弦振动　当结晶器的运动速度与时间的关系为一条正弦曲线时，称这种振动为正弦振动（图10-9）。其主要特点是：结晶器在整个振动过程中速度一直是变化的，即铸坯与结晶器间时刻都存在相对运动。在结晶器下降时还有一小段负滑动，因此能防止和消除粘结。另外，由于结晶器的运动速度是按正弦规律变化的，加速度则必然按余弦规律变化，所以，过渡比较平稳，冲击也较小。它与梯速振动相比，坯壳处于负滑动状态的时间较短，且结晶器上升时间占振动周期的一半，故增加了坯壳拉断的可能性。为弥补这一弱点应充分发挥加速度较小的长处，亦可采用高频率振动以提高脱模的效果。

这种振动规律最突出的优越性是，它只要用一简单的偏心机构（偏心轮或偏心轴套组合）就能实现，无论从设计上还是制造上都很容易。同时，在振动机构和拉坯机构之间没有严格的速度关系，故不必建立像梯速振动那样严格的联锁。因此，近年来正弦振动成了国内外在各种断面连铸机上普遍采用的一种振动规律。而梯速振动则越来越少用了。

第七节　结晶器的振动机构与振动参数

振动机构是使结晶器产生所需要的振动。因此任何振动机构都必须满足两个基本条件：第一，使结晶器准确地沿着一定的轨迹振动。第二，使结晶器按着一定的规律振动。

使结晶器实现弧形运动轨迹的方式有：导轨式、长臂式、差动式、双摇杆式以及四偏心式等等。使结晶器实现振动规律的方式有：偏心轮式、凸轮式以及液压缸式等。有机的使结晶器实现弧形运动轨迹的方式和实现预定振动规律的方式相互组合，将产生多种型式的振动机构和装置。现仅对普遍使用的振动机构加以研究。

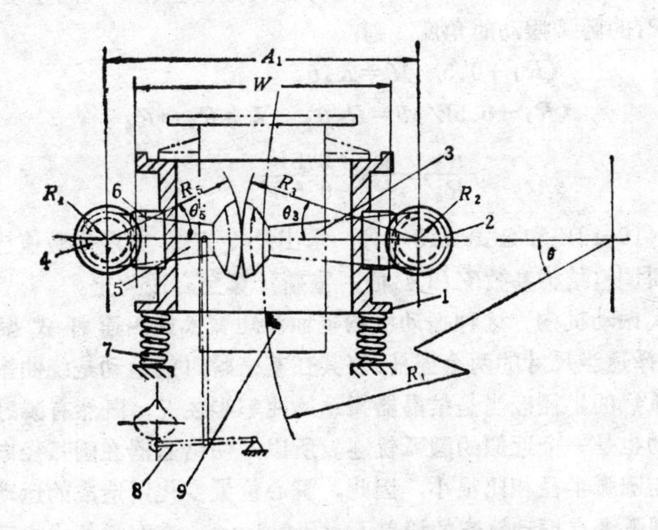

图 10-10　差动齿轮式振动机构简图

1—振动框架；2、4—小齿轮；3、5—扇形齿轮；6—齿条；7—弹簧；8—凸轮或偏心轮-杆式机构；9—结晶器

一、结晶器的振动机构

1．差动式振动机构　这种机构是利用齿轮或凸轮机构的差动原理来实现结晶器的弧线运动的。现以差动齿轮机构为例说明之（图10-10）。

结晶器固定在由弹簧支承的振动框架上，由凸轮或偏心轮强迫框架下降，弹簧反力使其上升。它没有一般振动机构的振动臂，而是用一组齿轮和齿条来代替。振动框架由内、外弧侧的齿条 6 分别与节圆半径相等的小齿轮2、4相啮合。节圆半径不等的扇形齿轮又分别与小齿轮装在同一根轴上。所以，当扇形齿轮3、5摆动时，就使与其相连的两个小齿轮产生不同的线速度，反应在振动框架两侧的齿条上，其上下运动的线速度也不一样。因而可使结晶器产生所要求的弧线振动。

（1）支承弹簧刚性系数的选择　振动框架下面支承弹簧刚性系数的选择应保证当结晶器往下振动时，弹簧被压缩后所产生的反力应稍大于或等于弹簧上所支承的全部重量与结晶器中拉坯阻力之和。如忽略振动时所产生的惯性力影响，若弹簧上所支承的全部重量为G(N)，结晶器内的正常拉坯阻力为F_1(N)，弹簧的被压缩量为Δ(mm)，则弹簧所必须的刚性系数K(N/mm)，可由下式确定：

$$\Delta K \geqslant G+F_1 \tag{10-11}$$

（2）扇形齿轮节圆半径的计算　扇形齿轮节圆半径的大小，应保证结晶器中心严格按照以连铸机曲率半径所确定的铸坯中心的弧线运动。

参照图10-10，设W为振动框架两边齿条与小齿轮2、4啮合线间的距离，R_2、R_4分别为小齿轮2、4的节圆半径，R_3、R_5分别为扇形齿轮3、5的节圆半径，A_1为小齿轮2、4轴心线间的距离，则齿条、小齿轮和扇形齿轮各参数间的关系为：

$$R_2=R_4=\frac{A_1-W}{2} \tag{10-12}$$

$$R_3+R_5=A_1 \tag{10-13}$$

设R_1为铸坯中心处的曲率半径，θ_3、θ_5分别为扇形齿轮3、5的摆动角度，θ为结晶器中心沿曲率半径R_1的圆弧摆动的角度，则：

$$(R_1+0.5W)\theta=R_4\theta_5$$

$$(R_1-0.5W)\theta=R_2\theta_3 \quad 又 \quad R_2=R_4$$

因此

$$\frac{R_3}{R_5}=\frac{R_1+0.5W}{R_1-0.5W} \tag{10-14}$$

用联立公式（10-13）和公式（10-14），求出R_3、R_5。其所得数值应为该齿轮模数的适当倍数，否则须调整结构参数W和A_1值，重新计算至合适为止。

2．双摇杆式振动机构　这种振动机构也称双短臂式或四连杆式振动机构（图10-11）。它是通过选择适当尺寸的两个摇杆，使其在某一瞬时的运动是绕曲率半径中心o点的圆弧线运动。圆弧线的半径应当是结晶器振动的曲率半径R。既然有瞬时性，因此双摇杆所实现的圆弧振动也是一个近似的圆弧轨迹。所以，使结晶器在圆弧径向产生误差。但由于结晶器的振幅与圆弧半径相比很小，因此，瞬心位置变化所造成的运动误差在理论上是很小的，一般在圆弧各点振动轨迹的误差不大于0.1mm。在双摇杆式振动机构中，两个摇杆长度的选择必须满足：$ab=cd(a'b'=c'd')$，且$ab(a'b')$与$cd(c'd')$各自连线的延长线应通过曲率中心o点。所以$ad(a'd')>bc(b'c')$。R称为大圆弧半径，如图10-11所示。它是目前广泛应用的外弧双短臂和内弧双短臂振动机构。应用前者时 a 点与 d 点作固定的铰点。采用后者时，则应把b'点和c'点作固定的铰点以实现所要求的振动轨迹。

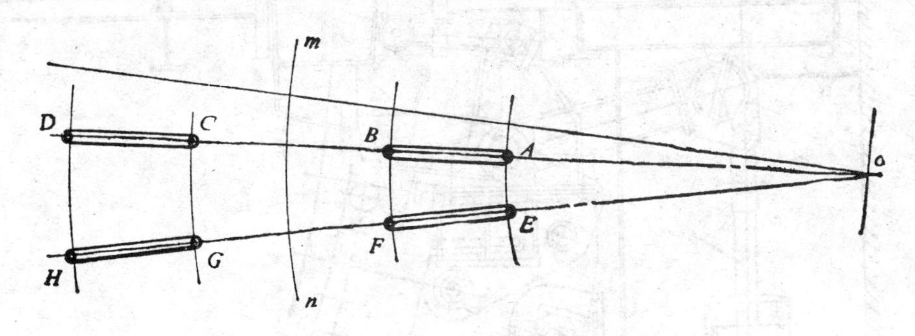

图 10-11 双短臂振动机构原理图

图10-12是目前广泛用于小方坯连铸机结晶器振动的双短臂振动机构，其特点是全部传动机构和振动部分均放在内弧侧。

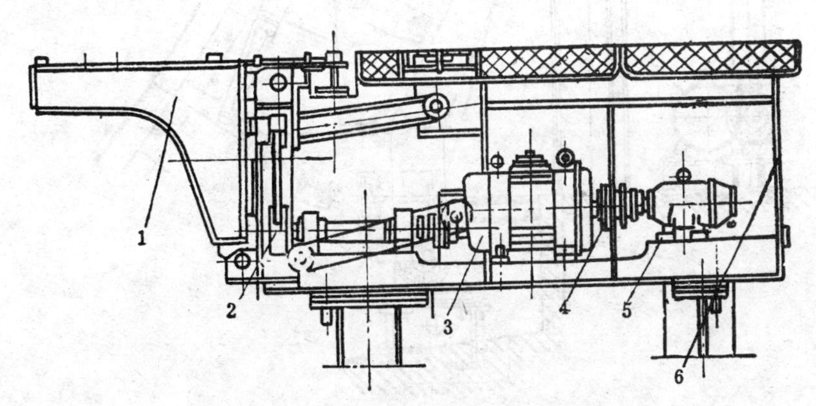

图 10-12 装在内弧的双短臂振动机构

1—振动台；2—振动臂；3—无级变速器；4—安全联轴器；5—交流电动机；6—箱架

图10-13是板坯连铸机用双摇杆式振动机构的一个实例。它是一种较新颖的结构，全部传动和振动机构放在外弧侧，结构简单，易于维修。机构中用对心精确的滚动轴承代替滑动摩擦副。摇杆（即振动臂）较短，刚性好，不易变形。该结构考虑了运动部件质量的平衡，使偏心轮上连杆受力方向不变，保证运动平衡。在连杆内的压缩弹簧可防止过载损坏构件。采用改变偏心轴和偏心轴套的相对位置来改变偏心距以调整振幅的大小，既准确又不易变形，且振动误差也较小。双摇杆、振动框架、冷却格栅和二次冷却支导装置的第一段的支承，都放在一个共同的底座上。这样，无论是钢结构的热膨胀变形或是外部机械力都不会影响连铸机的对中，并且在振动框架上设有与结晶器自动定位和自动接通冷却水的装置。由于这种结构具有运动轨迹较准确，结构简单紧凑，易于维修等一系列优点，因而得到了广泛应用。

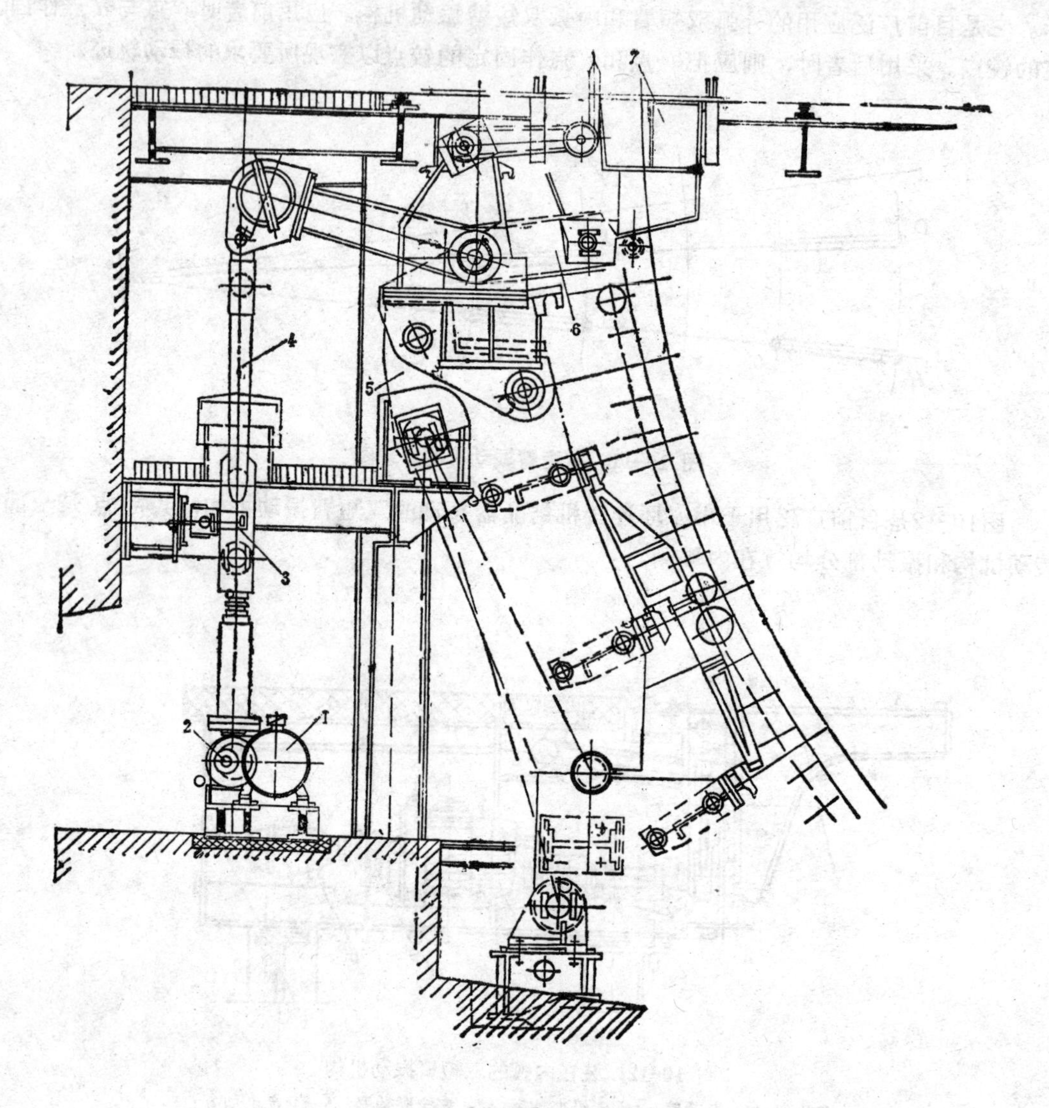

图 10-13　双摇杆式振动机构

1—电动机和减速器；2—偏心轴和轴套；3—导向部件；4—连杆；5—底座；6—双摇杆；7—结晶器鞍座

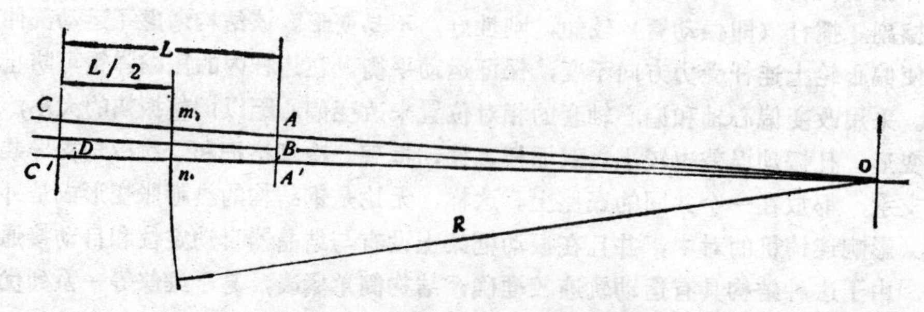

图 10-14　四偏心振动机构原理图

3．**四偏心式振动机构**　这种振动机构是近几年才出现的一种新型振动机构，具有结构简单，运动轨迹准确的优点。其设计原理与我国的差动齿轮式相似，如图10-14。

图中om或on即为圆弧半径R，$BD=L$为结构要求的已知长度，AB、CD为四偏心振动机构的偏心距，另两个则与其投影重合。当$\frac{AB}{CD}=K$时，$mn=2A$、又$AB+CD=2A$，式中A即振幅。由图可求出曲率半径R为：

$$R=\frac{L(1+K)}{2(1-K)}\ (\mathrm{m}) \tag{10-15}$$

此式表明：当合理的选定L、K的值时，R可以成为一个常数。反之当R、L、A均为已知时，可用上式求出二偏心距。

图10-15是四偏心式振动机构的一个实例。它是近年来新投产连铸机中采用较多的一种。结晶器的弧线运动是利用两对偏心距不同的偏心轮及连杆机构而产生的。结晶器运动的弧线定中是利用两条板式弹簧来实现的。板式弹簧使结晶器只作弧形摆动，而不能产生前后左右的晃动。适当选择弹簧的长度，可以使运动轨迹误差不大于0.02mm。

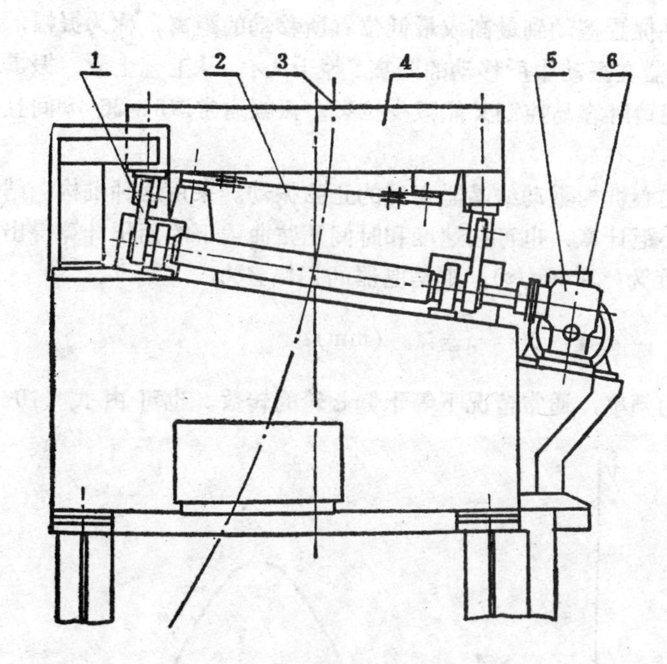

图 10-15　四偏心轮式振动机构

1—偏心轮及连杆；2—定中心弹簧板；3—铸坯外弧；4—振动台；5—蜗轮副；6—直流电动机

振动台架是钢结构件。结晶器及其冷却水管快速接头，振动机构与驱动系统及第一段二冷夹辊都装在这个振动台架上，可以整体吊运，快速更换。更换时间不超过一小时。

从图10-15看出：在结晶器下面前后各有一根通轴、轴上装有不同偏心距的两个偏心轮。外弧的偏心轮有较大的偏心距。用一个直流电动机，通过两个蜗轮减速器驱动两根通轴。通轴中心线的延长线通过铸机圆弧中心。因为结晶器的振幅不大，也可把通轴水平安装，这样不会引起明显的偏差。为延长使用时间，在偏心轮连杆上端，使用了特制的球面橡胶轴承。

这种振动机构是靠偏心轮连杆的推力，作用于振动台的四角，使结晶器的运动非常平稳、不会由于结晶器内阻力作用点的偏移而使结晶器运动不平稳。其缺点是运动零件较多，结构比较复杂。

二、结晶器的振动参数

在设计中，当选定实现振动的总方案后，就要计算和确定结晶器振动的参数。其主要参数是振幅和频率。

结晶器上下振动一次的时间，叫做振动的周期，用T表示，单位为S。结晶器每分钟振动的次数，称为频率，用f表示，单位是次/min。频率高，凸轮或偏心轮的转数就高，因此频率是确定电动机转数和减速器速比的依据。从工艺上看，频率高，铸坯处在一个较大的动态中，这对防止粘结，脱模都有利。频率通常为0～150次/min。近年来，从改善铸坯质量出发，国外已开始采用$f=400$次/min或更高振动频率的振动机构。f与T的关系：$f=\frac{60}{T}$。

结晶器从水平位置摆动到最高或最低位置所移动的距离，称为振幅，用符号A表示，单位为mm。结晶器在振动中所移动的距离S等于$2A$。从工艺上看，振幅小，结晶器内的钢液面波动小，浇铸时容易控制又能减少拉裂。振幅通常取0～25mm间且偏于下限。国外已有取2～4mm的。

由偏心轮或偏心机构驱动结晶器实现的正弦振动。采用这种机构，结晶器振动的振幅可由偏心轮的偏心距计算，也可按速度和时间正弦曲线下的面积计算得出。若振动的周期为T(s)，最大速度为V_a(mm/s)，则结晶器的振幅A为：

$$A=\frac{T}{2\pi}V_a \text{ (mm)} \tag{10-16}$$

结晶器振动的频率，通常情况下等于偏心轮的转数。也可由式（10-16）导出。若负

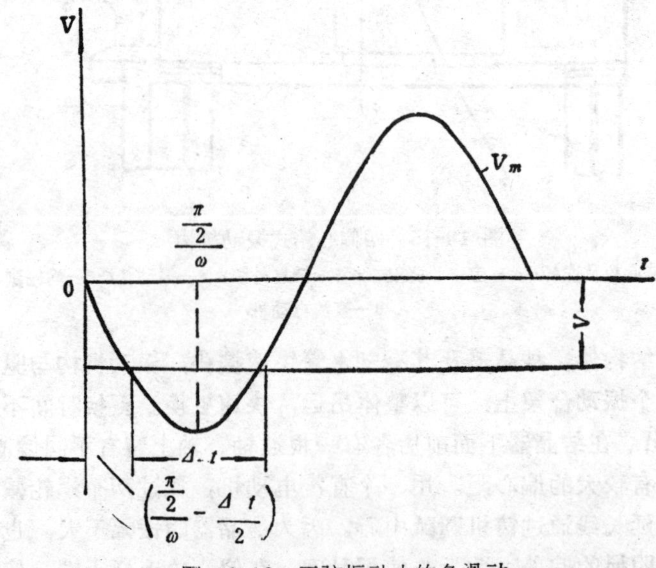

图 10-16　正弦振动中的负滑动

滑动率为ε_v(%)，拉速为V(m/min)，则频率f为：

$$f=\frac{V_a}{2\pi A}=\frac{1000V(1+\varepsilon_V)}{2\pi A} \quad (次/\mathrm{min}) \qquad (10\text{-}17)$$

若结晶器运动时间t(s)，则振动中结晶器任一瞬间的运动速度V_m可由下式求出：

$$V_m=V_a\sin\omega t \quad (\mathrm{mm/min}) \qquad (10\text{-}18)$$

式中　ω——偏心轮的角速度，$\omega=\frac{2\pi}{T}$

V_a——最大速度　$V_a=2\pi fA$

结晶器振动时，只有当$V_m\geqslant V$时才出现负滑动，其负滑动时间t_f可参照图10-16计算。

这时，将$t=\left(\frac{\frac{\pi}{2}}{W}-\frac{\Delta t}{2}\right)$代入式（10-18），经整理后可得负滑动时间$\Delta_t$为：

$$t_f=\frac{60}{\pi f}\cos^{-1}\frac{1}{N} \quad (\mathrm{s}) \qquad (10\text{-}19)$$

式中　$N=\frac{V_a}{V}$；对于正弦振动，通常取$N=1.8\sim2.2$。

近年来，国内外广泛采用偏心轮或偏心机构实现结晶器的振动，均系正弦振动。它非常适合小振幅，高频率，短负滑动时间，同时还能减小振痕深度，改善铸坯表面质量。其振动中的频率应随拉速的变化而改变。据有关研究表明，其最佳振动参数应该具有最短的负滑动时间，而又具有不太高的振动频率。

前面我们主要研究了正弦振动的参数。而由凸轮机构实现的梯速振动正在为正弦振动所取代，故这里就不做专门研究。由液压缸系统控制的结晶器振动可在不改变机构的前题下，只需改变液压缸活塞的运动规律，就可得到正弦振动，梯速振动或所需要求的振动规律，它对深入研究结晶器的振动参数及其对铸坯质量的影响是很有意义的。

第十一章　二次冷却支承导向装置

铸坯被拉出结晶器下口时，仅在表面凝结一层10～30mm左右的坯壳，内部仍为液态钢水。为使其更快的凝固和顺利拉坯，在结晶器（可称一次冷却）之后，特设置了二次冷却支承导向装置。

第一节　二次冷却支承导向装置的总体结构

一、二次冷却支承导向装置的作用及工艺要求

二次冷却支承导向装置（以下简称二冷支导装置）直接接受来自结晶器的高温薄壳铸坯。在其内部钢水的静压力作用下，如果铸坯外部没有一定的约束条件和进一步冷却，很容易产生鼓肚等变形，发生裂纹，甚至鼓破坯壳造成漏钢事故。设置它的主要作用是：可采用直接喷水冷却铸坯，使其迅速冷却至完全凝固；给铸坯和引锭链以必须的支承和导向，防止铸坯产生变形和引锭链跑偏；在其中适当增加驱动辊，可配合其后的多辊拉坯矫直机实行压缩浇铸；在椭圆形连铸机中，它对铸坯也起逐渐矫直的作用。当弧形连铸机采用直结晶器时，它应把直铸坯弯成弧形铸坯而进入圆弧区。

显然，在连铸机中二冷支导装置占有重要的地位。它的结构和性能对连铸机能否顺利进行生产和获得质量良好的铸坯都有直接的影响。为此，对二冷支导装置提出下述基本要求：

二冷支导装置在高温作用下要具有足够的强度和刚度。并能采用可靠的冷却方法防止其变形；在结构设计上，它的各段要能整体快速的更换。应有良好的调整性能，以适应浇铸不同规格的铸坯。对弧要简便准确，同时，各段的变形不致引起错弧。易于维修和事故处理。支承和导向部件的结构和参数要合理。尽可能减小铸坯的鼓肚和变形以减少铸坯运行阻力；在二次冷却区内，对铸坯要有足够的冷却强度和均匀冷却。合理分配各段的冷却水量，且能灵活调节以适应变更浇铸断面、钢种、不同浇铸温度和拉坯速度时的工艺要求。

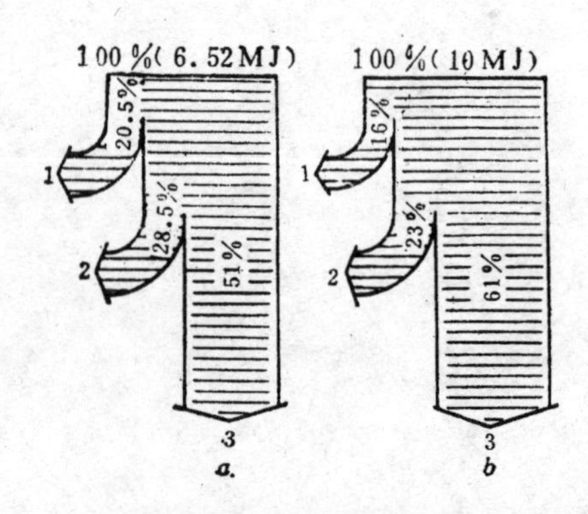

图 11-1　铸坯散热示意图

a—当拉速为0.5m/min时；*b*—当拉速为0.8m/min时

1—在结晶器内的散热；2—在二次冷却区的散热；3—在空气中冷却时的散热

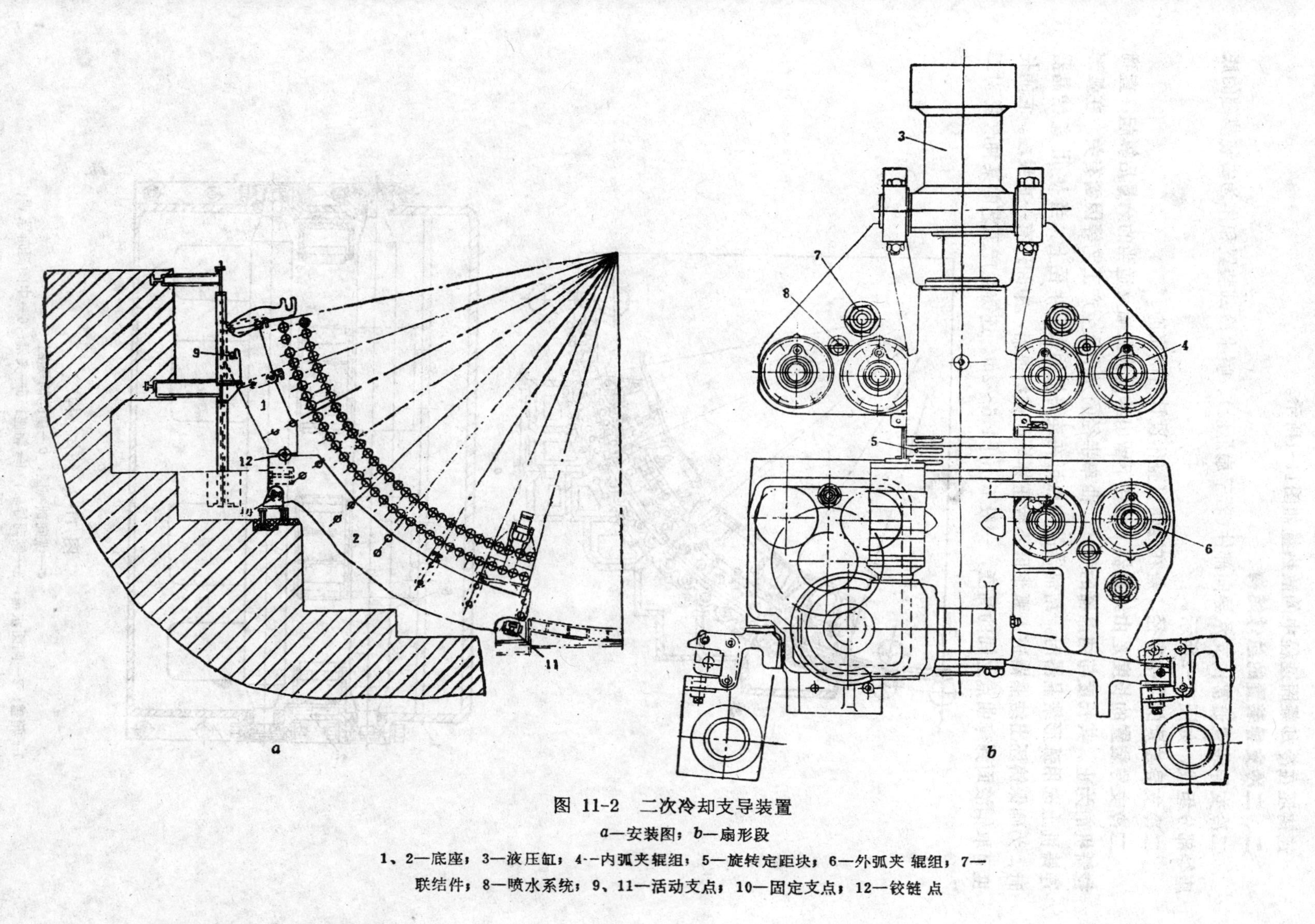

图 11-2　二次冷却支导装置

a—安装图；b—扇形段

1、2—底座；3—液压缸；4—内弧夹辊组；5—旋转定距块；6—外弧夹 辊组；7—联结件；8—喷水系统；9、11—活动支点；10—固定支点；12—铰链 点

连铸坯在冷却凝固过程中的散热量如图11-1所示。

二、二冷支导装置的总体结构

二冷支导装置通常由支承导向部件(若干扇形段)、喷水冷却装置和作为安装基础的底座等部分组成，如图11-2所示。

二冷支导装置的曲率半径，是在连铸机整体设计时确定的。

二冷支导装置的长度是由结晶器下缘往下留出结晶器振幅及适当的余量后算起，直到拉矫机前为止。其长度与结晶器的型式、曲率半径的大小及生产工艺等因素有关。在弧形连铸机上选用弧形结晶器时，结晶器的中点可在连铸机的水平半径上。当使用直结晶器时，为确保铸坯出结晶器进入弧形区不致压坏坯壳或结晶器，中间还有一直线段。它的长度可取钢液面到弯曲点之间的高度，一般不小于1.5～2m。连铸生产工艺的某种改变对二

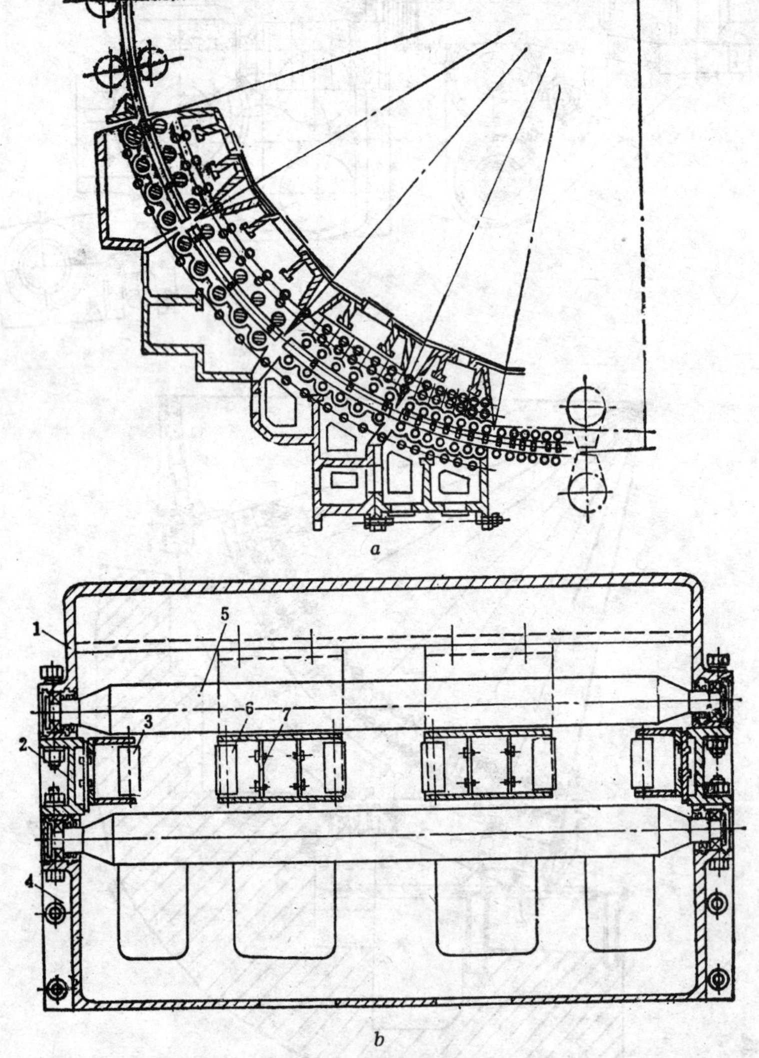

图 11-3 箱体结构

a—纵向剖视图；*b*—横向剖视图

1—箱盖；2—侧面水箱；3—侧向导辊；4—箱座；5—夹辊；6—中间侧向导辊；7—中间侧面水箱

冷支导装置的长度也会有直接的影响。若采用固态（铸坯进入拉坯辊前已完全凝固）拉坯矫直时，为便于拉坯和送引锭链(下装引锭链时)，也为防止二冷支导装置末段夹辊承受矫直力，通常把拉坯矫直机的第一对或头两对拉辊放在弧形区内，偏离连铸机垂直半径约为5°～10°的位置。如果是带液心拉坯矫直时，多辊拉矫机会有若干对拉矫辊进入弧形区。这时将有带液心的铸坯进入拉矫机内一段长度。

在进行二冷支导装置的总体设计时，应根据它的实际长度，充分考虑加工制造、装拆与维修的方便，将其分成若干段(即扇形段)。紧接着结晶器下面的称为第一段，依次向下，第二段、第三段……，通常可分为2～8段。由于第一段在连铸机中的特殊地位，故不要太长。从第二段起以后各段，以长些为好，要考虑互换性。一般每段长度小于2m为宜。

为加强对薄壳铸坯的冷却，可在结晶器的下口围绕铸坯装设急冷水环。此环一般距铸坯表面约40mm左右，水压为0.10～0.15MPa。在水环靠铸坯方向钻有数排小孔，这样可使铸坯表面及时冷却，效果较好

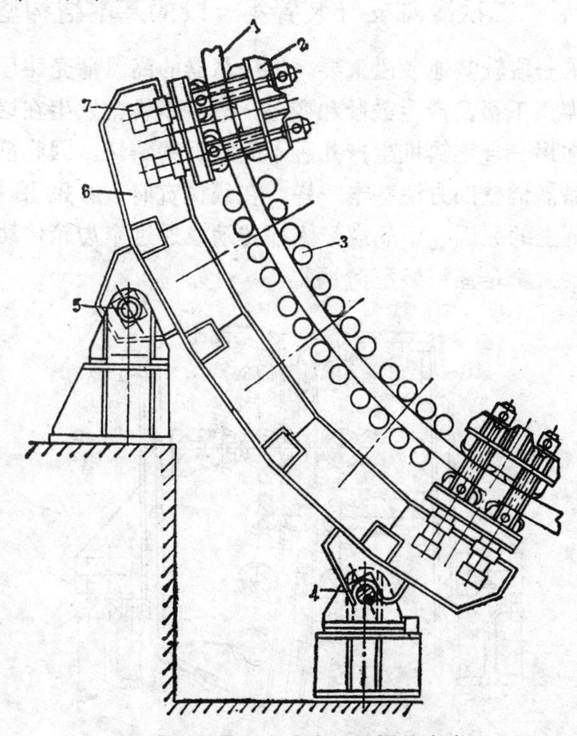

图 11-4 二冷支导装置的底座

1—铸坯；2—扇形段；3—夹辊；4—活动支点；5—固定支点；6—底座；7—液压缸

在二次冷却区（以下简称二冷区）内，直接喷水冷却铸坯时会产生大量蒸气，必须及时排出，否则将严重影响连铸生产操作。为了排出蒸气，从整体上出现了两种完全不同的型式，若扇形段的支承导向部件采用开式机架(即牌坊式)，只有将二冷区全封闭起来才能抽出蒸气，如同房子一样，故称房式结构。这种结构型式具有机架结构较简单、加工量较小、观察设备和铸坯方便等一系列优点。问题是风机容量和占地面积较大。如每个扇形段的支承导向部件和冷却水喷嘴全部安装在封闭的箱体里，整个二冷区是由若干段封闭的箱体联结而成，故称为箱式（图11-3）。抽风机可从箱体内直接把蒸气抽走。这种型式的结构复杂，加工量也较大，但所用风机容量和占地面积都较小，结构刚性较好。我国过去大

多数连铸机是采用这种型式，新设计的连铸机则多采用房式结构。

二冷支导装置底座的支承固定方式对连铸机的正常生产有直接影响。其底座处在长期高温和很大外力（拉坯力）的作用下，因此既要牢固又要变形相协调而不致错弧。图11-3是早期设计的，直接把装置的底座安装在基础上。这种型式结构虽然简单，但基础不牢易松动，抗变形能力差易造成错弧。只适于连续生产时间不长的小型连铸机。对于大型连铸机各扇形段，应通过刚性很强的共同底座安置到基础上（图11-4）或采用活动支承方式（图11-2*a*）。这种支承固定方式不但刚性好、牢固，而且具有良好的变形相互协调能力，不易错弧。

设计二次冷却支承导向装置的主要工作是：设计与计算支承导向部件，如夹辊的辊径、辊距和夹辊的支承（机架和轴承）等，以及喷水冷却系统，如冷却强度、水压、水量分配与调节、喷嘴型式和布置等。

第二节　二次冷却支导装置第一段的基本结构型式

二冷支导装置的第一段较其他各段重要。出结晶器的高温薄壳铸坯如得不到及时冷却和支承，在钢液静压作用下极易产生鼓肚和变形，故漏钢常常发生在这一段。

现代连铸生产中常用一台连铸机生产几种不同断面的铸坯。因此第一段必须做成可调的，其调整方法与结晶器调整的方法基本一样。在线调宽时，多采用螺旋传动使窄面移动。为操作方便或布置上的原因，中间或经蜗杆传动或通过伞齿轮传动等方式带动螺旋运动以实现调宽。而厚度大都是离线装配时调整。

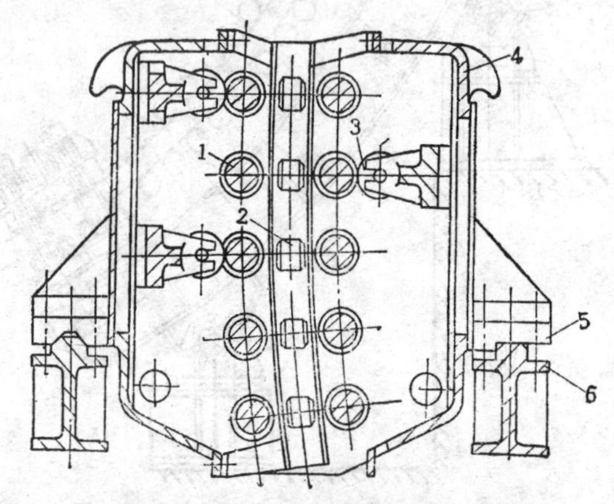

图 11-5　二冷支导装置第一段

1—夹辊；2—侧导辊；3—支承辊；4—箱体；5—滑块；6—导轨

从支承导向铸坯的结构上分，第一段可分为辊式和板式两种基本结构型式。

一、辊式支承导向结构

图11-5为辊式支导的第一段结构。在连铸机曲率半径方向，沿铸坯上下水平布置若干对导辊给铸坯以支承和导向，这些辊称为夹辊。在与夹辊相垂直的方向（紧靠铸坯侧面）也布置有若干对防止其左右偏移的导辊，这些辊叫侧导辊。其主要优点是它与铸坯间摩擦力小。但因二冷一段的具体工作条件和尺寸限制，工作不够可靠，出现辊子变形、轴承卡住不转以及维修不便。特别是对于板坯连铸，由于夹辊距不能太小，故不能有效的防止板坯鼓肚变形。因而，在国外的一些铸机上，采用密排分节小辊径夹辊(图11-6)。据报导，

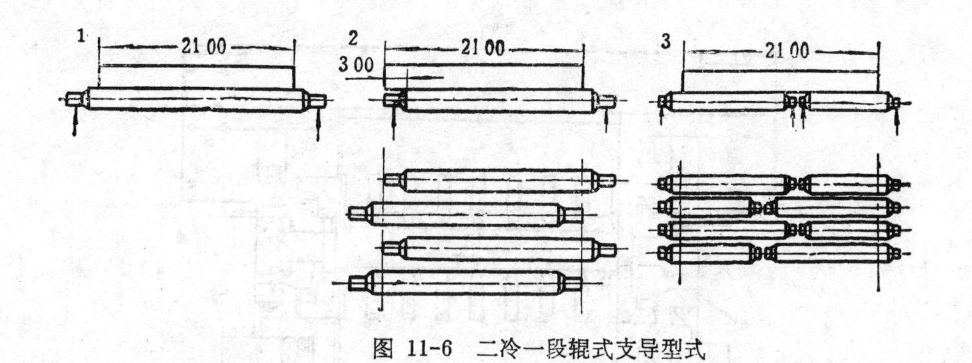

图 11-6　二冷一段辊式支导型式

1—全长夹辊；2—短夹辊；3—分节夹辊

使用效果较好，结构复杂些。

二、板式支承导向结构

若提高拉速，出结晶器的坯壳就会变薄，则更易鼓肚和漏钢。为此，除适当增加结晶器的长度外，主要是加强第一段的冷却强度和改善铸坯的支承。近年来出现了板式支导结构（如冷却板、冷却格栅和步进梁式冷却板等）。实践证明，板式支导结构既能提高拉速，又能减少漏钢。

冷却格栅也有叫冷却格板的，是一种常用的结构型式(图11-7)。它是由宽、窄面格板各两块组成。在格板上开有许多交错布置的方孔，由此孔可将冷却水直接喷射到铸坯表面上。四块格板分别固定在可组装成一个刚性整体的四块框架上，然后再整体安装到二冷支导装置的机架上。根据格栅的长度可做成一段、两段（图11-7）或三段。格板与铸坯相接触的部分要选择耐热耐磨性能较好的材质制成，一般用球墨铸铁。

这种型式对防止铸坯变形和减少漏钢比较有效，冷却效果比较明显。其不足之处是格栅内侧易磨损，要及时更换。一旦漏钢易产生爆炸事故。

在设计和使用时，二冷第一段可以单独采用夹辊、冷却板或冷却格栅任何一种型式，也可联合使用。三者使用性能的比较，列于表11-1中。

在板式支导型式中，步进式冷却板别具特点，其原理如图11-8所示。它由两组冷却板组成，每组各有3～4对冷却板（长约2m、厚70mm的水冷板）。两组冷却板交替地夹住铸坯作同步运动：当一组冷却板夹住铸坯作同步运动时，另一组冷却板松开后由凸轮机构使其快速返回。铸坯与冷却板间无摩擦是其最大的特点。铸坯侧面仍用水冷却。冷却板与结晶器之间有30mm的间隙。采用这种型式的优点是，铸坯几乎不发生鼓肚变形，铸坯是以间歇冷却方式进行凝固的，不易产生裂纹，从而有利于提高拉速和铸坯质量。但其结构复杂，尤其是传动机构。因而，这种步进式冷却板目前只在个别连铸机上使用。

夹辊、冷却板、冷却格栅的比较　　　　**表 11-1**

支承导向部件	板坯喷水面积	板坯支承面	拉坯阻力
夹　辊	13.7%	3.0%	较　小
冷却板	3.7%	89.3%	较　大
冷却格栅	25.6%	56.3%	中　等

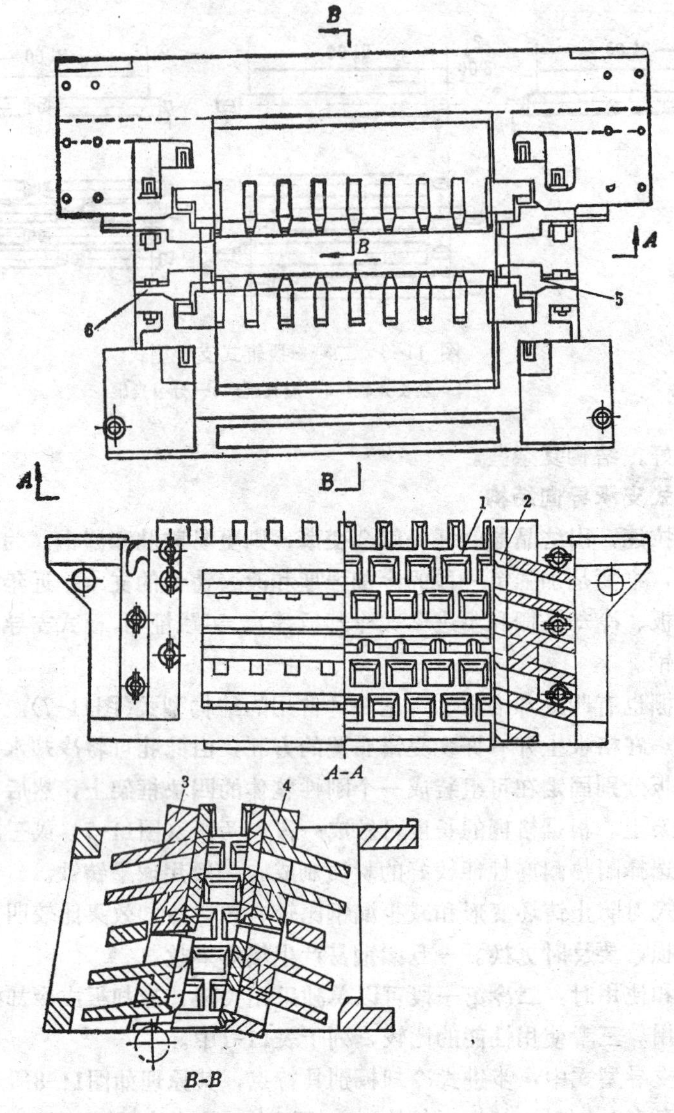

图 11-7　冷却格栅

1—宽面格板；2—窄面格板；3、4、5、6—框架

既然第一段易发生漏钢事故，因而在设计这段时应便于处理事故和维修，于是在生产中出现了开出式和吊出式两种型式：

开出式，较多的是将第一段做成小车的型式。检修时第一段可像小车一样从浇铸线向侧面（图11-5）或向后面开出，然后换上备用的第一段。小车移动是用起重机或卷扬机拉动。实际上，漏钢严重时，小车难以开出，处理时间长。但在一般情况下，由于检修时可不拆除结晶器与振动框架，操作比较方便。它比较适合多炉连浇的连铸机。

吊出式，是将第一段从浇铸平台上吊出。早期的连铸机结晶器与二冷第一段是两个单体，检修或处理事故时，只有先吊出结晶器与振动框架，然后才能吊出二冷的第一段。近年来新建的连铸机通常将第一段固定在结晶器的下口上，检修更换时，将其整体从浇铸平台上吊出(图11-9)。显然，这种型式能缩短检修安装时间且离线对弧准确，检修处理事故

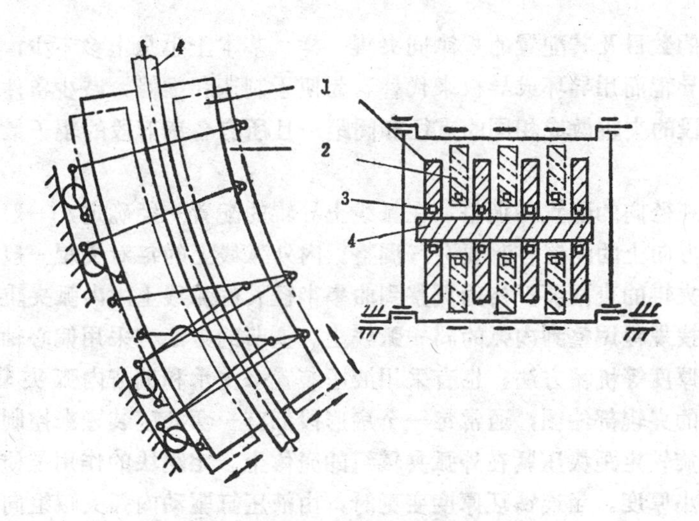

图 11-8 步进式冷却板机构简图

1—Ⅰ组冷却板；2—Ⅱ组冷却板；3—冷却水缝；4—铸坯

方便，改善了劳动条件。而单体吊出则比较适合于单流连铸机。

由于第一段拆装次数较多，为便于迅速安装调整，在第一段设置定位及微调装置是很必要的。

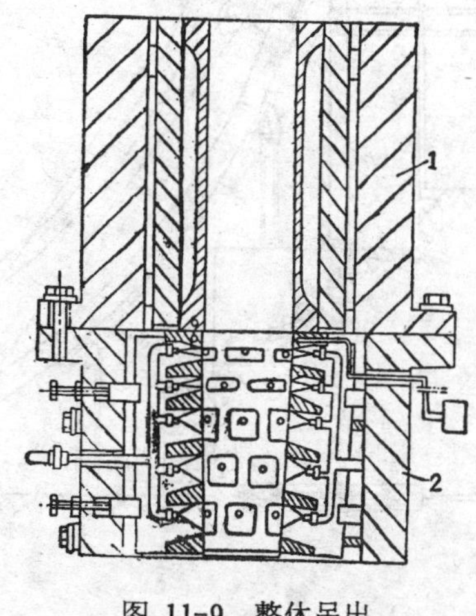

图 11-9 整体吊出

1—结晶器；2—冷却格栅

第三节 扇形辊子段

一、导辊的配置及扇形辊子段的更换

在二冷支导装置中，除第一段多用板式支导结构外，其他各段一般都是采用由导辊组成的扇形辊子段。

1．导辊在弧线方向的配置 第一段的夹辊应布置得密些，且辊径小些。若采用直结晶器时，在直线段与弧线段过渡处的夹辊要有足够的强度以承受弯曲铸坯的力矩，辊径又不宜太细。对于二冷区的末段夹辊要能够承受部分拉坯力、铸坯或引锭链的部分重量以及铸坯冷缩变形时的径向收缩力，因而辊径和辊间距都要大些。侧导辊的辊径可以比夹辊的辊径小，辊子的数目及其配置的规律同夹辊一样，基本上也是上多下少，上密下疏。甚至其下部不用侧导辊而用导环或导板来代替。为便于制造和维修，减少备件，通常把一个或相邻几个扇形段的夹辊做成相同的直径和间距，且所有各扇形段的辊子最好统一成1～2种规格。

2．导辊在径向的配置与调整　在弧线上导辊的配置一经确定，一般很少再改变，但其在曲率半径方向上的配置有时要进行调整。内外弧线上的每对夹辊一般都配置在同一半径上，各外弧夹辊的表面要严格的调整到曲率半径R的弧线上。内弧夹辊表面应根据生产铸坯的厚度，按规程调整到内弧的同一弧线上。调节的方法有采用偏心轴承座、调节螺丝以及更换垫块厚度等机械方法，也有采用液压装置来支承和调节内弧夹辊的。图11-2b是一种液压调节的夹辊部件图，通常每一个扇形段都有一套液压装置来控制。内弧夹辊组是用液压缸通过旋转定距块压紧在外弧夹辊组的壳体上。定距块的作用是使夹辊的开口度保持为铸坯的最小厚度。当连铸坯厚度变更时，由液压缸驱动内弧夹辊组向上松开，加入定距块，再通过液压缸把内弧夹辊组拉紧。

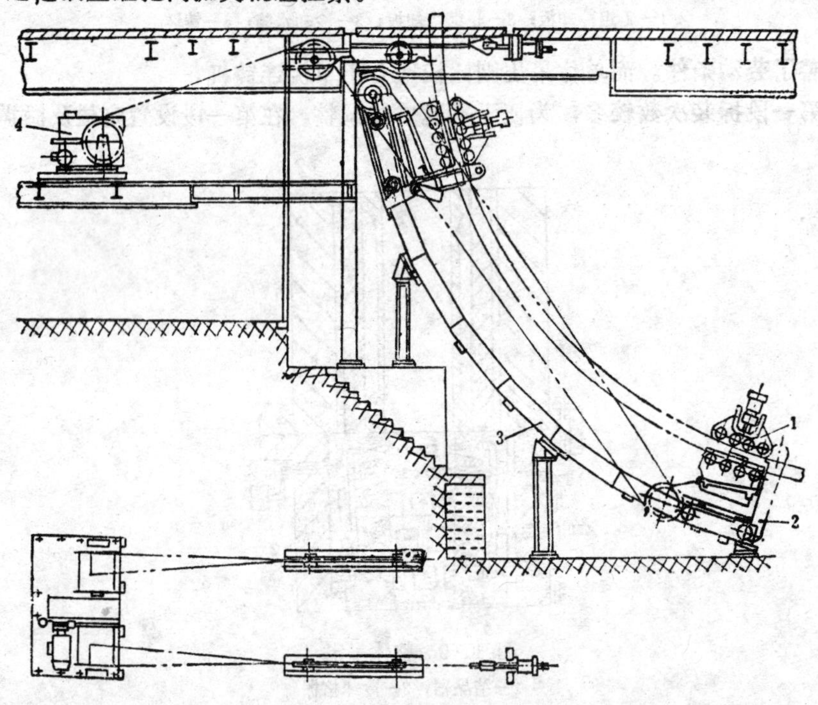

图 11-10　扇形段更换卷扬机

1—扇形段；2—液压更换小车；3—弧形轨道；4—卷扬机驱动装置

3．扇形辊子段的更换　应尽量采用整体更换，以避免在线检修耽误过多的生产时间。图11-10为适于更换各扇形段用的卷扬机。它主要由液压更换小车、弧形轨道和钢绳卷扬机等三部分组成。弧形轨道装在二冷支导装置的一侧，并在水平方向与装置的机架对准连接。液压更换小车的车架上装有四个沿弧形轨道运行的车轮、承放扇形段用的靠背架、导杆部件、液压机构和滚轮导轨。更换时，小车停在要更换的扇形段的水平对应位置，液压机构经导杆将扇形段移出拉到小车上，由卷扬机送出，然后把新的扇形段运下，再经液压机构将其推入到装置的弧线上。一台液压更换小车可供几台连铸机用，但驱动装置和弧形轨道还是每台连铸机都配备一套。更换小车也可利用起重机的提升机构来驱动。

二、夹辊直径与辊子中心距的确定

夹辊的辊距和辊径是扇形段的主要设计参数。直至目前，这些参数还常常是通过类比与校验相结合的方法来确定。

1．第一段夹辊直径与辊距的确定　这段夹辊辊距的确定，应使坯壳在任意两相邻的辊子间不会因钢水静压力作用产生明显的挠曲。

（1）钢水的静压力　钢水静压强随钢水的深度而变化，令其为P，则有：

$$P=\gamma h \text{ (MPa)} \tag{11-1}$$

式中　h——计算处钢水静压头(cm)，$h=R_1\sin\alpha$，如图11-11；

γ——钢水密度，取为0.007kg/cm³。

若夹辊辊距为l(cm)，则夹辊所受的静压力P_S为：

$$P_S=Pl(B-2\delta) \text{ (N)} \tag{11-2}$$

式中　B、δ——分别为铸坯、坯壳的厚度(cm)。

（2）按坯壳的最大允许挠度计算辊距　精确计算坯壳的挠度很困难，只能做近似计

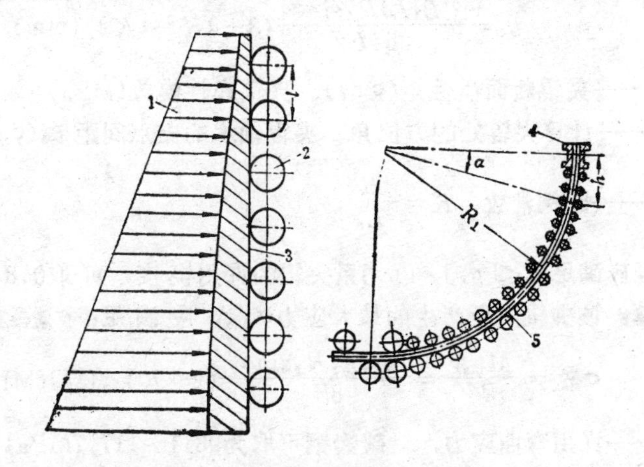

图 11-11　夹辊计算简图

1—钢水；2—夹辊；3—坯壳；4—结晶器；5—铸坯

算。若假设：坯壳厚度在横向是均匀的，且忽略铸坯窄面对宽面的静不定影响及冷缩作用，如在宽面的中部沿纵向取一条单位宽度的坯壳加以分析，它相当于一段厚度按抛物线变化的连续梁承受着大致按直线比例增加的均布载荷，如图11-11所示。则在这种情况下，坯壳的挠度y可按如下近似公式来验算：

$$y=\frac{Phl^4}{200EJ} \text{ (mm)} \tag{11-3}$$

式中　J——单位宽度坯壳在相当于α角处的惯性矩(mm⁴)；

E——计算坯壳的弹性模量(MPa)，可查图11-12。

在实际计算时，应选第一段头两个辊子间坯壳的挠度计算，因该处的坯壳最薄、温度最高，虽然钢水静压较小但挠曲的程度较大。且应使所确定的辊距满足：$y\leqslant[y]$。铸坯允许的鼓肚变形量$[y]$不应超过坯壳的弹性范围。一般在二冷区第一段取3mm。

（3）夹辊直径的确定与校验　辊距确定后，留出喷嘴的空位后（约40～50mm），再确定辊径，并校验其强度和刚度。

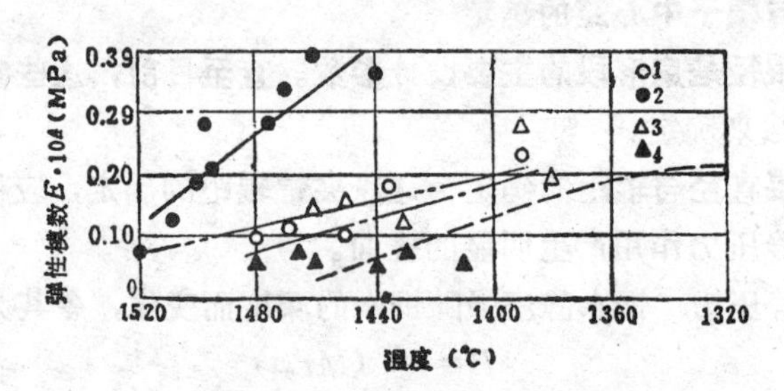

图 11-12　不同含碳量的钢的弹性模数与温度的关系

1—0.06～0.08%；2—0.19～0.21%；3—0.30～0.37%；4—0.48～0.54%

刚度验算：确定或验算第一段夹辊辊径时，应验算这段最末对辊子。如忽略坯壳四角静不定力矩的影响，即假定钢水静压力全部由夹辊承担。若铸坯中心处的曲率半径为R_1(cm)，则夹辊最大挠度y_n为：

$$y_n=\frac{\gamma BlL_r^3R_1\sin\alpha_n}{384EJ}(8-4K^2+K^3)(\text{mm}) \tag{11-4}$$

式中　J、E——夹辊断面惯性矩(cm^4)、夹辊弹性模数(MPa)；

α_n、L_r——计算夹辊处的方位角、夹辊轴承的支点间距离(cm)；

K——比例常数，$K=\frac{B}{L_r}$。

夹辊直径应满足$y_n\leqslant[y_r]$，$[y_r]$系夹辊的许用挠度，可取0.8～1mm。

强度验算：该夹辊内所产生的最大应力$\sigma_{\max}$，应满足：$\sigma_{\max}\leqslant[\sigma]$

即
$$\sigma_{\max}=\frac{M_{\max}}{W}=\frac{\gamma BlL_rR_1\sin\alpha_n}{8W}(2-K)\leqslant[\sigma](\text{MPa}) \tag{11-5}$$

式中　$[\sigma]$——许用弯曲应力，对碳素钢可取为98.1～117.7MPa；

$M_{\max}$——夹辊所承受的最大弯曲力矩(N·mm)；

W——夹辊抗弯截面模量(mm^3)，对空心辊$W=0.1\frac{D^4-d^4}{D}$、实心辊$W=0.1D^3$；

D、d——夹辊外径、空心夹辊内径(mm)。

2．末段夹辊直径与辊距的确定　末段夹辊辊距的确定应考虑使引锭链顺利而平稳地通过。一般夹辊辊间距应不大于每节弧形引锭链长的0.4倍。因末段夹辊主要承受坯重与铸坯冷缩时因曲率发生变化所产生的附加矫直力（其数值难于确定）。故常根据经验确定，板坯可取末段夹辊直径为第一段夹辊直径的2.0～2.5倍，方坯可取为1.5～2.0倍。

第四节　喷水冷却系统

二次冷却主要是将冷却水直接喷射到铸坯的表面上，使铸坯迅速冷却凝固。其冷却强度、喷嘴结构型式及配置都直接关系到铸坯的质量和产量。冷却水的耗量很大，因此要有专用的喷水冷却系统。

一、总耗水量的确定与各段冷却水量的分配

若连铸机的理论小时产量为G_h(t/h)，则二次冷却区总耗水量Q为：

$$Q=KG_h \text{(t/h)} \tag{11-6}$$

式中　K——冷却强度（吨水/吨钢），是指连铸坯单位重量在二次冷却时所消耗的水量，随钢种不同而异。可参照表11-2选定。

冷却强度K值　　表11-2

钢种	中、低碳钢铁素体不锈钢	高碳钢	奥氏体不锈钢	高速钢
K（吨水/吨钢）	0.8～1.2	2～4	0.4～0.6	0.1～0.3

各段水量的分配原则是：既要使铸坯散热快，又要防止铸坯在冷凝收缩时坯壳内外温差所产生的热应力超过坯壳的强度而产生裂纹。

由公式（9-2）可知，凝固速度与时间的平方根成反比。因而，喷水量也应大致按时间平方根的倒数成比例递减。当拉速一定时，时间与拉出铸坯长度成正比。故各段水量的分配可参照下列公式计算：

$$Q_1:Q_2:\cdots\cdots Q_i:\cdots\cdots Q_n=\frac{1}{\sqrt{l_1}}:\frac{1}{\sqrt{l_2}}:\cdots\cdots\frac{1}{\sqrt{l_i}}:\cdots\cdots\frac{1}{\sqrt{l_n}} \tag{11-7}$$

$$Q_1+Q_2+\cdots\cdots Q_i+\cdots\cdots Q_n=Q \tag{11-8}$$

联立求解公式（11-7）和公式（11-8），可得任意一段的冷却水量Q_i为：

$$Q_i=Q\frac{1/\sqrt{l_i}}{\frac{1}{\sqrt{l_1}}+\frac{1}{\sqrt{l_2}}+\cdots\cdots\frac{1}{\sqrt{l_i}}+\cdots\cdots\frac{1}{\sqrt{l_n}}} \text{(t/h)} \tag{11-9}$$

式中　l_1、l_2、……l_i……l_n——分别为各段至钢液面的平均距离(m)。

在连铸生产中，各段冷却水量的分配应根据铸坯断面、钢种和拉速等具体条件通过实践调整确定。通常，冷却水压为0.29～0.49MPa。

二冷区内外弧水量的分配。弧形连铸机不像立式连铸机只要采用对称喷水，铸坯就能获得较均匀的坯壳。弧形连铸机的喷水特点是，在二冷区圆弧的上半段基本可按对称喷水。而当铸坯进入下半段时，尤其是进入水平段前后，喷射到内弧表面的冷却水不但能在铸坯上流（滚）动，甚至停留。则此时喷射到铸坯外弧表面上的冷却水会迅速流失，故在铸坯内外弧表面应该采用不同的冷却强度。所以，一般在弧形连铸机二次冷却区的下半部水平段附近，内侧的喷水量约为外侧喷水量的$\frac{1}{2}$～$\frac{1}{3}$。

二、喷嘴的选择及其布置

铸坯通过二冷区时，其表面温度应缓缓下降至设定的温度。因此，二次冷却喷嘴的工作性能直接影响着铸坯的质量及拉坯速度。在二冷区采用喷嘴喷水能使冷却水充分雾化，并具有较高的喷射速度以穿透大量上升的水蒸气均匀地喷射到铸坯上，覆盖面积要大，但在铸坯上聚积的冷却水要少，覆盖时间要短，使铸坯迅速凝固。喷嘴虽小，但作用和用量很大。所以它必须是耗铜少，性能好，结构简单，加工制造容易，便于装拆。

冷却水喷嘴的类型很多，常用的有圆锥形喷嘴，广角扁平喷嘴及气-水雾化喷嘴等。圆锥形喷嘴的射流断面为圆形或方形，广泛用于方坯连铸机。布置时要使相邻两个喷嘴的喷射面不重叠，避免互相干扰，造成水雾凝聚成水滴。广角扁平喷嘴的射流断面为矩形，通常扇形包角为120°，曾大量用于板坯连铸机。上述三种喷嘴的射流形状及喷射面积如图11-13所示。近年来，新开发的气-水雾化喷嘴，是一种高效喷嘴，正逐渐代替其它喷嘴而广泛用于各种连铸机上。只是由于工艺要求不同而结构型式各异。为达到最佳的冷却效果，应适当选择气、水的压力，流量及其比值与被冷却表面的距离等。

总之，喷嘴的布置应以实现铸坯各部分冷却均匀为原则。特别是浇铸板坯时，由于两侧角部较中间冷却的快，故不宜再喷射冷却。

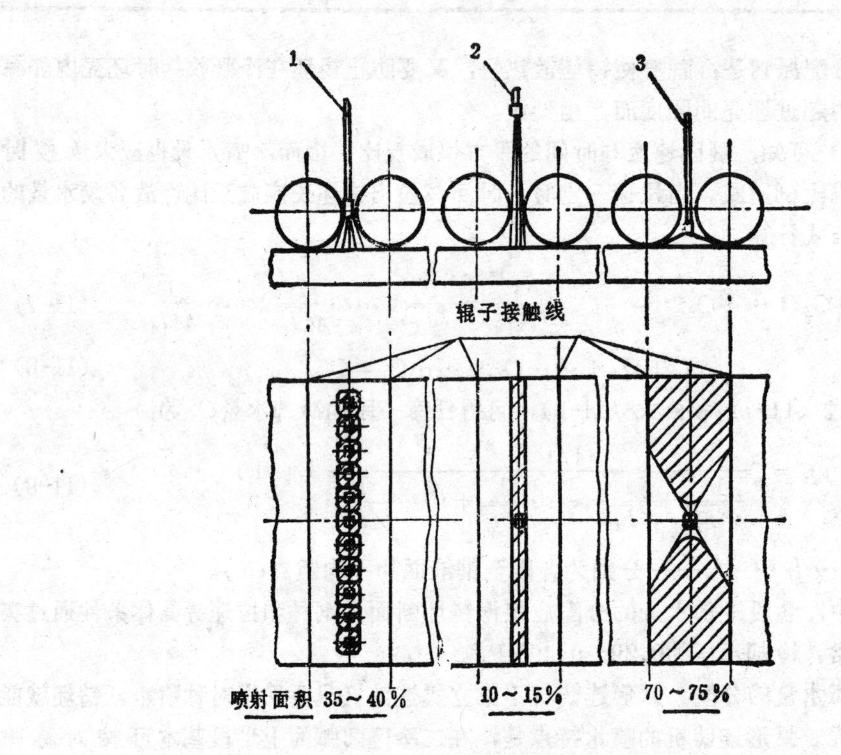

图 11-13 三种喷嘴的喷射面积

1—锥形喷嘴，2—扁平喷嘴，3—气水喷嘴。

第十二章　拉坯矫直机

在各种连铸机中都必须有拉坯机，以便将引锭链及与其凝结在一起的铸坯连续拉出结晶器，然后经过二次冷却支承导向装置使铸坯进入拉坯机。铸坯出拉辊后便可脱锭（即将引锭链与铸坯分开）。现叙述的是弧形连铸机，生产的产品是直铸坯。因此，当铸坯出拉坯机后还必须进行矫直。由于在实际的弧形连铸机中，拉坯和矫直这两道工序常是在同一个机组里完成的，故统称其为拉坯矫直机（以下简称拉矫机）。如采用多辊拉矫机，则脱锭是在引锭链头部出拉矫机后进行的。

通常铸坯在进入拉矫机前应完全凝固，以防矫直中的过大变形而产生内裂。但这样拉坯速度须很慢、生产率很低，为了提高生产率，就须不断提高拉坯速度和使用多辊拉矫机，使未完全凝固的铸坯进入拉矫机，这就是液心拉矫。

拉矫机是按工艺要求的速度将铸坯连续地拉出并进行矫直。若引锭链采用通常的下装法，即将引锭链从结晶器的下口送入结晶器的底部，则必须在开始浇铸前，拉矫机将引锭链送至结晶器中所规定的位置。在连铸中，由于浇铸钢种不同，要求的浇铸速度也不同。既使是浇铸同一钢种，在变更铸坯断面、钢水温度不同或操作上需要时，也要改变拉坯速度。实现这些任务，则必须由拉矫机来完成。

因此，在弧形连铸机上进行连续铸钢生产时，拉矫机是连续拉出铸坯、矫直铸坯与切断成坯的主要设备。

拉矫机在设计和使用上，应满足生产工艺的下述基本要求：

1）应具有足够的拉坯和矫直能力，以适应生产上可能出现的最大阻力，但应备有可靠的过载保护措施；

2）驱动系统应具有良好的调速性能，并能实现反转，拉坯速度一般应与结晶器的振动速度实现连锁；

3）为了适应连续、高温的工作条件，设备应有足够的强度和刚度，并采用有效的方法对设备本体进行冷却，以防止变形；

4）在结构上要能适应铸坯断面在一定范围内的变化，并允许不能矫直的铸坯通过，以及在多机多流连铸机上对其结构的特殊要求；

5）采用多辊拉矫机时，可考虑为实行液心拉矫和压缩浇铸新工艺创造条件。

第一节　引　锭　链

引锭链是连铸机必不可少的组成部分。浇铸前，引锭链的头部作为结晶器的“活底”将其下口堵住，并用石棉绳塞好间隙。在引锭头上放些废钢板、碎废钢等，以使铸坯与引锭头既连接牢固又有利于脱锭。而引锭链的尾部则夹在拉矫机中。开始浇铸时，引锭链头部逐渐与铸坯凝结在一起。拉坯时，拉矫机将强制地从结晶器中拉出引锭链及与其连在一起的铸坯（图12-1），直至铸坯被矫直、脱掉引锭链为止，然后使其离开连铸生产线存放、清理好以备再用。故引锭链只在每次浇铸时用一次。

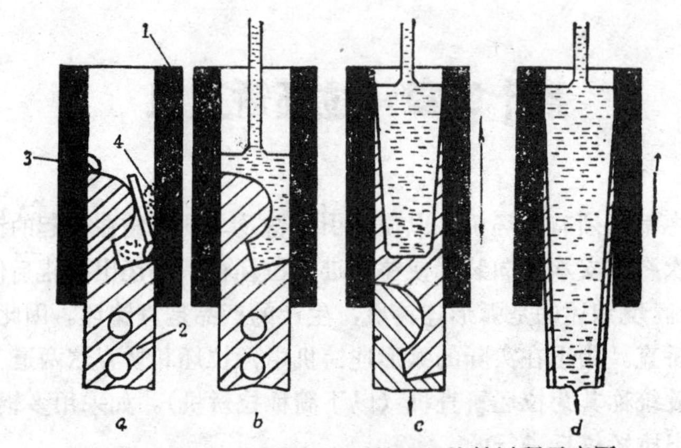

图 12-1 用引锭链开始进行浇铸过程示意图

a—把引锭头插入结晶器底部；b—开始浇铸；c—结晶器振动引锭链拉坯；d—继续拉坯

1—结晶器；2—引锭头；3—石棉绳；4—废钢板、碎废钢

引锭链长度的确定。当引锭链的头部进入结晶器下口约200mm左右时，其尾部过拉辊再留出500mm左右，以确保正常拉坯。当采用多辊拉矫机时，其尾部在拉矫机内的长度应保证拉矫辊能可靠的夹住它拉出铸坯。如采用引锭链上装法（即引锭链从结晶器的上口退下装入）时，它的长度将随传动方案不同而异。若在二冷支导装置中设置传动辊，则引锭链可短些。其长度应由传动辊的所在位置等具体条件确定。

引锭链的断面尺寸。引锭头一般取等于常温下铸坯的断面尺寸或小几毫米。目前在生产线上，用一台连铸机浇铸不同断面的铸坯较为普遍。若铸坯断面尺寸全部改变或变更断面厚度尺寸时，通常都是更换整个引锭头。若铸坯只在一定范围内变更宽度尺寸，则可不必更换整个引锭头，只须按规定的级差加配调宽块即可。而引锭链本体，过去一般是取与铸坯断面一致。但近年来，由于二冷支导装置采用了液压压紧装置，故可在变更铸坯断面时不再更换引锭链本体了。

一、引锭链的结构

通常引锭链是由引锭头、引锭链本体及连接件等组成，且具有单向可挠性。但近年来在小方坯连铸机上又开发出一种刚性引锭链。

1．引锭头　根据引锭链的作用，要求引锭头即要与铸坯联结牢固，又要易于和铸坯脱离。装拆与维修引锭头时操作要方便。常用的引锭头主要有钩头式（图12-4），和槽形式（图12-2）两种，也有螺栓式引锭头（图12-3）和燕尾槽式引锭头。由于后者脱锭时不方便，甚至还要用人工才能最后完成脱锭，故新设计的连铸机上基本不再采用了。

设计引锭头时，除考虑必要的耐热强度外（一般用耐热铬钼钢制作），主要应使它与铸坯牢固联结，又要易于与铸坯脱开，因而引锭头与铸坯联结的接触面要有适当斜度或锥度。

2．引锭链本体　引锭链进入二冷支导装置时，应能适应弧线进行弯曲，因此链节（通常是铸钢件）间要有一定的间隙，以防变形后卡死。但也不能太大以防运行左右摇摆或跑偏。当引锭链出二冷区时，它应能伸直便于运送。按链节的长度引锭链又可分为：

1）大节距引锭链。这种引锭链系由若干节弧形板铰接而成，包括引锭头在内，每节

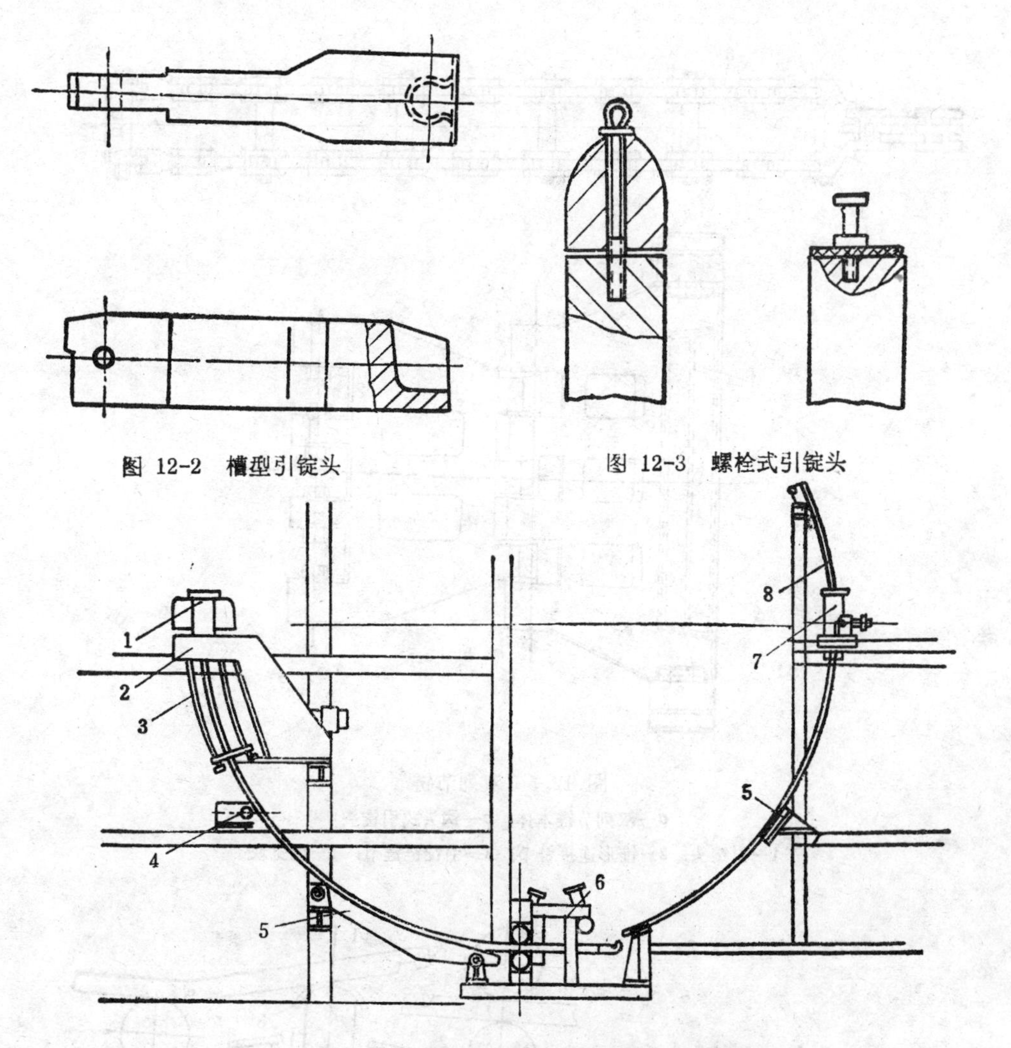

图 12-2 槽型引锭头

图 12-3 螺栓式引锭头

图 12-4 刚性引锭链工作与存放简图

1—结晶器；2—振动装置；3—二冷喷水系统；4—导向辊；

5—导向装置；6—拉矫机；7—引锭链存放装置；8—引锭链

弧形链板的外弧半径都应等于连铸机的曲率半径（图12-6）。为便于加工制造。每节链板的长度一般不大于2000mm。由于采用机动脱锭，链的第一节应具有足够的强度和刚性以免影响脱锭。

2）小节距引锭链。其结构型式较多，应用范围广泛。这种链节的节距都不能大于二冷支导装置中夹辊的辊距，同样也不能大于多辊拉矫机的拉矫辊辊距。由于节距小，链板均可做成直线形。这样制造简单，也不需要加工大节距链板用的大弧面的专用机床。双列节链就是其中之一例。双列节链是由许多链节利用耐磨轴套内的销轴相互联接起来的（图12-5），用双接头板与板条横向连接和导向，引锭头通过锥形连接链节与引锭链本体相连接。更换引锭头时，必须拆下带锥形连接链节的整个引锭头。它目前应用于单流连铸机上，使用效果良好。

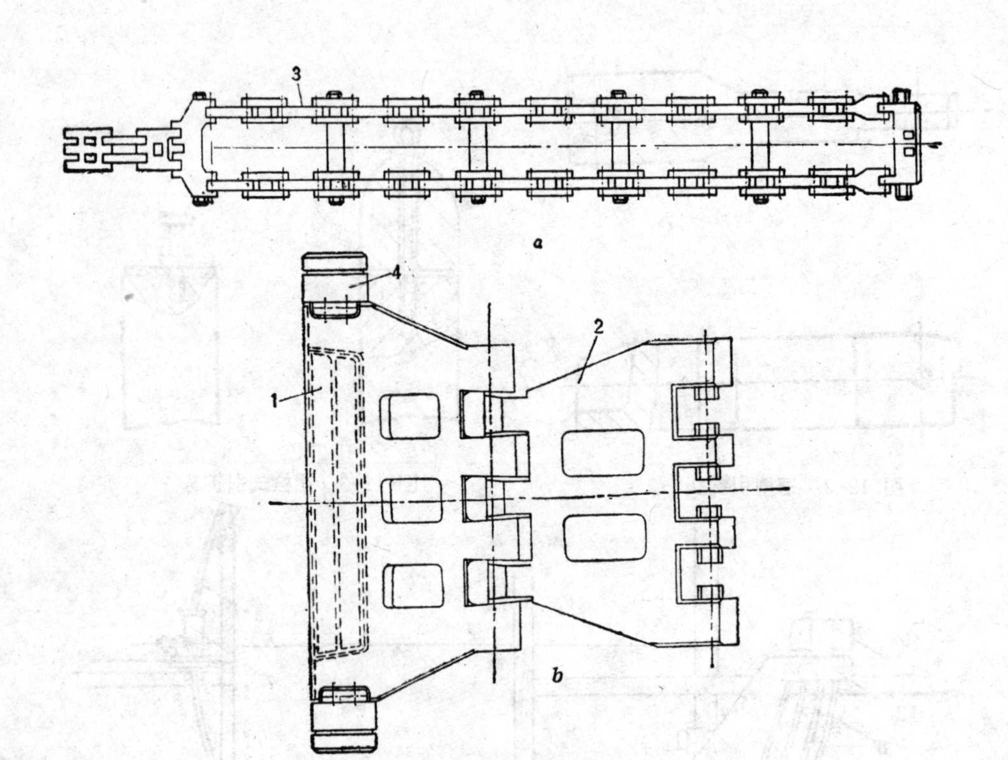

图 12-5 双列节链

a—双列节链本体；*b*—钩头式引锭头

1—引锭头；2—锥形连接链节；3—引锭链链节；4—调宽块

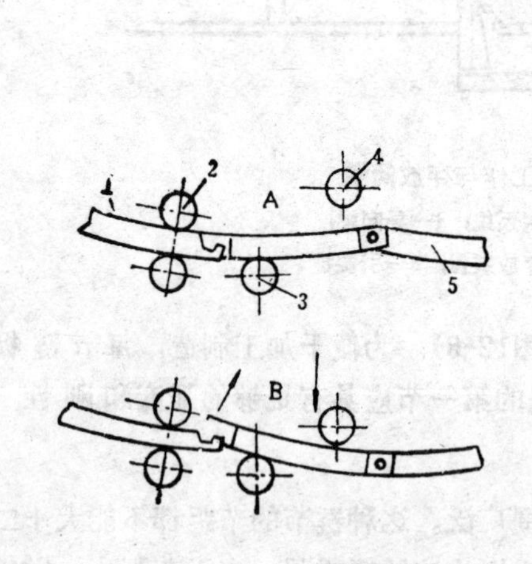

图 12-6 拉矫机脱锭

1—铸坯；2—拉辊；3—下矫直辊；4—上矫直辊；5—引锭链

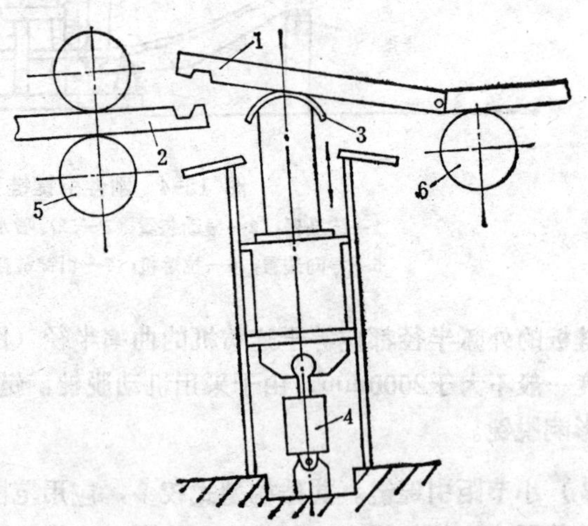

图 12-7 液压顶头式脱锭装置

1—引锭头；2—铸坯；3—顶头；4—液压缸；5—拉矫辊；6—辊道

3．刚性引锭链 这种链目前只适用于小方坯连铸机，实际上它是一段带有钩头式引锭头的弧形铸坯。刚性引锭链也有短杆和长杆两种形式。刚性短引锭链也叫自身推进式引锭链，是配合悬臂式三辊拉矫机使用的。在连铸机内弧的上方装设一条与铸机圆弧同心的弧形轨道，供引锭链运行。刚性长引锭链在与铸坯脱开后，经自身的驱动装置使其继续运行，以便存放在出坯辊道上方的固定位置（如图12-4）。

二、脱锭及引锭链的存放

引锭链带着连铸坯通过拉坯辊或拉矫机后便完成了引锭任务，然后将它与铸坯分开。使引锭链与连铸坯脱开的工艺操作，即为脱锭。脱锭的方法依引锭链及拉矫机型式的不同而异。脱锭有手工脱锭与机械脱锭之分。手工脱锭是指在整个脱锭过程中必须用手直接参与操作，通常燕尾槽式引锭头都采用手工脱锭。一般须经两道工序，先使引锭链与连铸坯分开，进而使铸坯头与引锭头分开。机械脱锭，即整个脱锭过程全由机械完成。目前只用在钩头式引锭头上。机械脱锭是借助现有设备（拉矫机或引锭链存放装置等）和专用设备实现一次脱锭。介绍如下：

1．拉矫机脱锭　采用大节距弧形引锭链时，可与拉矫机配合实现脱锭（图12-6）。当引锭链通过拉辊后，用上矫直辊压一下第一节引锭链的尾部，便可使引锭头与铸坯脱开。通常是在四辊拉矫机上与引锭链相配合实现脱锭。

2．脱引锭装置　它是连铸机中专用脱锭设备。由于动力和机构方案的不同，型式各异。其中以液压顶头式脱锭装置（图12-7）的机构较为简单，使用效果良好。当引锭链出最末一对拉矫辊时，由行程跟踪系统控制使液压缸推动顶头迅速向上冲击，使引锭头与铸坯立即脱开。

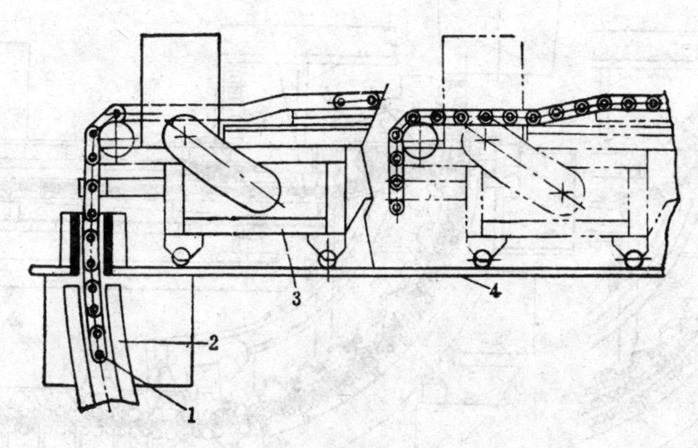

图 12-8　上装引锭链

1—引锭链；2—结晶器；3—装引锭小车；4—浇铸平台

引锭链的存放。引锭链脱锭后应及时存放和清理引锭头，准备下次开浇再用。其存放应以不影响其他设备操作和维修为前提，以存放和使用方便为原则。存放方法很多，或用车间里的起重机或借助专门吊架，或为实现自动化操作采用专用存放装置（引锭链存放辊道或摆动式存放架）等等。

三、上装引锭链

由于现代连铸机的铸流长度不断增长，有的已近40m，在不能采用多炉连浇的情况下，必须等到铸坯从二冷支导装置或拉矫机出来后，方能再将引锭链从连铸机下端送入结晶器，这样势必增加停浇时间。如将引锭链从连铸机上端经结晶器送入(即上装引锭链)，尤其是采用多辊拉矫机或在二冷支导装置中加传动辊时，还可使用短引锭链，从而更加节省准备时间，提高了连铸机的生产率和作业率。

引锭链都是从连铸机下部出来，将其送到结晶器上口的方法有：用浇铸平台上的卷扬机将引锭链吊装到引锭小车上（图12-8）。也可用摆动架把引锭链送到浇铸平台上的装引锭小车上（图12-9）。同样也有用钩式引锭链卷扬机将引锭链从尾部钩住，经导辊架送入引锭链装入装置（图12-10）。然后，再将引锭链从结晶器上口送入结晶器。

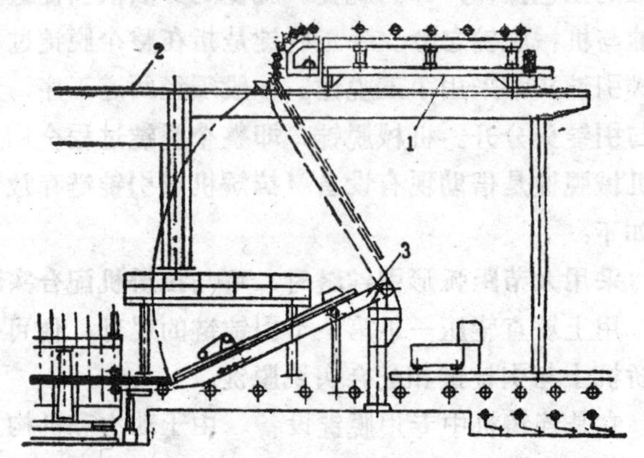

图 12-9 摆动架送装引锭链至浇铸平台

1—引锭小车；2—浇铸平台；3—摆式架

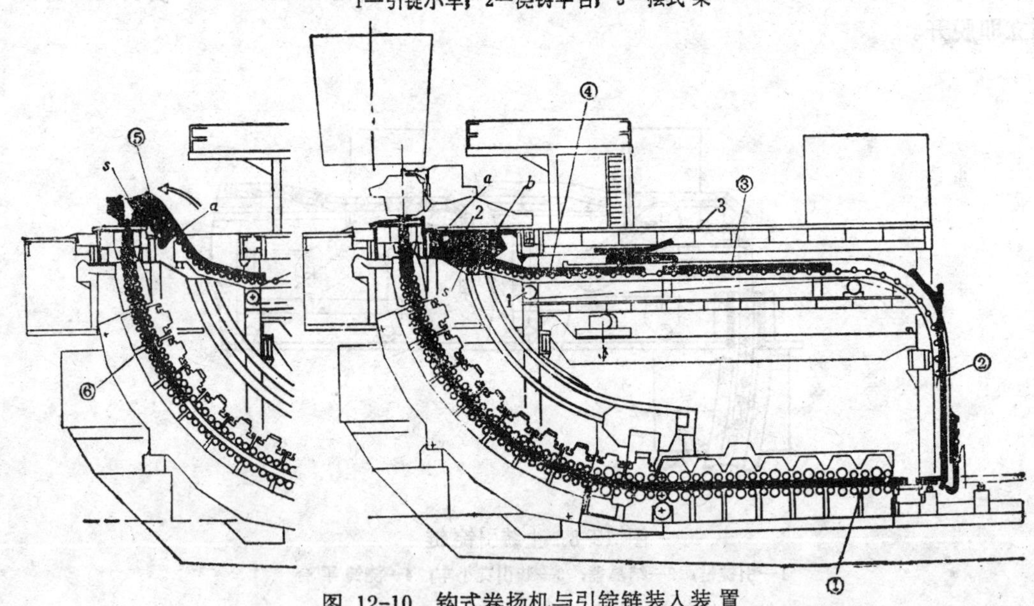

图 12-10 钩式卷扬机与引锭链装入装置

1—钩式卷扬机；2—引锭链装入装置；3—浇铸平台；①～⑥装入步骤

第二节 拉矫机的型式及构造

连铸机中拉矫机型式较多，构造也各不相同。通常都以拉坯矫直辊系中工作辊子的多少来区别和标称不同型式的拉矫机，如四辊拉矫机、五辊拉矫机……和多辊拉矫机等。本书将根据拉矫机拉矫铸坯时的特点来区分拉矫机的型式，可分为凝固铸坯拉矫机和液心铸坯拉矫机。目前，只有多辊拉矫机适于尚未完全凝固铸坯的拉矫（即液心拉矫），其他拉矫机则只适用于在进入拉矫机已完全凝固的铸坯的拉矫。

一、拉矫机的结构型式分析

1．凝固铸坯拉坯矫直机 通常的四辊、五辊、六辊以及八辊拉矫机等都是属于这种型式的拉矫机。

（1）四辊拉矫机 此种结构型式是拉矫机中最简单的，但也是最基本的。拉坯是由布置在弧线内的一对拉辊来完成，铸坯矫直则由在弧线内的上拉辊和上、下矫直辊所构成的最简单的三点矫直来完成，矫直时是由上矫直辊10向下运动将铸坯矫直（图12-11）。下矫直辊应在连铸机的切点上，除上矫直辊外其余都为驱动辊。在拉坯时，矫直也同时进行，所以下矫直辊也起拉坯作用。

拉辊布置在弧形区，它与连铸机垂直曲率半径的夹角一般是5°～10°，具体大小可根据结构来确定。其目的主要是为了下装大节距引锭链时使之顺利进入拉辊，又能减少上矫直辊的工作行程，同时还可防止在矫直过程中铸坯把矫直力传到二冷支导装置的最后一个上夹辊而引起过载。由于拉辊布置在弧形区，使铸坯做圆弧运动，所以上拉辊的直径应比下拉辊的直径小。如连铸机曲率半径为R，坯厚为H，直径间关系为：

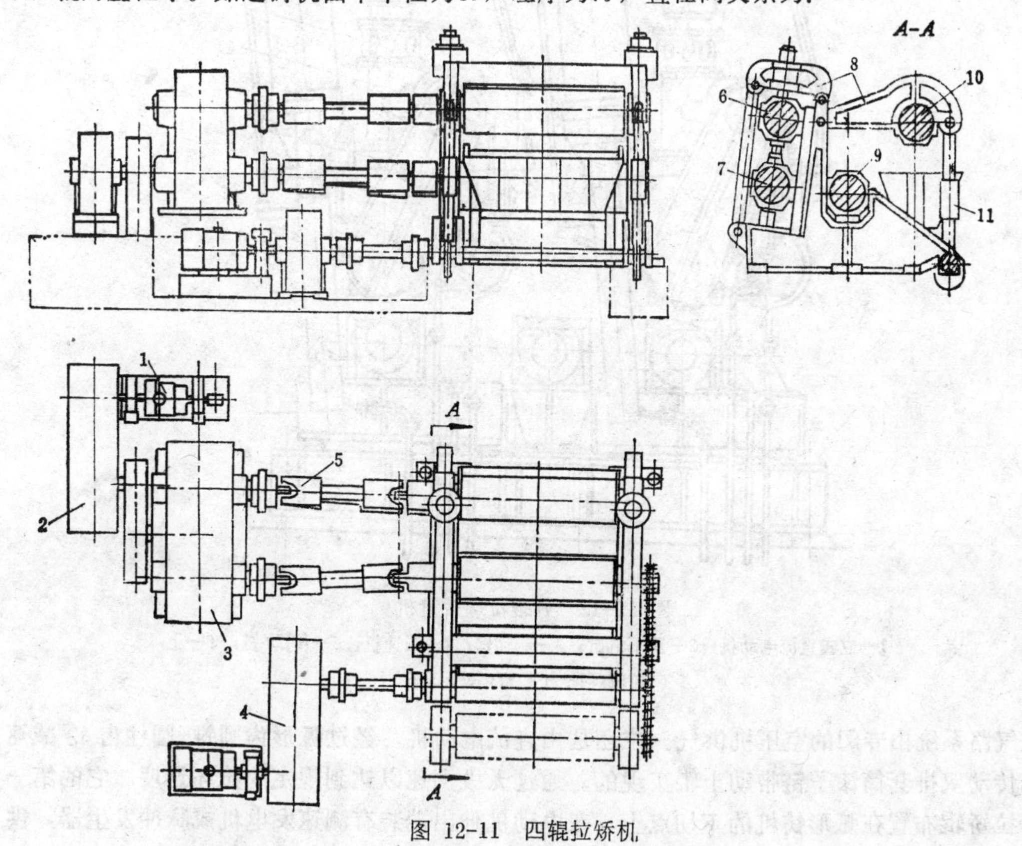

图 12-11 四辊拉矫机

1—电动机；2—减速器；3—齿轮座；4—上矫直辊压下驱动系统；5—万向接轴；6—上拉辊；7—下拉辊；8—牌坊—钳式机架；9—下矫直辊；10—上矫直辊；11—偏心连杆机构

$$D_{上}=\frac{R-H}{R}D_{下} \tag{12-1}$$

当铸坯厚度变化不大时，可按铸坯最小厚度计算。

根据辊子配置和工作特点，机架采用牌坊-钳式结构。因而使该机具有结构型式简单，对大节距引锭链易于机动脱锭等优点。但由于其拉坯能力有限，故只适用于中小型连铸机。

（2）五辊拉矫机　这种拉矫机广泛应用于多流小方坯连铸机上。它是由结构相同的两组钳式机架和在中间加一个下辊及一个底座组成的（图12-12）。其所有下辊都是在固定位置上的从动辊，而在钳式上横梁上则装有主动辊，在钳口处上横梁的一端与气缸的活塞杆相铰接，在气缸的作用下可实现上辊的上下摆动，以压紧铸坯或完成矫直铸坯的任务。当浇铸不同断面的铸坯时，所需压下力也不同，为此采用了调压系统，为保持气压稳定，

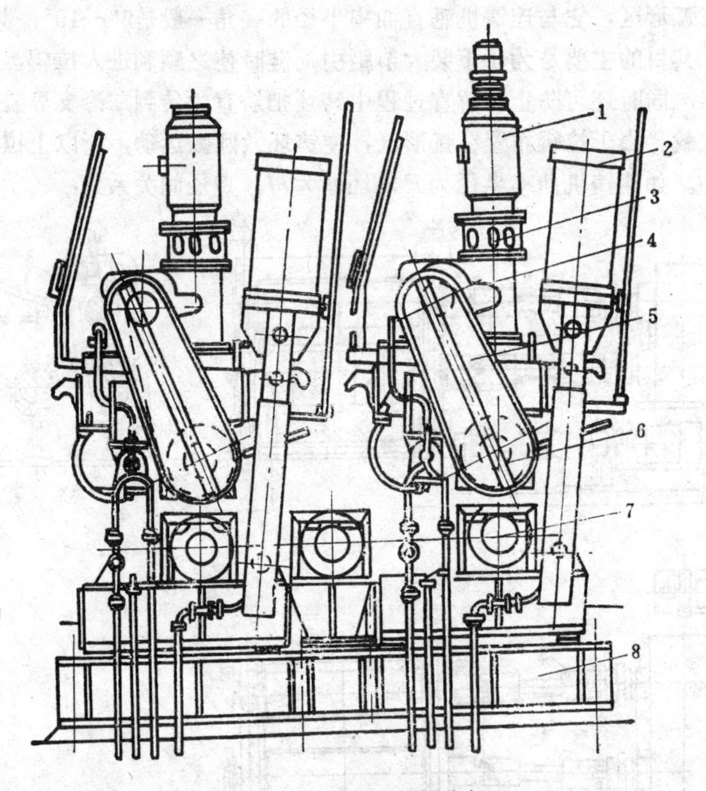

图 12-12　五辊拉坯矫直机

1—立式直流电动机；2—压下气缸；3—制动器；4—减速机；5—传动链；6—上拉辊；7—下拉辊；8—底座

该气路系统由专门的空压机供气。拉坯是由直流电动机，经过弧形齿圆锥-圆柱齿轮减速器传动双排套筒滚子链带动上辊实现的。通过无级调速以达到规定的拉坯速度。它的第一对拉矫辊布置在弧形铸机的下切点上。在电动机伸出端装有测速发电机或脉冲发生器，供测速和控制前后拉辊同步运行以及测量拉坯长度。在减速器的二级轴上装有摩擦盘式电磁制动器，以确保铸坯或引锭链在运行时停止在任何要求位置。链条的张紧度可通过顶丝使减速器底座升降来调节。

由于拉矫机必须长时间在高温辐射下工作，为此，机架主要构件均系箱形结构，以便通水冷却，上下辊子采用内冷，两端轴承加水套防热，减速器油箱内设水冷管。此外在机

架上还要装设隔热板。显然，润滑也是必须重视的，除减速器内采用油池飞溅润滑外，辊子轴承及减速器垂直高速轴承都采用干油集中润滑。

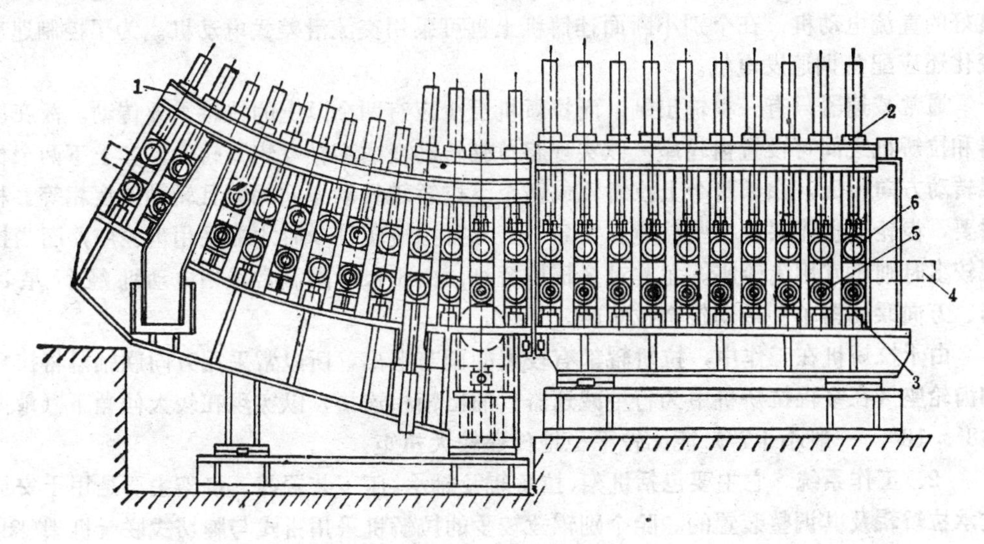

图 12-13　多辊拉矫机

1—牌坊式机架；2—压下装置；3—拉矫辊及升降装置；4—铸坯；5—驱动辊；6—从动辊

2．液心铸坯拉矫机　铸坯带液心进行拉矫时所用的拉矫机，目前只有多辊拉矫机。它越来越多地用于连铸生产。其辊子对数也在不断增加着，现在已有二十多对辊子组成的拉矫机，并在生产中获得了较好的效果。拉坯是由布置在弧形区和直线区的多对拉矫辊来实现。矫直铸坯可以是三点一次矫直，也可以是三点多次完成。由于拉辊多，每对拉辊上的压力小，因而拉矫辊的直径也小，这不仅可以缩小辊距，而且能实行密辊布置，同时在生产上也实现了液心拉坯矫直。这种拉矫机有一部分辊子布置在弧形区，另一部分辊子则布置在直线区内。这两部分中辊子的对数与拉辊的个数和配置位置均应根据设计参数和工艺要求确定，有多有少，分配各异。

它的所有上辊或成组（如同二冷支导装置中扇形段那样，由两个到五个辊子组成一组）或单个（图12-13）采用液压压下或机械压下。在直线段各辊应有足够的逐次增加的升程，以供因事故等情况下尚未矫直的铸坯通过。多辊拉矫机的机架采用牌坊式结构。辊子的成组压下（图12-10）或单个压下各有利弊，如能和二冷支导装置在结构型式上统一考虑，则此设备的设计、制造、使用和维护会更好。事实上，多辊拉矫机的采用已从基本上打破了二次冷却支导装置和拉坯矫直机之间的明显界线，它们完全有可能逐渐发展成为一个统一的单体设备。

多辊拉矫机除通过引锭链拉坯时需压下装置给引锭链以一定的压力外，在正常拉坯条件下，可只靠铸坯及钢水自重产生的压力实现拉坯。且由此所产生的拉坯力足够大，不易打滑，工作可靠，其铸坯质量较好，既使当铸坯温度较低时，也能进行强制拉坯和矫直，生产效率高。

二、拉矫机的构造

拉矫机和其他机械一样，由传动系统和工作系统两大部分组成。

1．传动系统　传动系统主要包括电动机、减速器、齿轮座及万向联轴器等。由连铸的工艺条件决定，在浇铸过程中，要求经常变更拉坯速度。因此，拉矫机应选用调速性能良好的直流电动机，在个别小断面连铸机上也可采用交流滑差式电动机。为了控制速度的变化还应配备调速发电机。

通常减速器只有一根输出轴，而拉矫机至少应有两个以上的拉辊需要传动。故在减速器和拉矫机之间可设置齿轮座，以实现将单轴转动变成多轴（辊）转动。其上下两个拉矫辊转动方向相反，相邻两个上拉矫辊或两个下拉矫辊转动方向相同且转动速度相等。根据需要，齿轮座也能实现一些减速。实际上，只有拉矫辊较少时才能采用齿轮座，而当拉矫辊较多时则不宜用齿轮座。尤其对多辊拉矫机，由于尺寸限制常采用电动机经行星减速器、万向联轴器单独传动每个拉矫辊。

由于拉矫机在工作中，拉矫辊都有较大的调节距离，所以常采用万向联轴器将拉矫辊和齿轮座（在多辊拉矫机中为行星减速器）的出轴相连接，以实现在较大倾角下（最大可达8°～10°，一般小于7°）能比较平稳地传递较大扭矩。

2．工作系统　它主要包括机架、拉矫辊及轴承、压下装置等。机架主要是用于安放和支承拉矫辊及其调整装置的。除个别辊数较少的拉矫机采用钳式与牌坊式联合机架（图12-11）外，其余几乎都采用牌坊开式机架。牌坊开式机架不但易于安装而且刚性好，又能承受较大负荷，安装拉矫辊的数目较多。过去多用铸钢制成，近年来采用焊接结构较多，特别是焊接的箱形结构更适合于机架内部通水冷却。

拉矫辊一般用45号钢制造，为提高其使用寿命，最好选用热疲劳强度较高的钢制造，如铬钼钢。拉矫辊一般都采用滚动轴承支承，在个别小型连铸机上也有用滑动轴承，轴承通过轴承座安装在机架内。轴承座一端固定，另一端做成自由端，允许辊子沿轴线胀缩。辊身长一般应比铸坯每边宽出50～100mm，且上下辊安装要严格平行和对中。拉矫辊有实心和空心两种，以适应外喷水冷却和辊内通水冷却的需要。

拉矫辊的压下与调节机构通常有电动和液压两种。只有个别小型铸机用手动压下螺丝调节。电动蜗杆或螺旋传动压下结构较为复杂，而液压压下结构既简单又可靠，只须建个液压站。根据拉矫机的工作特点用液压压下及调节较为理想，它在各国得到广泛应用。

拉矫机是长期在高温条件下连续工作的机械设备，除机体本身必须具备的强度和刚度条件外，为保证其工作的可靠性，良好的冷却和充分的润滑乃十分必要。设备本身的冷却有两种方法：一是用外部喷水冷却，即外冷法；另一种是在机架内部和拉矫辊辊身内通水冷却，即内冷法。内冷法的冷却水不会喷到铸坯上，尤其在只需冷却设备本身时，不致降低铸坯的温度起不良作用。如在实行多炉连浇等待换罐时，采用低拉速操作则更有明显的优越性。它的主要问题是，有的零部件加工制造比较困难。外冷法则与其相反。至今各国对拉矫辊内冷或外冷尚有不同的看法。润滑有分散和集中两种方式，现代的连铸机特别是大、中型连铸机都采用集中润滑系统，它能很好的适应生产要求。

拉矫机应设有必要的防护措施和安全措施，这点对多辊拉矫机尤为必要。为防止轴承被热铸坯长时间辐射过热，可在轴承座和铸坯间装上挡热板。有的挡热板是用镀锌钢板包起来的石棉板制成，由于在矫直铸坯过程中，连铸机弧线拐点处下拉矫辊的矫直反力最大，故应在下辊的下边装设支承辊，以增加其承载能力。同时还可在下支承辊的轴承座下安装测力传感器，当矫直反作用力大到一定程度时可报警，使拉矫机停止运转或液压缸自动卸压，以防毁坏设备。

第三节　拉坯原理与拉坯力的确定

一、拉坯的基本原理

拉矫机能否连续地拉出铸坯，就在于拉辊与引锭链（或铸坯）间摩擦力的大小。如果摩擦力足以克服拉坯时的各种阻力，就能拉出铸坯，否则拉辊将会在引锭链（或铸坯）上打滑，不能拉出铸坯。

拉坯时拉辊与引锭链（或铸坯）间的摩擦力，就是拉出铸坯所必须的力，在连铸机中称其为拉坯力。若拉辊与引锭链（或铸坯）间的摩擦系数为μ_0，拉辊的个数为n，一个拉辊加到铸坯上的正压力为N_i，拉坯力用符号F表示，则其大小可由下式确定：

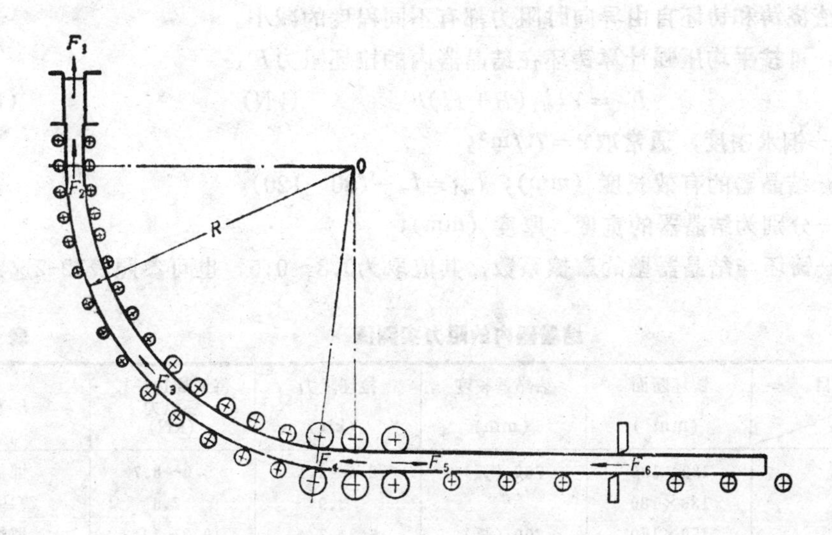

图 12-14　拉坯阻力示意图

$$F=\mu_0\sum_{i=1}^{n}N_i \tag{12-2}$$

在拉坯时，拉矫机所必须克服的各种阻力之和以$F_{总}$表示，它主要包括有：铸坯在结晶器内的阻力F_1，顶弯铸坯时的阻力F_2，铸坯在二冷支导装置中的阻力F_3，铸坯通过拉矫机时的阻力F_4及其他阻力F_6，与上述各阻力同时存在的还有由引锭链或铸坯自重产生的下滑力F_5（图12-14）。因而，实现拉坯的必要的条件是：$F\geqslant F_{总}$，即：

$$\mu_0\sum_{i=1}^{n}N_i\geqslant F_{总} \tag{12-3}$$

由公式（12-2）可知，拉坯力是摩擦系数和正压力的函数。在一定条件下，摩擦系数变化较小，故可认为拉坯力与正压力成正比。显然，正压力越大对实现拉坯越有利，但铸坯所受的压力也越大。如果拉辊的对数较少，则铸坯单位面积上的压力就会大，这样容易引起铸坯表面的压缩变形或使铸坯侧面产生鼓肚，甚至在铸坯内部产生裂纹，影响铸坯质量。若增多拉辊的对数，则分配到每个拉辊上的正压力必然减少，因而铸坯单位面积上的压力也将减小，就不会发生上述的不良结果。

二、拉坯力的计算与确定

由上述分析可知，拉坯力主要取决于拉坯时铸坯在运动中所受到的各种阻力。由于影响因素很多，故其数值变化也很大。目前还不能从理论上对它进行较为精确的计算，故在设计中往往都采用计算和实测数据相结合的办法，综合分析确定。现以一般拉矫机为例来说明整个拉坯过程中各阻力的确定方法。

1．结晶器内的阻力F_1　铸坯在结晶器内的阻力主要包含铸坯与结晶器内壁的粘结力和铸坯运动的摩擦阻力两部分。该阻力的大小与结晶器的内腔尺寸、制造安装的精度、变形情况、润滑条件及振动方式有关。由于影响因素较多，该阻力的大小尚不能从理论上进行较为精确的计算。根据有关工厂的实测数据（表12-1）分析，结晶器断面的周边长是影响拉坯阻力的主要因素，其次是长结晶器的阻力比短结晶器的阻力大，而当采用浸入式水口、保护渣浇铸和铸坯自由导向时阻力都有不同程度的减小。

设计时，可按平均压强计算铸坯在结晶器内的拉坯阻力F_1：

$$F_1=\gamma l_{m1}^2(B+H)\mu \quad (kN) \qquad (12\text{-}4)$$

式中　γ——钢水密度，通常取$\gamma=7t/m^3$；

l_{m1}——结晶器的有效长度（mm）；$l_{m1}=l_m-(80\sim120)$

B、H——分别为结晶器的宽度、厚度（mm）；

μ——铸坯与结晶器壁的摩擦系数，其值取为0.3～0.5，也可参照表12-2选定。

结晶器内的阻力实测值　　**表 12-1**

序号＼项目	铸坯断面(mm²)	结晶器长度(mm)	拉坯阻力(kN)	每米周边长拉坯阻力(kN)	厂家
1	120×120	700（弧）	2.4～4.1	5.0～8.7	邯钢
2	130×130		3.9	7.5	德马克
3	150×150	700（弧）	6.2～7.4	10.3～12.3	邯钢
4	150×150		5.9	9.8	德马克
5	150×470	1500（直）	～14.2	～11.5	红索尔莫沃厂（苏）
6	150×1050*	800（弧）	8.8～12.7	3.7～5.3	上钢
7	170×250	1250（直）	10.2～12.7	12.2～15.2	重钢
8	170×250	750（直）	～9.6	11.4	重钢
9	180×875	660（弧）	19.6～29.4	9.3～13.9	重钢
10	180×1500	660（弧）	29.4～34.3	8.7～10.2	重钢
11	φ200	（直）	～5.3	～8.4	黑冶研究所（苏）
12	300×450		13.7	9.1	德马克

* 系采用浸入式水口；保护渣浇铸与铸坯自由导向。

根据上式计算所得的F_1，再参照表12-1的实测数据，结合具体的工艺和设备条件最后确定拉坯时铸坯在结晶器内的运行阻力。

2．弯坯阻力F_2　在弧形连铸机中，若采用直结晶器，当铸坯由二次冷却区的直线段过渡到弧形区时，必然受到一个弯坯的阻力矩，使铸坯发生弯曲进入弧形区（图12-15）。

假定铸坯坯壳在高温状态下为理想的塑性材料，若铸坯坯壳塑性断面系数为W，

摩擦系数μ值 **表 12-2**

浇注条件	μ	附注
结晶器经过磨合并用石蜡润滑（或其他液体润滑剂）	0.45～0.55	润滑剂的消耗量大小对μ值的影响不明显
同上，但结晶器未经磨合	0.90～1.0	浇注7～15次后μ值可降至一般值
用二硫化钼润滑	0.33～0.45	施加润滑剂后4～5炉期间的数值
用浸入水口和保护渣（易熔渣粉）浇注	0.22～0.38	渣粉的成分为石墨80%，冰晶石20%，消耗量为0.2～0.3kg/t
用浸入式水口和放热性覆盖层	0.13	
用非晶体石墨覆盖液面	0.56	
结晶器内壁表面渗铝	0.20～0.30	

(cm^3)，高温下钢的屈服限为σ_s（MPa），则使铸坯产生塑性弯曲的力矩M_s为：

$$M_s = W_s \sigma_s \times 10^{-2} \quad (N \cdot cm) \tag{12-5}$$

由于铸坯在被顶弯时是带有液心的，如设铸坯四周有均匀的坯壳，厚度为δ(cm)，其塑性断面系数（图12-16）为：

$$W_s = \frac{BH^2}{4} - \frac{(B-2\delta)(H-2\delta)^2}{4} \quad (cm^3) \tag{12-6}$$

式中 B、H——分别为铸坯的宽度和厚度（cm）。

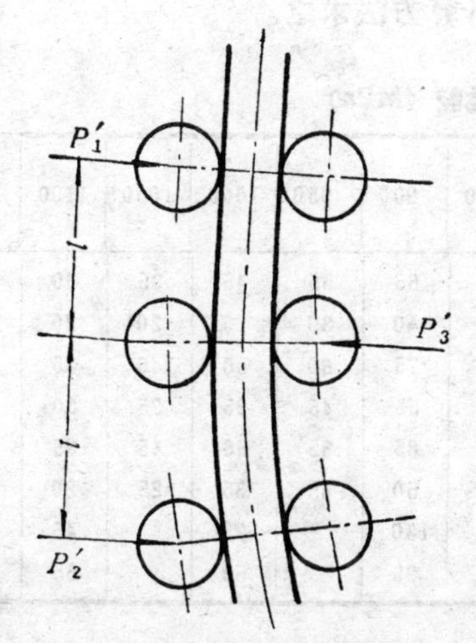

图 12-15 顶弯阻力计算简图

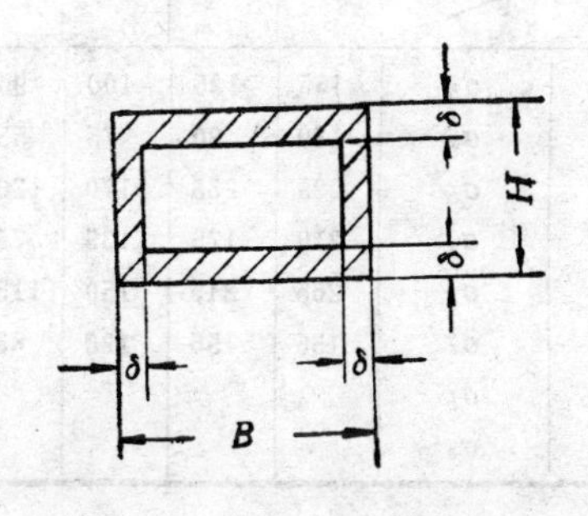

图 12-16 顶弯时铸坯断面示意图

在高温下钢的屈服限σ_s，可根据实测坯壳温度查表12-3求得。若浇铸的是碳素钢铸坯，当温度是1250～1500℃时，则σ_s也可按下式求出：

$$\sigma_s = 0.5(t_0 - t) \quad (MPa) \tag{12-7}$$

式中 t_0、t——分别为钢的熔点温度与坯壳的平均温度。

将公式（12-6）代入公式（12-5）可得：

$$M_s = \frac{\sigma_s}{4}[BH^2 - (B-2\delta)(H-2\delta)^2] \times 10^{-2} \quad (N \cdot cm) \tag{12-8}$$

铸坯塑性弯曲力矩与夹辊对铸坯作用的外力矩相平衡（图12-15）。即：

$M_s = P_1' l = P_2' l$ 且 $P_1' = P_2'$，$P_3' = P_1' + P_2'$ 则：

$$P_1' = P_2' = \frac{M_s}{l} \text{ (N)} \tag{12-9}$$

式中　P_2'与P_1'，P_3'——分别为顶弯力与顶弯反力（N）；

l——夹辊间距（cm）。

作用在铸坯上的顶弯阻力F_2为：

$$F_2 = (P_1' + P_2' + P_3')\left(f_0 + \mu_1 \frac{d}{2}\right)\frac{2}{D} = 4P_2'\left(f_0 + \mu_1 \frac{d}{2}\right)\frac{2}{D}$$

$$= 4\frac{M_s}{l}\left(\frac{2f_0 + \mu_1 d}{D}\right) \quad \text{(N)} \tag{12-10}$$

式中　f_0——辊子在热坯上滚动的摩擦系数（cm）；

μ_1——夹辊轴承的摩擦系数；

D——辊子直径（cm）；

d——夹辊辊颈直径（cm）。

上述分析和计算也应适合于下述情况：结晶器与二冷支导装置或二冷支导装置本身错弧严重，铸坯变形过大以及冷却不均匀等原因所造成的铸坯对结晶器内壁、冷却板或夹辊可能产生的附加作用力，这个力很难精确进行计算，但其最大值就等于使铸坯产生塑性弯曲所需的力，因此可采用与解决顶弯铸坯相同的计算方法求之。

钢在600～1200°C时的机械性能（MPa）　　　　**表 12-3**

钢种 \ 温度（°C）		600	650	700	750	800	850	900	950	1000	1050	1100	1150	1200
A3	σ_b	165	125	100	90	80	75	65	55	45	35	30	25	25
	σ_s	130	90	75	55	50	45	40	30	25	20	20	15	15
45	σ_b	295	235	170	120	115	90	75	60	50	40	35	30	25
	σ_s	210	175	135	75	65	60	55	45	35	25	20	15	15
20Cr	σ_b	265	215	150	115	95	95	85	65	50	45	35	30	25
	σ_s	155	155	120	85	65	60	50	45	35	25	20	15	15
3Cr13	σ_b					90		130		75		45	40	30
	σ_s					80		95		50		35	30	25

3．二冷支导装置的阻力F_3　这部分阻力主要包括有：铸坯坯壳与二冷支导装置夹辊（或冷却板）间及夹辊轴承中的摩擦阻力，铸坯“鼓肚”或冷却不均匀引起铸坯变形以及铸坯冷缩时产生的阻力等。总之，影响F_3的因素较多，且其数值的波动范围也很大。大量实践证明，对于小型铸坯，在正常拉坯情况下阻力可能很小，但对板坯则往往很大。通常，该阻力可按经验数据选取，即在二次冷却支导装置内铸坯每单位断面积上的拉坯阻力为0.78～2.0MPa，或按铸坯每米周边长需98～147 kN的阻力来计算。小断面铸坯取上限，大断面铸坯取下限。

阻力F_3也可按下面的方法计算确定。若整个二冷支导装置由两种型式的支导部件组成：第一段用冷却板；其余各段均用夹辊，且有m对不驱动的夹辊和n对驱动的夹辊。并假定钢水静压力全部由冷却板和夹辊承受，设冷却板的个数为K，则F_3可用下式计算：

$$F_3=\sum_{i=1}^{K}\mu_2 P_{1i}\, j+2\sum_{i=1}^{m}\frac{P_{2i}}{D_{1i}}(2f_{0i}+\mu_1 d_{1i})-2\sum_{i=1}^{n}P_{2i}\mu_0 \quad (N) \tag{12-11}$$

式中 μ_2、μ_0——分别为铸坯与冷却板、铸坯与辊子的摩擦系数；

P_{1i}、P_{2i}——分别为冷却板与夹辊所承受的钢水静压力（N）；

D_{1i}、d_{1i}——分别为夹辊辊颈直径与夹辊轴颈直径（cm）；

j——铸坯支承面数量。对板坯$j=2$，对大方坯$j=4$；

f_{0i}——夹辊在热坯上滚动的摩擦系数（cm）；

μ_1——夹辊轴承的摩擦系数。

冷却板所承受的钢水静压力为P_1（图12-17）。若铸坯宽度为B（cm），钢水密度为γ（kg/cm³）时，则P_1可按下式计算：

$$P_1=\gamma BR_1^2(\cos\varphi_1-\cos\varphi_2) \quad (N) \tag{12-12}$$

式中 R_1——铸坯中心曲率半径（cm）；

φ_1，φ_2——如图12-17所示。

夹辊所承受的钢水静压力（图12-17）。若夹辊的辊距为l（cm），钢水的静压头为h_1（$h_1=R_1\sin\varphi_3$cm），则P_2可按下式计算：

$$P_2=\gamma Blh_1 \quad (N) \tag{12-13}$$

4．铸坯通过矫直辊时的阻力F_4 假定铸坯为理想的塑性材料，且铸坯进入拉矫机时已完全凝固。其塑性弯曲力矩M_s为：

$$M_s=\frac{BH^2}{4}\sigma_s\times10^{-2} \quad (N\cdot cm) \tag{12-14}$$

式中 σ_s——高温时钢的屈服极限（MPa），通常矫直温度为800℃～900℃，如有实测温度更好。σ_s可根据矫直温度查表12-3选取。

为矫直铸坯，所施加的矫直力P_3（图12-17）产生的力矩应大于或等于铸坯的塑性弯曲力矩。在稳定拉坯条件下，由矫直力所引起的摩擦阻力为F_4：

$$F_4=4P_3\left(f_0+\mu_1\frac{d}{2}\right)\cdot\frac{2}{D}$$

$$=\frac{BH^2}{4l_s}\left(\frac{2f_0+\mu_1 d}{D}\right)\sigma_s\times10^{-2} \quad (N) \tag{12-15}$$

式中 B、H——分别为铸坯的宽度和厚度（cm）；

D、d——分别为拉矫辊的直径及其辊颈直径（cm）；

f_0——拉矫辊与铸坯的滚动摩擦系数（cm）；

μ_1——拉矫辊轴承处的滑动摩擦系数。

5．其它阻力F_6 其它阻力主要包括切割时造成的阻力及有关辊道产生的阻力。切割时造成的阻力大小，主要取决于切割方式及切割设备的具体结构型式。有关辊道产生的阻力系指从拉矫机出来至铸坯被切断前所占有的辊道所造成的摩擦阻力。总之，应结合连铸坯被切断前的具体运行情况和结构型式确定阻力的大小。

当采用火焰切割时，切割枪通常都安装在切割小车上。而切割小车一般在切割铸坯时都是由连铸坯带动与铸坯同步运行，且切割小车沿专门的轨道行走。切断铸坯后小车应迅速返回，如靠配重返回时，小车的运行轨道与水平面通常都倾斜一定角度。如在切割小车上备有驱动系统可使其自行返回时，小车轨道可与地面平行。因此，在切割铸坯时的阻力即为切割小车的运行阻力，它可根据小车结构等情况确定，其具体的计算方法可参阅起重运输机小车运行阻力的计算。

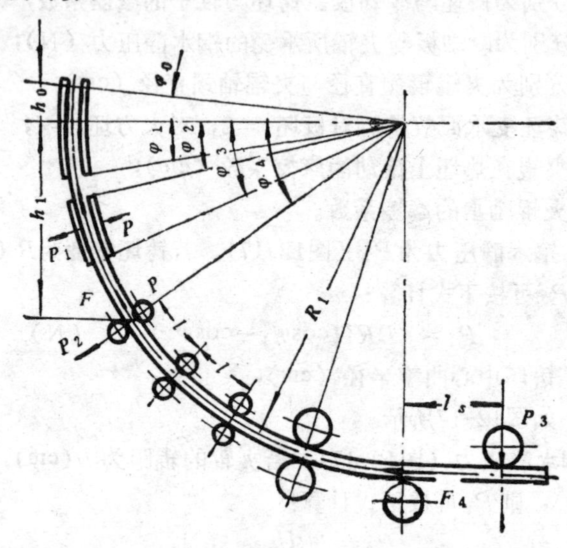

图 12-17 F_3和F_4计算简图

若采用摆动式剪切机剪切铸坯时，如剪切机装在小车上，则计算阻力的方法同上；如用铸坯推动剪切机主体摆动以达到同步时，由于摆动角度很小，而剪切机主体回转半径较大，可近似用公式（12-16）计算切割时的阻力F_C。若剪切机摆动部分自重为G_C（N），悬挂支承点轴承中的摩擦系数为μ_1，悬挂点轴颈直径为d（cm），刀口至悬挂点的距离为L_C（cm)时，则切割时的阻力F_C为：

$$F_C=\frac{G_C\mu_1 d}{2L_C}\ (\mathrm{N}) \tag{12-16}$$

实际上其他阻力不大，计算时也可按上述各种阻力之和的10%选取。

6．铸坯自重的下滑力F_5　在二次冷却区内的铸坯因其自重而下滑，这有助于拉坯（图12-18)。因弧形铸坯在二次冷却支导装置中运动时的速度很低，在不考虑铸坯与夹辊间及夹辊轴承处的摩擦阻力时，铸坯相当于一个90°的扇形块绕连铸机圆弧中心O点做匀速转动。

显然，铸坯重心C的位置应在与水平成45°的半径上，距O点为：

$$r_o=0.6\frac{R^3-r^3}{R^2-r^2}\ (\mathrm{m}) \tag{12-17}$$

式中　r、R——分别为铸坯内、外弧半径（m)。

90°包角时，若铸坯的宽度为B（m）时，则铸坯的重力G为：

$$G=\frac{\pi}{4}(R^2-r^2)B\gamma\ (\mathrm{kN}) \tag{12-18}$$

式中　γ——铸坯密度（$\mathrm{t/m^3}$)，碳素镇静钢取$\gamma=7.6$，沸腾钢取$\gamma=6.8$。

根据诸力对O点力矩的平衡条件，可求出铸坯自重产生的下滑力F_5：

$$F_5=\frac{2r_0G}{R+r}\sin45^\circ$$

$$=667\frac{R^3-r^3}{R+r}B\gamma\ (\text{kN}) \tag{12-19}$$

综合上述的全部分析和计算，在正常拉坯条件下，自结晶器拉出铸坯直至铸坯被切断为止，总的拉坯阻力$F_{总}$为：

$$F_{总}=F_1+F_2+F_3+F_4-F_5+F_6\ (\text{kN}) \tag{12-20}$$

如前所述，从理论上进行较为准确的计算比较困难，因此进行大量实测还是很必要的。这里仅提供某些厂对总的拉坯阻力实测的结果，如表 12-4 所示。可供设计时的参考。

求出总的拉坯阻力，根据拉坯原理，显然拉坯力必须大于或等于总的拉坯阻力，即$F\geqslant F_{总}$。

据此就可以计算拉矫机所必须的拉坯力矩M_1为：

拉矫机总扭矩及拉坯阻力实测数据 **表 12-4**

铸坯断面 (mm²)	总扭矩 (kN·m)		总拉坯阻力 (kN)	
	一 般	最 大	一 般	最 大
150×1050 180×1500 180×1200 180×875	128～137	167 157 147 98	647～687	834 785 736 490

$$M=F\frac{D_P}{2}\ (\text{kN·m}) \tag{12-21}$$

式中 D_P——拉辊直径(m)。

该传动力矩可做为选择四辊拉矫机电动机的功率及传动系统零部件强度设计计算的基本依据。

一般情况下，不同结构型式的连铸机，具体的拉坯阻力或拉坯力与拉矫机驱动力矩的计算，同样可按上述的分析计算的基本原理与方法，结合其具体的工艺和结构方案分析计算确定。

若拉矫机驱动辊的个数为n，则根据拉坯原理的基本公式(12-2)，进一步可导出每个驱动拉辊对铸坯或引锭链所必须的正压力N为：

$$N\geqslant\frac{F_{总}}{\mu_0 n}\ (\text{kN}) \tag{12-22}$$

从对整个浇铸过程中拉辊负荷变化的分析得知，当连铸坯的浇铸、拉矫和剪切等过程同时进行时，拉辊所须克服的阻力最大。但由于这时是拉辊直接带动铸坯，摩擦系数较大，故可适当降低拉辊的正压力。而在铸坯尚未进入拉辊之前，拉矫机是通过引锭链进行拉坯的，其摩擦系数较小，则需适当增大拉辊的正压力。因此，在设计时应对上述两种情况分别计算，选其中较大值以保证在浇铸过程中顺利拉坯。

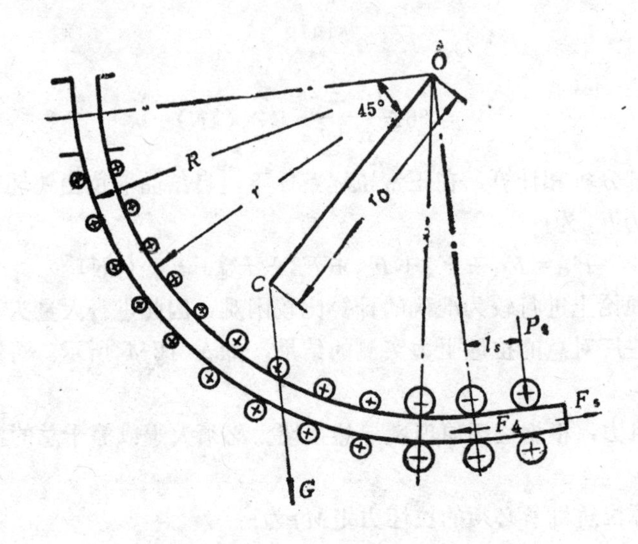

图 12-18　铸坯下滑力计算示意图

第四节　矫直原理与矫直力的确定

一、矫直的基本原理

在弧形连铸机的生产中，只有通过良好的矫直才能生产出合格的连铸坯。矫直是使呈弧形的铸坯在外力矩的作用下产生塑性变形成为平直铸坯的过程。假定铸坯在矫直过程中的断面始终保持为一平面，则所加外力矩M的大小就决定着铸坯内引起应力的大小，其力矩与变形情况如图12-19所示。如外加力矩$M=M_1$时，在铸坯内部产生的应力σ均小于材料的屈服限σ_s，属于弹性变形，不能矫直铸坯(图12-19a)。若外力矩增加到M_2时，在铸

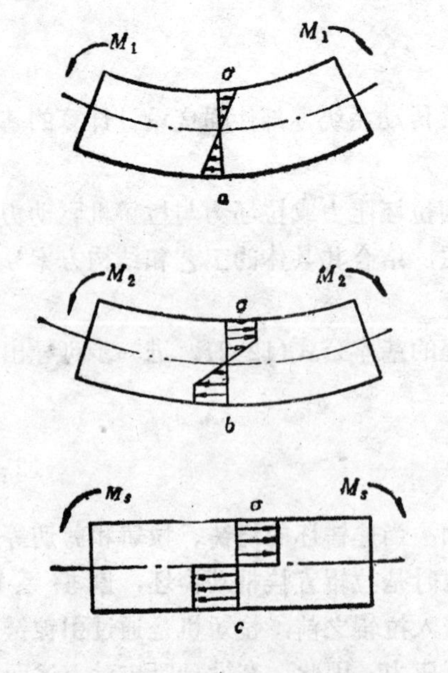

图 12-19　铸坯矫直原理图

$a-\sigma<\sigma_s$ 不能矫直；　$b-\sigma\leqslant\sigma_s$ 部分矫直；　$\sigma-\sigma=\sigma_s$ 完全矫直

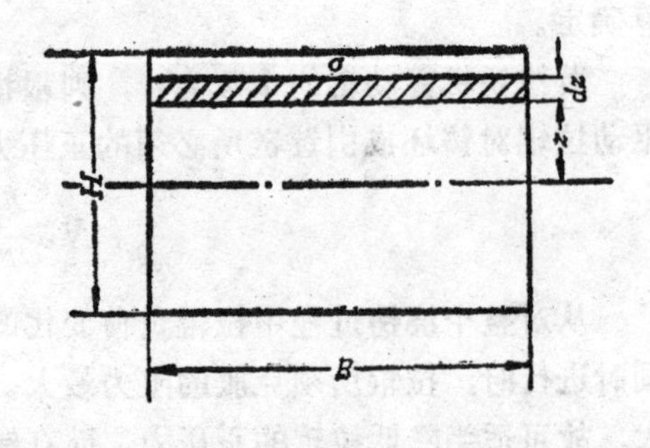

图 12-20　矫直力矩推算简图

坯内产生的应力已有一部分达到材料的屈服限，这时铸坯将得到部分的矫直(图12-19b)。只有当外力矩增加到矫直力矩M_s时，才能使铸坯内部产生的应力全部达到屈服限，使铸坯整个断面发生塑性变形，既使再去掉外力矩，铸坯也已完全被矫直（图12-19c）。

二、矫直力矩与矫直力

1．矫直力矩　在矫直时，铸坯断面上某一层的应力为σ，如图12-20所示。在距中性层z处微面积ds上的内力为σds，在铸坯曲率半径很大的条件下，可视铸坯断面、内力和应力均以中性层对称。根据力矩平衡原理，矫直力矩M_s应等于铸坯断面上内力对中性层力矩之和，即：$M_s=2\int_{\frac{s}{2}}\sigma z ds$

如要求将铸坯完全矫直，故在铸坯整个断面上的应力都应等于屈服限σ_s，则$M_s=2\sigma_s\int_{\frac{s}{2}}zds$，其中$\int_{\frac{s}{2}}zds$为铸坯半断面对中性层的面积矩，如铸坯断面的宽度为$B$（cm），高度为$H$(cm)，则$ds=Bdz$。由此可得：

$$M_s=2B\sigma_s\int_0^{\frac{H}{2}}zdz=\frac{BH^2}{4}\sigma_s\times10^{-2}\ (\text{N}\cdot\text{cm})$$

2．矫直力　铸坯完全凝固时进行矫直，若作用在上矫直辊上的矫直力为P_3（图12-17)，则可得：

$$P_3=\frac{M_s}{l_s}=\frac{BH^2}{4l_s}\sigma_s\times10^{-2}\ (\text{N}) \tag{12-23}$$

显然，作用在下矫直辊上的矫直反力为$2P_3$。

在计算时，应注意屈服限σ_s的选取，因为铸坯断面中心的温度高于表面的温度，故实际所需的矫直力矩比一般理论计算值要小。因此在设计中矫直温度通常按800℃来考虑。

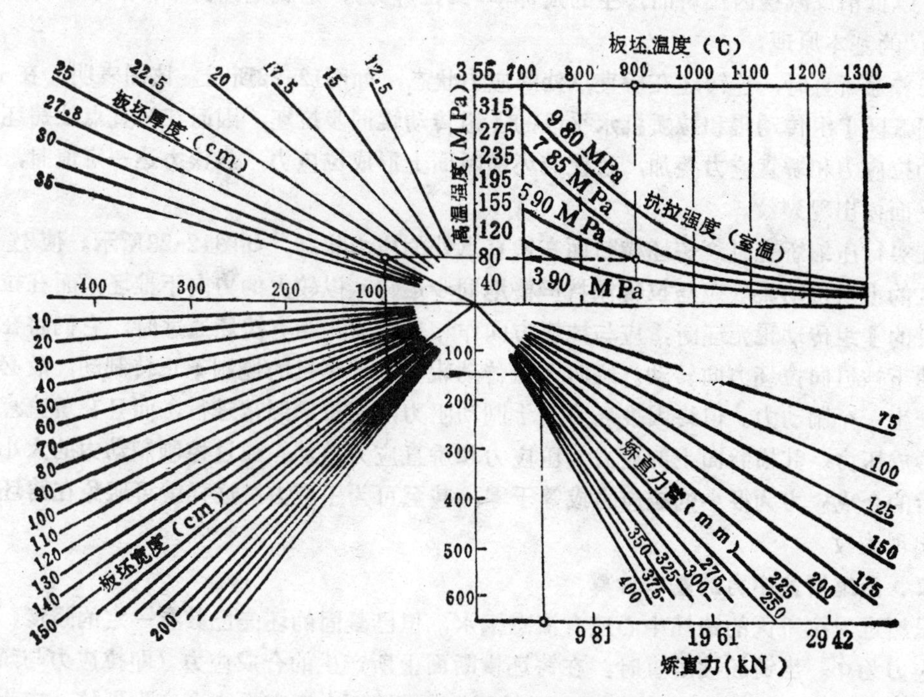

图 12-21　板坯矫直力的确定（诺模图）

铸坯的屈服限可取49000kPa。

设计时，板坯的矫直力也可查矫直力诺模图（图12-21）确定。

诺模图的用法。例：浇铸250×1500mm的碳素钢铸坯，$\sigma_b=588$MPa，如矫直温度为900℃，矫直辊距为250mm。由图可查得矫直力P_3为530kN其具体查法为：由第一象限的矫直温度和σ_b交点开始，根据已知参数，即板坯厚度、板坯宽度和矫直力臂（这里为矫直辊距）逆时针查至第四象限止，则可查出在上述条件下的矫直力大小。

第五节 压缩矫直

在连续铸钢的生产中，提高拉坯速度是近年来连铸技术发展的一个重要趋势。多辊拉矫机和液心拉矫新工艺的采用，虽然使拉坯速度有了明显地提高，但还不能满足轧钢生产的要求。若进一步提高拉速仍然受到多方面条件的限制，除了铸坯在二次冷却区内可能产生鼓肚变形或漏钢外，比较突出的问题是必然使铸坯的液心长度进一步延伸到连铸机圆弧切点以后的拉矫区内。由于实行液心拉矫使连铸坯内固液两相区界面上的凝固层很容易产生裂纹，所以这种内裂远比铸坯表面裂纹对铸坯质量的危害为大，很值得重视。各国都在努力研究解决这个难题，在连续铸钢中采用压缩浇铸乃是目前较有成效的新技术。

一、压缩矫直的基本概念

压缩矫直是连续铸钢在采用了多辊拉矫机实行液心拉矫的基础上出现的新工艺。它的基本出发点，就是设法降低连铸坯在矫直点处凝固壳内层表面的延伸率（或拉应力），控制得好，可使其趋近于零或等于零（或为压应力）。通过在连铸机的圆弧段适当配置的驱动辊组对铸坯施加一定的压力以实行推坯，和在矫直点后拉矫机的拉矫辊中适当配置的驱动辊组对铸坯所加的一个制动力，因而可使在矫直点处的铸坯内壳表面产生压缩率（或压应力）以抵消或减缓因拉矫而产生的延伸率（或拉应力），这就是连铸中带液心拉矫时“压缩矫直”的基本原理。

在普通矫直时，连铸坯在矫直点处的应力状态，如图12-22所示。该图表明，在连铸机的圆弧区Ⅰ组传动辊和拉矫机水平段的Ⅱ组传动辊同步拉坯，因而在矫直点处铸坯中的应力为拉应力和矫直应力叠加，致使铸坯横断面上形成拉应力，当该力达一定值时，铸坯内壳表面便出现裂纹。

在实行压缩矫直时，铸坯横断面在矫直点处的应力状态，如图12-23所示。使连铸机圆弧区的Ⅰ组传动辊（应与拉辊保持严格地同步运转）以较大的力向下推坯，而在拉矫机水平段的Ⅱ组传动辊无坯时，应与拉坯方向作相反转动，当有铸坯通过时，它们将在铸坯的推动下被迫向拉坯方向转动。这时Ⅱ组传动辊将在计算机的控制下正转制动，故必然对铸坯产生一个制动力。但终因推坯力大于制动阻力，使拉坯照常进行，而且在矫直点处铸坯内形成压力。其横断面上的应力为压应力和矫直应力叠加。通过控制制动力的大小，使叠加后的合成应力为很小的拉应力或等于零，甚至可为压应力，这样就可避免在铸坯内壳表面出现裂纹。

二、压缩矫直中力的基本计算

虽然进入拉矫区的铸坯中心还有液态钢水，但已凝固的坯壳已具有一定的强度，可承受的应力为σ。当铸坯被矫直时，在铸坯横断面上所产生的合成应力（即拉应力与矫直产生的应力之叠加）为σ'，只有当σ'大于等于σ时，铸坯内壳表面才会产生裂纹。由于采用

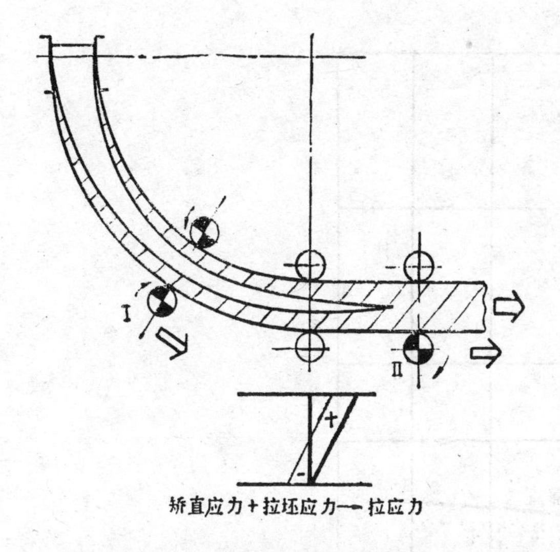

图 12-22 普通矫直时矫直点处铸坯的应力

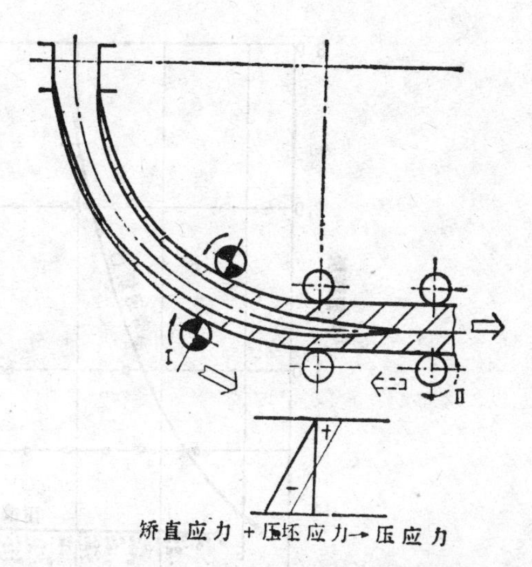

图 12-23 压缩矫直时矫直点处铸坯的应力

了压缩浇铸，使铸坯又受到一个压缩力Q_0，此力将抵消或削弱矫直时产生的拉力。

若铸坯在厚度和宽度方向已凝固的坯壳厚分别为δ与δ'(cm)，则必须加给铸坯的压缩力Q_0为：

$$Q_0=2\sigma'(B\delta+H\delta'-2\delta\delta')\ (\mathrm{N}) \tag{12-24}$$

式中 H、B——分别为铸坯的厚度和宽度（cm）。

在采用压缩浇铸时，对铸坯所必须的拉坯力F为：

$$F=R_I+Q_0-G_1\ (\mathrm{N}) \tag{12-25}$$

式中 R_I——矫直点前铸坯所受的阻力（N）；

G_1——矫直点前铸坯的自重（N）。

为产生压缩力Q_0，对铸坯所必须加的制动力R_{II}为：

$$R_{II}=Q_0-(F_{41}+R_H)\ (\mathrm{N}) \tag{12-26}$$

式中 F_{41}——因矫直铸坯在水平方向引起的阻力（N）；

R_H——矫直点后铸坯所受的阻力（N）。

在生产实践中采用这种新技术时，只需对现有的二次冷却支导装置和多辊拉坯矫直机做适当的改造。新增加的驱动辊不宜集中在矫直点附近前后，否则铸坯容易产生鼓肚变形，甚至会引起铸坯产生内裂。在矫直点前，最好上、下都适当增加驱动辊的个数，而在矫直点后，则宜多在下辊增加驱动辊的数目。凡新增加的驱动辊，最好布置在离矫直点远一点，且分散些，这样效果会更好。

据报导，新日铁大分厂在4号连铸机上做了系统的研究，所得到的结果是，采用普通矫直时，随着拉坯速度的提高（如达1.2m/min），会使铸坯内部裂纹成倍地增加。而当采用压缩矫直（CPC）后，既使以1.8m/min的拉速浇铸也不会产生内裂。同时还提出，压缩矫直技术能适应所有带液心拉矫的钢种，而且基本上都能消除内裂。图12-24是日本大分厂4号连铸机对坯厚为250mm，含C＝0.2～0.5%的铝镇静钢和铝硅镇静钢采用压缩矫直后，消除内裂的技术效果。

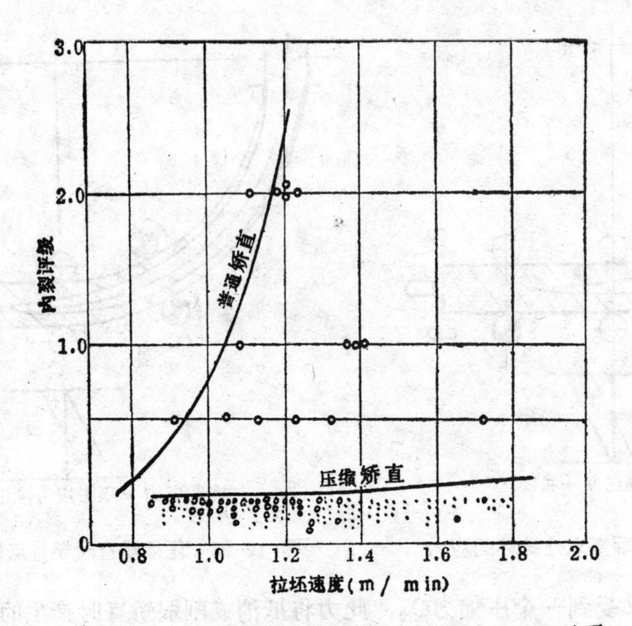

图 12-24　普通矫直与压缩矫直中内裂与拉速的关系

o—普通矫直；●—压缩矫直

第十三章　切割设备

出拉坯矫直机经脱锭后的连铸坯须按用户或下步工序的要求，将铸坯切成定尺或倍尺。因此，在连续铸钢的生产线上都必须装设铸坯的切割设备。

在连续铸钢中所用的切割设备与常见的切割方法在基本原理上没有多少区别，只是连铸坯必须在连续的运动过程中实现切割。因而连铸工艺对切割设备提出了特殊的要求，即不管采用什么型式的切割设备都必须与连铸坯实行严格的同步运动。

目前，在连铸机上采用的切割方法主要有火焰切割和机械剪切两类。它们各有特点，都获得了广泛的应用。

火焰切割的主要特点是：投资少，设备易于加工制造；切缝质量好且不受铸坯温度和断面大小的限制，比较灵活，尤其是铸坯断面越大越能体现其优越性；设备的外形尺寸较小，尤其对多流连铸机更为合适。至目前，铸坯坯厚在200mm以上的几乎都采用火焰切割，而坯厚在200mm以下的也有不少使用火焰切割的。

机械剪切的主要特点是：切断快，金属消耗少，操作安全可靠。由于机械剪切所具有的突出特点，使得它在轧钢设备中一直被广泛应用。而在连续铸钢设备中也正在得到应有的重视。目前坯厚在200mm以下的铸坯已有不少是采用机械剪切的。特别是对于小断面的铸坯已普遍采用。供剪切较大断面铸坯用的新型剪切机正在积极研制中。

第一节　火焰切割装置

火焰切割主要是氧气和各种燃气的切割。通常使用的燃气有乙炔、丙烷、天然气和焦炉煤气等。在实际生产中多采用乙炔做预热用燃气，故可叫氧-乙炔切割。火焰切割的基本原理与手工气割的基本原理完全一样。

一、切割机的结构

火焰切割机通常由切割机构、同步机构、返回机构、端面检测器、定尺机构及氧、乙炔管路系统等部分组成。切割机一般都做成小车型式，故也有称之为切割小车的。前四部分通常都布置在小车上，只有定尺机构是在铸坯的下面辊道中间，而输送电、气和水的管道则是通过软管导入小车中(图13-1)。

1．切割机构　切割机构是火焰切割装置的关键部分，它主要由切割枪及其传动机构组成。要实现横向切割铸坯，切割枪必须能沿整个铸坯宽度方向移动以切断铸坯。为切割不同厚度的铸坯，需调整切割枪的切割嘴与铸坯表面的垂直距离，故切割枪还应能做垂直方向的运动。

（1）切割枪　切割枪是火焰切割装置的主体部件(图13-2)，它直接影响切缝质量、切割速度和操作的稳定与可靠性。切割枪由枪体和切割嘴两部分组成，且关键是切割嘴。切割嘴依预热氧及预热燃气混合位置的不同，大致可分为以下三种型式：

1）枪内混合式：预热氧气和燃气在切割枪内混合，喷出后燃烧(图13-3*a*)。

2）内混式：预热氧气和燃气在切割枪端的切割嘴内混合，喷出后燃烧(图13-3*b*)。

3）外混式：预热氧气和燃气分别经单独孔道喷出切割嘴后在大气中混合燃烧(图13-

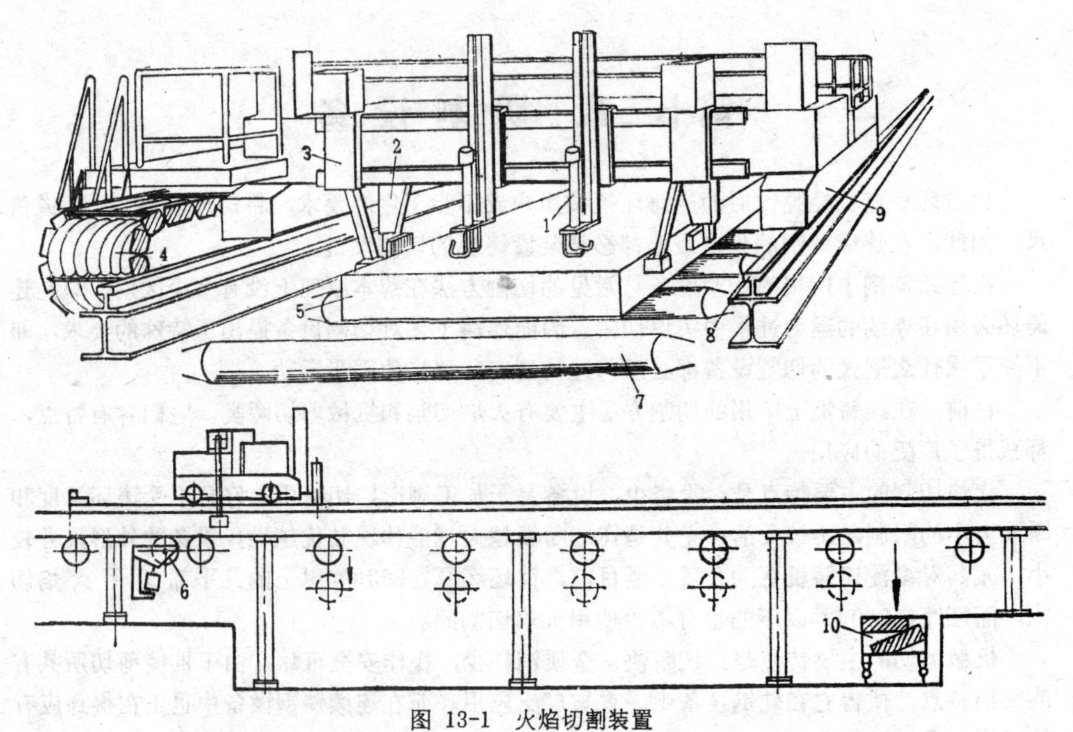

图 13-1 火焰切割装置

1—切割枪；2—同步机构；3—端面检测器；4—软管盘；5—铸坯；6—定尺机构；
7—辊道；8—轨道；9—切割小车；10—切头收集车

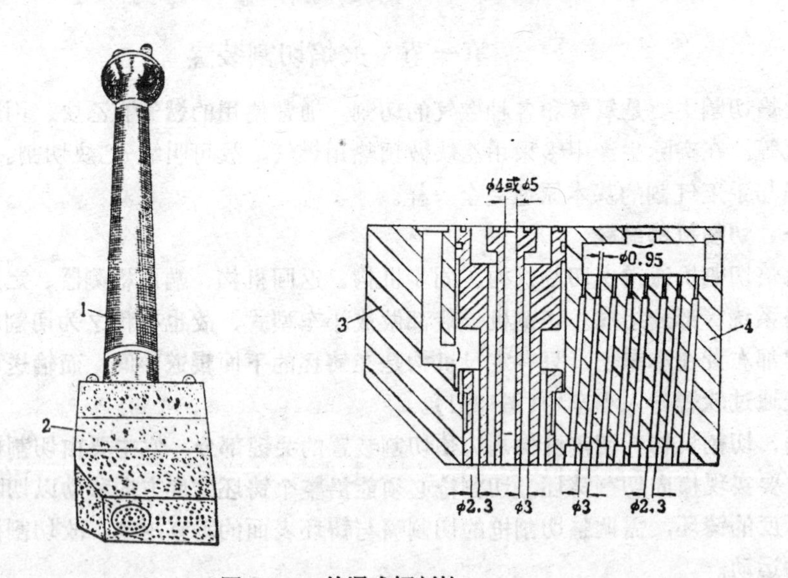

图 13-2 外混式切割枪

1—枪体；2—枪头；3—切割喷嘴部分；4—预热喷嘴部分

3c)。

前两种型式切割枪的火焰内有短的白色焰心，只有充分接近铸坯时才能进行切割，通常需要在10mm左右。而外混式的切割枪其火焰的焰心为白色长线状，一般切割嘴距铸坯50mm左右便可进行切割，甚至距离加大到100mm也能切割。外混式切割枪常用于切割

100～1200mm厚的钢坯。当钢坯小于100mm和大于1200mm时，常用内混式切割枪。切割嘴内混合比切割枪内混合好些。在铸坯的热清理和切割上，从耐久的角度来看外混式为好。

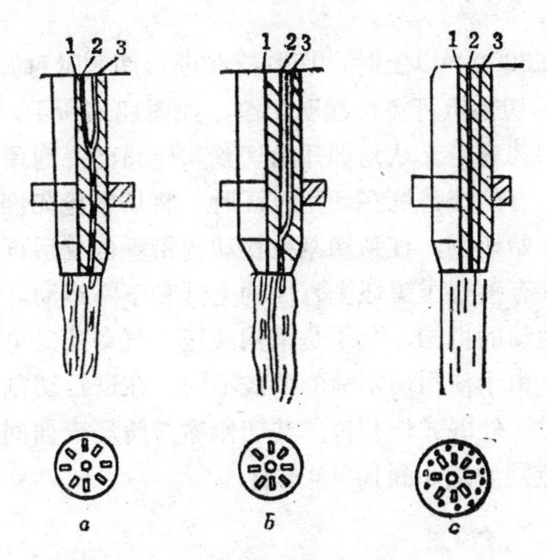

图 13-3 切割嘴的三种型式

a—枪内混合式；b—内混式；c—外混式

1—切割氧；2—预热氧；3—丙烷

外混式切割枪具有如下特点：

1）因预热氧气和燃气在空气中混合燃烧，这样不能产生回火，灭火，工作安全可靠，长时间使用时切割嘴不会产生过热；

2）切缝小（6～10mm）且切缝表面平整，这不但使金属损耗少且能提高切割速度（400mm/min左右）；

3）改变切割嘴距钢坯表面的间距，不影响切割钢坯的质量。可平动切割，也可摆动切割。

图13-2为外混式切割枪，其切割嘴是由切割喷嘴和预热喷嘴两部分组合而成。切割嘴为长方形，由铜合金制造。采用循环水进行冷却，其头部有专门支架保护，如图13-1所示。

根据铸坯宽度的大小，可决定采用单枪切割或采用双枪切割。一般当铸坯宽度小于600mm时可采用单枪切割，大于600mm时可用双枪切割。采用双枪切割能提高切割速度，但要求两支切割枪的运动轨迹应严格保持在一条直线上，否则切缝不齐。同时，还要求在切割的过程中当两支切割枪相距200mm时，其中一支切割枪应立即停止切割，且把切割火焰变成引火火焰，并将切割枪提起迅速返回原始工作位置，余下的切坯任务将由另一支切割枪完成。当切断铸坯后，该切割枪也应迅速返回原始工作位置。在整个切割过程中，一但其中有一支切割枪出了故障，另一支切割枪也应能切断铸坯。

（2）切割枪的传动　切割枪为了切断铸坯应能作与铸坯运动方向相垂直的横向运动。实现切割枪的这种横移运动的方案有齿条传动、螺旋传动、链传动或液压传动等几种。这些传动方案都能很好的实现切割运动的要求，因此可根据具体情况选择其中任何一种方案。由于切割速度主要随铸坯的温度和厚度而变化，故以选用直流电动机为宜。而有的连铸机也有采用异步调速电动机驱动的，但一定要具有良好的调速性能。一般都采用低速进行切割，切断后切割枪高速返回。从理论上计算的电动机功率通常都在0.3～0.7kW。而在具体选用时，往往都选用0.7kW左右的电动机，以防因工作条件恶劣一旦发生意外情况影响切割。

当连铸坯的宽度在300mm以上时，切割枪在进行切割时可做横移运动，而当铸坯的宽度在300mm以下时，切割枪可实行摆动切割，如图13-4所示，也可作移动切割。但摆动切割的工艺性好，因为它是先从角部开始切割，使角部得到预热，易于切入铸坯，能缩短切割的时间。所以，有的连铸机在切割板坯时，将切割枪先摆到与铅垂成一定的角度（一般约为5°）后再开始切割，直到切割枪摆动到铅垂位置后再移动切割。

同样，切割枪应具有垂直于铸坯上表面的上升和下降运动。实现切割枪的这种运动可采用通常能实现直线运动的机构，至于是采用液压、气动还是电动驱动，则应根据设计中的综合条件具体确定。由于使用切割嘴的型式不同，在进行切割时，切割枪嘴与铸坯表面间的距离也应不同。对于外混式切割枪，其切割嘴与铸坯表面间的距离约为50mm左右，而对于内混式的切割枪则要缩小到10mm左右。

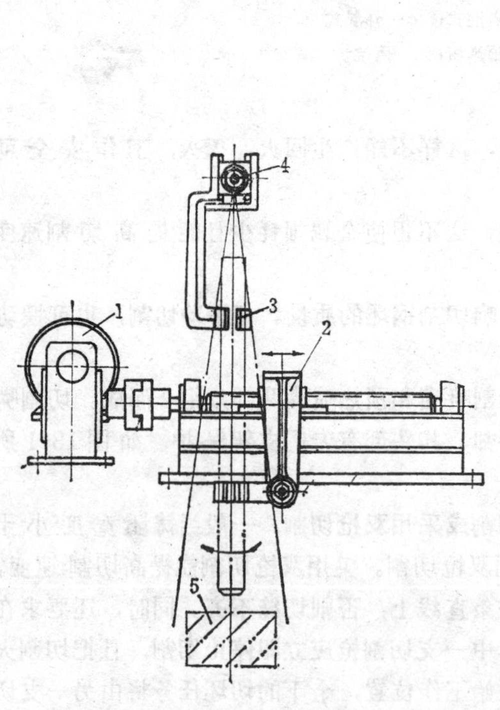

图 13-4 摆动切割传动简图

1—电动机及蜗轮蜗杆减速器；2—切割枪下支架与螺旋传动；3—切割枪及枪夹；4—切割枪上支点；5—铸坯

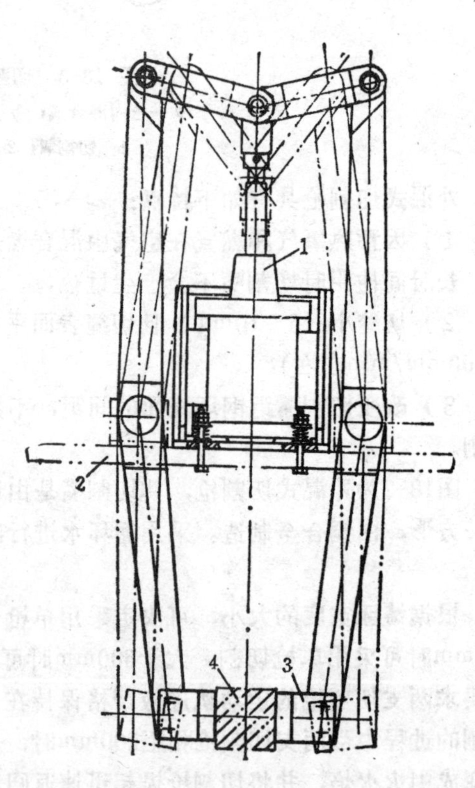

图 13-5 不可调夹头式同步机构

1—气缸；2—小车车体；3—夹头；4—铸坯

2. 同步机构 同步机构系指实现切割小车与连铸坯同步运行的机构。也就是说切割小车应在与铸坯无相对运动的条件下切断铸坯。目前在生产上使用的同步装置都属于机械夹坯同步机构，其结构比较简单，工作可靠，应用广泛。它大致可分以下三种型式：

（1）夹头式同步机构　图13-5是一种不可调的气动夹头式同步机构。它是由气缸（空气压力为0.29～0.69MPa）驱动夹头夹住铸坯的，当连铸坯碰到自动定尺装置后，行程开关发出信号，由电磁阀控制气缸动作，带动夹头合拢夹住铸坯，并在铸坯的带动下切割小车与铸坯同步运行，同时开始切割铸坯。切断铸坯后，松开夹头，小车返回原位。夹头镶有耐热铸铁块或耐热合金钢块。

这种不可调的夹头式同步机构，结构简单，但不适应经常变换断面的连铸机，故它多用于生产方坯的连铸机。

图13-6是可调的夹头式同步机构。它是通过螺旋传动使夹头架靠近（或远离）铸坯，再由气缸驱动夹头而夹紧(或松开)连铸坯。当夹头夹住铸坯时，切割小车便在铸坯的带动下与铸坯同步运行，并开始切坯。切断铸坯后，再由气缸驱动夹头松开，同时通过螺旋传动使夹头架迅速返回原始位置停下，等待下一次切割。

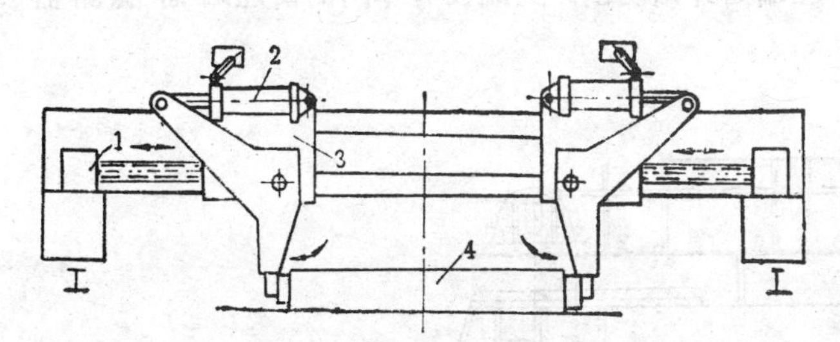

图 13-6　可调夹头式同步机构

1—螺旋传动；2—气缸；3—夹头架；4—铸坯

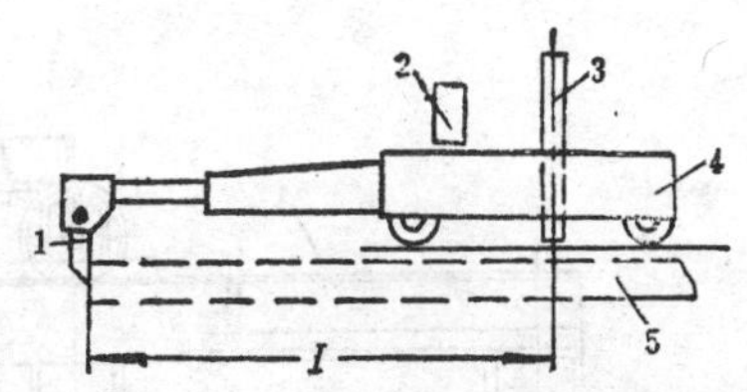

图 13-7　钩式同步机构

1—钩式挡板；2—电磁铁；3—切割枪；4—切割小车；5—铸坯

这种可调的夹头式同步机构的结构简单、工作可靠。它适应于铸坯宽度变化范围较大的连铸机，并且能在铸坯中心线偏离设备中心线的情况下，在一定范围内可通过螺旋传动机构使其进入正常被切位置。例如，用在200～300×925～1600的板坯连铸机火焰切割装置中的同步机构，就是这种可调的夹头式同步机构。其主要参数为：连铸坯对设备中心线的偏差应在±100mm以内，螺旋传动电动机为0.75kW，移动速度为1000m/min，夹紧气缸工作压力为0.49MPa，气缸活塞杆速度为200mm/s。

（2）钩式同步机构　在一机多流或铸坯断面变化较频繁的连铸机中，可以采用钩式同步机构，如图13-7所示。它是一个由电磁铁控制升降的钩式挡板，当需要切坯时便落下挡板，借助于连铸坯的端部顶着挡板并带动切割小车同步运行。切断后，抬起挡板，小车快速返回原始位置，并可通过调整钩式挡板的长度来变更定尺长度L。

这种型式的同步机构结构简单轻便，对连铸机铸坯断面的改变和流数的增减适应性较强。但当铸坯的切口不平整时，其工作的可靠性差，若铸坯未被切断，则将无法继续进行切割操作。同时其定尺长度的调节范围较小。

（3）坐骑式同步机构　这种型式同步机构的特点是，在切割铸坯时将切割小车直接“骑”在连铸坯上，借此达到二者的同步运行，如图13-8所示。当它切断铸坯，切割小车迅速返回原始位置后，再用钢绳卷扬机通过活动横梁的吊钩将切割小车吊挂在提升架上，使其脱离铸坯等待下一次切割。为了保证小车落下时的位置准确，应使活动横梁沿着提升架的导轨上下运动。切割小车底座的内部应通水冷却，而底座的下面要用耐火材料隔热，以减少高温铸坯的热辐射对小车的影响。切割小车的车轮采用喷水冷却。

坐骑式同步机构的突出优点是能保证等距离切割，但因小车车轮直接接触铸坯，故其工作条件恶劣，轴承磨损严重。

3．返回机构　返回机构的主要任务是在切断铸坯后，使切割小车快速返回原始工作位置，以备下一次切割铸坯。

切割小车的返回机构一般是采用普通的小车运行机构来完成，并配备有自动变速装置。在小车运行的终点处设有缓冲装置，待小车停稳后，再由气缸把小车推到原始位置实行自动定位。对某些小型连铸机则常常是由重锤通过钢绳经滑轮把小车拉回到原始工作位置。

4．端面检测器　在实行自动化和半自动化操作时，应配备铸坯端面检测器。由于铸坯的宽度不同以及拉出连铸坯的中心线与连铸机的中心线不一致等原因，并应尽可能的缩短切割周期，使切割枪能准确的从铸坯端面开始切割，为此设有专门的铸坯端面检测器（图13-9）。

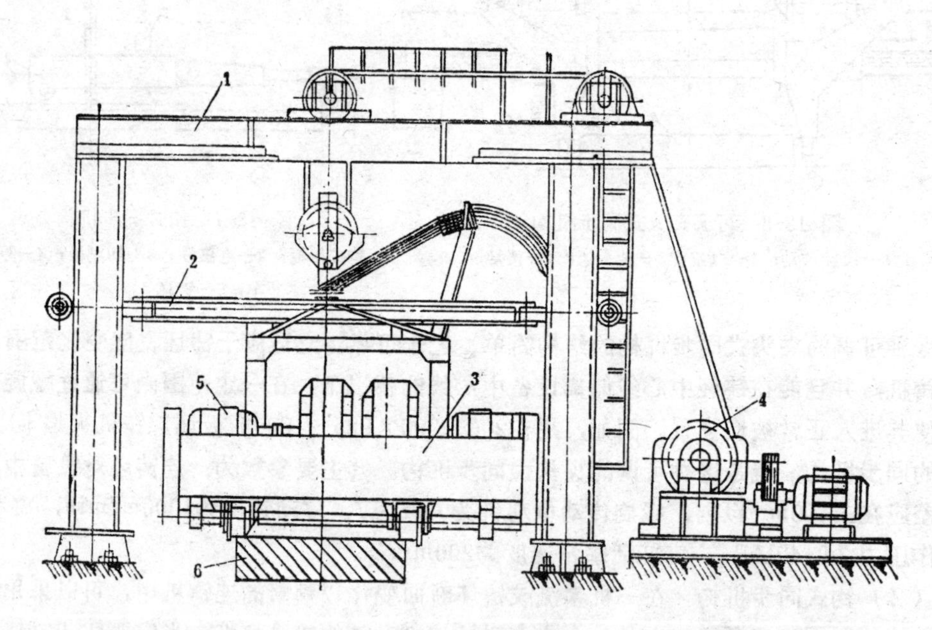

图 13-8　坐骑式同步机构

1—提升架；2—活动横梁；3—切割小车；4—钢绳卷扬机；5—小车运行机构；6—铸坯

在进入切割铸坯前，端面检测器首先与切割枪一起迅速向铸坯的侧面移动。当检测器的触头与铸坯的侧面接触后，切割枪立即下降，且由夹头式同步机构夹住铸坯，这时切割嘴由引火火焰变为切割火焰并开始切割。与此同时，端面检测器退回到距铸坯侧面200mm处自动停止。

铸坯端面检测器可确保切割枪自动的从铸坯侧面开始切割，切断铸坯后还将控制切割枪的切割行程终点。这不但节省了空行程时间，而且也缩短了切割周期。同时还能有效的

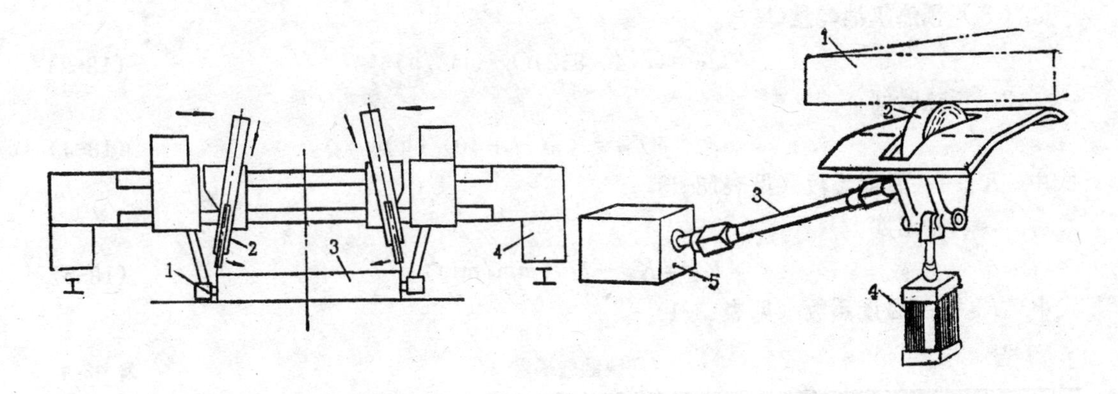

图 13-9 端面检测器的配置

1—检测器触头；2—切割枪；3—铸坯；4—切割小车

图 13-10 自动定尺装置简图

1—铸坯；2—测量辊；3—万向联轴器；4—气缸；5—脉冲发生器

防止因误操作造成设备的损坏。

5．自动定尺装置 为将铸坯切割成预先要求的定尺长度，连铸机应设有自动定尺装置及其控制装置。其工作原理如图13-10所示，由气缸4推动测量辊2从下面往上压靠连铸坯1，这样测量辊便在铸坯与其摩擦力的带动下转动，且事先将铸坯的长度与辊子的转数按一定比例联系起来。如把脉冲发生器所发出的脉冲次数换算成铸坯长度，当达到定尺长度时，则由计数器发出讯号即可自动开始切割铸坯。用在200～300×925～1600板坯弧形连铸机上的自动定尺装置的有关参数如下：测量辊的直径为ϕ254.65mm，压靠气缸的压力是0.39MPa压靠力约1.96kN，测量辊的行程以作业线为准±50mm，脉冲发生器600次脉冲/转。

二、火焰切割主要参数的确定

火焰切割的主要参数是气体的压力、耗量、切割的速度及最小的切割长度等。目前，对于在弧形连铸机中有关火焰切割参数的确定，尚无系统的总结。因而通常都参照立式连铸机的计算方法确定。但在立式连铸机中是横向水平切割铸坯，而在弧形连铸机中则是横向垂直切割铸坯，显然后者比前者的切割排渣条件好，故在设计中应结合实际条件做适当的修正。下面将立式连铸机火焰切割的有关参数（除铸坯最小切割长度外）的计算方法介绍如下。若铸坯厚度为H（mm），则

1．气体压力（切割操作台前）

切割氧	0.6～1MPa；	预热氧	0.2～0.6MPa；
乙　炔	49～98kPa；	天然气	98～196kPa。

2．气体消耗量（按一个切割枪）

（1）切割氧的消耗量$Q_{切}$

$$Q_{切}=K_{A}H+10\ (m^3/h) \tag{13-1}$$

式中 K_A——温度系数（见表13-1）。

（2）预热乙炔消耗量$Q_{乙}$

$$Q_{乙}=K_{B}+0.0075H\ (m^3/h) \tag{13-2}$$

式中　K_B——温度系数（见表13-1）。

（3）预热氧消耗量$Q_{预}$

$$Q_{预}=(2.4\sim3.2)Q_{乙}\ (m^3/h) \quad (13-3)$$

3．预热时间

$$T_{预}=K_D(H+40)\ (h) \quad (13-4)$$

式中　K_D——温度系数（见表13-1）。

4．切割速度

$$V_{切}=K_C-H\ (mm/min) \quad (13-5)$$

式中　K_C——温度系数（见表13-1）。

切割温度系数　　表 13-1

温度系数	铸坯温度（℃）			
	<400	600	800	1000
K_A	0.7	0.55	0.45	0.35
K_B	2	1.5	1.5	1
K_C	400	450	500	580
K_D	0.004	0.0032	0.0025	0.0022

5．最小切割长度　连铸坯的最小切割长度是火焰切割装置的重要参数之一，它限定了铸坯的最小定尺长度。最小切割长度与连铸坯的断面尺寸、温度、钢种、火焰切割的速度及拉坯的速度等因素有关。

对于普碳钢（含C0.3%）连铸板坯，若其铸坯温度为800℃，用两支SAH-600型切割枪切割，切割嘴为LPM60-300型，氧气纯度为99.5%，丙烷发热量为100560kJ/m³时，则其铸坯最小切割长度可用查图法（图13-11）迅速查出。

例如：连铸板坯尺寸为200×1600mm，拉坯速度为1.6m/min，铸坯温度为750℃，其他条件如上述，试确定其最小切割长度。首先按图13-11*a*，由铸坯温度横坐标（750℃）向上作垂直线与铸坯厚度曲线（200mm）相交于一点，过该点作水平线向左与切割速度纵坐标相交，得到标准切割速度为460mm/min。其次，再按图13-11*b*，由标准切割速度（460mm/min）纵坐标向右作水平线与铸坯宽度曲线（1600mm）相交于一点，过此点作垂直线与切割周期横坐标相交，可得切割周期为142s，同时，该垂直线与拉坯速度曲线（1.6m/min）相交一点，由这点作水平线与切割长度纵坐标相交，此值既为所求铸坯的最小切割长度3730mm。

在实际设计中，应结合具体切割条件，并参照上述方法确定最小切割长度。

三、提高火焰切割能力的途径

火焰切割装置在连续铸钢的生产中占有很重要的位置，但在不断提高拉坯速度以提高连铸机生产能力的今天，它的切割速度慢，辅助时间长以及金属耗损大的弱点越来越显得突出。特别是在目前机械剪切还不能完全取代火焰切割的情况下，更促使人们去探求提高火焰切割能力的途径。

1．不断改进切割枪的切割嘴　提高火焰切割能力的关键之一是提高切割嘴的切割能力。国内外对切割嘴的结构都进行了大量的研究，其中较有成效的是外混式锥型切割嘴，

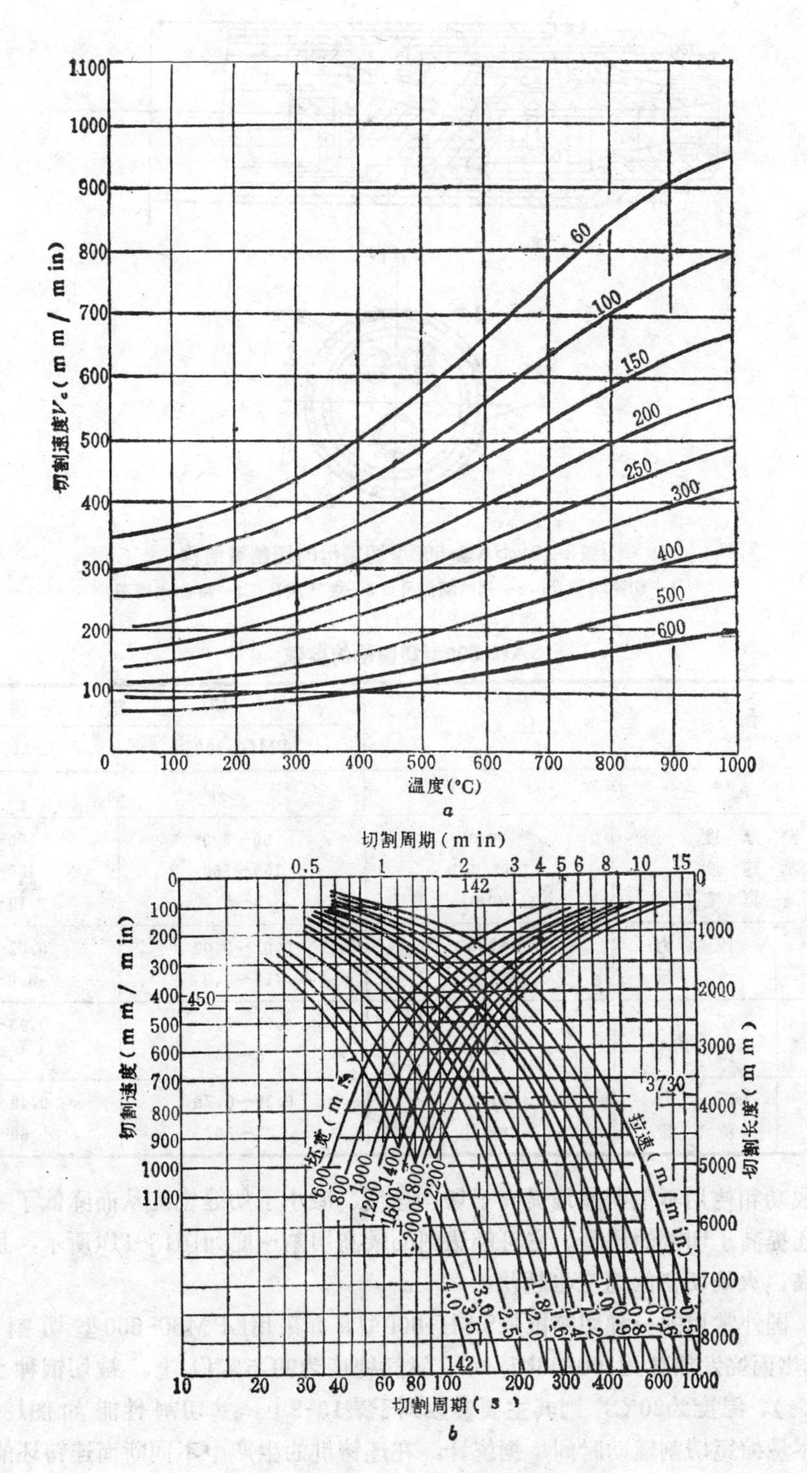

图 13-11　确定铸坯最小切割长度用图

a—标准切割速度图；b—板坯最小切割长度图

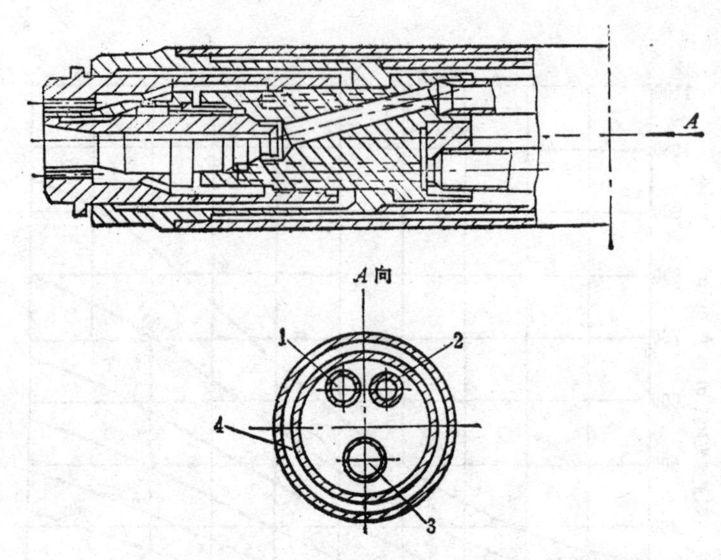

图 13-12 SAH-600型切割枪的切割嘴结构

1—切割氧流孔；2—预热氧流孔；3—燃气流孔；4—冷却水通道

SAH-600型切割枪的参数 表 13-2

项目			切割嘴	
			LPM60-300型	LPM300-600
混合方式			外混式	
切割厚度		mm	60～300	300～600
切割速度		mm/min	160～360	60～160
切缝宽度		mm	5～9	10～14
丙烷	压力	MPa	0.01～0.02	0.02～0.03
	流量	m^3/h	4.2～6.0	6.0～7.4
预热氧	压力	MPa	0.05～0.1	0.05～0.1
	流量	m^3/h	5～10	5～10
切割氧	压力	MPa	0.29～0.78	0.49～0.98
	流量	m^3/h	27～60	60～120

它的研制成功和使用不但明显地提高了切割速度、减小了切缝宽度从而降低了金属的损耗，而且还提高了切割的质量。它可能达到的最高切割速度如图13-11*a*所示，且被切铸坯的温度越高，火焰切割的速度也越快。

目前，国外常用的一种切割枪是SAH-600型。如采用LPM60-600型切割嘴（图13-12）。若预热丙烷发热量为100366kJ/m^3、氧气纯度为99.5%以上、被切钢种为普碳钢（C≤0.3%）、温度为20℃，则其主要参数列于表13-2中，其切割性能如图13-13所示。

2．尽量缩短切割辅助时间　据统计，在连铸机的生产中不同断面连铸坯的切割辅助时间占总切割时间的百分比列于表13-3中。由表可见，在火焰切割中辅助时间所占的比例不算小，尤其是铸坯的断面越小，其辅助时间所占的比例就越大。显然，尽可能地缩短辅助时间对于较小断面铸坯更为重要。解决的主要途径就是实现切割过程的自动化，如铸坯端面的自动检测，自动定尺，切割枪的自动切割和自动快速返回等。

上述仅是进一步提高火焰切割能力的两个较主要的方面，其他方面的寻求也是很必要的。在连铸机的生产中也有采用先将连铸坯切成倍尺，待后步工序再切成定尺，这也是解决切割能力不足可以采取的措施。

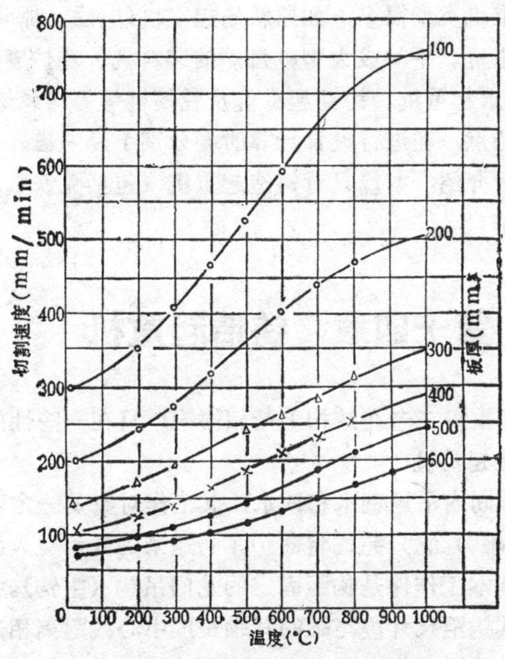

图 13-13　SAH-600型切割枪性能曲线

切割时间与辅助时间　表 13-3

铸坯断面mm²	切割时间	辅助时间	总工作循环
100×100	47%	53%	100%
250×250	74%	26%	
250×1600	86%	14%	

第二节　机械剪切概述

在连铸机中尽管火焰切割在不断地克服着它的缺点方面，冶金工作者为提高其切割能力也做了大量的工作，但和机械剪切比较起来，其切割速度还显得慢，金属的损耗仍然较多。因此，近年来在国内外采用机械剪切断铸坯的连铸机日益增多。目前，在连续铸钢设备上使用的剪切机主要有摆动剪和步进剪两种类型。

连续铸钢的生产工艺对火焰切割铸坯与机械剪切铸坯都有一个基本的要求，这就是剪切机必须要在连铸坯上不断被拉出的运动过程中将铸坯切断。又要尽量减少切口变形。为此，剪切机必须满足以下工艺要求：剪切速度必须与拉坯速度相适应，按要求切成定尺；剪切时剪刃移动必须与连铸坯同步移动；剪切机的最大剪切力应能满足铸机所能浇铸的最大断面，以及最低的剪切温度的要求。其中实行同步剪切是值得特别提到的。当然连铸用剪切机也必须具有一般机械剪所应具有的各种机构，鉴于在“轧钢机械”教材中对其各种结构和参数计算都有较详细的论述，故在这里不作专门的研究。

第四篇　炼钢起重机

炼钢车间中使用的起重机类型很多，如原料场起重机(电磁、抓斗和料箱起重机等)、废钢场起重机、混铁炉起重机、平炉或大型电弧炉的装料机、转炉废钢装料机、整模场起重机（夹钳起重机)、兑铁水起重机、铸锭起重机及脱模机等等均属炼钢起重机。它们各有自己的工作特点和载荷特点，在进行设计计算时要分别予以考虑。由于篇幅限制，不能对上述各种起重机一一进行介绍，本篇只对铸造起重机（包括兑铁水起重机和铸锭起重机）和桥式脱模机作一介绍。

第十四章　铸造起重机

兑铁水起重机与铸锭起重机二者在结构上是相同的，只在一些性能参数上有某些差别，因此把它们统称为铸造起重机。

铸造起重机用于炼钢车间内吊运钢水和铁水，其工作对象是一定容量和尺寸的盛钢桶或铁水罐(以下均简称为“罐”)。它只完成将高炉车间送来的铁水兑入混铁炉或炼钢炉，以及出钢和铸锭等任务。其基本工作件是钩距固定的龙门吊钩（主钩)。主钩的起重能力应与满载的罐的重量相适应；其钩距尺寸应与罐的耳轴长度中心线距离相适应。此外，为了完成罐的倾翻和车间内的辅助吊运工作，还设有1～2个辅钩。以上是对铸造起重机工艺性能的基本要求，同时也是铸造起重机的结构设计的基本出发点。

铸造起重机在高温、多尘的恶劣环境中工作，随着炼钢工艺的发展，铸造起重机的工作也愈益频繁，吊运的又是熔融金属，因而要求铸造起重机的工作必须安全可靠，甚至在一些零、部件损坏的情况下，也必须保证不发生罐的倾翻及堕落事故。为保证炼钢生产能连续不断地进行，还要求铸造起重机的结构简单，便于迅速维修。

铸造起重机的基本工艺参数是它的主钩起重量Q，它等于熔融金属重量Q_d（附加约5%的渣重）和罐自重（约为罐中熔融金属重量的30～40%)的总和。通常取：$Q=1.4Q_d$。

随着炼钢炉容量的增大，铸造起重机的起重量也在不断增大。现在已有630+90/16吨的铸造起重机。

除起重量外，铸造起重机各机构的运动速度和加速度也是主要的工艺参数。由于铸锭操作要求较准确的吊钩定位和移动的平稳性，因此主钩的运动速度和加速度均较低。

主钩起升速度：1.7～12m/min；加速度小于0.1m/s²（一般为0.02～0.05m/s²)。

主小车运行速度：20～40m/min；加速度小于0.3m/s²（一般为0.15～0.25m/s²)。

大车运行速度：60～80m/min；加速度小于0.3m/s²（一般为0.1～0.25m/s²)。

不允许吊重的摆动、不发生车轮的打滑以及不产生过大的动载等条件，是限制铸造起重机加速度的因素。

为了提高辅助吊运工作的生产率，铸造起重机的辅钩起升速度高于主钩的起升速度。

铸造起重机的主要技术参数见表14-1。

铸造起重机的主要技术参数 **表 14-1**

起重量（t）		80/20/5	100/40/5	125/40/5	140/32/10	180/63/16	225/63/10	270/60/16	350/90/15	410/80	480/60	550/100/15	630/90/16
跨度（m）		16～28						22/27	24.5/27.5	26.4	27.5	22.9	22
速度（m/min）	主钩	12/6.3	12/5			10/4		8/12	9/4.5	6	7	2.4	1.7
	第一辅钩	12						8/12	10.5	7	7	7.6	5.5
	第二辅钩	16						14	18.5	—	—	12.4	14.5
	主小车	35～40							27.5	30	40	22.5	20
	辅小车	35～40							45	40	40	46.4	40
	大车	75～80							73	80	80	53.4	60
起升高度（m）	主钩	22						12.5/22	27/12.2	27.9	11.5	15.9	18
	第一辅钩	24						17.5/26	36.5/18.2	30.5	17	19.3	20
	第二辅钩	26							28/18.2	—	—	19.6	20
龙门吊钩钩距（mm）		3620				4250		4500	5500			5700	6300

第一节 铸造起重机的结构

一、铸造起重机的总体结构

铸造起重机具有通用桥式起重机的基本结构。它由大车、主小车和辅小车三大部分组成。其总体结构由它的工作特点决定：为便于从两边翻罐及完成整个车间跨度范围内的辅助操作，要求其辅小车能够开到主小车的两边，并尽可能地接近跨度的两端，因而主小车与辅小车就应各有自己独立运行的轨道，在通常情况下，各有自己的桥架主梁。这就形成了常见的四梁结构型式的铸造起重机（图14-1及图14-2）。

从图中可以看到，主小车在桥架的两根外主梁上运行，辅小车在两根内主梁上运行。辅小车可以在主小车下面来往穿行，在垂直面内形成上下两层。龙门吊钩由两套对称配置的钢绳-滑轮系统吊住。钢绳从内外主梁之间穿过。这样在铸造起重机的横截面内，辅小车处在主小车、龙门吊钩及两组钢绳的四面包围之中。这是铸造起重机在总体结构上的明显特点。

二、大车结构

大车由起重机桥架、司机室和大车运行机构组成。

1．桥架　桥架是由钢板焊成的四梁结构。图14-3是桥架简图。内、外主梁分别与端梁连接在一起。通常，内主梁只承受辅小车的重量，截面尺寸较小。

桥架主梁截面型式现多采用偏轨宽翼缘箱形结构和工字梁加空腹付桁架结构。图14-4是这两种截面结构的简图。这两种截面的主梁具有自重轻、水平刚性和垂直刚性好、外形美观及施焊条件较好等优点。由于小车轨道被偏置于主梁内侧腹板或工字梁的上方，小车轮压直接传给腹板或工字梁，因而通过适当加厚腹板，就能使之承受较大的轮压，并可以简化小车的车轮结构，从而减轻了小车以致于起重机的自重。外主梁设计成具有较大内部空间的密封结构，用以作为电气室，并给以增压，防止灰尘侵入。另外还可在外主梁内装

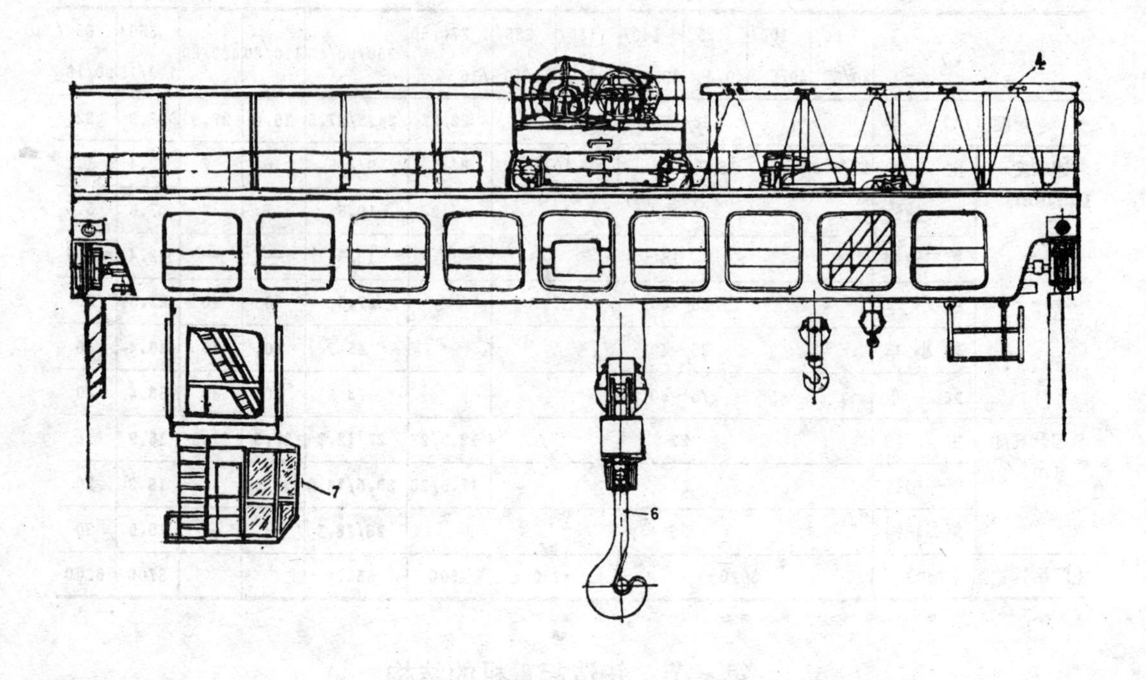

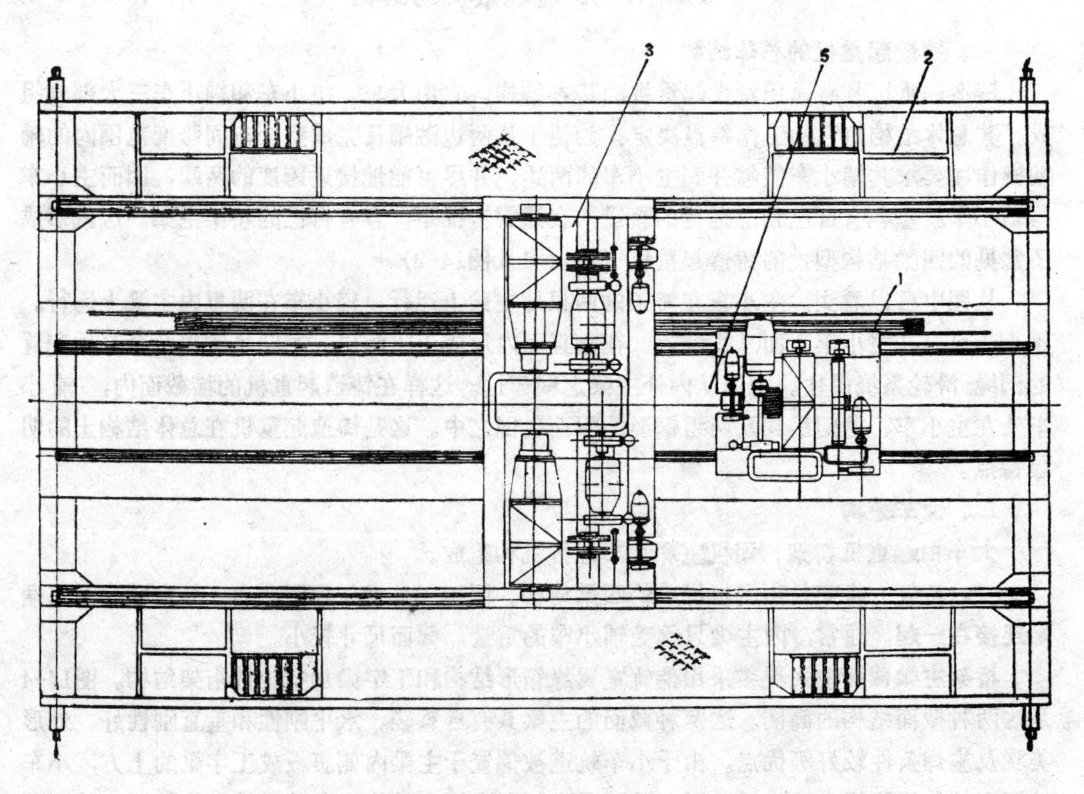

图 14-1　四梁结构的铸造起重机

1—电缆导车；2—大车桥架；3—主小车；4—电缆滑车；5—辅小车；6—龙门吊钩；7—司机室

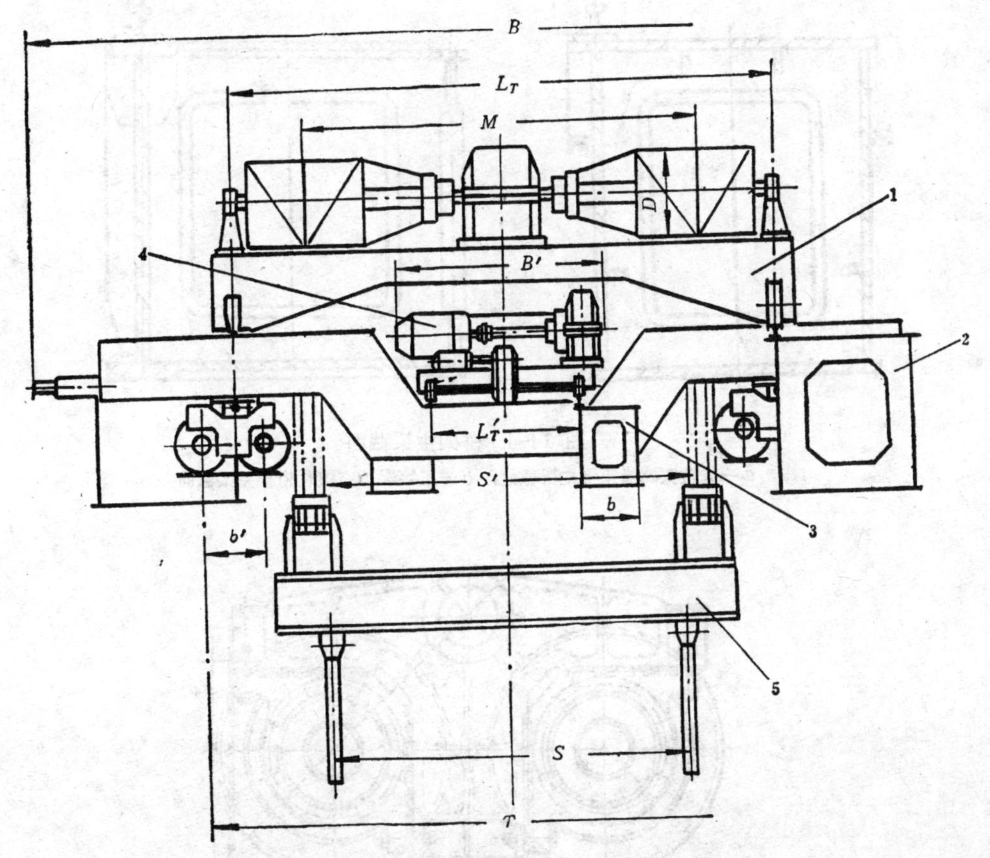

图 14-2　四梁结构铸造起重机的总体结构示意图

1—主小车；2—外主梁；3—内主梁；4—辅小车；5—龙门吊钩

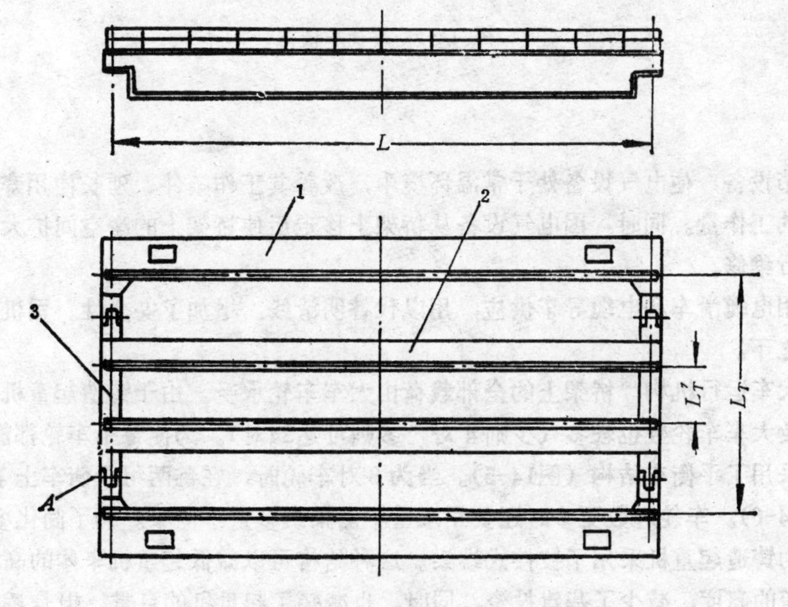

图 14-3　四梁结构桥架

1—外主梁；2—内主梁；3—端梁

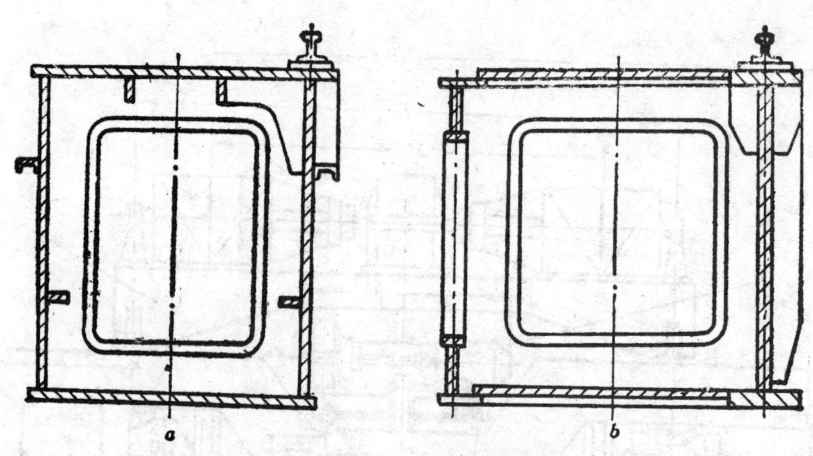

图 14-4 桥架主梁截面

a—偏轨宽翼缘箱形主梁截面；b—工字梁加空腹付桁架主梁截面

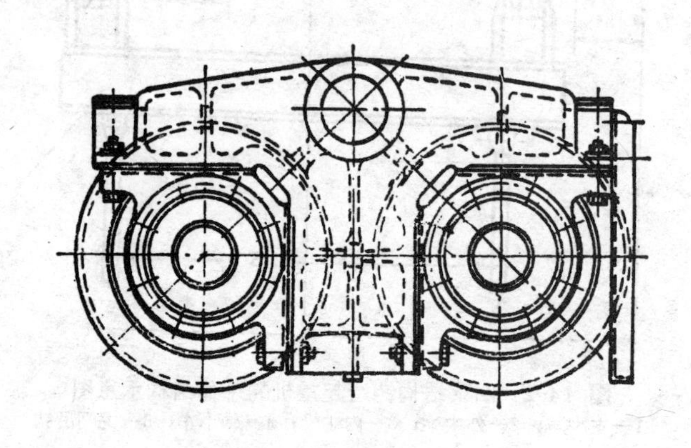

图 14-5 平衡车结构

设空气调节设备，使电气设备处于常温环境中，改善其工作条件、延长使用寿命，从而减少了维修的工作量。同时，因电气设备从桥架上移走后使桥架上的净空间扩大，故便于接近小车进行维修。

电源用电缆滑车和电缆导车供应，用以代替明滑线，增加了安全性。司机室刚性地固接在桥架之下。

2．大车运行机构　桥架上的全部载荷由大车车轮承受。由于铸造起重机的起重量和自重大，故大车车轮数也较多（少则 4 对，多则可达24对）。为使每个车轮都能均衡地承担载荷，采用了平衡车结构（图14-5）。当为 8 对车轮时，在每两组平衡车上再加一层平衡梁（图14-6）。车轮对数更多时还要用双重平衡梁或多重平衡梁。为了简化多重平衡梁结构，有的铸造起重机采用了铰接式端梁。这种结构可以减低起重机车体的高度，并因而降低了厂房的高度，减少了基建投资。同时，也减轻了起重机的自重。但是桥架的水平刚性则有所降低。

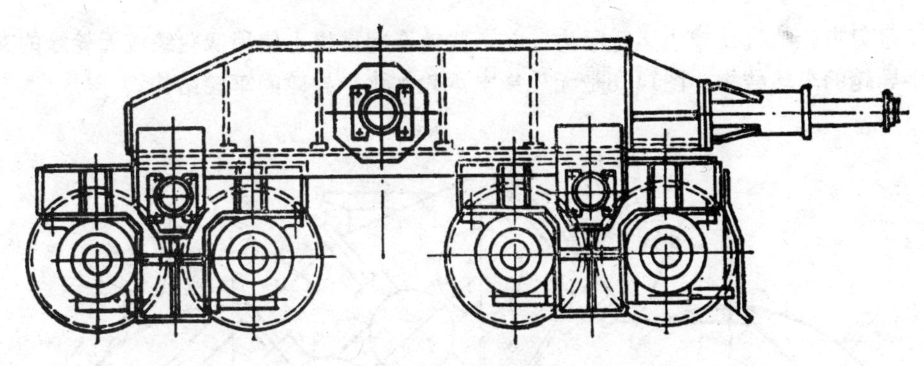

图 14-6 平衡梁结构

大车运行机构的传动现在倾向采用单独驱动。在以往的铸造起重机中，则多使用中速轴传动，这样，一套纵贯桥架的长轴系统总是不可免的，这套系统加上其支承走台一般约占铸造起重机总重的10～20%。而单独驱动则可省掉这套长轴系统，能有效地减轻重量、简化结构，减轻安装及维修工作。这对于起重量及跨度均较大的铸造起重机来说效果是很明显的。

在单独驱动的大车运行机构中，每台电动机只驱动一个（或相邻的两个）车轮。根据车轮的打滑条件确定主动轮的数目。通常主动轮数为车轮总数的四分之一，并布置在桥架最外侧四角上。当起重量较大而使主动轮数大于4个时，驱动机构也将增多。为了减少驱动机构，可用一台电动机通过行星差动减速器来同时驱动相邻的两个车轮，而不会产生因车轮直径加工误差带来的圆周速度不等和车轮打滑等问题。

图14-7是几种大车运行机构的简图。

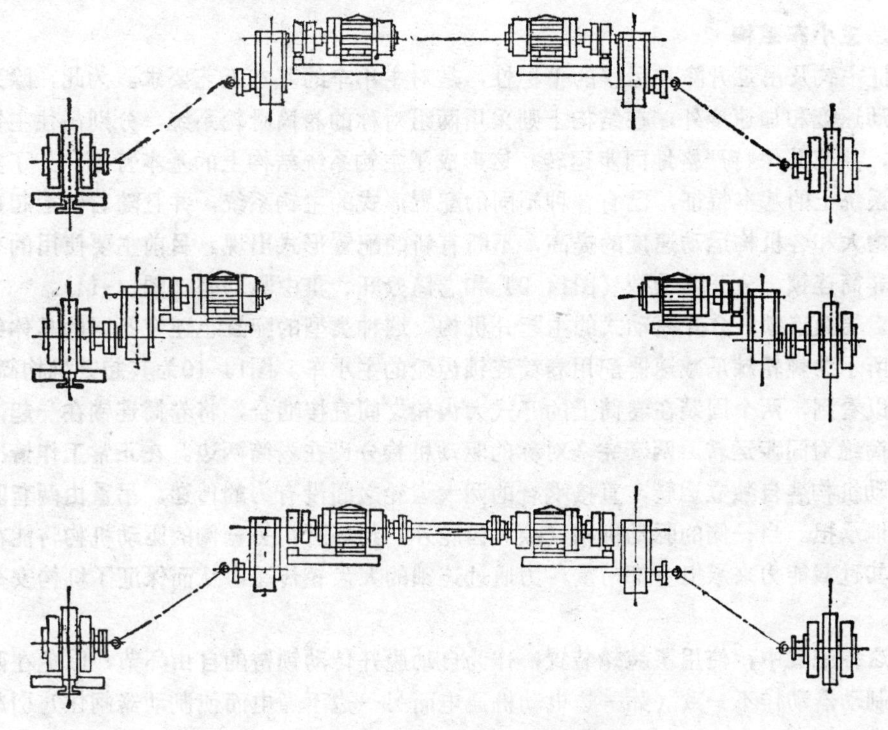

图 14-7 几种大车运行机构简图

为了避免车轮啃轨及减小运行阻力，在一些铸造起重机上使用低轮缘或无轮缘的支承轮加水平导轮的车轮结构。图14-8是无轮缘支承轮加水平导轮的车轮结构。

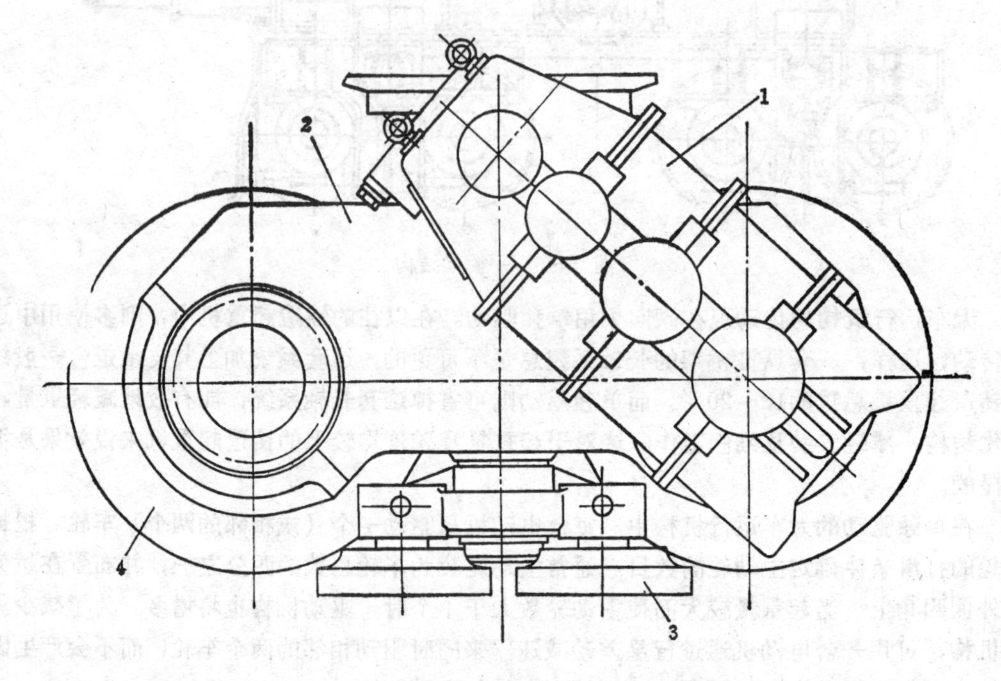

图 14-8 无轮缘支承轮与水平导轮的车轮结构

1—减速器；2—平衡车；3—水平导轮；4—支承轮

三、主小车结构

保证主钩及吊重升降和运移的平稳性，是对主小车的基本工艺要求。为此，除采用了低的运动速度和加速度外，在结构上则采用两组对称的卷筒滑轮系统，分别吊住主钩横梁的四角，并使其保持严格地同步运转。这形成了主钩系统结构上的基本特征。为了实现这一主钩系统上的基本特征，已有各种不同的配置形式的主钩系统，并且随着铸造起重机的起重量增大和各机构运动速度的提高，不断有新的配置形式出现。目前主要使用的有两种类型：卷筒连锁、分开驱动型（图14-9）和卷筒分开、集中驱动型（图14-14）。

1．卷筒连锁、分开驱动式的主起升机构　这种类型的配置也还有不同的具体结构。图14-9所示为棘轮棘爪减速器配用卷筒连锁齿轮的主小车。图14-10为其起升机构简图。由图中可以看到，两个固装在卷筒上的开式大齿轮之间直接啮合，将卷筒连锁在一起，保证两个卷筒绝对同步运转。两套完全对称的驱动机构分设在卷筒两边。在正常工作情况下，两套驱动机构各自独立运转，直接啮合的两大齿轮之间没有力的传递。吊重由两套驱动机构均衡地承担。当一侧的驱动机构（除大齿轮外）损坏时，另一侧的驱动机构将能在短期内发挥其过载能力来承担全部吊重，力通过连锁的大齿轮传递，从而保证了机构安全平稳地工作。

在这种配置中，使用了棘轮装置，作为自动脱开传动锁链的自由环节，以免在两边电动机及制动器动作不一致（如一边电动机通电而另一边不通电而使制动器闸住）引起机构的零部件中产生阻塞应力。图14-11及图14-12是棘轮装置的结构及工作原理图。

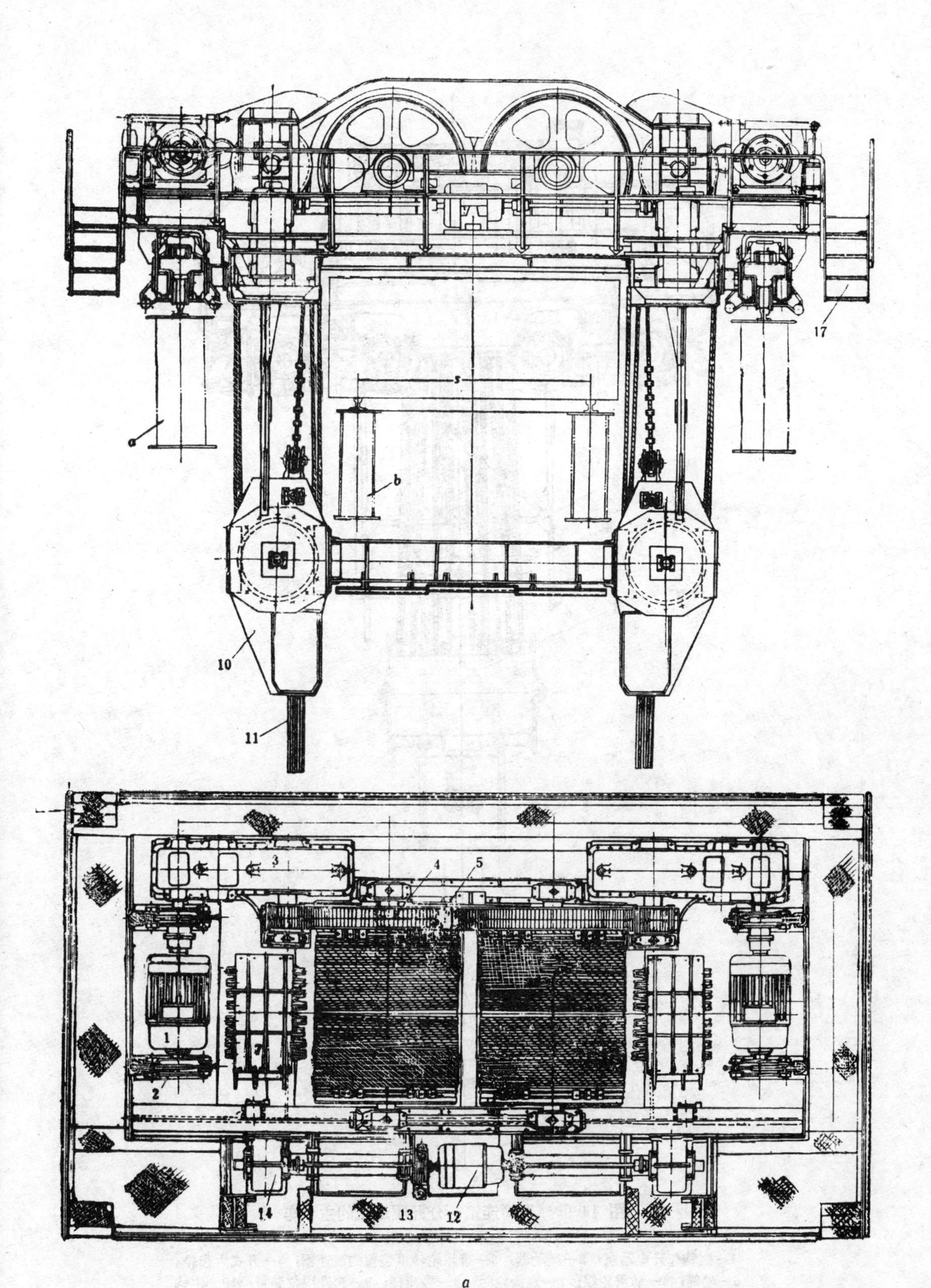

图 14-9a 卷筒连锁、分开驱动式的主小车

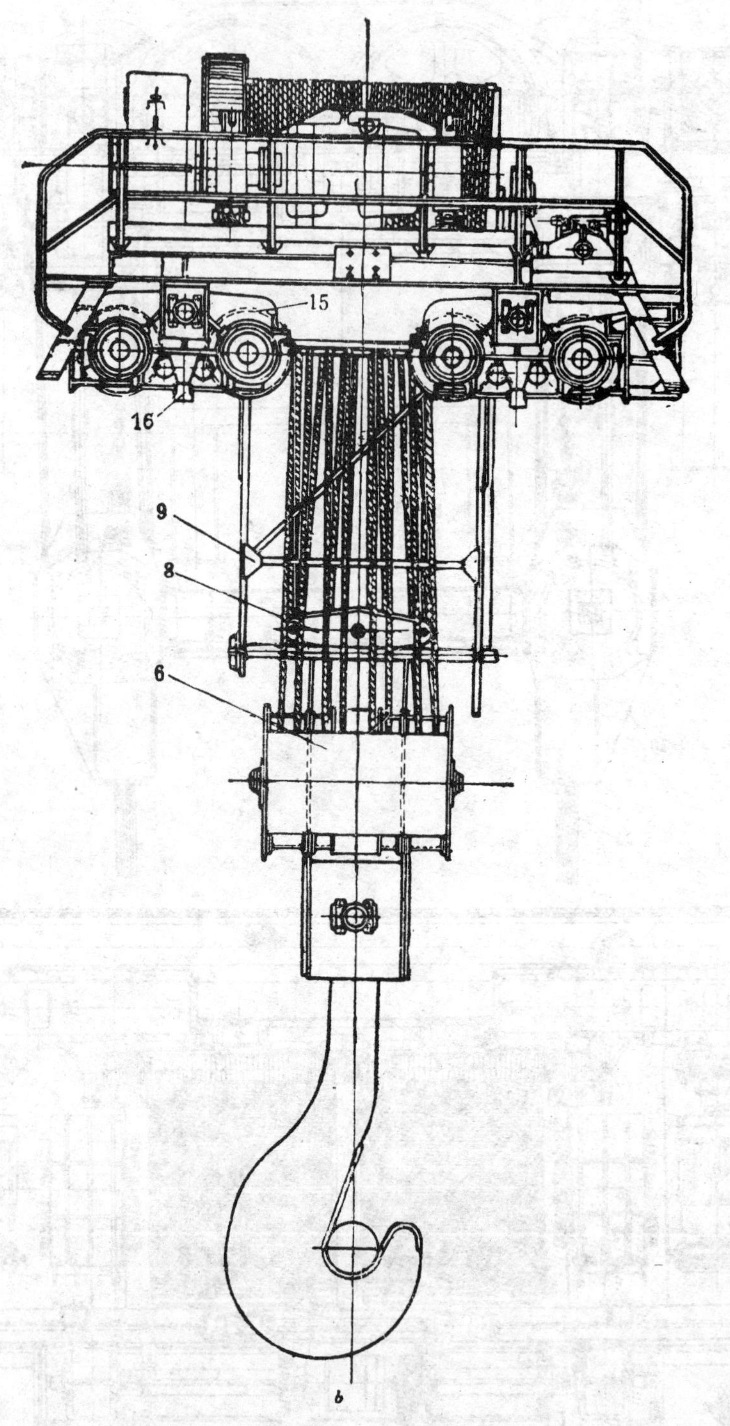

图 14-9*b* 卷筒连锁、分开驱动式的主小车

a—外主梁；*b*—内主梁

1—主钩起升电动机；2—制动器；3—带棘轮棘爪装置的减速器；4—开式大齿轮；5—卷筒；6—动滑轮组；7—定滑轮组；8—平衡杆；9—起升限位装置；10—主钩横梁；11—板钩；12—运行机构电动机；13—制动器；14—立式减速器；15—平衡车；16—缓冲器；17—梯子

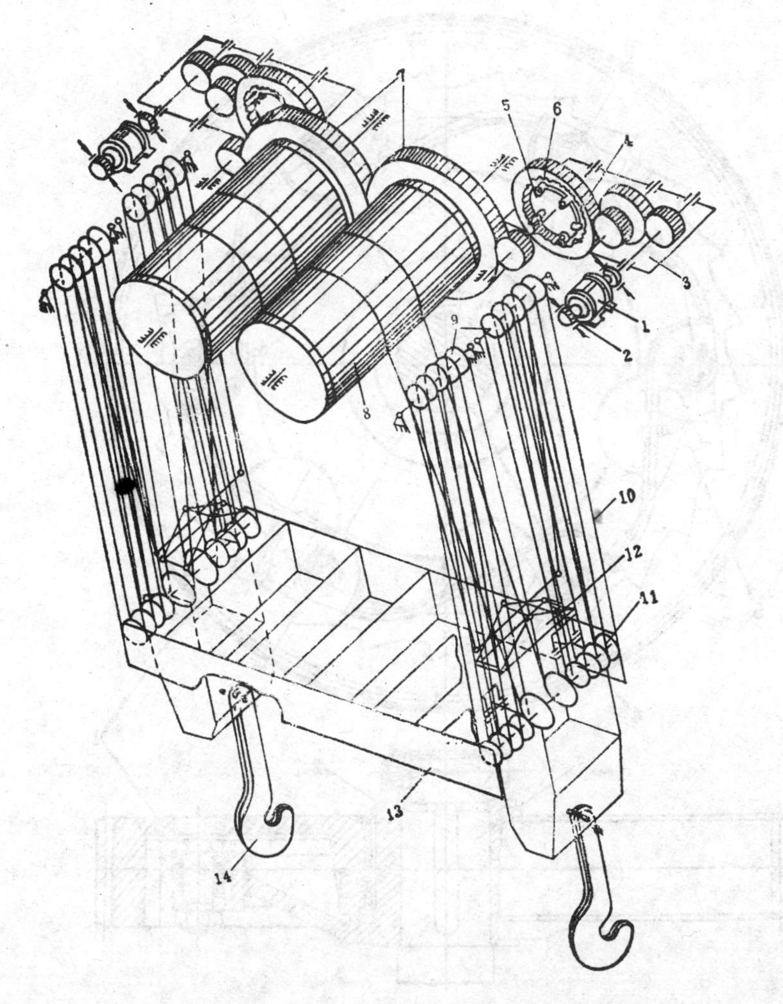

图 14-10　带棘轮装置的起升机构简图

1—电动机；2—制动器；3—减速器；4—带内棘齿的齿轮；5—棘爪盘；6—棘爪；7—开式连锁齿轮；8—卷筒；9—定滑轮组；10—钢绳；11—动滑轮组；12—平衡杆；13—主钩横梁；14—板钩

棘轮装置由两个基本件组成：

1）带有6个棘爪的棘爪盘2，用键固装在传动轴3上，传动轴的外伸端上装有开式小齿轮。

2）带有内棘齿的减速器末级大齿轮1，它活套在棘爪盘的轮毂上。6个棘爪在棘爪盘上依次错开1/6齿距，以便在任一时刻内仅有一个棘爪与棘齿 顶紧工作。这保证 了棘轮装置较平滑地工作，减小了棘爪与棘齿之间的冲击。

棘轮装置有两种工作情况（以图14-12中右棘轮为研究对象）：

1）当起升吊重时，驱动力矩由电动机传来，棘齿轮推动棘爪盘按顺时针方向旋转，使卷筒转动；

2）当下降吊重时，驱动力矩由吊重反拖卷筒传来，棘爪推着棘齿轮按逆时针方向旋转，使电动机处于反拖制动状态运转。

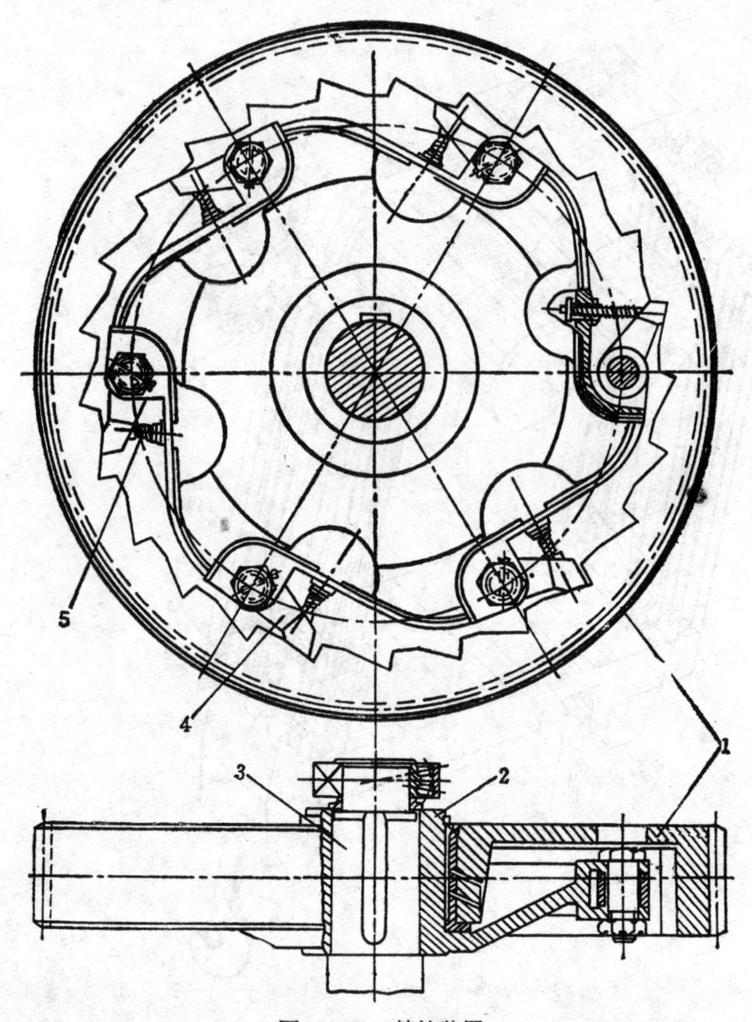

图 14-11　棘轮装置

1—带内棘齿的齿轮；2—棘爪盘；3—传动轴；4—棘爪；5—弹簧

在其它的工作情况下——电动机主动，推动棘齿轮按逆时针方向旋转；或吊重上升，通过传动轴推动棘爪盘按顺时针方向旋转——都将在棘齿与棘爪之间脱开，而发生相对滑动。

棘轮装置在传动系统中的工作原理如下：

在正常工作情况下——两边电动机同速运转，起升或下降吊重——棘轮装置相当于刚性联接，棘轮与棘爪间没有相对滑动。

在起升运动时，如果一边电动机通电工作，而另一边制动器闸住时，则传动链将会在制动边棘轮处脱开，发生打滑而不产生阻塞。此时，吊重将由一边电动机在过载情况下起升。

在下降运动时，如果右边电动机通电工作，而左边制动器闸住，此时在右边的棘轮处将打滑。但吊重则不能继续下降。如欲下降吊重，必须通过转换开关，使故障边的制动器线圈转换到与另一边正常工作的电动机相串联，使制动器松开，由一台电动机单独工作。

由上述驱动机构的工作特点，在计算驱动机构的零部件强度和选择电动机的容量时，

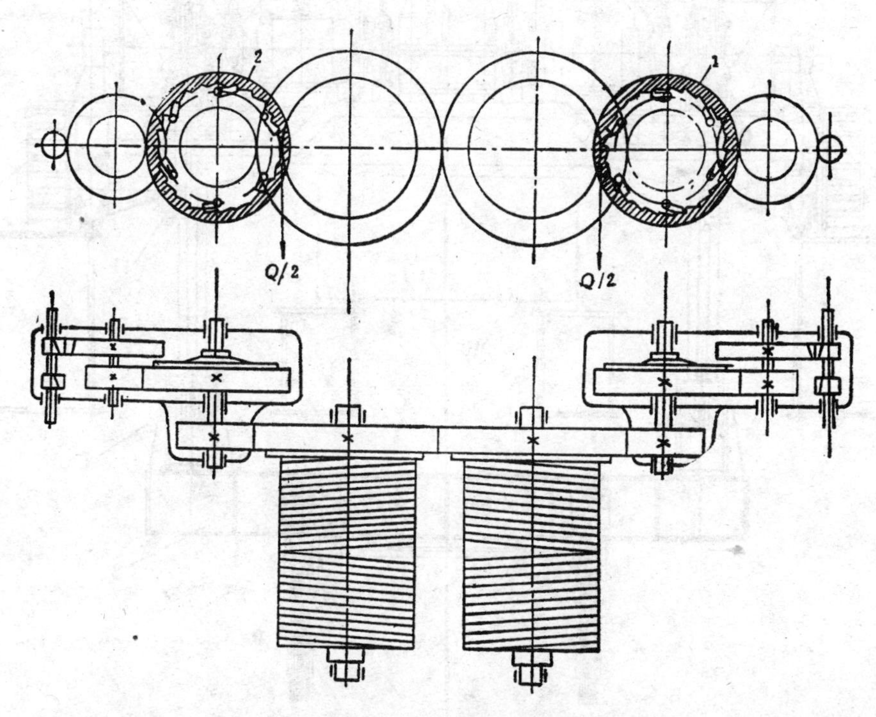

图 14-12　起升机构中的棘轮装置工作原理

1—右棘轮；2—左棘轮

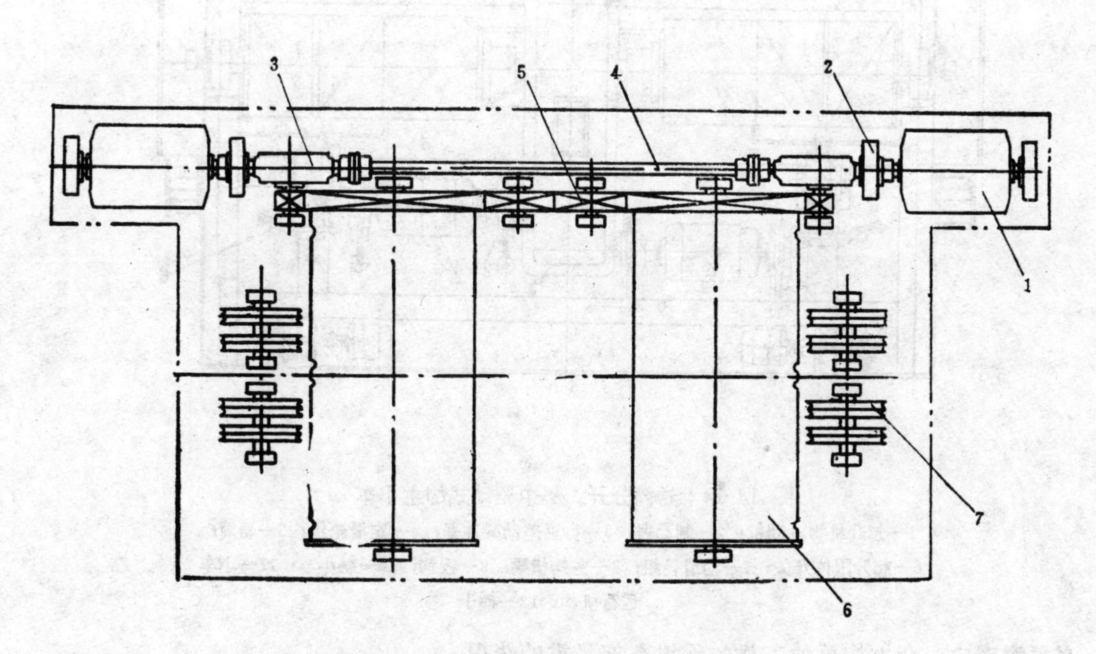

图 14-13　同步蜗轮式的起升机构

1—电动机；2—制动器；3—蜗轮减速器；4—浮动轴；5—惰轮；6—卷筒；7—定滑轮组

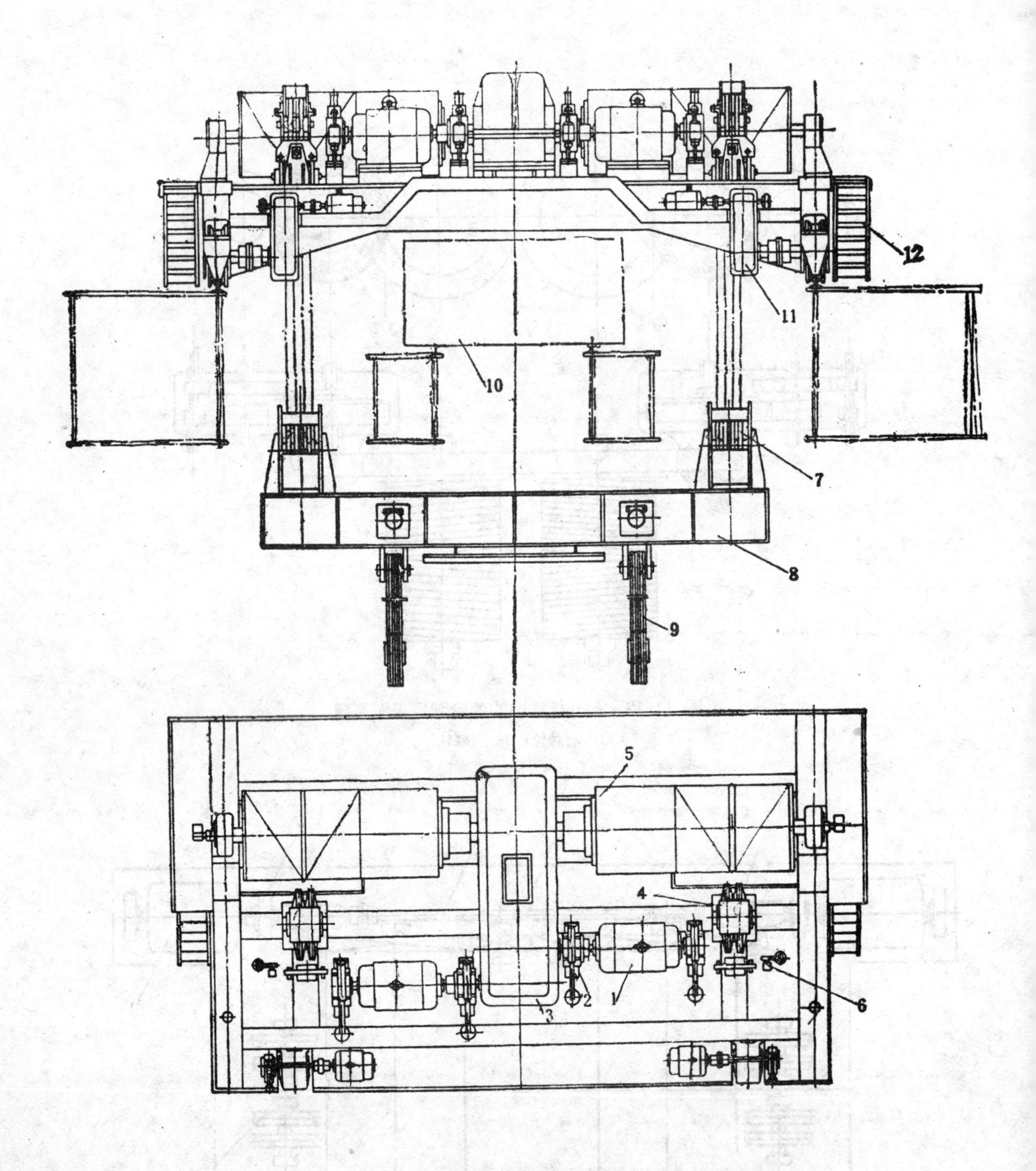

图 14-14 卷筒分开、集中驱动式的主小车

1—起升机构电动机；2—制动器；3—行星差动减速器；4—定滑轮组；5—卷筒；6—起升限位开关；7—动滑轮组；8—主钩横梁；9—板钩；10—辅小车；11—小车运行机构；12—梯子

必须考虑由一套机构单独工作，承担全部吊重的情况。

卷筒连锁、分开驱动式的起升机构，还有其它的结构配置方案。图14-13为同步蜗轮减速器式的起升机构。两个蜗轮减速器之间用浮动轴直接连锁。同时，卷筒上的大齿轮又通过两个惰轮相连锁。这样构成了一个封闭的传动链。两个惰轮之一的轴是浮动的，可以上下运动。当除了电动机及大齿轮之外的其它零件损坏时，载荷将由上述的惰轮传递，并使浮动的惰轮轴作上下运动而触动行程开关，将电路切断，发出报警信号。

2．卷筒分开、集中驱动式的主起升机构　图14-14是卷筒分开、集中驱动式的主小车。图14-15是其起升机构的配置简图。

由图14-15可见，由于两个卷筒分置在两边，中间用一套驱动机构来驱动。因而它具有结构紧凑、占地面积小、重量轻等优点。

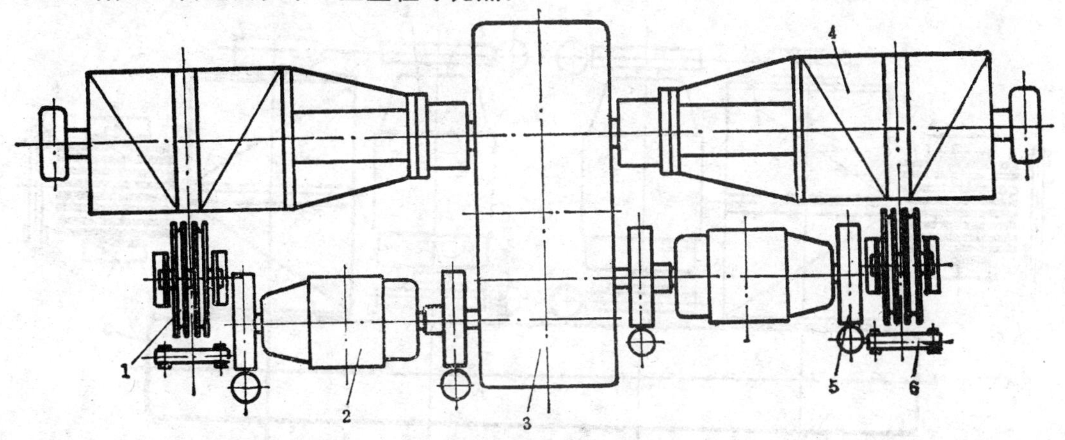

图 14-15　卷筒分开、集中驱动式的起升机构（一）

1—定滑轮组；2—电动机；3—行星差动减速器；4—卷筒；5—制动器；6—平衡杆

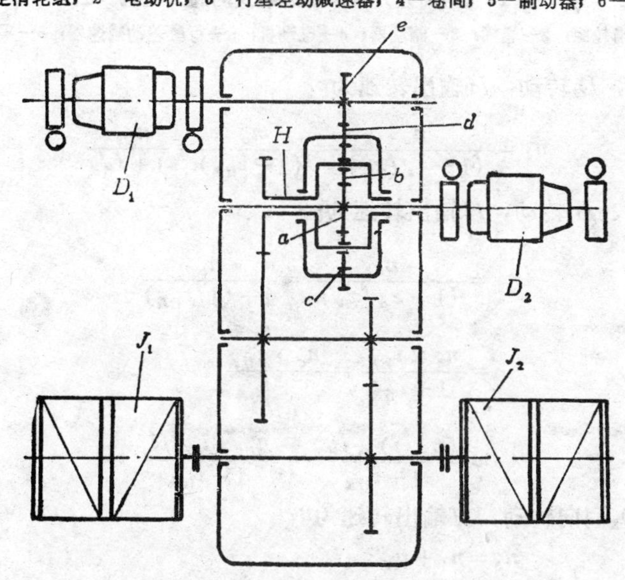

图 14-16　行星差动减速器工作原理

a—中心轮；b—行星轮；c—内齿圈；d—大齿圈；e—小齿轮；H—转架；

D_1、D_2—驱动电动机；J_1、J_2—卷筒

在驱动机构中使用行星差动减速器。两台相同的电动机分别与行星差动减速器的第一轴和第二轴相连。当两台电动机同时工作时，吊重以全速升降；当一台电动机损坏，由另一台电动机单独工作时，吊重将以半速升降。机构中没有过载。行星差动减速器的工作原

理如图14-16所示。

由图14-16可见，电动机D_1与小齿轮e相联，它通过大齿圈d驱动内齿圈c旋转；电动机D_2与中心轮a相联，并驱动a旋转。二者都可使行星轮b绕a作行星运动，并将动力转给传架H输出，并使卷筒J_1、J_2旋转。当电动机D_1和D_2以相互不同的方式运转时，可使转架H、卷筒J_1、J_2得到四种不同的转速，即：

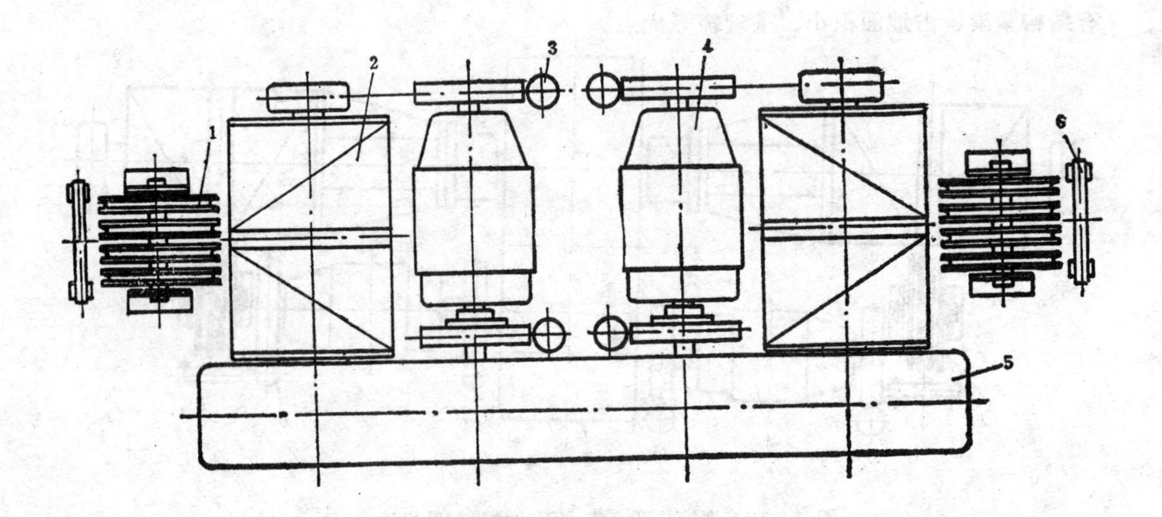

图 14-17 卷筒分开、集中驱动式的起升机构（二）

1—定滑轮组；2—卷筒；3—制动器；4—电动机；5—行星差动减速器；6—平衡杆

（1）D_1不动，D_2转动，H输出转速为n_1

$$n_1=\frac{n_a}{(1+z_c/z_a)}=\frac{n_a}{(1+i_{行星})}=\frac{n_{D2}}{1+i_{行星}}$$

（2）D_2不动、D_1转动，H输出转速为n_2

$$n_2=\frac{n_c}{(1+z_a/z_c)}=\frac{n_c}{1+(1/i_{行星})}$$

$$=\frac{n_c\times i_{行星}}{1+i_{行星}}=\frac{n_d\cdot i_{行星}}{1+i_{行星}}$$

$$=\frac{(n_e/i)\times i_{行星}}{1+i_{行星}}=\frac{n_{D1}\times i_{行星}/i}{1+i_{行星}}$$

（3）D_1与D_2同向转动，H输出转速为n_3

$$n_3=n_1+n_2$$

（4）D_1与D_2反向转速，H输出转速为n_4

$$n_4=n_1-n_2$$

式中 n_a——中心轮a的转速，r/min；

n_c——内齿圈c的转速，r/min；

n_d——大齿圈d的转速，$n_d=n_c$ (r/min)；

n_e——小齿轮e的转速，r/min；

n_{D1}——电动机D_1的转速，$n_{D1}=n_e$ (r/min)；

n_{D2}——电动机D_2的转速，$n_{D2}=n_a$ (r/min)；

z_a、z_c、z_d及z_e——分别为中心轮a、内齿圈c、大齿圈d及小齿轮e的齿数；

$i_{行星}$——行星轮系的速比，$i_{行星}=z_c/z_a$；

i——大齿圈d与小齿轮e的速比，$i=z_d/z_e$。

对铸造起重机来说，只需要有前三种转速情况就能满足要求，并且设计成使$n_1=n_2$。这通过选取两电动机转速相等，即$n_{D1}=n_{D2}$及合适的齿轮齿数即可以得到。当只有一台电动机单独工作时，输出的转速是两台电动机同时工作时输出的转速n_3的一半：

$$n_1+n_2=n_3$$

$$n_1=n_2=\frac{1}{2}n_3$$

$n_1=n_2$的条件是：

$$\frac{n_{D2}}{1+i_{行星}}=\frac{n_{D1}\times i_{行星}/i}{1+i_{行星}}$$

∵

$$n_{D1}=n_{D2}$$

则可简化为：$i=i_{行星}$

进而得：

$$z_d/z_e=z_c/z_a$$

因而，只要在设计行星齿轮机构时，选取合适的齿数，就可得到$n_1=n_2$的结果。

由于一台电动机单独工作时转速减低一半，所以电动机输出功率也减低一半。因此，使用行星差动减速器的卷筒分开、集中驱动式的起升机构，能在一台电动机损坏时，由另一台电动机单独担负起升吊重的任务，而不发生电动机的过载问题。但是，此时必须将损坏的电动机轴用制动器闸住，才能保证另一台电动机正常工作。

卷筒分开、集中驱动式的起升机构有多种配置方案。图14-17是另外一种配置图。

3．起升机构的安全问题　在上述的起升机构中，从生产的安全性考虑：已使用了双电动机驱动，且每台电动机均配用两个制动器，而每个制动器的能力，是按独立承担全部吊重来选取的；用四个独立分支钢绳吊住主钩的四角，且当一个分支或对角上的两个分支断裂时，余下的钢绳仍能可靠地吊住吊重，不使发生倾斜或坠落事故。但在生产实践中，因机构损坏仍然出现了一些事故。随着炼钢生产的发展，铸造起重机向大起重量、高生产率发展。这就对铸造起重机的安全性能提出了更高的要求。近年来国外在铸造起重机设计方面引入所谓“充分安全原则”的概念，也就是说，不论铸造起重机由于内部或外部原因导致起升机构中某个环节损坏时，必须能在短距离内安全地将吊重停住。

为了实现充分安全原则、保证铸造起重机起升机构能安全可靠地工作，须从以下四个方面着手解决：

1）提高主要零件、部件的安全系数。

2）在起升机构中加装第二传动链，形成闭环传动。

3）在起升机构的低速轴上加装安全制动器。要求制动器：①反应快、制动时间短。②制动力矩大、结构紧凑。

4）增加电气保护环节。它们是：电动机的温度检测装置；超速检测装置；防止电动机单相运转的失相保护装置；防止行星齿轮传动和安全制动器机构事故的电气检测装置；

集中润滑系统的油压检验装置；主梁内通风检测装置；电动机过载检测装置；变压器温度检测装置等。

四、四梁六轨式铸造起重机

随着铸造起重机向大起重量发展，起重机的自重和高度也相应增大。这样，一方面提高了其本身的投资；另一方面也使厂房的高度和吊车梁的负荷增加，从而也提高了厂房的基建投资。为了降低投资，就需要通过改变铸造起重机本身的结构来解决。四梁六轨式铸造起重机就是在此要求而设计成功的。

图14-18是四梁六轨式铸造起重机的简图。

四梁六轨式铸造起重机同样也由大车、主小车和辅小车三大部分组成。只是其主小车不是由单一的小车架构成，而是由一个中心桥1和两个跑车5三件组成。中心桥用球形关节支承在两个跑车上，两个跑车分别放在桥架的四条轨道上。起升机构电动机、减速器3和卷筒2装在中心桥上，而其定滑轮组4及平衡杆则装在两跑车上。由吊重构成的负荷，大部分作用在两个跑车上，中心桥只承担起升机构传动部件和中心桥的自重及作用在卷筒上的两根钢绳所引起的力。而钢绳作用力引起的中心桥架的弯曲力矩，与传动部件和中心桥自重所引起的弯曲力矩又刚好相反，互相有所抵消。这样，中心桥的结构就可以做得较轻。两个跑车虽然承担了大部分的载荷，但因其跨距小，作用在跑车架上的弯曲力矩也较

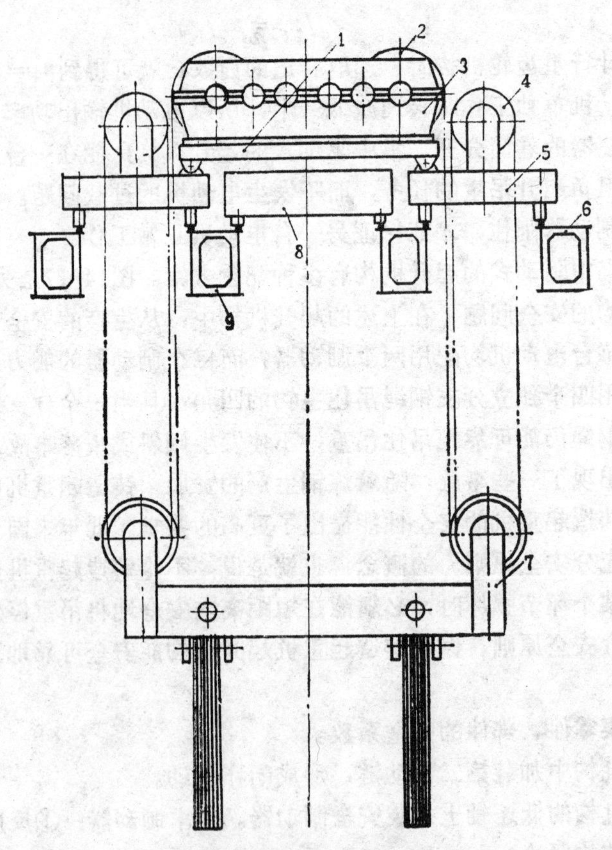

图 14-18 四梁六轨式铸造起重机简图

1—主小车中心桥；2—卷筒；3—减速器；4—定滑轮组；5—跑车；6—外主梁；
7—主钩；8—辅小车；9—内主梁

小，故结构也做的较小，自重较轻。这就使整个主小车的自重减轻了（通常约减轻40～50%）。

两个跑车运行的四条轨道分别设在外主梁内侧腹板和内主梁外侧腹板的上方。这时吊重已不单由外主梁承担，而是由内、外主梁同时承担。故将内、外主梁制成基本相近的截面尺寸。内主梁内侧腹板上方的轨道是辅小车运行用的。乍看起来每一内主梁上设有两条轨道，它既要承担辅小车负荷的一半，又要承担主小车负荷的四分之一左右，似乎承载比外主梁要大。但是，只有在翻罐操作时，主小车与辅小车才同时工作，而此时辅小车承担的负荷正是主小车所减轻的负荷，所以辅小车并未使内主梁承担更多的负荷。相反地，由于作用在内主梁的内侧腹板上方轨道上辅小车的负荷与作用在内主梁外侧腹板上方轨道上的主小车的负荷，在内主梁上将会产生方向相反的扭矩，而使内主梁的受力状态得以改善。故在设计四梁六轨式铸造起重机的桥架时，只需考虑每一内主梁承担全部吊重和主小车自重之和的四分之一左右，以及辅小车自重的二分之一作为计算载荷即可。如果再适当考虑定滑轮组在跑车上的具体位置，就能够做到使内、外主梁受力更均衡和使内主梁的材料得到较充分的利用，从而使大车桥架以致于整个铸造起重机的自重减轻。铸造起重机的起重量愈大，跨度愈大，重量减轻的效果也愈明显。

由于铸造起重机的自重减轻，将导致大车轮压和运动惯性的降低、成本下降，以及相应的厂房建筑投资减少。在对旧有厂房不作过多加固的情况下，也可改装有较大起重量的四梁六轨式铸造起重机。

在四梁六轨式的铸造起重机中，因其起重量大、车轮对数较多，为了均衡车轮轮压，故要使用平衡车及平衡梁。但为降低铸造起重机高度和简化端梁结构，可使用铰接式端梁。

跑车车轮用三点支撑方式以使轮压分布较为均匀，即跑车内侧的车轮分布在车架两边，外侧的两个车轮装在平衡车上，放在车架的中部。这样可以不受跑车架加工误差、运行轨道不平等影响。

第二节　铸造起重机的主要尺寸参数与总体配置

一、决定起重机总体轮廓的主要尺寸与总体配置

在大车跨度L作为工艺尺寸给定后，起重机横截面尺寸是决定总体轮廓的重要参数。横截面内高度方向的尺寸多属强度尺寸性质，需由计算确定。宽度方向尺寸则多由配置确定。这些尺寸（图14-2）包括：主小车跨度L_T、辅小车跨度L_T'、卷筒长度中心点距离M、大车轮距T等。

各宽度方向尺寸的确定顺序及配置层次与起重机主小车的平面配置型式及起重机结构有关。不同的起重机结构有不同的配置顺序，下面分别就前述两种配置型式进行分析。

1．图14-9所示的铸造起重机的配置顺序及层次　由图可见，辅小车在横截面内居于总体配置的核心地位，因而其外形尺寸是总体配置的起点。辅小车宽度B'直接决定了辅小车内主梁位置及其中心距，同时决定了主钩两边内侧钢绳的位置和间距。由于滑轮直径是根据滑轮与钢绳直径的比值D/d而定的强度尺寸，因而动滑轮中心线位置及其中心距，以及主钩两边外侧钢绳的位置也就随之确定了。然后，由此向内决定了主钩卷筒的直径和中心距M（根据两边内侧钢绳与卷筒外圆相切，而两个卷筒大齿轮节圆又直接相切的配置

条件。这一点下面还要进一步说明)；向外决定了两个外主梁的位置及其中心距；向上决定了定滑轮组在小车平面上的配置位置；向下决定了板钩与动滑轮组在主钩横梁上的相对结构关系（主钩钩距是给定的工艺尺寸)。在外主梁中心距确定后，根据大车车轮数目、平衡车及平衡梁的结构与配置决定大车轮距T。这样就确定了各主要尺寸参数，并可建立横截面内的主要中心线网络。

2．图14-1所示的铸造起重机的配置顺序及层次（参看图14-2） 在此，辅小车同样居于总体配置的核心，同样也是总体配置的起点。辅小车宽度B'确定后，辅小车跨度L_T'及内主梁的间距也定下来了。根据给辅小车各机构供电用的电缆导车的宽度，决定内主梁的宽度b。随之决定主钩内侧钢绳分支的位置和间距S'。并根据主小车起升机构传动的配置，确定卷筒的长度中心点及定滑轮组的位置。然后确定主小车宽度、主小车跨度L_T、外主梁位置、大车轮距T以及大车总宽度B（由于结构对称性，图14-2中尺寸B，只注出一半)。

二、主小车的基本尺寸与配置

主小车的配置层次也与其配置型式有关。

卷筒的最小直径D_0由钢绳直径d确定，通常取$D_0=30d$。

在起重量和起升高度一定的情况下，增大卷筒直径可以缩短卷筒长度，但会引起整个传动机构尺寸及重量的增大，而且作用是双重的：既引起机构承受的力矩加大，又引起传动比的加大，这是很不利的。因而对卷筒直径和长度的确定，除从强度方面考虑外，还要考虑主小车的配置情况。

1）在图14-9所示的卷筒连锁、分开驱动式的主小车配置中，起升机构的配置从工作端，即由卷筒开始。首先确定卷筒的直径、长度和位置。两个卷筒由大齿轮直接啮合连锁。卷筒中心距等于大齿轮的节圆直径D_K。钢绳分别由两卷筒外侧引下，钢绳内侧分支的最小距离由辅小车宽度确定，又等于卷筒直径D_0与大齿轮节圆直径D_K之和。在这样的条件下，以卷筒直径与大齿轮节圆直径接近为最有利。因而根据结构条件，具体确定二者的数值。由此确定的卷筒直径与钢绳直径之比达60左右，即比强度要求的超出了一倍，因而，卷筒尺寸在此是取决于配置关系的配置尺寸。

主钩卷筒直径、长度及中心距确定之后，主小车平面配置的中心线网格即可自卷筒起，依次向电动机方向倒推而建立，并由此确定主小车的外廓尺寸。在此，起升机构减速器的中心距也是取决于定滑轮组配置需要的配置尺寸。

2）在图14-14所示的卷筒分开、集中驱动式的主小车配置中，配置从传动机构开始。钢绳内侧分支的最小距离S'由辅小车宽度B'和内主梁宽度b所限定。卷筒直径受起升机构减速器的高度限定，即卷筒上缘不宜超出起升机构减速器最高点。卷筒长度的中心点位置由传动机构的配置确定。即以起升机构减速器为中心，依次向两边配置卷筒、联轴器、电动机及制动器，直至确定了定滑轮组中心线。并使卷筒长度中心点与定滑轮组中心线重合。再由钢绳内侧分支至卷筒长度中心点的距离来确定卷筒的工作长度、以及卷筒的直径。此时如卷筒直径过大，就要调整卷筒长度及定滑轮组的位置。

起升机构配置完毕之后，可进一步确定主小车运行机构的位置、主小车跨度L_T及外廓尺寸。

三、辅小车的基本尺寸与配置

处于总体配置核心地位的辅小车，对其结构上的基本要求是在高度、长度和宽度三个方向上都要采取最紧凑的配置。

辅小车宽度是决定铸造起重机总体轮廓尺寸的设计基础尺寸，如何缩小这一宽度是设计中必须考虑的问题。

辅小车的宽度与辅钩起升机构的长度有关。这里同样存在着卷筒直径与长度之间的矛盾关系。在起重量和起升高度给定的情况下，缩小卷筒长度将必须使钢绳分支数减小、钢绳直径加大和卷筒直径增大。这都会引起传动系统的增大。同样也会使辅小车高度增大，但必须使之不超过起升机构减速器的高度。

还必须注意，在辅小车平面上布置卷筒位置时，要使卷筒长度中心点与辅小车宽度中心线对齐，以保证辅钩位于主钩的对称中线上，以便于翻罐操作。

第十五章 桥式脱模机

脱模机的工作任务是将浇铸好的钢锭脱去钢锭模（图15-1）。当钢锭与钢锭模之间的粘结力不大时，夹起钢锭模，钢锭就留在底板上（对上小下大的钢锭）；或夹起钢锭，钢锭模留在原位（对上大下小的钢锭），这称为自由脱模。而当粘结力大于钢锭或钢锭模的自重时，夹起钢锭模（或钢锭）时，钢锭（或钢锭模）在粘结力作用下，随之被一同提起来，这已不可能进行自由脱模，而必须通过强力的推顶或夹扯，强迫钢锭与钢锭模之间产生相对移动，才能把两者分开，这称为强迫脱模。

由于钢锭有上小下大和上大下小（带保温帽）两种型式，因之脱模操作综合有以下四种（图15-1）：

1）自由及强迫脱上小下大的钢锭模（图中 d）；

2）自由及强迫脱上大下小钢锭的保温帽（图中 b）；

3）自由及强迫脱上大下小的钢锭模（图中 a）；

4）自由及强迫取下底板上的上小下大的钢锭（图中 e）。

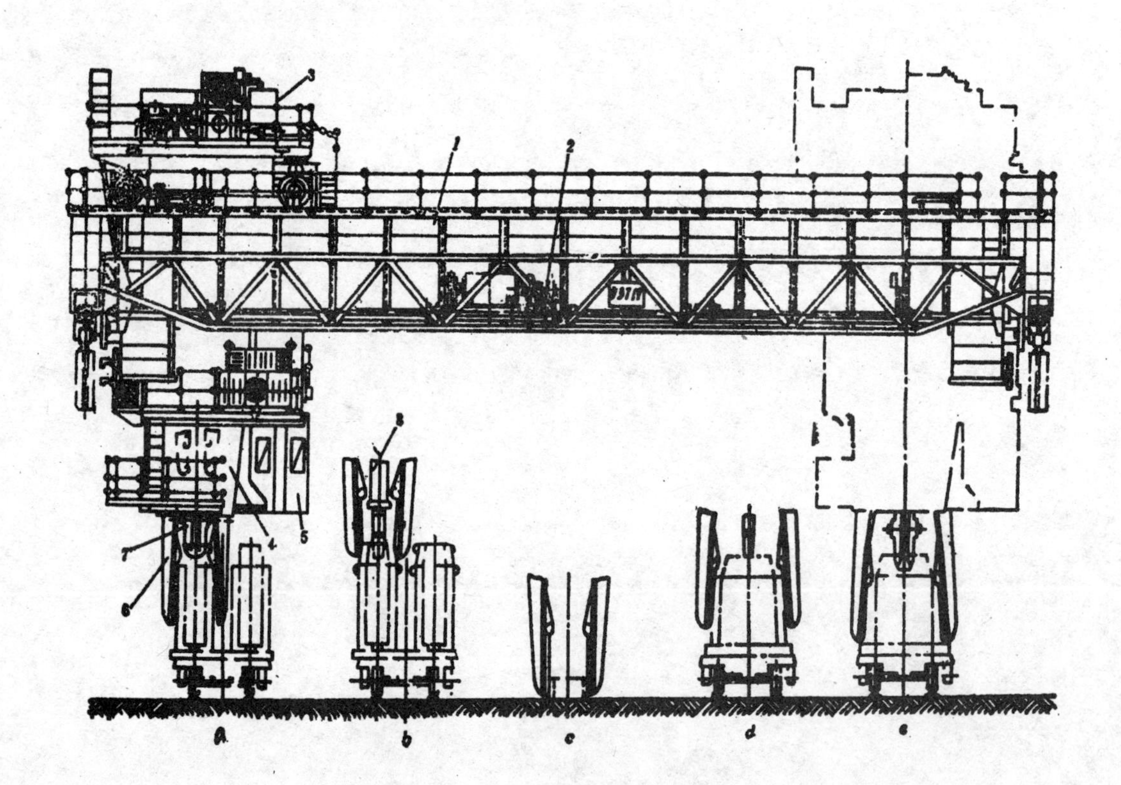

图 15-1　桥式脱模机

a—脱上大下小的钢锭模；b—脱上大下小的钢锭的保温帽；c—放下保温帽；d—脱上小下大的钢锭模；e—从底板上取下上小下大的钢锭；1—大车桥架；2—大车运行机构；3—小车；4—导向架；5—司机室；6—大钳；7—小钳；8—顶杆

为此，可以采用各种不同的工作原理。

现有的脱模机械绝大多数都是按静力作用——夹扯及推顶的原理来进行工作的。有的能完成上列全部工艺操作，有的只能完成其中某几项。尽管存在各种不同的操作方案和设计方案，但静力式脱模机结构设计的基本思路却是共同的——即利用夹扯与推顶两类基本工具的运动来实现各种脱模操作。

现有的静力式脱模机有三种基本类型：

1）脱模起重机（桥式、半龙门式和地上运行式）；

2）地上固定式脱模机（立式和水平式）；

3）附加在通用桥式起重机上的脱模装置。

本章只介绍桥式脱模机。

第一节　桥式脱模机的基本结构及工作原理

桥式脱模机按动力来源分为机械螺旋式和液压式两类，本节只介绍机械螺旋式的桥式脱模机。

一、机械螺旋式桥式脱模机的总体结构

桥式脱模机具有通用桥式起重机的大车-小车结构（图15-1）。它能完成前述的各项工艺操作。为此，它通常都同时具有夹扯-推顶两套系统，并将两类脱模工具归并成三个基本工作件：

1）大钳6——用来夹取钢锭模（用中耳）及保温帽（用下耳），并作为与小钳配合工作时的推挡件（用推掌或钳尖）；

2）小钳7——用来夹取钢锭；

3）顶杆8——用来作为与大钳配合工作时的推顶件。

为了完成自由脱模的四种操作，必须具有大钳的张闭运动（夹钢锭模或保温帽）和小钳的张闭运动（夹钢锭）。

为了完成强迫脱模的四种操作，必须具有两个工作件之间的相对直线运动：大钳与顶杆之间的相对运动（推顶动作）和大钳与小钳之间的相对运动（夹扯动作）。

此外，为了完成钢锭及钢锭模等的升降和运移还要有空间的三向直线运动。

这样一来，桥式脱模机就须设有五套传动机构：

1）大钳张闭机构；

2）起升机构；

3）小钳张闭及顶杆推顶机构（以下简称为小钳-顶杆机构，由于小钳不会与顶杆同时工作，故能用一套机构来完成小钳与顶杆两个工作件的运动）；

4）小车运行机构；

5）大车运行机构。

为了配置上述的三个工作件及五套机构，桥式脱模机的结构层次如下（图15-2及图15-3）：

1．大车系统　具有通用桥式起重机的结构，由桥架和大车运行机构组成。在此不作赘述。

2．小车系统　图15-2是小车的结构图。小车结构属于刚性导架型，在小车架下刚性

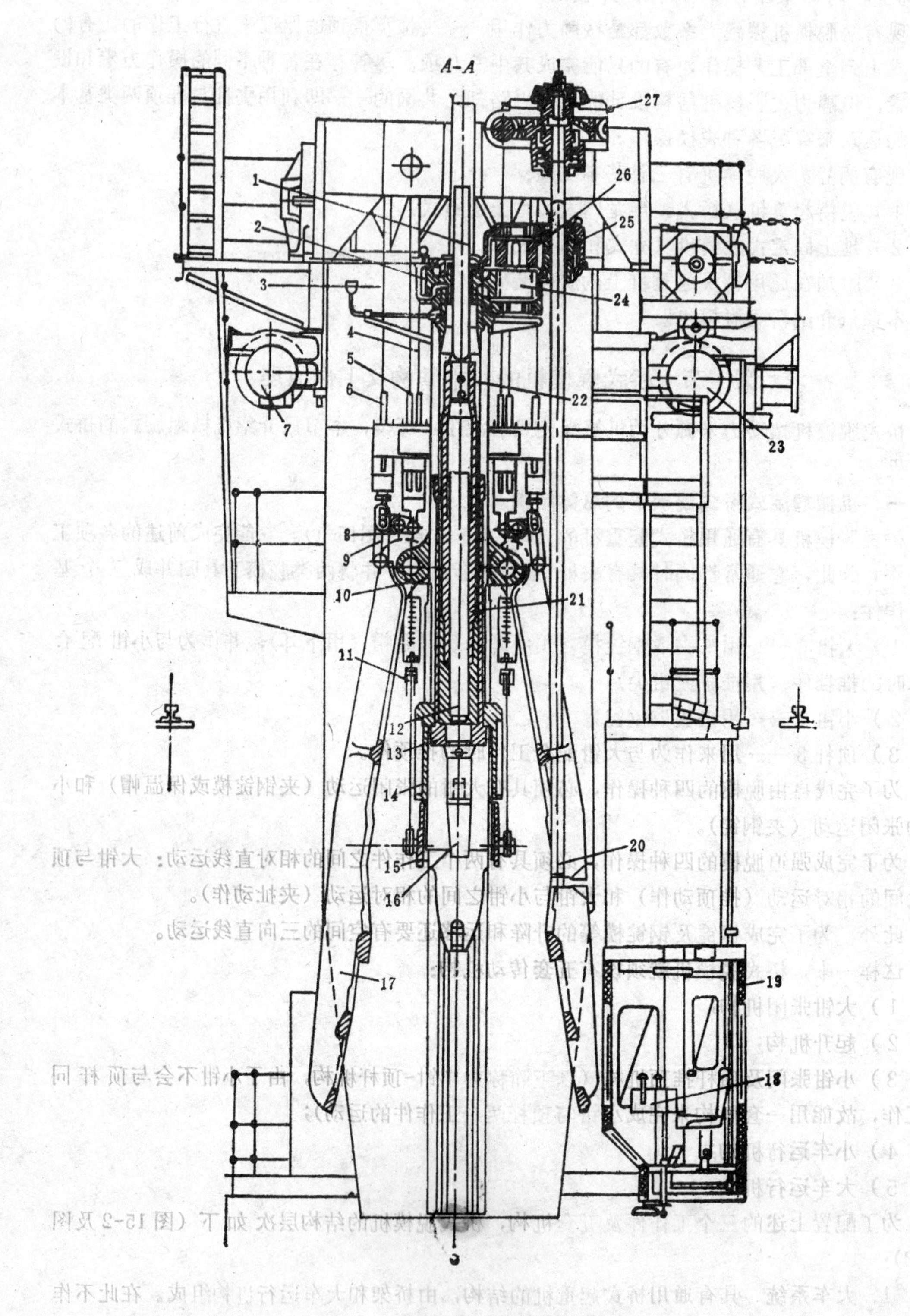

图 15-2a 脱模机小车

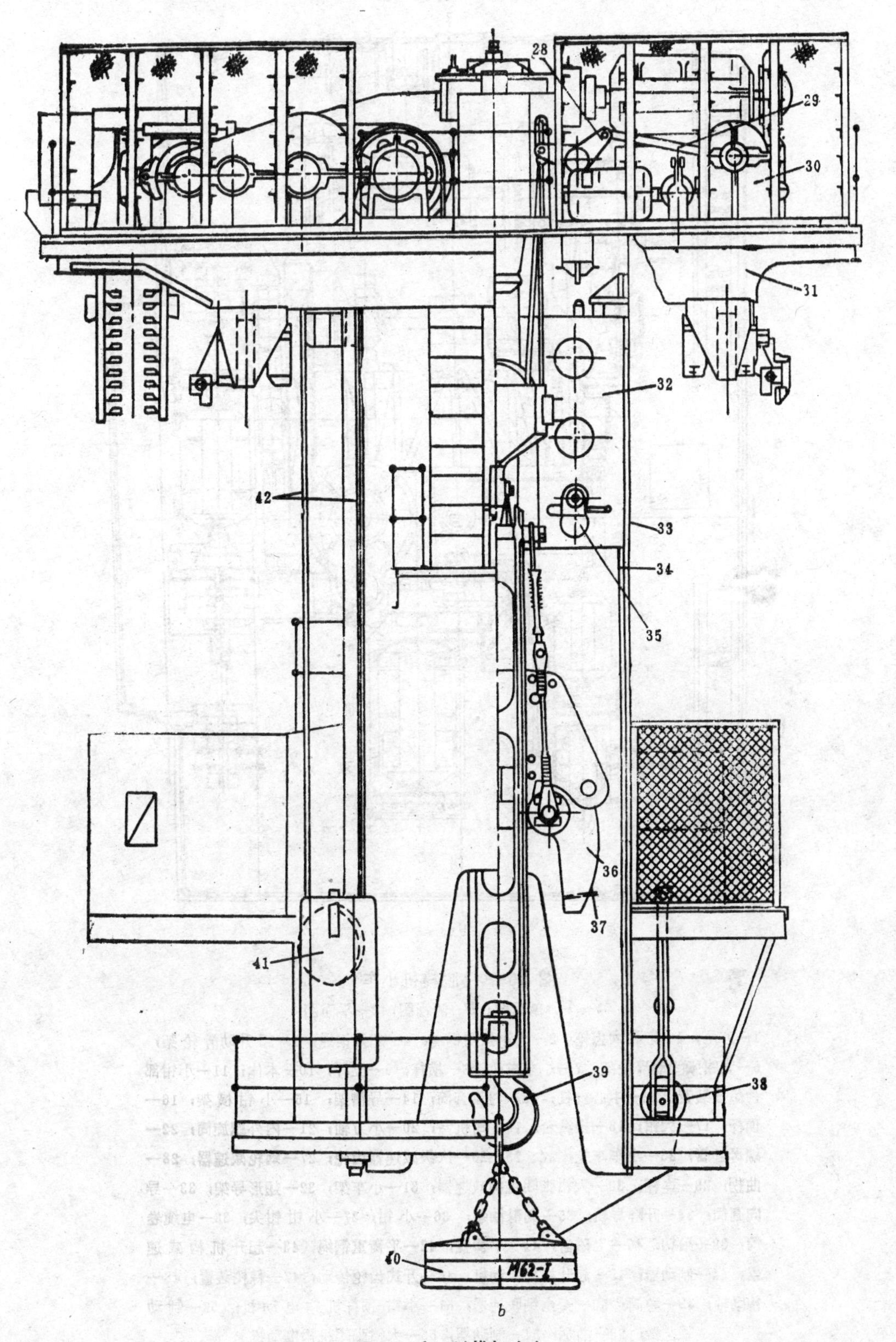

图 15-2*b* 脱模机小车

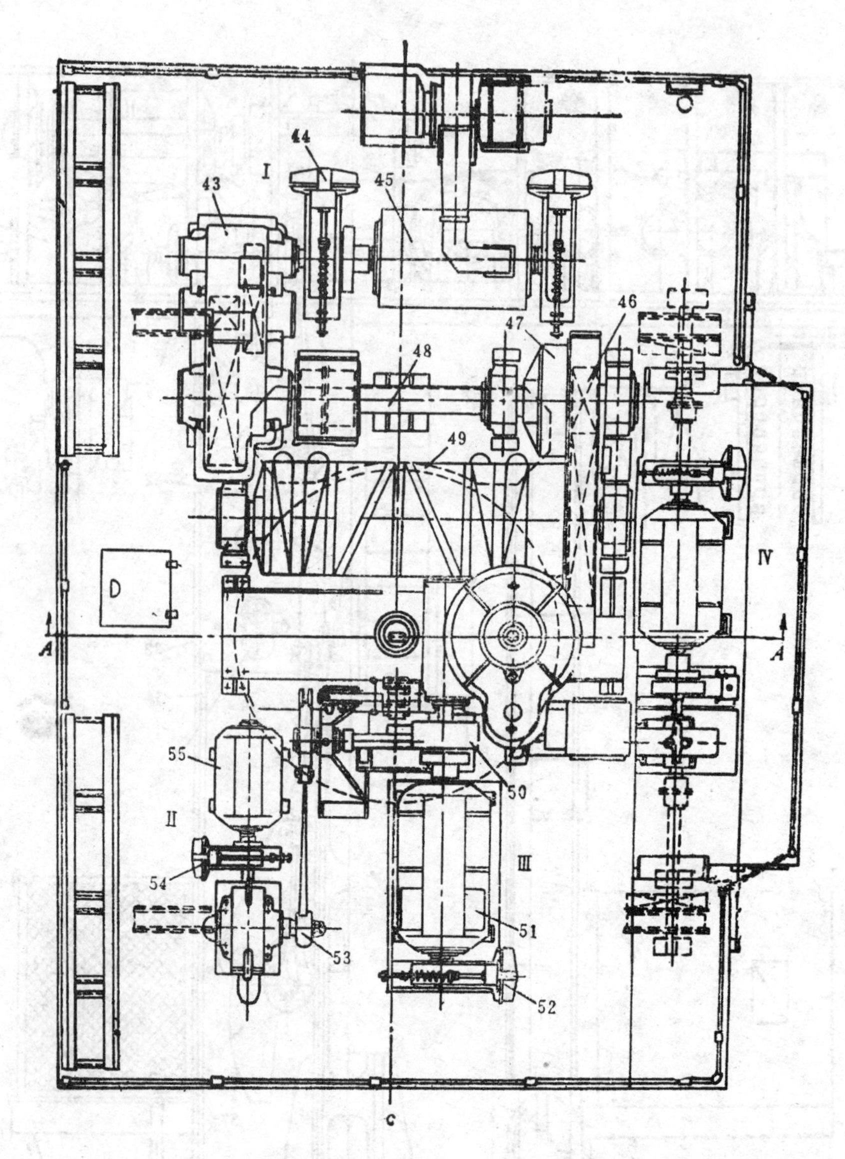

图 15-2c 脱模机小车

a—A-A剖面图；*b*—侧视图；*c*—平面图

1—方尾；2—方孔大齿轮；3—大钳张闭钢绳；4—起升钢绳；5—起升动滑轮架；6—大钳张闭动滑轮架；7—小车车轮；8—横杆；9—立杆；10—本体；11—小钳部件吊挂装置；12—中心丝杠；13—勾头套筒；14—导槽架；15—小钳横架；16—顶杆；17—大钳；18—操纵台；19—司机室；20—小方轴；21—内外螺旋筒；22—螺母套管；23—小车车轮；24、25、26—次级减速器齿轮；27—蜗轮减速器；28—曲拐；29—连杆；30—大钳张闭机构减速器；31—小车架；32—翅形导架；33—导向圆筒；34—升降导轨；35—润滑油泵；36—小钳；37—小钳钳尖；38—电缆卷筒；39—吊钩；40—电磁盘；41—平衡重；42—平衡重钢绳；43—起升机构减速器；44—制动器；45—起升机构电动机；46—开式齿轮传动；47—棘轮装置；48—传动轴；49—卷筒；50—安全销联轴器；51—小钳-顶杆机构电动机；52—制动器；53—曲柄；54—制动器；55—大钳张闭机构电动机

Ⅰ—起升机构；Ⅱ—大钳张闭机构；Ⅲ—小钳-顶杆机构；Ⅳ—小车运行机构

地联结着钢板焊成的导向圆筒33，装有各种脱模工具的脱模机构主体悬吊在圆筒内，主体的翅形导架32沿圆筒内壁上的导轨34内上下滑动。司机室及电器室19，在圆筒外面与小车架和圆筒固接，配置在圆筒外面的还有起升机构的平衡重41及其导柱。

小车车架平面上配置有四套传动机构：起升机构；大钳张闭机构；小钳-顶杆机构的传动装置；小车运行机构。除小车运行机构外，其余三套机构均需将动力传到脱模机构主体上：起升机构和大钳张闭机构通过钢绳4及3传下；小钳-顶杆机构通过铅直小方轴20传下。

小车运行机构与通用桥式起重机的小车运行机构相同。但为了使小车能准确地停在要脱的钢锭模上方，在桥式脱模机的小车运行机构中，除有通常的电磁制动器外，还装了一套脚踏制动器。踏板装在司机室内，通过杠杆系统传至制动器上。

3. 脱模机构主体系统　它由本体10及装在本体上的大钳系统及小钳-顶杆系统组成。主体的中轴线与导向圆筒33的轴线重合。大钳17及小钳36分别配置在沿大车桥架轴线与垂直桥架轴线的正交垂直面内。大钳张闭及整个脱模系统的升降运动采用钢绳卷筒来实现，以保证操作的灵活、轻便；小钳及顶杆的运动则采用螺旋传动付，以平稳地传递大的脱模力。

桥式脱模机除进行脱模操作外，大钳可以直接或带上辅钩做车间内的各种辅助起重及清理工作，吊钩上还可再挂上电磁盘40进行工作。电缆卷筒38装在司机室旁边的台架上。

二、脱模系统的基本结构及工作原理

脱模系统包括以下几个部分：本体、大钳系统和小钳系统。图15-3是脱模机构主体的结构图。

本体是一个铸造筒体与钢板焊接的翅形导架相联而成的组合件（图15-4），大钳部件及小钳部件分别配置在本体的两个正交的垂直面内。在本体的X-X垂直面内有铰链中心点A及D，大钳钳体及其杠杆组以此为转动中心组成大钳部件。在此垂直面内还开有窗口W及导轨K，小钳部件就以此作为导向轨道而装在本体外部。本体内套装着小钳的操纵部件。在本体的Y-Y垂直面内固装着翅形导架M。小钳-顶杆机构的次级减速器直接固装在本体顶部。以上是脱模系统主体的基本结构。下面按部分对脱模系统作进一步分析。

1. 大钳系统（图15-5）在图中，上半部所示为装在小车车架平面上的起升机构和大钳张闭机构；下半部所示为悬吊在导向圆筒内的脱模机构主体的大钳部件。

大钳部件包括大钳钳体（ABL_3）和两个杆件（立杆BC和横杆CDE）组成的杠杆系统。大钳的转动中心A和横杆的中心点D铰接在本体上。C点是大钳张闭滑轮架的悬吊点，E点是起升滑轮架的悬吊点。整个脱模机构主体就是通过C、E两点被悬吊在圆筒内，并实现主体的升降运动和大钳的张闭运动。

起升钢绳、大钳张闭钢绳及平衡重钢绳绕在卷筒7上。

两对起升钢绳Ⅰ（共四根钢绳）的一端固定在卷筒7的中部，另一端绕过起升滑轮Q，然后固定于平衡杆P上。平衡杆P装在鞍架上。

一对张闭钢绳Ⅱ（共两根钢绳）的一端固定在卷筒7上（在起升钢绳Ⅰ的外侧），另一端绕过张闭滑轮S，然后固定于曲拐cdm的m点。

一对平衡重钢绳Ⅲ（共两根钢绳）的一端固定于卷筒7的最外侧，另一端绕过平衡重滑轮W，然后固定于平衡杆T上。平衡杆装在小车平面上。需注意的是，钢绳Ⅲ与钢绳

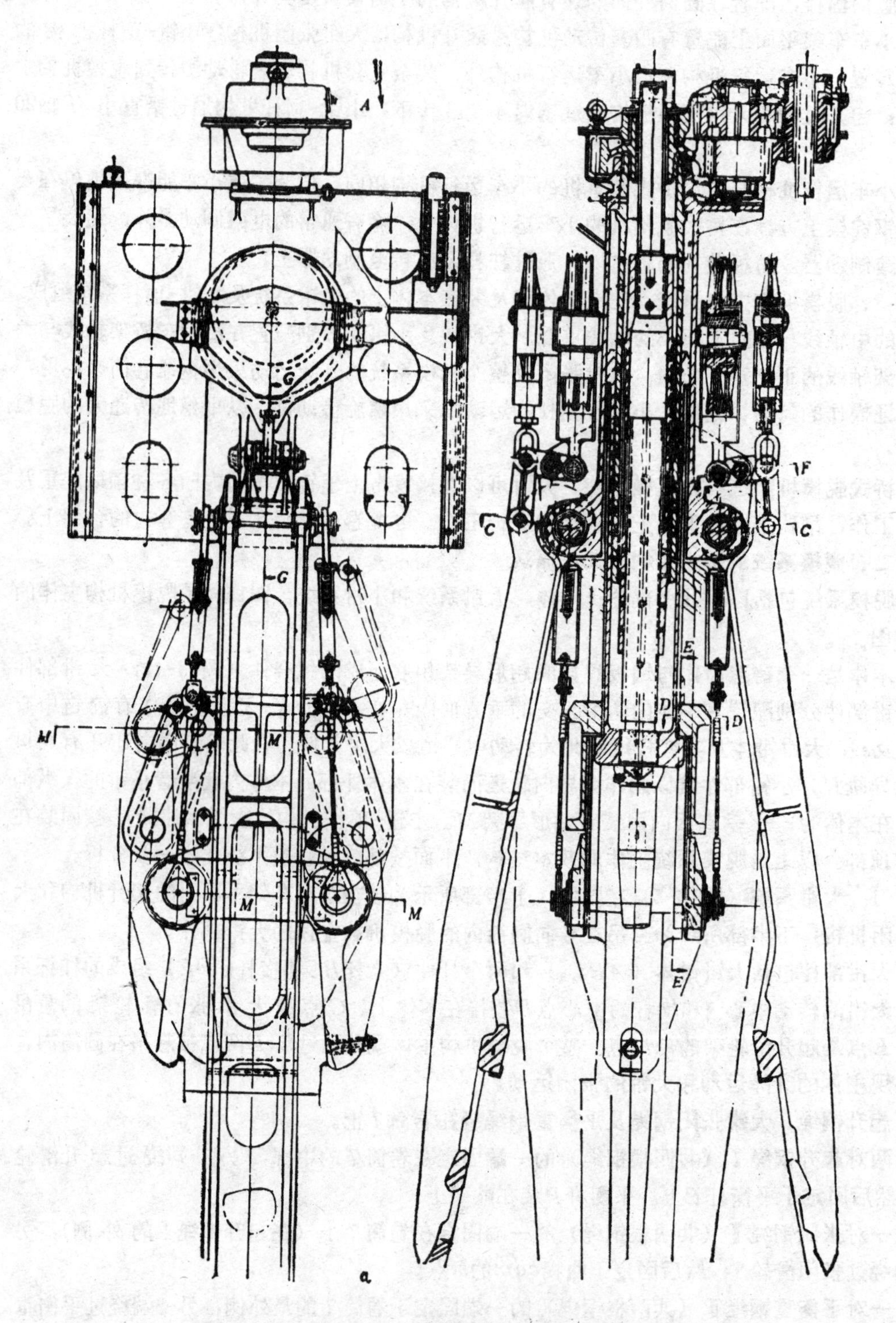

图 15-3a 脱模机构主体结构图

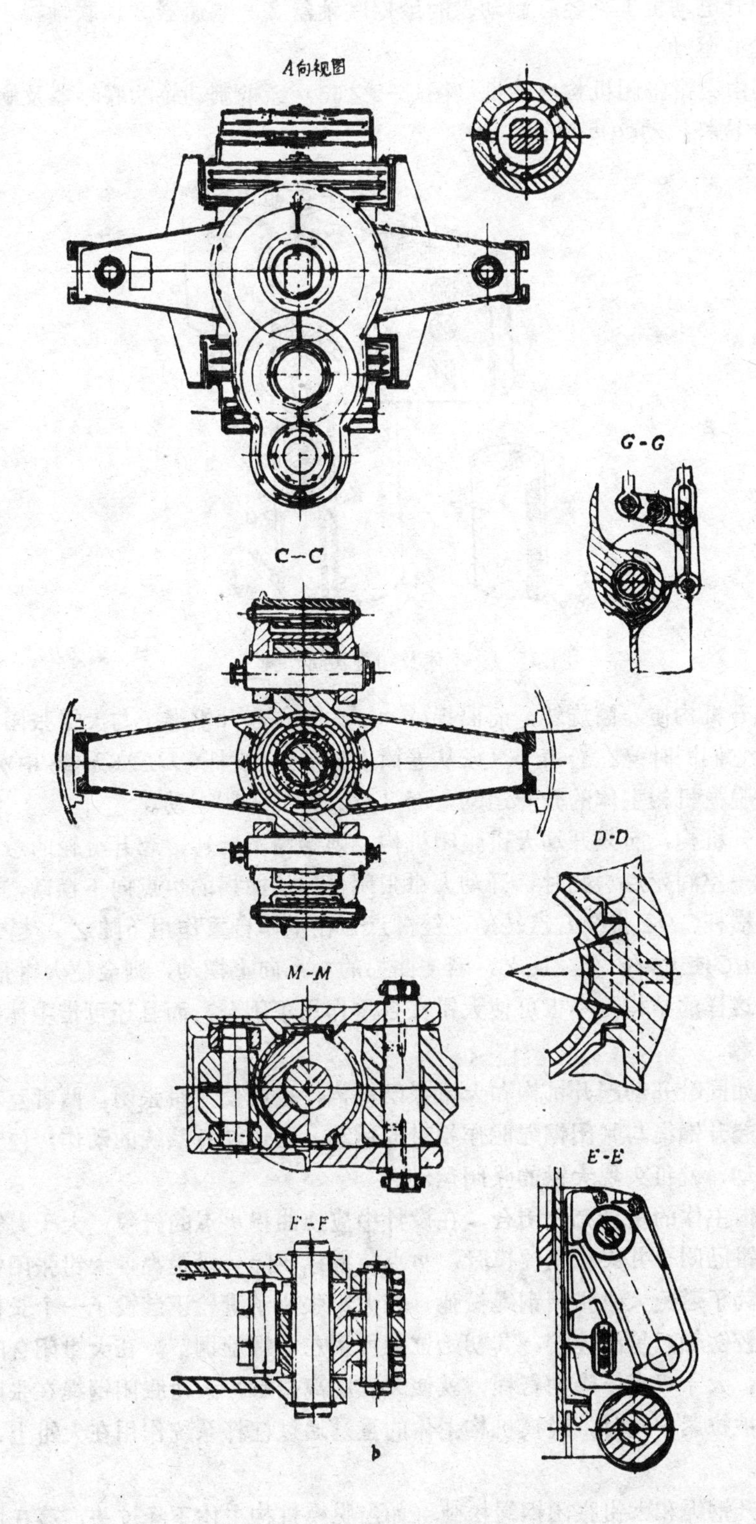

图 15-3b 脱模机构主体结构图

Ⅰ、Ⅱ在卷筒上的绕向是相反的。

卷筒7由起升电动机1、经有制动轮的摩擦联轴器2、减速器3、联轴器4、棘轮装置5和开式齿轮6驱动。

曲拐cdm则由大钳张闭机构电动机（图15-2之55）经带制动轮的联轴器及蜗轮减速器驱动曲柄ab，使拉杆拉动cdm摆动。

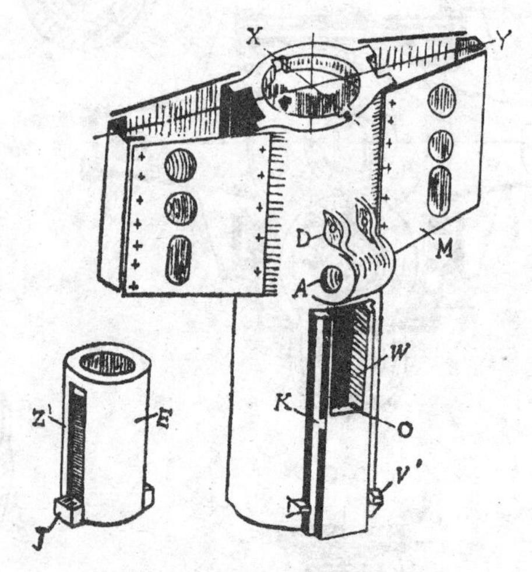

图 15-4 本体及勾头套筒外貌

在只开动起升机构使卷筒旋转，而曲拐cdm不动时，起升钢绳Ⅰ与大钳张闭钢绳Ⅱ之间无相对运动，它们同时绕在卷筒上（或从卷筒上放下），横杆CDE亦无绕中点D的转动。故此时只有脱模机构主体的升降运动，而没有大钳的张闭运动。

如不开动起升机构，而只开动大钳张闭机构，则卷筒不旋转，起升滑轮的悬吊点E在空间不动，成为一空间死点。此时，开动大钳张闭机构使曲拐的m点向下摆动，张闭钢绳滑轮架S下降，横杆CDE将绕E点转动，铰链点D在主体自重作用下随之一起下降，C点向下推动立杆BC使大钳闭合。反之，若使曲拐的m点向上摆动，则会使大钳张开。

显而易见，这样的结构，不但可使大钳在自重作用下闭合，而且还可借主体的重量使大钳闭合更为可靠。

不难看出，如同时开动起升机构和大钳张闭机构，也能使大钳张闭，两者互不干扰。这里的关键是使起升钢绳与张闭钢绳能作相对的运动，通过杠杆系统的动作，使大钳产生绕铰链点A的转动，就可实现大钳的张闭运动。

为使大钳能借主体的重量充分闭合，在设计中应使曲拐m点的行程，大于大钳闭合所需的行程。当大钳已闭合并夹住钢锭模时，m点将继续下降一段距离，大钳张闭钢绳有产生松弛的趋势。为了避免大钳张闭钢绳松弛，在大钳张闭动滑轮下装设了一个长槽吊环，它与杠杆系统的铰链轴C呈活连接，其初始位置可用左右螺旋调节。在大钳闭合时，长槽吊环下降的行程，大于C点下降的行程，就使二者脱离接触，大钳张闭钢绳在张闭动滑轮架自重的作用下被拉紧。此时，脱模机构主体的重量通过杠杆系统作用在大钳上，使大钳能闭合的更可靠。

为了防止起升钢绳和大钳张闭钢绳松弛（如当脱模机构主体下降过头，落在地面或钢锭车上，而未及时停车；或在进行强迫脱上小下大的钢锭模时，顶头顶在钢锭头上，脱模

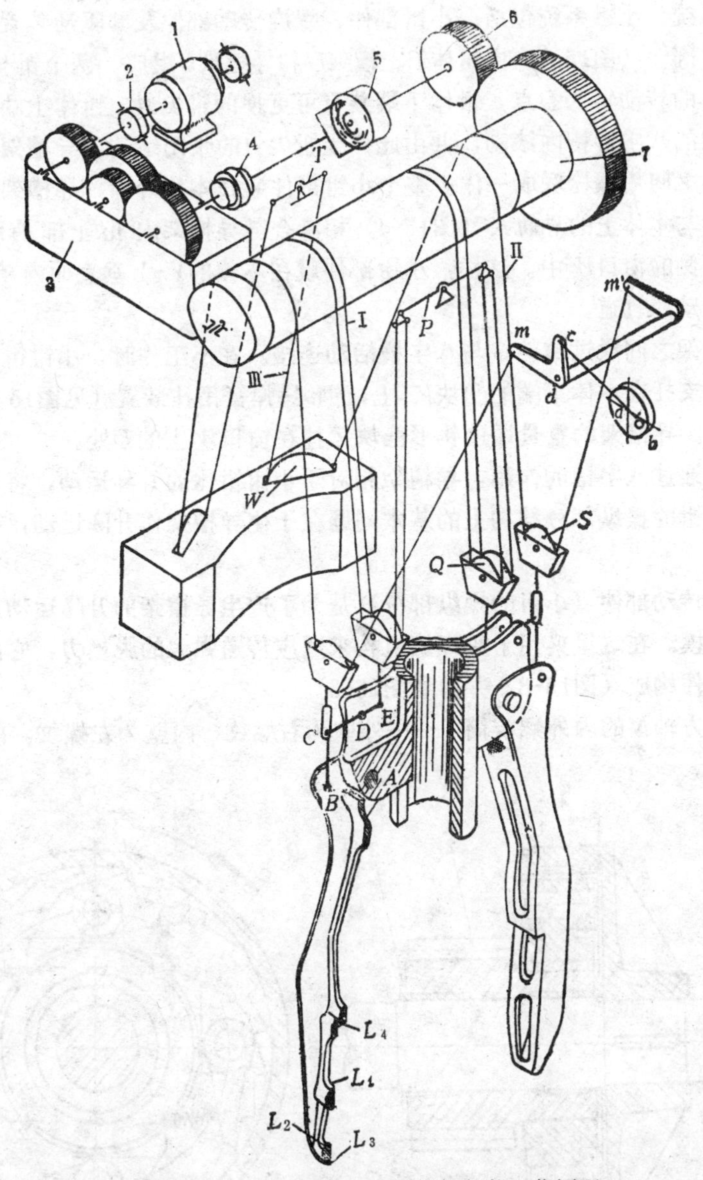

图 15-5 起升机构与大钳张闭机构工作原理

1—起升机构电动机；2—制动器；3—减速器；4—联轴器；5—棘轮装置；6—开式齿轮；7—卷筒

Ⅰ—起升钢绳；Ⅱ—大钳张闭钢绳；Ⅲ—平衡重钢绳

Q—起升滑轮；S—大钳张闭滑轮；W—平衡重滑轮；P—起升钢绳平衡杆

机构主体被反顶上升时），在起升机构中使用了棘轮-平衡重装置。平衡重的重量约为脱模机构主体重量的一半。棘轮47(图15-2及图15-6)装在中间传动轴48上，棘爪盘装在开式小齿轮的轮毂上。当起升钢绳及大钳张闭钢绳产生松弛趋势时，脱模机构主体对卷筒的反拖力矩即消失，由于棘轮装置的单向传力作用，允许平衡重拖着卷筒往起升方向旋转，使棘轮与棘爪打滑，而使钢绳张紧。

在起升机构中，还装有防止机构过载用的摩擦联轴器（图15-2之44)。

2．小钳系统　小钳系统包括：小钳部件、螺旋传动部件及其驱动装置。

（1）小钳部件（图15-7）由钳体T、横架U和导槽架S组成。两个钳体之间用两片横架连接。钳体的转动轴为D点，钳体下端装有可更换的钳尖A，钳体上端装有滚轮C，滚轮可在导槽架的八字形槽内滚动，并由此产生钳尖A的张闭运动。导槽架由两半剖分的架体构成，两半之间用螺栓联成一体。整个小钳部件装在本体外面，导槽架及横架内侧有滑槽K'及K''，与本体上的导轨K（图15-4）相滑合。导槽架内孔上部有两个钩形凸块Z，嵌入本体两侧的窗口W中。这样，小钳部件就在本体的Y-Y垂直面内有了自己确定的位置和升降运动的轨道。

小钳与导槽架之间通过滚轮C与八字槽活动连接。在不工作时，小钳钳体的重量通过横架上的凸块V支托在本体下端的凸块V'上，钢绳-弹簧吊挂装置（见图15-2中11）挂在大钳铰链轴A上。导槽架的重量通过钩形凸块Z挂在窗口W上的D处。

十分明显，通过八字槽的作用，导槽架相对于小钳钳体的升降运动，将引起小钳的张闭动作。因而小钳的操纵部分结构上的基本问题在于使导槽架作升降运动，平稳地传递强制脱模力。

（2）螺旋传动部件（小钳的操纵部分）是为了产生导槽架的升降运动，以实现小钳的张闭和强迫脱模。在这里采用了双螺旋机构来适应传递强大的脱模力，它由装在本体内的三个基本传动件构成（图15-8，并参看图15-3）。

1）带尾部方轴N的内外螺旋筒G——外壁为右螺纹，内壁为左螺纹。由次级减速的大齿轮带动旋转。

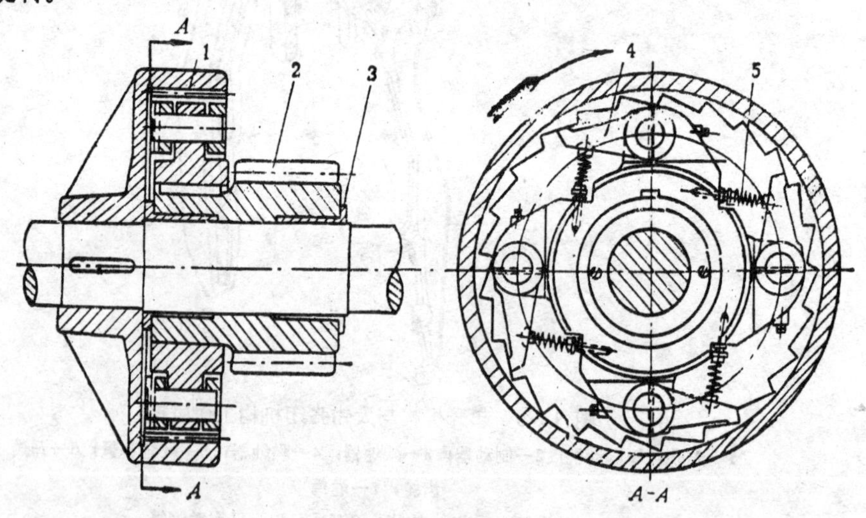

图 15-6　起升机构的棘轮机构

1—棘齿盘；2—小齿轮；3—轴套；4—棘爪；5—弹簧

2）与内外螺旋筒外壁右螺纹配合的螺母套管F。其上端用圆螺母与次级减速器箱体一起固装在本体顶端。

3）与内外螺旋筒内壁左螺纹配合的中心丝杠H。钩头套筒E和顶杆B与中心丝杆固装在一起，构成一个刚性组合体R。

在本体内壁X-X方向两窗口的下面各有一竖槽J'，是钩头套筒的两个勾头J上下活动的空间，钩头J是提起导槽架的工具。钩头套筒上的凹槽Z'正对向本体窗口W，导槽

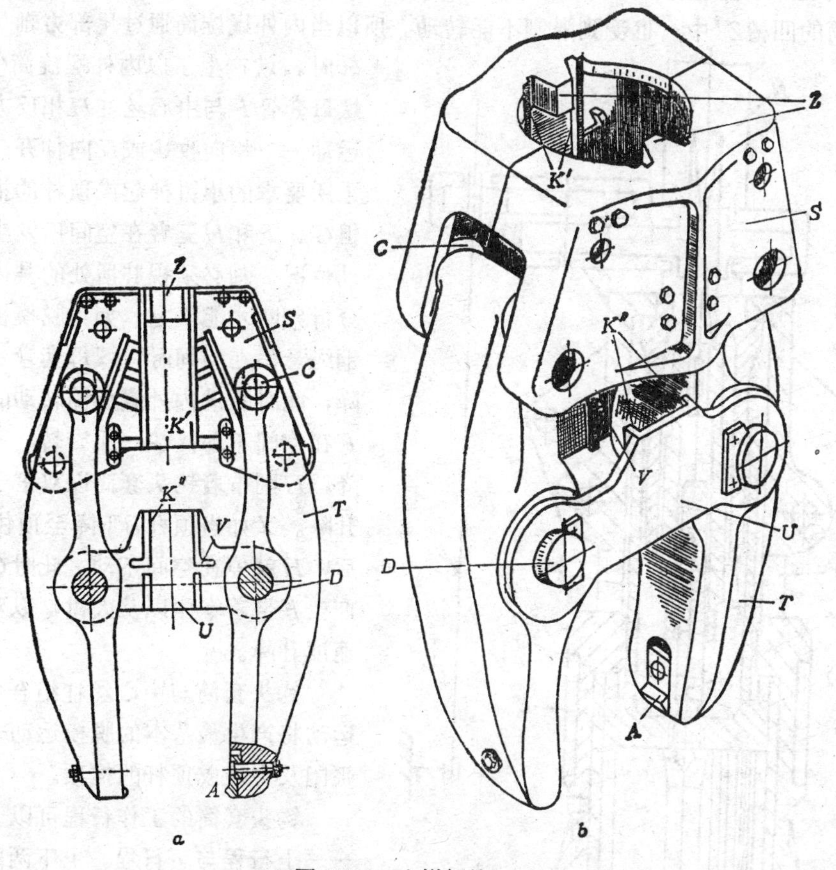

图 15-7　小钳部件

a—小钳部件结构；b—小钳部件外观

架上部的钩形凸块 Z 穿过本体窗口嵌入槽 Z' 中。这样，导槽架上部的钩形凸 块 Z 有三个作用：

1）由钩头套筒的钩头 J 带动，使整个导槽架升降，以产生小钳钳体的张闭和强迫脱模的夹扯运动；

2）防止钩头套筒以及中心丝杠旋转；

3）小钳不工作时，用以支承导槽架本身的重量。

钩头套筒随中心丝杠一起在本体的内圆面和螺母套管的外圆面的夹层空隙中作上下滑动。

这样，内外螺旋筒 G、螺母套管 F 和中心丝杠-钩头套筒组合件 R 与本体套 合形成五层互相嵌套的同心配合结构。它有两对螺旋运动副：

1）螺母套管与内外螺旋筒外螺纹组成的右螺旋运动副；

2）内外螺旋筒与中心丝杠组成的左螺旋运动副。

这两对运动副中只有内外螺旋筒一件是可以转动的，而螺旋运动副的另一方都被限制不能转动：螺母套管与本体固装在一起，通过本体的翅形导架限制不能转动；中心丝杠与钩头套筒组成刚性组合件，由钩头J嵌入本体的凹槽J'中，以及导槽架的钩形凸块Z嵌入钩头套筒的凹槽Z'中，也受到限制不能转动。所以当内外螺旋筒通过尾部方轴N被驱动旋转时，就产生了以内外螺旋筒G为中心，螺母套管F与中心丝杠H相反方向的直线运动——相向收拢或反向伸开，从而实现了所要求的小钳扯起或顶杆的推顶运动。但G、F和H三者在空间所发生的实际运动情况，却必须视其所处的具体情况加以分析判断才能确定。如当脱模机构主体被钢绳悬吊在空间时，螺母套管F将不升降，此时驱动内外螺旋筒转动的结果是：F在空间不动，G一面旋转，一面升或降，H则带着钩头套筒以双倍于G的速度升降。又如当顶杆B下降至顶住钢锭头部后，H就停在空间不动，此时G的转动将产生F带着本体以及大钳，以双倍于G的速度升降。

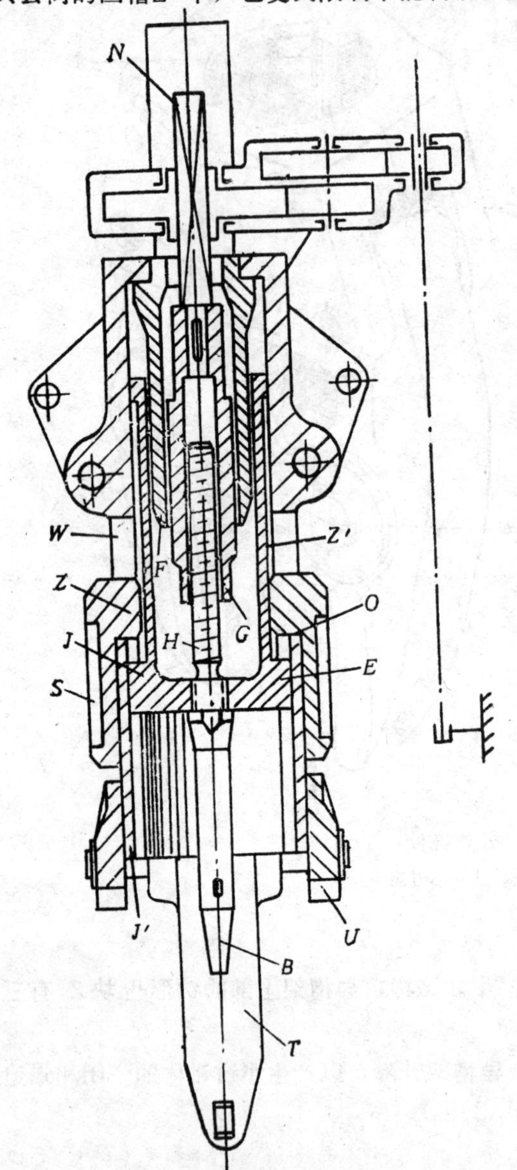

图 15-8 小钳系统工作原理

钩头套筒与中心丝杠组合件R的升降运动将产生最基本的脱模运动——小钳的张闭及夹扯或顶杆的推顶。

钩头套筒的工作行程可以分为两段——上行程与下行程。上下两段行程的分界点——即初始零位是钩头J的顶面与窗口W的下缘平齐。此时，钩头J与导槽架的凸块Z刚刚接触，但尚未承受导槽架的重量。导槽架的重量仍作用在窗口下缘，小钳钳体及横架的重量仍作用在本体上，钳体上端的滚轮位于八字槽的上部，小钳处于最大开度。

从零位向上升是钩头套筒的上行程：这时，钩头J将导槽架向上提起。凸块Z脱离窗口W的下缘，导槽架的重量转移到钩头J上。随着导槽架的上升，滚轮在钳体及横架重量作用下，沿八字槽向外运动，使小钳钳尖逐渐闭合，但钳体及横架并未上升，其重量仍承托在本体的凸块V'上。

钩头J带着导槽架继续上升，将使钳尖进一步闭合。如果两钳尖之间没有钢锭（‘空夹’），导槽架就一直上升直至八字槽底部圆弧面碰上滚轮，拉着小钳及横架一起上升。

在实际操作中，桥式脱模机开到钢锭正上方，张开的小钳对准钢锭头部。此时，小钳的闭合将夹住钢锭并逐渐使钳尖咬入钢锭。随着钳尖上夹紧阻力的增大，滚轮与八字槽之间的接触压力也逐渐加大，直至其压力的垂直分力能克服小钳钳体与横架的自重和钢锭与钢锭模之间的粘结力之和时，导槽架就带着小钳及钢锭一起上升，使钢锭与钢锭模脱开。

从零位下降是钩头套筒的下行程：

钩头套筒向下运动，顶杆向下顶出，配合大钳完成对上小下大钢锭的强迫脱模操作（推顶）。在整个下行程过程中，钩头 J 不工作。小钳部件也停在其各自的零位不动。

由上述可知，钩头套筒的上行程使小钳工作，顶杆不工作；钩头套筒的下行程顶杆工作，小钳不工作。因而小钳和顶杆两个工作件可以共用一套驱动机构。

（3）小钳-顶杆机构的传动系统由两段组成：第一段是小车车架平面鞍架上的蜗轮减速器，第二段是直接固装在本体顶部的次级直齿轮减速器，两段之间用小方轴来传递扭矩。次级减速器的高速级小齿轮的方孔滑套在小方轴上，使之在任何位置都能从小方轴获得扭矩。次级减速器的末级大齿轮的方孔滑套在内外螺旋筒的尾部方轴上，它可在内外螺旋筒处于任何位置时将扭矩传递过去。

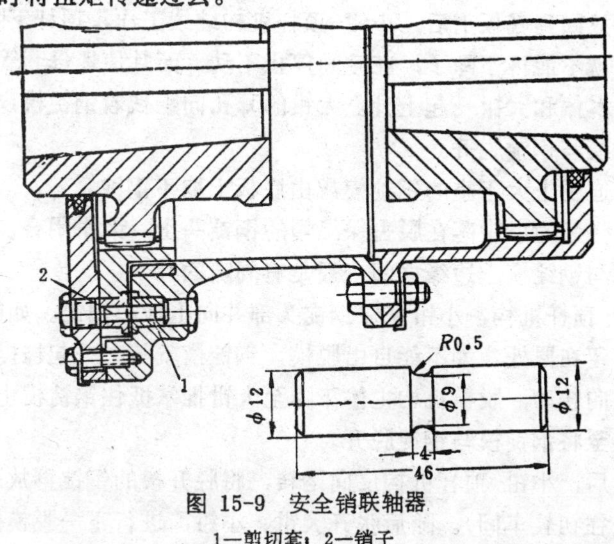

图 15-9 安全销联轴器

1—剪切套；2—销子

在传动系统中，装有限力矩联轴器，以防止小钳-顶杆机构在遇到“死锭”时过载破坏。限力矩联轴器可以是摩擦联轴器或安全销联轴器（图15-9），用前者可以调整弹簧的压紧量来改变力矩的极限值，用后者可以更换不同尺寸的销子来改变力矩极限值。前者的优点是过载消除后可继续工作，并能适用于各类机构；后者在销子被剪断后必须更换新销子，并且不能用于具有反拖性负荷的机构，如起升机构。前者的铜环摩擦面磨损后拆换困难，后者检修则较方便。但是，这两种联轴器都有极限力矩值不易调整准确的缺点：前者受环境灰尘、湿度、温度及润滑条件的影响，使摩擦系数难于稳定；后者受销子材料的机械性能及加工精度等的影响，也难以控制到准确的数值。因而在生产中由于过载仍发生过小钳钳体断裂及小方轴扭曲等事故。

三、脱模操作的工作循环

1. 自由或强迫脱上小下大的钢锭模或保温帽

1）小车带着张开的大钳落在钢锭模或保温帽上，小车停车。

2）大钳张闭机构动作使大钳闭合、夹住模耳或帽耳。

3）开动起升机构，大钳带着钢锭模或保温帽一起上升，模或帽被自由脱下。

4）开动大、小车运行机构，将脱下的模或帽放至旁边轨道上的空车皮上，张开大钳。脱模机进行下一个脱模操作循环。

5）如不能自由脱模时，则钢锭将随着钢锭模被一同提起。此时，开动小钳-顶杆机构，顶杆下降推顶钢锭，将钢锭从模中强迫顶出。如此时钢锭被提离底板，顶出的钢锭就会产生对铸锭车的冲击，为避免冲击，须将起升机构电动机与小钳-顶杆机构电动机进行电气联锁。既当小钳-顶杆机构开动时，起升机构电动机也同时通电、并串入电阻，按“恒力矩正拖”特性工作。接入的电阻调整得使其所产生的恒定起升力矩恰好平衡脱模机构主体的重量。

在不能自由脱模时，作用于起升机构上的负荷不仅是脱模机构主体的重量，还有钢锭和钢锭模的重量，这时系统将不平衡，而在钢锭和钢锭模重量作用下，使起升机构被反拖而缓缓下降，将钢锭和钢锭模轻轻放回底板上。脱模机构主体的重量由起升机构电动机产生的“恒力矩”所平衡，不会压在铸锭车上。

钢锭和钢锭模放回到底板上后，小钳-顶杆机构继续工作，顶杆下降。至顶杆顶住钢锭后，中心丝杠H就不能再下降了，在空间停止不动，而且使螺母套管F被反顶上升。于是螺母套管就带着本体和大钳一起上升。大钳的耳孔向上拽着钢锭模或保温帽，进行强迫脱模，直至将钢锭模与钢锭脱开。

2. 自由及强迫脱上大下小的钢锭模或由底板上取下钢锭

1）小车带着张开的小钳落在脱去保温帽的钢锭头上，大钳闭合，大钳推掌靠在钢锭模的上边缘（推掌与钢锭模上边缘之间一般是有间隙的）。

2）开动小钳-顶杆机构，小钳夹住钢锭头部并向上扯起钢锭。如能自由脱模，小钳扯起钢锭，钢锭模留在原处；如不能自由脱模，钢锭模就随之一起被提起，起升机构电动机被反拖向下降方向转动，脱模机构主体下降至大钳推掌抵住钢锭模上边缘后，就自动过渡到强迫脱模，直至将钢锭模与钢锭脱开。

3）钢锭脱模后，小钳-顶杆机构反向运转，将脱开模的钢锭再放回钢锭模中（钢锭连同钢锭模一起送往初轧车间）。随后张开大钳、小钳，进行下一脱模操作循环。

由底板上取下钢锭的操作，与此基本相同。只是在此是用大钳钳尖抵住底板。

在上述的脱模操作中，强迫脱模时的强迫脱模力只是在脱模机构主体内部封闭传递，并不传到脱模机构主体外部，它既不会向上通过钢绳传给起升机构及小车，也不会向下通过钢锭或钢锭模传给铸锭车。因而在设计脱模机时，只需要对脱模机构主体考虑强迫脱模力。

第二节　桥式脱模机的基本参数

一、强迫脱模力的确定

通常用三种能力来表示桥式脱模机的工作容量，它们是：

1）强迫脱模力P（小钳-顶杆机构的能力）。

2）自由脱模能力Q_0（大钳或小钳的起重能力，起升机构能力）。

3）辅钩（大钳夹持的吊钩或辅起升机构）的起重能力。

由于钢锭粘模情况决定于整模质量、铸锭时钢温、钢锭的大小及形状等许多因素，所以目前尚无确定强迫脱模力（即粘结阻力）的准确计算方法。一般是按经验公式确定设计时的额定脱模力P_N：

$$
\left.\begin{aligned}
&P_N = 75 + 10Q_{锭}(t) \\
\text{或}\quad &P_N = (10\sim20)Q_{锭}(t)
\end{aligned}\right\} \tag{15-1}
$$

式中 $Q_{锭}$——所脱最大钢锭的重量(t)。

自由脱模力Q_0根据所脱钢锭的重量由下式确定：

$$Q_0 = Q_{锭} + G_{模}(t) \tag{15-2}$$

式中 $G_{模}$——最大钢锭模的重量(t)。

二、小钳系统的受力分析及小钳夹紧系数

1．小钳系统受力分析、夹紧系数，小钳结构与夹紧系数的关系 小钳在任意夹合位置——用钳尖开度X来表示——的受力分析如图15-10所示。如果所考虑的情况正好是在这一夹合位置发生脱模的临界情况，则P就是最大脱模力。通常在设计计算中，由于脱模阻力的随机性，难于根据钢锭与钢锭模的实际粘结情况进行理论分析及计算，因而一般是作为设计参数给定，取P等于设计的额定值或最大许可过载值。即使$P=P_N$或使$P=(3\sim4)P_N=P_K$（电动机及机构零件的短时过载负荷能力）。

从图15-10中力的图解分析可以求出T，N'及R各力的值。此时内外螺旋筒上的轴向力及力矩值为：

$$P_0 = P + Q_0 + G - G_1 + F \tag{15-3}$$

$$M_0 = P_0\left[\frac{d_1}{2}\mathrm{tg}(\alpha_1+\rho_1) + \frac{d_2}{2}\mathrm{tg}(\alpha_2+\rho_1)\right] \tag{15-4}$$

式中 G——脱模机构主体被反顶上升部分的重量；

G_1——平衡重的重量；

F——各滑槽处的摩擦阻力；

d_1、d_2、α_1、α_2及ρ_1——内外螺旋筒的内外螺纹的直径、导角及摩擦角。

在各个完整的脱模操作循环中，丝杠的静载荷图——轴向力P_0（或转矩M_0）变化规律如图15-11所示。求得了这些力和力矩的数值后，就可以进行小钳系统的零件静强度计算，并能分别确定它们的强度尺寸。

由小钳受力分析可见，夹合位置X对平衡力系的数值有明显的影响。必须在不同的夹合位置（如图15-10中X_1，X_2，X_3）按设定临界值P求得不同的T、N'及R的数值，取其最大值进行零件静强度计算。要注意的是，这一在不同夹合位置有不同力的数值的情况，并不代表在夹合的连续过程中力的增长变化情况，而只是表示各自经历一段夹合过程之后，分别在不同夹合位置（相当于不同的钢锭头尺寸）达到设定的临界终点情况，各终点设定的临界值P是相同的。

有重要设计意义的是，钳尖上水平夹紧力T与垂直提升力S的比值：

$$K = T/S \tag{15-5}$$

这一比值K称为小钳的夹紧系数。它代表夹钳工作的可靠性，因为在扯起钢锭时如果夹紧力不足，钳尖就会在钢锭表面上滑脱。必须保证当发挥出一定的脱模力时，钳尖上也有足够的夹紧力，因此夹紧系数应有较大的数值。

夹紧系数的确定不但要考虑到强迫脱模时的情况，也要考虑自由脱模时的情况。因为强迫脱模时垂直提升力的绝对值较大，即使K值较小，夹紧力T的绝对值也将较大；而自由脱模时，如果K值过小，夹紧力的绝对值就会很小，因而无法夹紧钢锭而使之滑脱。

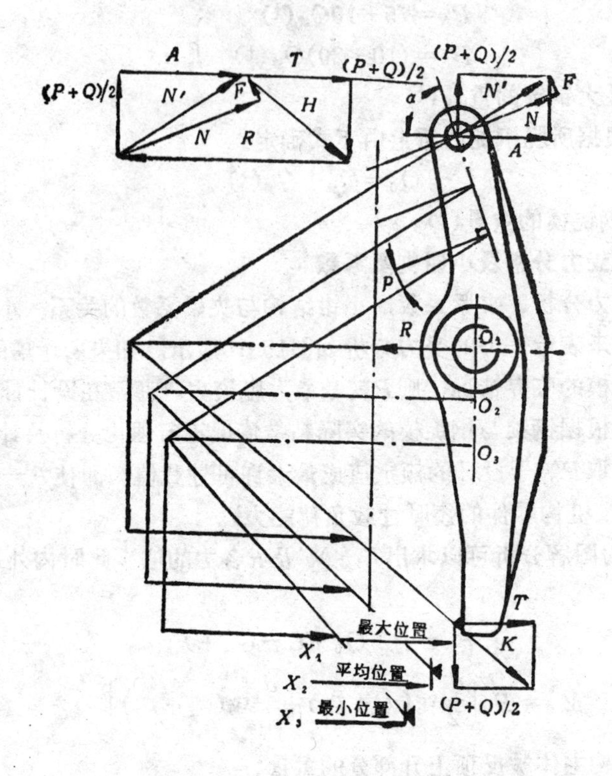

图 15-10 小钳受力分析

X—钳尖开度；α—导槽架导槽斜角；ρ—导槽工作表面摩擦角；P—脱模阻力临界值；Q—钢锭或钢锭模重量；T—钳尖水平夹紧力；N—导辊处总反力；R—小钳横架作用力

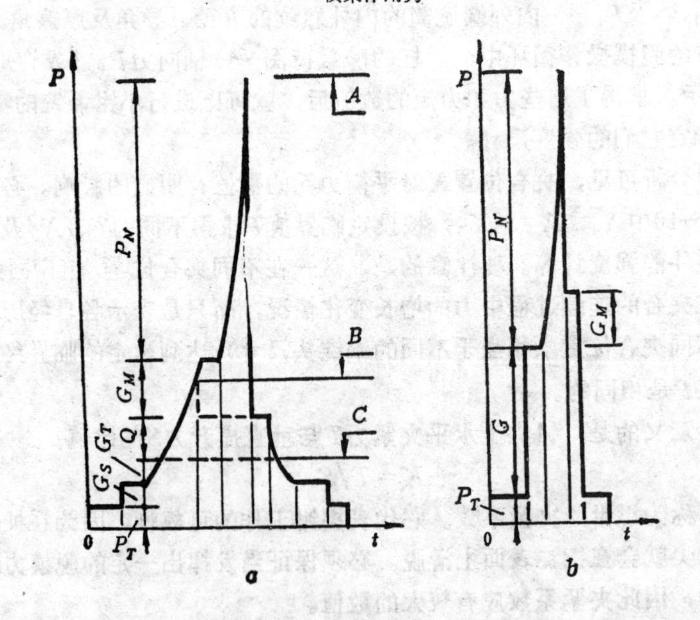

图 15-11 螺旋机构载荷图

a—脱上大下小钢锭模；b—在底板上强迫脱上小下大的钢锭模；P—机构轴向力；t—时间；A—强迫脱模；B—自由脱模；C—小钳夹空；P_T—空载力；G_S—导槽架重量；G_T—钳体及横架重量；Q—钢锭重量；G—脱模机构主体被反顶起升部分的重量；P_N—强迫脱模力；G_M—钢锭模重量

同时，确定夹紧系数K值时，既要考虑脱模各临界终点情况，又要考虑脱模时的整个连续夹合过程的全部情况。也就是说，要保证小钳从最小的脱模力开始，直到发挥出最大的夹紧力。这样，不仅保证了在各强迫和自由脱模的临界终点情况下，小钳能可靠地工作，而且在脱每个钢锭模时，自开始夹紧，到脱开为止的整个脱模过程中也不会滑脱。

另一方面，过大的夹紧力会把带有缩孔的钢锭头夹扁，这也将影响小钳可靠地工作。因此K值应取得适宜，通常建议取$K=1.2\sim2$（有的资料给出$K=0.5\sim0.6$）。

在强迫脱模临界终点情况下，夹紧系数可表示为：

$$K_0=T/\frac{1}{2}(P+Q_{锭}) \tag{15-6}$$

由定性及定量分析均可看出，夹紧系数与小钳的结构参数，首先是导槽斜度α有密切的关系。

由计算求得（图15-12）：

$$K=\left(\frac{r'}{r}\right)$$

$$\times\frac{\operatorname{tg}(\alpha-\rho)\cos\left(180°-\psi-\sin^{-1}\frac{a-X}{2r}\right)+\sin\left(180°-\psi-\sin^{-1}\frac{a-X}{2r}\right)-\frac{a-X}{2r'}}{\cos\left(\sin^{-1}\frac{a-X}{2r}\right)} \tag{15-7}$$

由此可见K与小钳结构参数α、ψ、$\frac{r'}{r}$及钳尖开度X之间的全面关系。

用钳体转角γ代替钳尖开度X，并考虑到在通常条件下$\psi\approx180°$，因而上式可简化成：

$$K=\frac{r'}{r}\left[\operatorname{tg}(\alpha-\rho)-\left(1+\frac{r}{r'}\right)\operatorname{tg}\gamma\right] \tag{15-8}$$

这就简要地表明了两点重要关系：

1）夹紧系数K决定于导槽斜角α，K值随α的加大而加大。

有的设计单位用$\Delta H/\Delta R$比值来代替导槽斜角α：

$$\Delta H/\Delta R=\frac{1}{2}\frac{r'}{r}\operatorname{tg}\alpha \tag{15-9}$$

式中　ΔR——小钳夹距幅度（即最大开度与最小开度之差）；

ΔH——相应于ΔR的导槽升距，通常等于导槽垂直高度H。因而：

$$K=2\frac{H}{\Delta R}-\left(\frac{r'}{r}+1\right)\operatorname{tg}\gamma \tag{15-10}$$

一般推荐比值$H/\Delta R\geqslant1.25$。

2）在导槽为直线型的情况下（$dy/dx=\operatorname{tg}\alpha=$常数），夹紧系数$K$是随钳尖开度$X$（或近似地相当于钳臂转角$\gamma$）而变的变值，并随开度减小而减小。在通常情况下波动范围为30～40%。

为了使小钳在夹不同大小的钢锭时都能可靠地工作，须使小钳在任何开度都有恒定的

K值，就需要把小钳导槽架做成有一定规律的曲线形状（图15-13）。这一曲线形状的确定可用分析法求得方程式或直接用作图法求得。

$$
\left.\begin{aligned}
y&=A(r'-\sqrt{r'^2-x^2})-Bx+C\ln\frac{(n+x)(\sqrt{r'^2-x^2}+t)(r'-t)}{(n-x)(\sqrt{r'^2-x^2}-t)(r'+t)}\\
\beta&=\operatorname{arcctg}K\\
E&=\frac{r}{r'}\cos(\psi+\beta)+\sin\beta\operatorname{ctg}\rho\\
L&=\frac{r}{r'}\sin(\psi+\beta)-\sin\beta\\
M&=\frac{r}{r'}\operatorname{ctg}\rho\cos(\psi+\beta)-\sin\beta\\
A&=\frac{LE\operatorname{ctg}\rho-M}{E^2+L^2}\\
B&=\frac{EM+L^2\operatorname{ctg}\rho}{E^2+L^2}\\
C&=\frac{r'}{2}\frac{L^2}{\sqrt{E^2+L^2}}\cdot\frac{E\operatorname{ctg}\rho-M}{E^2+L^2}\\
n&=\frac{r'E}{\sqrt{E^2+L^2}}\\
t&=\frac{r'L}{\sqrt{E^2+L^2}}
\end{aligned}\right\}\qquad(15\text{-}11)
$$

由此绘出曲线形状如图15-13。

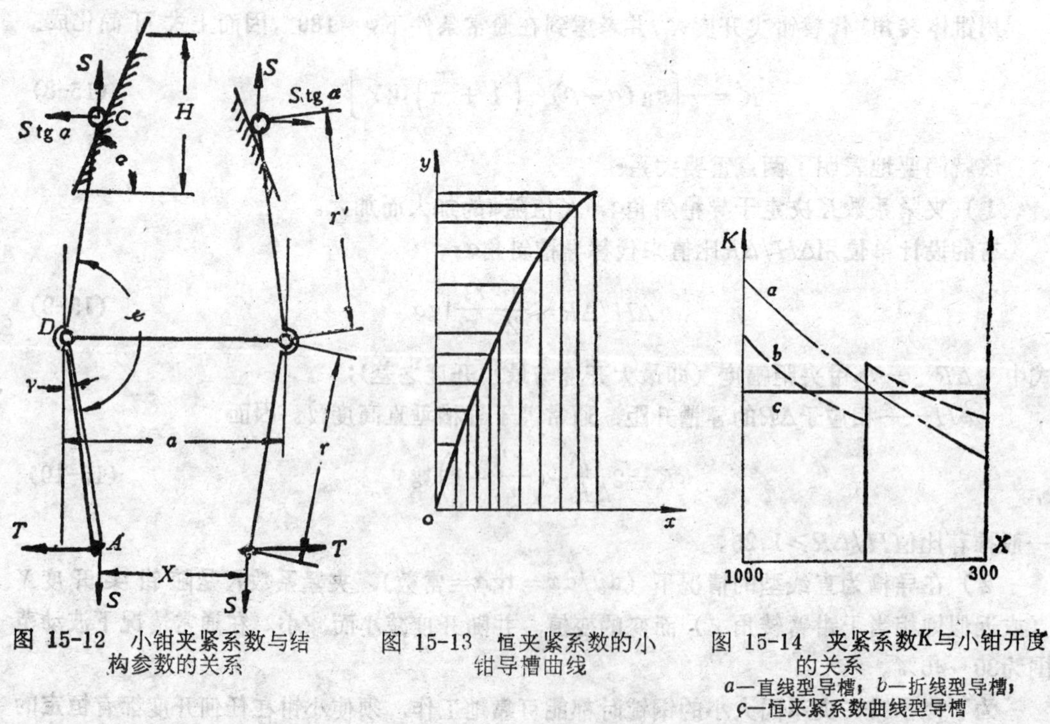

图 15-12 小钳夹紧系数与结构参数的关系

图 15-13 恒夹紧系数的小钳导槽曲线

图 15-14 夹紧系数K与小钳开度的关系
a—直线型导槽，b—折线型导槽，c—恒夹紧系数曲线型导槽

为了便于加工，常用圆弧线或折线型导槽代替上述恒夹紧系数的曲线型导槽。

图15-14是三种型式的导槽的K值与开度X的关系图。

由于摩擦角ρ对夹紧系数有较大的影响，故在验算最小夹紧系数时，应取钳体滚轮不转动，而在导槽内滑动时的情况来计算，此时：

$$T=\mu' N \tag{15-12}$$

$$\mathrm{tg}\rho=\mu' \tag{15-13}$$

式中　μ'——滑动摩擦系数，当$\mu'=0.2$时，$\rho=11°$。

在验算钳体强度时，应取滚轮沿导槽正常滚动的状态，此时夹紧力最大：

$$T=N\frac{(2\mu+fd)}{D_{轮}}=N\cdot f_0 \tag{15-14}$$

式中　μ——滚动摩擦系数（cm）；

f——轴承的摩擦系数，取$f=0.16$；

d——轮轴直径（cm）；

$D_{轮}$——滚轮踏面直径（cm）；

f_0——单位摩擦阻力系数：

$$f_0=\frac{2\mu+fd}{D_{轮}} \tag{15-15}$$

2．小钳系统的基本尺寸参数

（1）小钳部件的基本尺寸　小钳钳尖的最大和最小开度是根据处理的钢锭头尺寸变化范围来确定的。设计时必须充分考虑到夹取各种不同钢锭的情况，使之有较大的适应能力。

小钳部件的基本尺寸均与其夹紧系数密切联系，确定时应保证小钳具有合适的K值，同时应使部件具有较紧凑的轮廓尺寸，特别是应力求缩小高度方向的尺寸。

1）小钳横架中心距a及钳体下半径r（图15-12）主要决定于工艺方面的要求，即在钳尖与横架下缘的空间内应容纳得下钢锭头。同时在其高度方向应满足扯起钢锭时行程的需要。并且要考虑钳尖与大钳推掌配合工作的情况。通常小钳横架中心距a取得与钳尖最大开度相近。钳体下半径则取$r=(1\sim1.2)a$。

2）钳体上半径r'与导槽高度H是两个联系较密切的尺寸。在钳尖开度和夹紧系数K值取定的情况下，H值决定于r和r'，当r确定后，H随r'数值的大小而有所变化。在此，考虑到结构的紧凑，r'不宜取的过大。r'与H的最终确定应使其相互适应以得到各个方向较紧凑的尺寸。通常取$\frac{r'}{r}\approx1$。

3）导槽架升程S_T

$$S_T=H+\Delta h \tag{15-16}$$

式中　Δh——小钳在最小开度情况下，为扯起钢锭所需的升程。

4）小钳部件的横向尺寸根据本体外径按最紧凑配置原则确定。

（2）丝杠系统的基本尺寸　丝杠系统各主要零件的横向尺寸（直径）都根据强度及结构条件确定。长度则根据工作行程及结构条件确定。

在采用双螺旋运动副的情况下，内外螺旋筒G、螺母套管F、中心丝杠H及尾部方轴的长度L可按下式计算：

$$L=\frac{S_T}{2}+\frac{S_B}{2}+t_P+t_K \tag{15-17}$$

式中　S_T——导槽架升程；

S_B——顶杆工作行程；

t_P——螺旋运动副的最小啮合长度；

t_K——两端或连接部分的结构长度。

切丝部分的长度

$$L_P=\frac{S_T}{2}+\frac{S_B}{2}+t_P \tag{15-18}$$

钩头套筒E的长度L_E只与顶杆行程及结构有关：

$$L_E=S_B+t_K \tag{15-19}$$

本体的长度L_1：

$$L_1=S_T+S_B+t_K \tag{15-20}$$

由于各层互相套合，在决定各结构高度尺寸时，应尽量照顾到相互的联系，以取得平齐，避免造成结构尺寸的浪费。

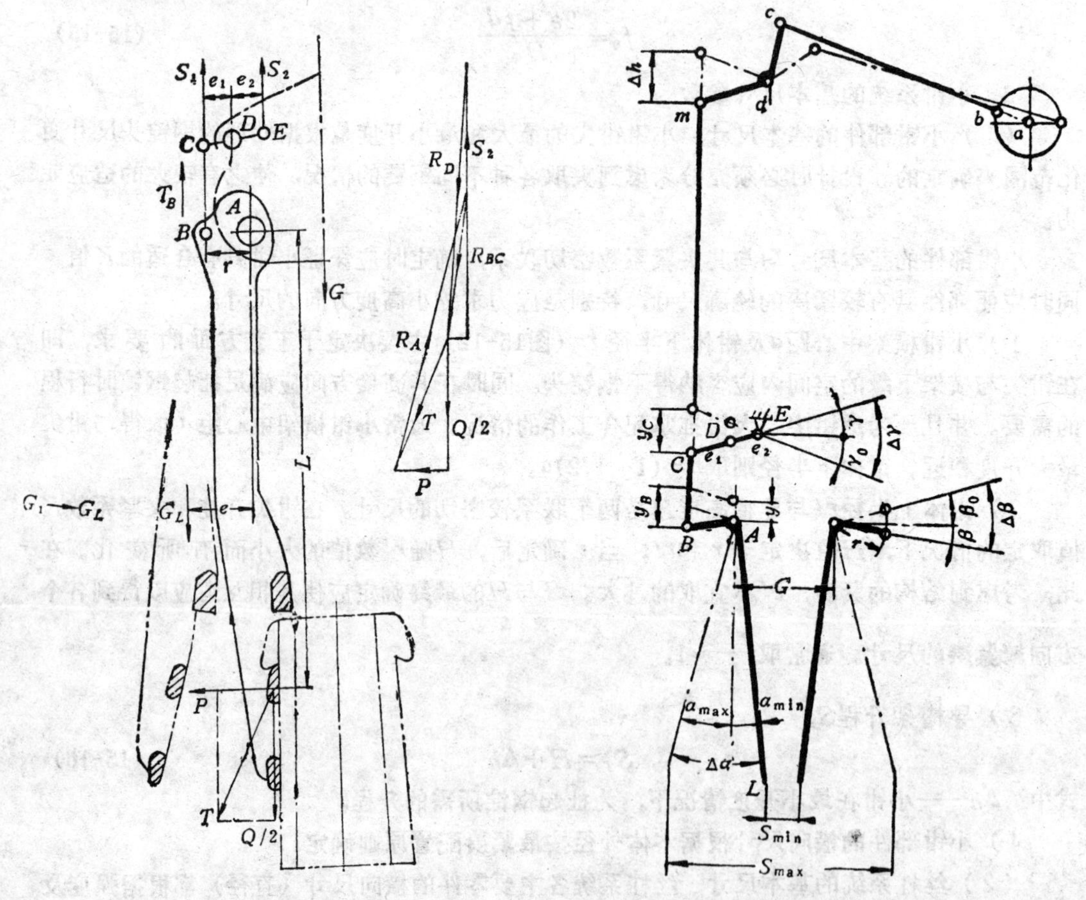

图 15-15　大钳系统受力分析　　　　图 15-16　大钳张闭系统的基本尺寸参数

三、大钳系统的受力分析与基本尺寸参数

1．大钳系统力的分析包括钢绳张力和杠杆系统的受力分析两部分　下面以大钳操作的四种基本情况按图15-15所示的受力情况分别进行计算。

（1）脱模机构主体的正常起升时　主体的全部重量——自重G及荷重Q——通过杠杆铰链点D作用在四组钢绳上，此时起升系统的基本静载荷为：

$$\left.\begin{aligned}S_1&=\frac{e_2}{e_1+e_2}\cdot\frac{Q+G}{2}\\S_2&=\frac{e_1}{e_1+e_2}\cdot\frac{Q+G}{2}\end{aligned}\right\}\qquad(15\text{-}21)$$

式中　S_1——大钳张闭钢绳的总张力之半，分配到每根钢绳上的张力为$\frac{S_1}{2}$；

S_2——起升钢绳的总张力之半，分配到每根钢绳的张力为$\frac{S_2}{4}$；

e_1、e_2——杠杆臂长度。

这是大钳张闭机构的最大受力情况，由此可以进行张闭钢绳及传动机构的零件强度计算。

起升机构电动机功率和传动零件的强度计算，可以根据载荷Q与G进行，此时应考虑到平衡重的作用。

（2）自由脱模时　张闭钢绳下降，大钳闭合。由于长圆孔吊环空行程的作用，张闭钢绳为空载，主体全部重量作用在起升钢绳上。此时：

$$S_1=0$$

$$S_2=\frac{1}{2}(Q+G)\qquad(15\text{-}22)$$

这是起升钢绳的最大受力情况，由此可进行起升钢绳的强度计算。

杠杆系统的受力分析。从图上看出，立杆BC中的力（由于立杆在空间的偏转很小，可近似作为垂直位置考虑）为：

$$R_{BC}=\frac{e_2}{e_1}S_2=\frac{1}{2}\frac{e_2}{e_1}(Q+G)\qquad(15\text{-}23)$$

大钳的闭合力矩由三部分组成：R_{BC}所产生的推转力矩；大钳钳体自重G_L所产生的力矩；荷重Q（钢锭模等）所产生的力矩。这些力矩引起钳耳上的反力P。如果略去后两部分不计，则大钳夹合力：

$$P=\frac{r}{L}R_{BC}=\frac{1}{2}\frac{r}{L}\frac{e_2}{e_1}(G+Q)\qquad(15\text{-}24)$$

用图解法确定铰链点的支反力R_A及R_D。如图所示，由此可计算各销轴的强度。设计中使这些销轴上有相当高的应力水平，以减小尺寸，保证结构配置的紧凑。

（3）大钳张开时　张闭钢绳通过立杆BC拉起大钳，此时BC杆上的力T_B是随大钳转角位置而变的。设在最大张开位置时，钳体重心距A轴距离为e，则近似可得：

$$T_B=\frac{e}{r}G_L\qquad(15\text{-}25)$$

此时$Q=0$，钢绳上张力为：

$$\left.\begin{aligned}S_1&=\left(\frac{G}{2}-T_B\right)\frac{e_2}{e_1+e_2}+T_B\\S_2&=\left(\frac{G}{2}-T_B\right)\frac{e_1}{e_1+e_2}\end{aligned}\right\}\quad(15\text{-}26)$$

根据这种受力情况可以进行大钳张闭机构电动机功率的计算。

（4）强迫脱模时　在底板上强迫脱上小下大的钢锭模时，所有钢绳仅仅由于平衡重的作用保持一定张力。这时主要的承载件是大钳钳体及铰链轴A、脱上小下大钢锭模时，大钳受拉；脱上大下小的钢锭模时，大钳纵向受压。因而在设计时，必须考虑压杆稳定性问题。大钳柔度的数量级约在40左右，此时强度降低系数为$\varphi=0.92$。

2．大钳系统的基本尺寸参数与运动分析（图15-16）　大钳系统包括两套四杆机构：

1）钳体杠杆组$LABCDE$；

2）大钳张闭的曲柄连杆机构$abcdm$。

这些机构杠杆参数及运动学的分析，可以按通常的平面机构的分析方法进行。在考虑方案时，应注意行程（转角）、力矩、速比、机构尺寸的全面分析，并结合具体条件正确处理。在此设计的特点是：所有杠杆尺寸都是在强度尺寸的基础上，按最紧凑配置原则确定的。

1）大钳部件主要尺寸参数有：张闭幅度ΔS、大钳转轴中心距G和大钳半径。

大钳最大开度S_{max}、最小开度S_{min}和张闭幅度ΔS（均以中耳L_1处为准）主要根据所处理的钢锭模尺寸而定，同时考虑到脱双排锭模的可能。

2）大钳张闭机构的主要尺寸参数是曲拐点m的行程Δh。

首先分析一下大钳张开时吊挂点C在空间的位移。

设初位置是大钳处于最大开度的时候。若钳体闭合至最小开度时，本体在空间的下落量为y，则大钳钳臂AB的转角为：

$$\Delta\beta=\beta_0+\beta=\alpha_{max}+\alpha_{min}=\Delta\alpha \qquad (15\text{-}27)$$

式中　β_0——钳臂AB的初位置（相应于大钳的最大开度位置）；

β——大钳最小开度时钳臂AB的位角；

α_{max}、α_{min}——大钳最大及最小张角。

与此相应，横杆CDE的转角（设E点为空间死点）为：

$$\Delta\gamma=\gamma_0+\gamma=\frac{y}{e_2}=\frac{y_C}{e_1+e_2} \qquad (15\text{-}28)$$

A点及D点在空间的绝对下落量为y。

B点的下落量可分为两部分：

1）随点A一起下落y；

2）绕A点旋转$\Delta\beta$下落$r\cdot\Delta\beta$。

即

$$y_B=y+r\cdot\Delta\beta \qquad (15\text{-}29)$$

不考虑立杆BC在空间的偏转，则C点在空间的下落量y_C与B点的下落量y_B相等：

$$y_C=y_B$$

由此求得：

$$y_C=\frac{e_1+e_2}{e_1}\cdot r\cdot\Delta\beta \tag{15-30}$$

由于大钳闭合至最小开度时张闭滑轮下降到吊环处，已出现空行程δ，并考虑到张闭钢绳的分支数，曲拐m点的行程为：

$$\Delta h=2(y_C+\delta) \tag{15-31}$$

由此可以根据大钳开度和钳体杠杆尺寸确定曲拐m点的行程。并按照大钳张闭一次的时间，进一步计算张闭钢绳的平均运动速度，以及计算大钳张闭机构电动机的功率。

桥式脱模机的基本技术参数列于表15-1中。

桥式脱模机技术参数 **表 15-1**

			175/25/15	250/50/25	400/75/25	175/20/12.5	250/50	350/85	400/50	500/350/50
工作能力（t）	钢锭重量$Q_{锭}$		10	15	25	10				
	额定脱模力P_N		175	250	400	175/65	250	350	400	500/350
	夹钳起重量		25	50	75	20	50	85	50	50
	辅钩起重量		15	25	25	12.5				
工作速度（m/min）	大车走行		61	80	80	80	80	80	91.5	70
	小车走行		50	50	50	60	40	40	45.7	50
	主起升		15	20	20	12	11	11	10.7	18.15
	辅钩起升									
	推 顶		2.4	3	3	2.4/1		3	2.3	4.06/1
	夹 扯		2.4	3	3	5.5/2.4				2.38/0.4
	大钳张闭（s/次）		2	2	2	7/5	2	2.5		4
	旋 转（r/min）					5	5	5		
工作行程（mm）	起 升		5300	5500	5800	6000	8000	8000	6000	6300
	大钳张闭	最大	2100	2150	2600	2000	3200	3200	2440	2800
	开 度	最小	600	600	750	500			750	720
	小钳张闭	最大	920	1300	1600	900			900	1300
	开 度	最小	300	400	400	300			360	400
	导槽架升程		915	1155	1500	1200				1150（钳子）
	顶杆冲程		2065	2500	2700	2000		2500	3460	1780
	跨 度（m）		25	25	27	25	27	32	28	25
	型 式		机械螺旋式	同左	同左	液压式	同左	同左	同左	同左
	设备重量（t）		240	315	480					301.5

附录

1 转炉倾动力矩计算框图*

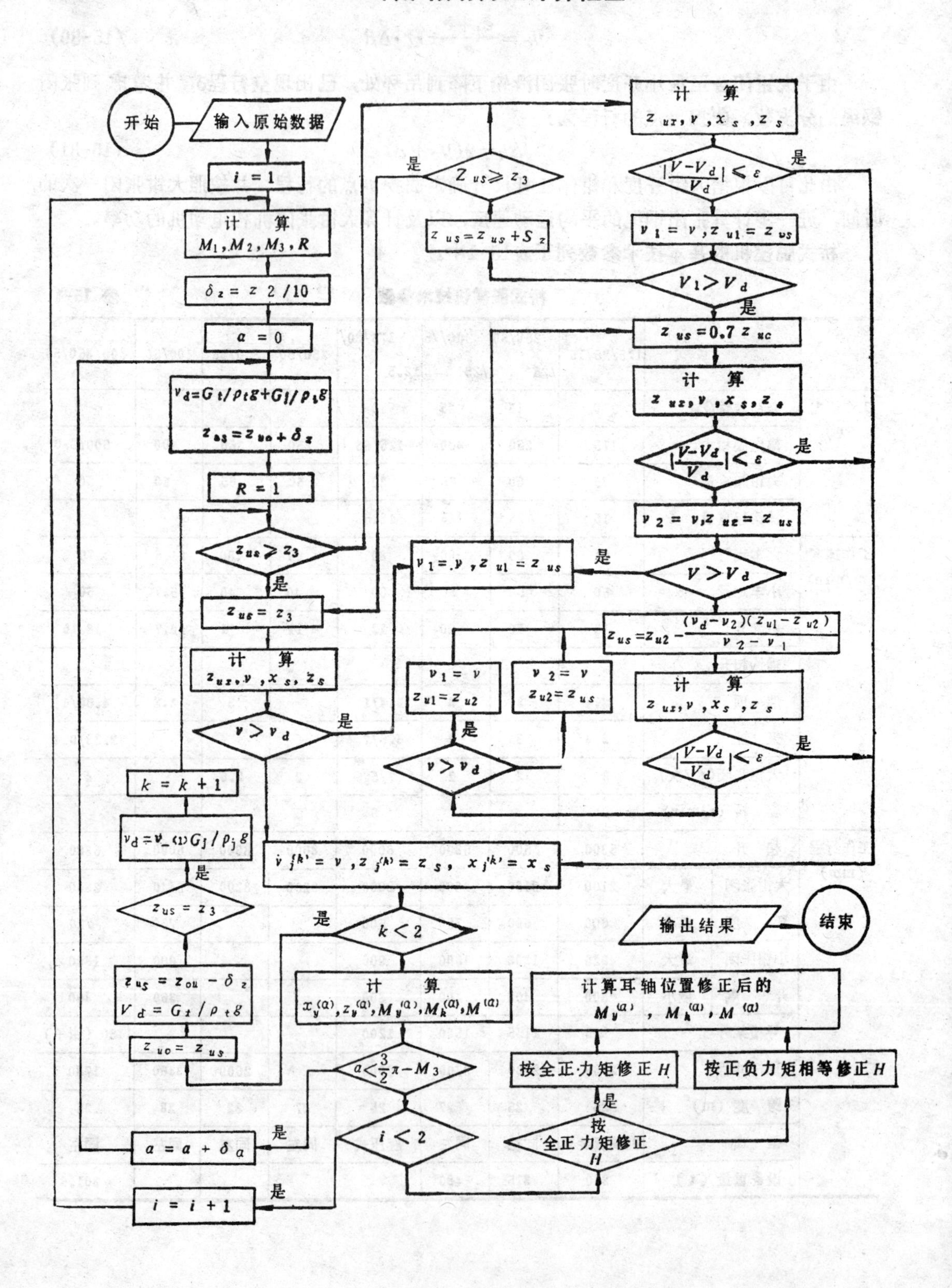

2 计算Z_{ux}及高斯法计算ν、x_s、z_s过程框图*

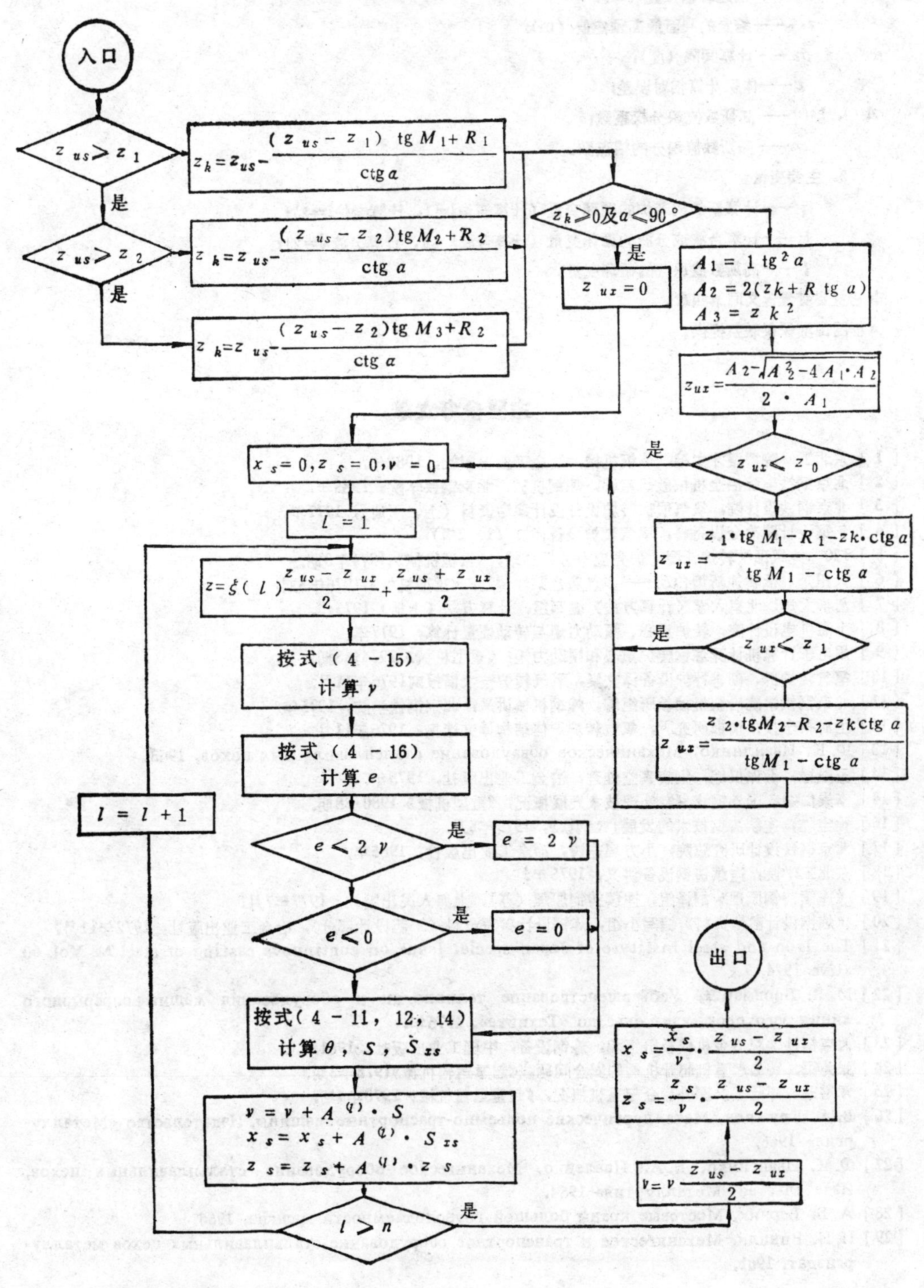

注： 1．输入的原始数据

炉体参数：R_0，R_1，R_2，R_3，z_0，z_1，z_2，z_3，G_K，H_K

炉液参数：G_t，G_j　ρ_t，ρ_j

其它：

H——预选耳轴位置（m）；

z_{u0}——给定的液面最高预定值（m）；

δ_α——计算间隔（度）；

ε——体积计算相对误差；

$A^{(l)}$，$\xi^{(l)}$——高斯数值积分权系数；

n——高斯数值积分的结点数。

2. 主要变量

i——计算新炉或老炉的循环变量（计算新炉$i=1$，计算老炉$i=2$）；

k——计算合液或分液的循环变量（计算合液$k=1$，计算分液$k=2$）；

l——高斯数值积分的循环变量。

其它主要变量含义同第四章。

* 框图由洪保仪联系提供。

主要参考文献

[1] 东北工学院罗振才主编，炼钢机械，冶金工业出版社，1982年.

[2] 北京钢铁学院冶金机械教研室编，炼钢机械，北京钢铁学院，1985年.

[3] 北京钢铁设计院，氧气顶吹转炉设备设计参考资料（上、下册），1977年.

[4] 包钢设计院冶金设备科，氧气转炉设备译文（1、2辑）.

[5] 120吨纯氧顶吹转炉托圈、炉壳应力分析总结，《重型机械》1974年3期.

[6] 大扭矩、低转速新型传动——多点啮合柔性传动，《重型机械》1976年3期.

[7] 清华大学、北京大学〈计算方法〉编写组，计算方法（上册）1975年.

[8] 上海机电设计院，转炉重心、倾动力矩与转动惯量计算，1977年.

[9] 用电子计算机计算炼钢转炉重心和倾动力矩，《重型机械》1974年3期.

[10] 氧气转炉拆、砌、补炉设备译文集，氧气转炉技术情报网1976年11月.

[11] 北京钢铁学院冶金机械教研组编，炼钢机械讲义，北京钢铁学院，1975年.

[12] 上海科学技术情报研究所，氧气转炉炉体结构译文选集，1975年11月.

[13] Ф. К. Иванлинко, Механическое обваудование сталеплавиль ных цехов, 1963.

[14] 王殿禄，洪保仪编，钢液真空处理，冶金工业出版社，1979年.

[15] 李崇仁编，国外钢液真空处理技术发展概况，《重型机械》1980年8期.

[16] 徐宝陞，连续铸钢技术的发展，《钢铁》，1979年5月.

[17] 北京钢铁设计研究总院，小方坯连铸，冶金工业出版社，1985年.

[18] 东北工学院，连续铸钢设备讲义，1975年.

[19] 《连续铸钢原理》翻译组，连续铸钢原理（苏），上海人民出版社，1977年7月.

[20] 《炼钢设计参考资料》编写小组，炼钢设计参考资料（工艺设计部分），冶金工业出版社，1972年11月.

[21] The Iron and steel Institvte of Japan special Issue on continuovs casting of steel № Vol. 60 JUve 1974, 7.

[22] М. Я. Бровман等, Усоверщенствование технологии и оборудования машин непрерывного линия заготоеок, издательство «Техника», 1976年.

[23] 北京钢铁学院冶金机械教研组编，炼钢设备，中国工业出版社，1961年.

[24] 张为民，铸造起重机起升机构的安全问题，《起重运输机械》1978年3期.

[25] 章增冠、郑廷玉，国外冶金起重机概况，《起重运输机械》1973年4期.

[26] В. А. Кружков, Металлургические подьемно-траспортные машины, Издательство «Металлургия» 1966.

[27] Ф. К. Ивангинко, Б. А. Павленко, Механигеское оборудование стальплавильных цехов, Издательство «Металлуртия» 1964.

[28] А. Б. Верник, Мостовые краны большой грузоподъемности машгиз, 1956.

[29] И. И. Винили, Механигеское и транспортное оборудование стальплавильных цехов металлургиздат. 1961.